全国高等教育自学考试指定教材

数据结构与算法

（2024 年版）

（含：数据结构与算法自学考试大纲）

全国高等教育自学考试指导委员会　组编

辛运帏　陈朔鹰　编著

机 械 工 业 出 版 社

本书是根据全国高等教育自学考试指导委员会最新制定的《数据结构与算法自学考试大纲》，为参加自学考试的考生编写的教材。在本书编写过程中，参考了国内外目前比较流行的相关教材，并结合作者多年来从事相关课程的教学心得，以及编写、出版教材和辅助教材的经验与体会，选材适当，叙述简洁且针对要点，符合自学考试的特点与要求。

本书共8章，各章由浅入深，详细讲解相关的概念和知识点，配合适量的例题以辅助对重要知识点内容的理解及掌握。对于相关算法，在讲解实现思路的同时，给出了实现代码。各章的最后配以适量的习题供考生练习使用，并提供配套的习题解答，旨在给学习这门课程的考生以启发，以达到掌握相关知识和开阔视野的目的。本书还在大纲中列出了要完成的实习题目，完成这些实习题目既能提升考生的编程能力，又有助于培养考生分析问题、解决问题的能力。

本书不仅适合作为自学考试的教材，还可用作相关专业数据结构与算法课程的教材。

本书配有电子课件、习题解答等教辅资源，需要的老师可登录 www.cmpedu.com 免费注册，审核通过后下载，或扫描关注机械工业出版社计算机分社官方微信订阅号——身边的信息学，回复 76103 即可获取本书配套资源链接。

图书在版编目（CIP）数据

数据结构与算法：2024年版/全国高等教育自学考试指导委员会组编；辛运帏，陈朔鹰编著. -- 北京：机械工业出版社，2024.7（2026.1重印）. --（全国高等教育自学考试指定教材）. -- ISBN 978-7-111-76103-7

Ⅰ. TP311.12

中国国家版本馆 CIP 数据核字第 20246G5S53 号

机械工业出版社（北京市百万庄大街22号　邮政编码 100037）
策划编辑：王　斌　　　　责任编辑：王　斌　马　超
责任校对：潘　蕊　李小宝　　责任印制：邓　博
涿州市般润文化传播有限公司印刷
2026年1月第1版第7次印刷
184mm×260mm · 21.25印张 · 524千字
标准书号：ISBN 978-7-111-76103-7
定价：75.00元

电话服务　　　　　　　　网络服务
客服电话：010-88361066　　机　工　官　网：www.cmpbook.com
　　　　　010-88379833　　机　工　官　博：weibo.com/cmp1952
　　　　　010-68326294　　金　　书　　网：www.golden-book.com
封底无防伪标均为盗版　　机工教育服务网：www.cmpedu.com

组 编 前 言

21 世纪是一个变幻莫测的世纪，是一个催人奋进的时代。科学技术飞速发展，知识更替日新月异。希望、困惑、机遇、挑战，随时随地都有可能出现在每一个社会成员的生活之中。抓住机遇，寻求发展，迎接挑战，适应变化的制胜法宝就是学习——依靠自己学习、终身学习。

作为我国高等教育组成部分的自学考试，其职责就是在高等教育这个水平上倡导自学、鼓励自学、帮助自学、推动自学，为每一个自学者铺就成才之路。组织编写供读者学习的教材就是履行这个职责的重要环节。毫无疑问，这种教材应当适合自学，应当有利于学习者掌握和了解新知识、新信息，有利于学习者增强创新意识，培养实践能力，形成自学能力，也有利于学习者学以致用，解决实际工作中所遇到的问题。具有如此特点的书，我们虽然沿用了“教材”这个概念，但它与那种仅供教师讲、学生听，教师不讲、学生不懂，以“教”为中心的教科书相比，已经在内容安排、编写体例、行文风格等方面都大不相同了。希望读者对此有所了解，以便从一开始就树立依靠自己学习的坚定信念，不断探索适合自己的学习方法，充分利用自己已有的知识基础和实际工作经验，最大限度地发挥自己的潜能，达成学习的目标。

欢迎读者提出意见和建议。

祝每一位读者自学成功。

全国高等教育自学考试指导委员会

2023 年 12 月

目　　录

数据结构与算法自学考试大纲

数据结构与算法

全国高等教育自学考试

数据结构与算法
自学考试大纲

全国高等教育自学考试指导委员会　制定

大 纲 前 言

为了适应社会主义现代化建设事业的需要，鼓励自学成才，我国在 20 世纪 80 年代初建立了高等教育自学考试制度。高等教育自学考试是个人自学、社会助学和国家考试相结合的一种高等教育形式。应考者通过规定的专业课程考试并经思想品德鉴定达到毕业要求的，可获得毕业证书；国家承认学历并按照规定享有与普通高等学校毕业生同等的有关待遇。经过 40 多年的发展，高等教育自学考试为国家培养造就了大批专门人才。

课程自学考试大纲是规范自学者学习范围、要求和考试标准的文件。它是按照专业考试计划的要求，具体指导个人自学、社会助学、国家考试及编写教材的依据。

为更新教育观念，深化教学内容方式、考试制度、质量评价制度改革，更好地提高自学考试人才培养的质量，全国考委各专业委员会按照专业考试计划的要求，组织编写了课程自学考试大纲。

新编写的大纲，在层次上，本科参照一般普通高校本科水平，专科参照一般普通高校专科或高职院校的水平；在内容上，及时反映学科的发展变化以及自然科学和社会科学近年来研究的成果，以更好地指导应考者学习使用。

全国高等教育自学考试指导委员会

2023 年 12 月

Ⅰ. 课程性质与课程目标

一、课程性质和特点

“数据结构与算法”是高等教育自学考试计算机科学与技术（专升本）、软件工程（专升本）等专业考试计划中的一门专业课，是学习计算机其他专业课程的基础。课程内容包括从简单数据类型在计算机中表示及存储的方法到抽象数据类型的定义及类型上操作的实现过程；从各类线性结构和非线性结构上已有的各种经典算法到根据实际问题设计并实现高效的算法；从算法的时间、空间复杂度概念到对算法进行效率评估。可以说，涉及数据及对数据进行操作的方方面面。数据结构与算法是理论和实践相结合的课程，需要用到数学等基础理论知识，也需要使用高级程序设计语言来实现并验证算法，更需要一种逻辑思维模式来设计算法以解决实际应用问题。通过本课程的学习，考生能够了解数据结构与算法的基础知识和基本原理，掌握数据结构的定义、存储方式及相关操作的实现，能够针对具体问题采用相应的策略来设计算法，并能够对算法的效率进行评估，具备运用数据结构与算法的基本知识编写程序以处理本专业领域实际问题的能力。

二、课程目标

本课程的目标是全面贯彻落实立德树人根本任务，考生通过本课程的学习，可以了解数据结构的基本概念、基本原理和基本方法，掌握数据结构的逻辑结构和存储结构，实现基本操作；掌握经典算法；具备利用数据结构的基本概念、基本原理及算法的基本设计策略来设计算法并编写程序以处理本专业领域实际问题的能力；能够对相关的算法进行基本的时间复杂度与空间复杂度的评估。通过本课程的学习，考生能够从中得到启迪，有助于考生理解国家的计算机科学发展战略，将爱国之心化为报国之行。

通过本课程的学习，考生应达到以下目标。

（1）了解数据结构与算法课程的特点，了解该课程在计算机及相关专业课程体系中承上启下的关键作用。掌握数据结构与算法课程的基本概念、基本原理和基本方法，理解线性结构和非线性结构各自的特点，理解数据结构的逻辑结构与存储结构的定义及相互关系，掌握数据结构的 4 种基本存储方式。

（2）能够运用数据结构与算法的基本概念，针对具体问题，建立抽象数据类型，设计数据的逻辑结构和存储结构。

（3）掌握线性表、树和图的基本概念与基本特性，了解各具体数据类型的定义、特点和存储方式，掌握不同存储方式下基本操作的实现，并分析各操作实现的效率。掌握线性表、树和图中的经典算法，并能够求解具体问题。

（4）了解排序及查找的基本概念，掌握排序及查找的基本算法、算法特点及适用条件，并能对各排序算法和查找算法进行分析比较。

（5）了解算法的基本概念，掌握实现算法的基本原则，了解设计算法的基本策略，能够使用程序设计语言针对具体问题设计相关算法以解决实际问题。

三、与相关课程的联系与区别

学习本课程应具有一定的高等数学和程序设计（如 C 语言）基础，本课程的先修课程为高等数学和 C 语言程序设计。有些内容也会涉及集合论等相关知识，考生遇到时可以参考离散数学的相关书籍。

本课程的学习可以为后续课程（如操作系统、数据库原理、计算机网络等）的学习奠定必要的理论基础。

四、课程的重点和难点

本课程的重点是线性表、树和图的定义、特性及存储方式，以及在不同存储方式下各基本操作的实现；排序和查找算法的特点、实现及比较。

本课程的难点是针对各数据结构不同存储方式的相关基本操作的实现，线性结构及非线性结构中经典算法的原理、过程及实现，以及解决具体问题的算法设计与实现。

Ⅱ. 考核目标

本考试大纲是数据结构与算法（本科段）课程的个人自学、社会助学和考试命题的依据，本课程的考试范围以本考试大纲所限定的内容为准。

本大纲在考核目标中，按照识记、领会、简单应用和综合应用四个层次规定其应达到的能力层次要求。四个能力层次是递升的关系，后者必须建立在前者的基础上。各能力层次的含义如下。

识记（Ⅰ）：要求考生能够识别和记忆数据结构与算法课程中有关知识点的概念性内容（如教材中给出的基本定义、基本特点和特性等），并能够根据考核的不同要求，做出正确的表述、选择和判断。

领会（Ⅱ）：要求考生在识记的基础上，能够领悟各知识点的内涵和外延，掌握算法的基本原理和执行过程，熟悉各知识点之间的区别与联系，能够根据相关知识点的特性来解决不同的问题，并能够进行简单的分析。

简单应用（Ⅲ）：要求考生运用数据结构与算法的少量知识点，分析和解决一般的应用问题，如给出解题结果、填充程序中的空白、编写简单程序等。

综合应用（Ⅳ）：要求考生综合运用数据结构与算法的多个知识点，分析解决较复杂的应用问题，如给出解题结果、填充程序中的空白、针对应用问题设计算法并编写程序等。

Ⅲ. 课程内容与考核要求

第一章　绪　　论

一、学习目的与要求

本章的学习目的是让考生了解数据结构在计算机应用领域中的作用，掌握数据结构、算法的基本概念和术语，了解 4 类基本数据结构，理解逻辑结构与存储结构的含义及相互关系，了解数据结构的 4 种基本存储方法；掌握抽象数据类型的表示与描述，能够用抽象数据类型表示实际问题；掌握算法的基本概念及重要特性，能够使用类 C 语言描述算法；掌握算法评估和复杂性度量的基本概念，能够对简单算法进行复杂度评估；领会算法的基本设计策略的特点，使用基本的算法策略实现简单程序。

二、课程内容

1. 基本概念和术语
2. 算法和算法分析
3. 算法设计策略简介

三、考核知识点与考核要求

1. 基本概念和术语

识记：数据；数据元素；数据项；数据结构；逻辑结构；存储结构；基本操作；集合；线性结构；树结构；图结构；抽象数据类型。

领会：数据项之间的关系；逻辑结构与存储结构之间的关系，存储结构对基本操作实现的影响；数据结构的 4 种基本存储方法；线性结构与非线性结构的特性。

简单应用：定义抽象数据类型。

2. 算法和算法分析

识记：算法及其 5 个特性；问题规模。

领会：时间复杂度；空间复杂度；大 O 表示法；增长函数。

简单应用：描述算法，分析程序段的时间复杂度。

3. 算法设计策略简介

识记：算法策略。

领会：递推法、迭代法、递归法、贪心法、分治法、动态规划法的基本特点。

简单应用：使用基本的算法策略实现简单程序。

四、本章重点、难点

本章的重点：数据结构的逻辑结构、存储结构及相互关系；线性结构与非线性结构；数据结构的4种基本存储方法；算法复杂度的概念及分析方法。

本章的难点：算法复杂度的概念；描述算法；算法复杂度的分析；使用基本的算法策略实现简单程序。

第二章　线　性　表

一、学习目的与要求

本章的学习目的是让考生理解线性表的相关概念，了解其逻辑定义及基本操作，理解线性表数据元素之间的逻辑关系；掌握线性表的顺序存储方式及链式存储方式，领会各自的特点；重点掌握顺序表及链表基本操作的实现，并能进行复杂度分析；掌握静态链表基本操作的实现，并能进行复杂度分析；针对具体问题，灵活选择合适的存储结构，结合运用线性表的基本操作，设计算法解决与线性表相关的实际问题。

在学完本章后，应完成实习题目1（见“Ⅳ. 实验环节”）。

二、课程内容

1. 线性表的定义和基本操作
2. 线性表的顺序存储及实现
3. 线性表的链式存储及实现
4. 进一步讨论两种基本实现方式
5. 单链表的应用

三、考核知识点与考核要求

1. 线性表的定义和基本操作

识记：线性表；表长；表头元素；表尾元素；直接前驱；直接后继；前驱；后继；有序表；无序表。

领会：线性表的抽象数据类型定义；线性表中元素之间的逻辑关系；线性表中位置的含义；线性表的特点；线性表各基本操作的含义。

简单应用：基于线性表的逻辑定义，给出相关操作结果的逻辑表示。

2. 线性表的顺序存储及实现

识记：顺序表；位置。

领会：顺序存储的基本思想；随机访问的含义；操作位置；表空；表满；长度。

简单应用：下标地址计算；顺序表基本操作的实现；顺序表基本操作的前提条件及时间复杂度分析。

综合应用：基于顺序表设计算法来解决具体的应用问题。

3. 线性表的链式存储及实现

识记：单链表；表头结点；首结点；表尾结点；终端结点；头结点；表头指针；头指针；单向循环链表；双向链表；双向循环链表。

领会：链式存储的基本思想；头结点的作用；操作位置；顺序访问的含义。

简单应用：链表基本操作的实现及时间复杂度分析；根据问题选择链表类型并实现相关操作；能够计算结构性开销。

综合应用：基于链表设计算法来解决具体的应用问题。

4. 进一步讨论两种基本实现方式

识记：空闲单元链表；静态链表。

领会：顺序访问与随机访问方式的对比；顺序表、链表和静态链表的使用条件；空闲单元链表的作用；静态链表的实现机制。

简单应用：静态链表基本操作的实现及时间复杂度分析；根据问题选择顺序表、链表或静态链表并实现相关操作。

综合应用：根据问题选择顺序表、链表或静态链表，设计算法来解决具体的应用问题。

四、本章重点、难点

本章的重点：顺序表及链表的定义、存储特点；顺序表中地址计算；顺序表及链表基本操作的实现；空闲单元链表的实现；静态链表基本操作的实现。

本章的难点：运用顺序表、链表和静态链表的基本操作；设计算法解决应用问题。

第三章 栈和队列

一、学习目的与要求

本章的学习目的是让考生掌握栈和队列的定义、特点及基本操作，了解它们的逻辑表示方法及使用场景；掌握栈的两种存储方式及各自的特点，掌握两种方式下基本操作的实现及复杂度分析；掌握队列的两种存储方式及各自的特点，掌握两种方式下基本操作的实现，重点掌握循环队列的实现及复杂度分析；掌握结合栈和队列特点的双端队列；了解线性表与栈及队列之间的关系；灵活运用栈和队列的基本操作，设计算法来解决相关的实际问题。

在学完本章后，应完成实习题目 2。

二、课程内容

1. 栈
2. 队列
3. 进一步讨论栈与队列
4. 栈和队列的应用

三、考核知识点与考核要求

1. 栈

识记：栈；栈的容量；顺序栈；链式栈；栈顶；栈底；栈顶元素；入栈；出栈；出栈序列；栈空；栈满。

领会：栈的先进后出特性；能够得到的合理出栈序列；顺序和链式实现方式下栈空、栈满的判定条件；顺序和链式实现方式下栈基本操作的定义。

简单应用：能够判定序列是否为栈的合理出栈序列；顺序栈及链式栈基本操作的实现。

综合应用：括号匹配算法的实现；中缀表达式转换为后缀表达式算法的实现；计算后缀表达式算法的实现；设计算法解决栈的应用问题。

2. 队列

识记：队列；队头；队尾；队列长度；队头元素；队尾元素；入队；出队；循环队列；链式队列；队列空；队列满；队头指针；队尾指针。

领会：循环队列的特点、存储结构及实现机制；循环队列中空、满的含义及判定；队头和队尾的不同设定方式；链式队列的特点，在链式队列中实现空闲单元链表的机制。

简单应用：循环队列和链式队列基本操作的实现。

综合应用：设计算法解决队列的应用问题。

3. 进一步讨论栈与队列

识记：双端队列；对底栈；输入受限的双端队列；输出受限的双端队列。

领会：双端队列操作的机制；双端队列空、满的含义及判定。

简单应用：双端队列操作的实现。

综合应用：设计算法解决双端队列的应用问题。

四、本章重点、难点

本章的重点：栈的概念及合理的出栈序列；顺序栈、链式栈基本操作的实现；循环队列的概念及基本操作的实现；循环队列空、满的判定；链式队列基本操作的实现；带空闲单元链表的链式队列的实现；双端队列的实现。

本章的难点：设计算法解决与栈和队列相关的应用问题。

第四章　数组、广义表和串

一、学习目的与要求

本章的学习目的是让考生掌握数组、广义表和串的基本概念，掌握多维数组按行主序和按列主序的存储方式及多维数组地址计算方法；掌握特殊矩阵的压缩存储方式及相应的地址计算方法；理解广义表的概念，掌握广义表的表示及基本操作；了解模式匹配的概念，掌握串的模式匹配算法；能够设计算法来解决以数组作为存储结构的简单应用问题。

在学完本章后，应完成实习题目 3。

二、课程内容

1. 数组及广义表
2. 串

三、考核知识点与考核要求

1. 数组

识记：多维数组；数组首地址；数组下标；行主序；列主序；地址映射函数；三元组；

三元组表。

领会：多维数组地址计算方法；特殊矩阵的定义、特点及对应的压缩存储方法。

简单应用：构造地址映射函数；访问采用压缩方式存储的数组中的元素。

综合应用：实现以数组作为存储结构的简单算法。

2. 广义表

识记：广义表；表头；表尾；原子；子表；广义表的长度；广义表的深度。

领会：空表；递归表的深度。

简单应用：广义表的基本操作。

3. 串

识记：串；子串；空串；串的长度；主串；模式串。

领会：比较次数；串模式匹配的含义；特征向量。

简单应用：串的基本操作；BF 算法；串的特征向量计算；KMP 算法。

四、本章重点、难点

本章的重点：数组行主序、列主序的存储方法；多维数组元素存储地址计算；特殊矩阵压缩存储方法；实现以数组作为存储结构的简单算法；BF 算法；特征向量计算；KMP 算法。

本章的难点：特殊矩阵存储地址计算；实现以数组作为存储结构的简单算法；特征向量计算；KMP 算法。

第五章　树与二叉树

一、学习目的与要求

本章的学习目的是让考生了解层次结构的概念，了解层次结构与线性结构的不同属性；掌握二叉树的基本概念、基本性质及两种存储方式；能够实现二叉树的基本操作及遍历算法；能够运用二叉树的遍历思想设计算法来解决简单应用问题；理解树及森林的基本概念和存储方式，能够进行树、森林与二叉树之间的相互转换；掌握堆的基本概念及基本操作的实现，理解优先队列的基本概念；掌握哈夫曼树及哈夫曼编码的概念，能够针对字符集构造哈夫曼树并设计哈夫曼编码，能够进行编码和译码。

在学完本章后，应完成实习题目 4。

二、课程内容

1. 树的基本概念
2. 二叉树
3. 二叉树的操作
4. 堆及优先队列
5. 树和森林
6. 哈夫曼树及哈夫曼编码

三、考核知识点与考核要求

1. 树的基本概念

识记：树；子树；结点；边；根结点；父结点；兄弟结点；祖先结点；后代结点；子结点；层；深度；高度；结点的度；树的度；路径；路径长度；叶结点；分支结点；有序树；森林。

领会：层次结构的含义；层次结构中的前驱和后继；树的递归定义；树的表示形式；树中结点个数与边数的关系。

简单应用：使用不同的方式表示树。

2. 二叉树及其操作

识记：二叉树；左子树；右子树；左子结点；右子结点；左指针；右指针；满二叉树；完全二叉树；二叉链表；二叉树的遍历。

领会：二叉树的递归定义；二叉树的性质及证明；二叉树的顺序存储方式；二叉树顺序存储时保存结点的下标位置；二叉树的链式存储方式；二叉树的遍历过程；二叉树遍历时使用的辅助数据结构；表达式树与表达式的关系。

简单应用：二叉树顺序存储结构与链式存储结构下基本操作的实现；二叉树遍历算法的递归实现及非递归实现；根据二叉树的遍历序列还原二叉树；表达式树。

综合应用：实现与二叉树相关的算法；基于二叉树遍历思想实现相关算法来解决应用问题。

3. 堆及优先队列

识记：堆；最大堆；最小堆；堆顶；子堆；优先队列。

领会：堆的存储方式；堆与完全二叉树的关系；堆的有序性；堆的建立过程。

简单应用：堆的建立；堆的插入；删除堆顶；堆的整理。

综合应用：设计算法以利用堆的特性解决相关的应用问题。

4. 树和森林

识记：树的父结点表示法；树的孩子结点表示法；树的父结点-孩子结点表示法；树的孩子-兄弟表示法；森林；树、森林的遍历。

领会：树、森林之间的关系；树、森林与二叉树之间的相互转换；树和森林的遍历与二叉树遍历的关系。

简单应用：树、森林遍历的实现；树和森林的其他相关算法的实现。

5. 哈夫曼树及哈夫曼编码

识记：定长编码；变长编码；编码长度；前缀特性；编码；译码；字符的权；编码树；哈夫曼编码；哈夫曼树；叶结点的带权路径长度；二叉树的外部带权路径长度（WPL）；带权平均码长。

领会：具有前缀特性的编码方案；哈夫曼编码及哈夫曼树的不唯一性。

简单应用：验证编码方案具有前缀特性；哈夫曼树的构造；哈夫曼编码的生成；译码；树的 WPL 计算。

综合应用：借助哈夫曼树及哈夫曼编码的思想来解决具体问题。

四、本章重点、难点

本章的重点：树、森林及二叉树的基本概念和存储方式；树、森林与二叉树之间的相互转换；二叉树的基本性质；基于二叉链表的递归程序的实现；堆的概念及基本操作的实现；树、森林及二叉树的遍历；哈夫曼树及哈夫曼编码的构造。

本章的难点：树、森林与二叉树之间的相互转换；基于二叉链表的递归程序的实现；堆基本操作的实现；哈夫曼树及哈夫曼编码的构造。

第六章　图　结　构

一、学习目的与要求

本章的学习目的是让考生掌握图结构的概念、术语及特性，掌握图的顺序存储结构和链式存储结构；掌握图的基本操作的实现；掌握图的深度优先搜索和广度优先搜索算法，理解图的连通性及连通分量概念；理解图的生成树概念，掌握求图最小生成树的普里姆算法和克鲁斯卡尔算法；理解有向无环图的概念，掌握图的拓扑排序算法，掌握关键路径的求解过程；理解最短路径的概念，掌握迪杰斯特拉算法和弗洛伊德算法；了解各算法的时间复杂度。

在学完本章后，应完成实习题目 5。

二、课程内容

1. 图的基本概念与基本操作
2. 图的存储结构
3. 图的基本操作的实现
4. 图的搜索
5. 图的生成树
6. 有向无环图及其应用
7. 最短路径

三、考核知识点与考核要求

1. 图的基本概念与基本操作

识记：图；子图；边；顶点；边集；顶点集；稀疏图；密集图；有向边；弧头；弧尾；无向边；有向图；无向图；带权图；邻接点；关联；边的权；顶点的度；顶点的入度；顶点的出度；完全图；路径；有向路径；简单路径；回路；简单回路；路径长度；有向无环图；连通图；连通分量；强连通图；弱连通图。

领会：顶点与边的关联性；邻接的含义；边与顶点的度的关系；有向路径。

简单应用：与图的特性相关的简单应用。

2. 图的存储结构及基本操作的实现

识记：邻接矩阵；邻接表；逆邻接表；表结点。

领会：邻接矩阵、邻接表、逆邻接表与图的对应关系。

简单应用：根据图的存储结构实现图的基本操作；根据邻接矩阵、邻接表、逆邻接表获取图的基本信息。

综合应用：针对具体应用问题，选择图的存储结构并设计算法来解决问题。

3. 图的搜索

识记：图的搜索；深度优先搜索；广度优先搜索。

领会：图搜索的特性；图的搜索序列；图搜索时使用的辅助数据结构。

简单应用：实现图的搜索算法；基于图搜索思想的算法的实现。

综合应用：基于图搜索思想，设计算法解决相关问题。

4. 图的生成树

识记：生成树；深度优先生成树；广度优先生成树；最小生成树。

领会：生成树的特性；最小生成树的特性；普里姆算法的求解策略；克鲁斯卡尔算法的求解策略；最小生成树代价的计算。

简单应用：求图的生成树；根据普里姆算法求图的最小生成树；普里姆算法的实现；根据克鲁斯卡尔算法求图的最小生成树；克鲁斯卡尔算法的实现。

综合应用：基于求图生成树的算法策略，设计算法解决相关问题。

5. 有向无环图及其应用

识记：AOV 网；源点；汇点；前驱；后继；直接前驱；直接后继；活动；拓扑排序；拓扑序列；入度值表；关键路径；关键活动；事件；最早开始时间；最迟开始时间；时间余量；活动的持续时间。

领会：拓扑排序的过程；组成关键路径的关键活动；求解关键路径。

简单应用：判断有向图中是否存在环；求有向无环图的拓扑序列；求关键路径。

6. 最短路径

识记：源点；终点；带权图中的路径长度；单源最短路径；所有点对间的最短路径。

领会：迪杰斯特拉算法的求解过程；弗洛伊德算法的求解过程。

简单应用：使用迪杰斯特拉算法求图的单源最短路径；使用弗洛伊德算法求图所有点对间的最短路径。

四、本章重点、难点

本章的重点：图的基本概念；图的邻接矩阵、邻接表及逆邻接表存储结构；图的基本操作的实现；图的深度优先搜索和广度优先搜索遍历算法；图的生成树概念及求带权图的最小生成树的算法；有向无环图的概念；求有向无环图的拓扑排序算法；求图的关键路径算法；迪杰斯特拉算法；弗洛伊德算法。

本章的难点：图的各经典算法的求解过程、实现及时间复杂度分析。

第七章　内部排序

一、学习目的与要求

本章的学习目的是让考生了解排序的基本概念，掌握各排序算法的基本思想、排序过程及其特点，能够实现各排序方法并对各算法进行稳定性和复杂度分析，能够对各排序算法进行比较，理解各排序算法的使用条件。

在学完本章后，应完成实习题目 6。

二、课程内容

1. 排序的基本概念
2. 插入排序
3. 交换排序
4. 选择排序
5. 归并排序
6. 分配排序
7. 有关内部排序算法的比较

三、考核知识点与考核要求

1. 排序的基本概念

识记：排序；关键字；主关键字；次关键字；升序；降序；逆序对；内部排序；外排序；稳定排序；交换次数；比较次数。

领会：稳定的含义；评价排序算法的标准；数据的初始排列；排序中的主要操作。

2. 插入排序

识记：直接插入排序；有序子段；待排序元素；希尔排序；增量；增量序列。

领会：直接插入排序的基本思想、特性及复杂度分析，希尔排序算法的基本思想、特性及复杂度分析；组内排序；希尔排序与直接插入排序的相关性。

简单应用：灵活运用直接插入排序和希尔排序算法；能够实现直接插入排序和希尔排序算法。

综合应用：能够运用插入排序的思想设计算法来解决应用问题。

3. 交换排序

识记：起泡排序；快速排序；枢轴；整体有序；划分；三元取中方法。

领会：起泡排序的基本思想、特性及复杂度分析；快速排序的基本思想、特性及复杂度分析；枢轴的选择方法；枢轴对快速排序效率的影响；分治思想。

简单应用：灵活运用起泡排序和快速排序算法；能够实现起泡排序和快速排序算法。

综合应用：能够运用交换排序的思想设计算法来解决应用问题。

4. 选择排序

识记：直接选择排序；堆排序；初始堆。

领会：直接选择排序的基本思想、特性及复杂度分析；堆排序的基本思想、特性及复杂度分析。

简单应用：灵活运用直接选择排序和堆排序算法；能够实现直接选择排序和堆排序算法。

综合应用：能够运用选择排序的思想设计算法来解决应用问题。

5. 归并排序

识记：合并；有序段；归并段；归并排序。

领会：非递归实现的归并排序的基本思想、特性及复杂度分析；递归实现的归并排序的基本思想、特性及复杂度分析。

简单应用：灵活运用归并排序算法；能够实现归并排序算法。

综合应用：能够运用归并排序的思想设计算法来解决应用问题。

6. 分配排序

识记：盒子排序；基数排序；分配；收集。

领会：基数排序的基本思想、特性及复杂度分析。

简单应用：灵活运用基数排序算法；能够实现基数排序算法。

7. 有关内部排序算法的比较

领会：各排序算法适用的条件；各排序算法的特性。

简单应用：根据不同条件选择合适的排序算法；从排序结果推测所采用的排序算法。

四、本章重点、难点

本章的重点：排序的基本概念；各排序算法的基本思想、排序过程及其特性；各排序算法的实现及复杂度分析；各种排序算法的比较及使用条件。

本章的难点：各排序算法的实现、特点及相互比较。

第八章 查 找

一、学习目的与要求

本章的学习目的是让考生理解查找的基本概念，掌握顺序查找、折半查找、索引顺序查找方法的基本思想及实现过程，理解各种查找方法的适用条件；理解二叉查找树的基本概念，掌握二叉查找树操作的定义及实现；理解 AVL 树的基本概念，掌握 AVL 树基本操作的定义及实现；理解 B 树的概念，掌握 B 树查找及插入操作的定义及实现；理解哈希方法中的基本概念，掌握哈希方法；能够对各查找方法进行比较分析。

在学完本章后，应完成实习题目 7。

二、课程内容

1. 查找的基本概念
2. 顺序表的查找
3. 树形结构的查找
4. 哈希表及其查找

三、考核知识点与考核要求

1. 查找的基本概念

识记：查找；单值查找；范围查找；查找表；成功查找；不成功查找；外部查找；内部

查找；平均查找长度。

领会：查找算法的适用条件；查找长度的含义。

2. 顺序表的查找

识记：顺序表；顺序查找方法；折半查找方法；折半查找判定树；索引；索引顺序查找；分块查找。

领会：折半查找方法的适用条件。

简单应用：计算顺序查找的平均查找长度；计算折半查找的平均查找长度；分块查找块数和块大小的最优配置。

3. 树形结构的查找

识记：二叉查找树；二叉查找树的特性；查找过程中关键字比较序列；AVL 树；平衡因子；B 树。

领会：二叉查找树基本操作的过程；初始数据生成二叉查找树的树形；二叉查找树的树形与查找效率的关系；二叉查找树的插入、查找和删除；B 树的查找；B 树的插入；B 树中结点的分裂过程。

简单应用：实现二叉查找树的基本操作；AVL 树的旋转；树形查找效率的分析。

4. 哈希表及其查找

识记：哈希表；哈希函数；完美哈希函数；哈希方法；哈希地址；冲突；基本聚集；二级聚集；同义词表；查找成功的平均查找长度；查找失败的平均查找长度；装填因子。

领会：直接定址法；平方取中法；折叠法；基数转换法；除留余数法；开放地址法；线性探测法；二次探测法；链地址法；影响哈希方法效率的因素。

简单应用：设计哈希函数；建立哈希表；解决冲突。

四、本章重点、难点

本章的重点：顺序查找方法；折半查找方法；分块查找方法；索引查找方法；二叉查找树的插入、删除及查找；B 树的插入和查找；哈希方法。

本章的难点：二叉查找树的删除；B 树的插入；哈希函数的设计；冲突解决方法。

Ⅳ. 实验环节

一、类型

课程实验。

二、目的与要求

通过上机实践加深对课程内容的理解，更好地理解数据结构与算法课程的内容，掌握实现算法的基本方法，提高综合应用能力。

要求编写的程序能够正确运行，并给出相应的注释及对程序的相关说明。对程序进行必要的测试，列出程序运行结果。

三、与课程考试的关系

本课程实验必须在课程考试前完成，以促进学习者掌握课程内容。实验环节为 2 学分，下面列出了实验大纲的具体内容。

四、实验大纲

学习本课程必须结合实验，实验量不能少于 6 个。这里给出 7 个可供选择的实验，它们涵盖了课程的不同内容。这些实验能加深对教材内容的理解，建议考生尽可能多做实验。要完成实验，必须加强自学；实验对理解相关知识点起到事半功倍的效果。

实习题目 1

实验名称：链表的实现及应用。

实验目的与要求：掌握链表的结构特点，实现链表的基本操作，灵活运用链表的基本操作解决具体的应用场景问题。

实验内容：

（1）从键盘读入偶数个整数，建立带头结点的单链表 A。

（2）根据单链表 A，建立带头结点的双向链表 B，将 A 中的全部元素复制到 B 中，并保证 B 是有序链表。

（3）设 $B=(a_1,a_2,\cdots,a_{2t-1},a_{2t})$，将 B 变为$(a_2,a_1,\cdots,a_{2t},a_{2t-1})$，即将 B 中相邻两项互换。要求空间复杂度为 $O(1)$。

（4）从键盘输入一个整数值 m，分别在原始的表 A 和（2）中得到的表 B 中进行查找，显示 m 值是否存在，并统计查找过程中的比较次数。

实习题目 2

实验名称：循环队列的实现及应用。

实验目的与要求：掌握循环队列的存储特点，实现循环队列的基本操作，求解约瑟夫问题。

实验内容：

约瑟夫问题是一个著名的问题：编号从 1 到 N 的 N 个人围成一圈，从第一个人开始报数，报到 M 的人退出。再从下一个人开始报数，仍然是报到 M 的人退出。例如，当 $N=6$，$M=5$ 时，退出的人的编号依次是 5、4、6、2、3，剩余最后一人的编号是 1。

（1）从键盘输入 N 和 M 的值。

（2）输出对应的退出编号。

（3）输出最后一人的编号。

实习题目 3

实验名称：模拟走迷宫过程。

实验目的与要求：掌握二维数组的存储特点，根据下标随机访问数组元素，给出迷宫中从入口到出口的所有路径。

实验内容：

（1）使用二维数组保存迷宫信息，二维数组的初值可以在程序中直接设置，也可以从文件中读入。

（2）设计算法，从入口进入迷宫，在有路径的情况下，找到从入口到出口的所有路径。走步的方向既可以是水平和垂直的，又可以是斜向的。

实习题目 4

实验名称：哈夫曼树及哈夫曼编码的构造。

实验目的与要求：掌握二叉树的二叉链表存储结构，能够实现哈夫曼算法。

实验内容：

（1）从键盘读入若干个字符及对应的权值，建立哈夫曼树。

（2）根据（1）中建立的哈夫曼树，构造各字符的哈夫曼编码。

（3）给定字符串 S，对它进行编码，输出对应的 01 串。

（4）给定 01 串，进行译码，输出对应的原文字符串。

实习题目 5

实验名称：判断有向图中是否存在环。

实验目的与要求：掌握图的邻接矩阵、邻接表和逆邻接表存储结构，借助于图的基本操作实现本算法。

实验内容：

（1）使用邻接矩阵或邻接表表示有向图，从键盘输入或从文件读入图的点集和边集信息，建立图的邻接矩阵、邻接表和逆邻接表。

（2）根据邻接表和逆邻接表，查找某指定顶点的所有入边和出边。

（3）借助于图的深度优先搜索遍历算法，遍历过程中判断图里是否存在环。

（4）借助于图的广度优先搜索遍历算法，遍历过程中判断图里是否存在环。

实习题目 6

实验名称：排序算法的实现及效率比较。

实验目的与要求：实现基本的排序算法，并比较关键字比较次数和元素移动次数。

实验内容：

（1）产生 10000 个随机整数，保存在数组 M 中。

（2）将 M 中的数据复制至数组 B 中。实现简单插入排序，对 B 中的数据进行排序，记录排序过程中关键字比较次数和元素移动次数。

（3）将 M 中的数据复制至数组 B 中。实现快速排序，对 B 中的数据进行排序，记录排序过程中关键字比较次数和元素移动次数。

（4）将 M 中的数据复制至数组 B 中。实现堆排序，对 B 中的数据进行排序，记录排序过程中关键字比较次数和元素移动次数。

（5）对（2）~（4）中得到的比较次数和移动次数进行分析。推断各算法的时间复杂度。

实习题目 7

实验名称：基于折半查找思想的查找过程。

实验目的与要求：掌握折半查找的思想，实现查找过程。

实验内容：

（1）输入一个 $m\times n$ 的矩阵 $\boldsymbol{Y}$，其中保存不多于 $m\times n$ 个整数，每一行的数据都从左到右有序，每一列的数据都从上至下有序。

（2）在 $\boldsymbol{Y}$ 中查找给定的元素 target，若查找成功，则算法返回 1，否则返回 0。

（3）若 $\boldsymbol{Y}$ 中数据不足 $m\times n$ 个，则在 $\boldsymbol{Y}$ 中插入一个整数，并使得 $\boldsymbol{Y}$ 仍保持各行有序且各列有序。

V. 关于大纲的说明与考核实施要求

一、自学考试大纲的目的和作用

课程自学考试大纲是根据专业自学考试计划的要求，结合自学考试的特点而确定的。其目的是对个人自学、社会助学和课程考试命题进行指导与规定。

本课程自学考试大纲明确了课程学习的内容，以及深度和广度，规定了课程自学考试的范围和标准。因此，它是编写本课程自学考试教材和辅导书的依据，是社会助学组织进行自学辅导的依据，是自学者学习教材、掌握课程内容知识范围和程度的依据，也是自学考试命题的依据。

二、自学考试大纲与教材的关系

课程自学考试大纲是进行学习和考核的依据，教材是学习掌握课程知识的基本内容与范围，教材的内容是大纲所规定的课程知识和内容的扩展与发挥。课程内容在教材中可以体现一定的深度或难度，但在大纲中对考核的要求一定要适当。

大纲与教材所体现的课程内容应基本一致；大纲里面的课程内容和考核知识点，教材里一般也要有。反过来，教材里有的内容，大纲里却不一定体现。如果教材是推荐选用的，其中有些内容与大纲要求不一致，则应以大纲规定为准。

三、关于自学教材

《数据结构与算法》，全国高等教育自学考试指导委员会组编，辛运帏、陈朔鹰编著，机械工业出版社出版，2024 年版。

四、关于自学要求和自学方法的指导

本大纲的课程基本要求是依据专业考试计划和专业培养目标而确定的。课程基本要求还明确了课程的基本内容，以及对基本内容掌握的程度。基本要求中的知识点构成了课程内容的主体部分。因此，课程基本内容的掌握程度、课程考核知识点是高等教育自学考试考核的主要内容。

为有效指导个人自学和社会助学，本大纲已指明了课程的重点和难点，在章节的基本要求中一般也指明了章节内容的重点和难点。

本课程共 6 学分，其中 2 学分为实验内容的学分。学习本课程时应注意以下 3 点。

（1）在学习本课程教材之前，应先仔细阅读本大纲，了解本课程的性质和特点，熟知本课程的基本要求，在学习本课程时，能紧紧围绕本课程的基本要求。

（2）在自学每一章的教材之前，先阅读本大纲中对应章节的学习目的与要求、考核知识点与考核要求，以便自学时做到心中有数。

（3）在学习数据结构与算法的基本概念、基本方法的同时，还要注重编程能力的提升。

考生应尽量完成每章结尾处给出的习题，并完成实验内容所规定的实习题目。动手上机实践是学习数据结构与算法课程的必要环节。

五、考核内容的说明

本课程要求考生学习和掌握的知识点内容都作为考核的内容。课程中各章的内容均由若干知识点组成，在自学考试中称为考核知识点。因此，课程自学考试大纲中所规定的考试内容是以分解为考核知识点的方式给出的。由于各知识点在课程中的地位、作用，以及知识自身的特点不同，因此自学考试对各知识点分别按四个认知层次确定其考核要求。

六、关于考试方式和试卷结构的说明

（1）本课程的考试方式为闭卷，笔试，满分 100 分，60 分及格。考试时间为 150 分钟。

（2）本课程在试卷中对不同能力层次要求的分数比例大致为：识记占 20%，领会占 30%，简单应用占 30%，综合应用占 20%。

（3）要合理安排试题的难易程度，试题的难度可分为四个等级：易、较易、较难和难。必须注意，试题的难易程度与能力层次有一定的联系，但二者不是等同的概念。在各个能力层次中，对于不同的考生，都存在着不同难度的试题。要在大纲中特别强调这个问题，应告诫考生切勿混淆。

（4）课程考试命题的主要题型有单项选择题、填空题、解答题、算法阅读题、算法设计题。

在命题工作中，必须按照本课程大纲中所规定的题型命制，考试试卷使用的题型可以略少，但不能超出本课程对题型的规定。

Ⅵ. 题型举例

一、单项选择题

1. 设 n 是描述问题规模的非负整数，下列程序片段的时间复杂度是________。

```
x=2;
while(x<n/2)
    x=2*x;
```

A. $O(\log_2 n)$　　B. $O(n)$　　C. $O(n\log_2 n)$　　D. $O(n^2)$

2. 入栈序列是 a_1,a_3,a_5,a_2,a_4,a_6，出栈序列是 a_5,a_4,a_2,a_6,a_3,a_1，则栈的容量最小是________。

A. 2　　B. 3　　C. 4　　D. 5

3. 下列关于二叉树的叙述中，正确的是________。

A. 二叉树的度为 2

B. 一棵二叉树的度可以小于 2

C. 二叉树中至少有一个结点的度为 2

D. 二叉树中任何一个结点的度都为 2

二、填空题

1. 采用静态方式压缩保存稀疏矩阵的方法是________。

2. 有一个二维数组 $A[10][5]$，每个数据元素占 1 字节，按行主序保存，且 $A[0][0]$的存储地址是 1000，则 $A[i][j]$的存储地址是________。

3. 具有 18 个结点的完全二叉树的高度是________。

三、解答题

1. 有 5 个元素，其入栈次序为 A,B,C,D,E，在各种可能的出栈序列中，以元素 C、D 先依次出栈（即 C 第一个出栈，且 D 第二个出栈）的序列有哪些？

2. 有 4 个结点的二叉树共有多少种不同的树形？分别画出。

四、算法阅读题

1. 二叉链表中结点类的定义及二叉树的定义如下。

```
typedef int ELEMType;
typedef struct BNode                          //二叉树结点
{   ELEMType data;                            //数据域
    struct BNode *left, *right;               //指向左子结点、右子结点的指针
}BinTNode;
typedef BinTNode *BTree;                      //二叉树
```

以下程序返回二叉树的高度，请在空白处填上适当内容以将算法补充完整。

```
int high(BTree root)
{
    int i,j;
    if((  (1)  ) return 0;
    i=  (2)  ;
    j=  (3)  ;
    if(i>=j) return i+1;
        else return j+1;
}
```

2. 二叉链表中结点类的定义及二叉树的定义如下。

```
typedef int ELEMType;
typedef struct BNode                    //二叉树结点
{   ELEMType data;                      //数据域
    struct BNode * left, * right;  //指向左子结点、右子结点的指针
}BinTNode;
typedef BinTNode * BTree;               //二叉树
```

阅读以下程序，说明 change 函数的功能。

```
void change(BTree root){
        BinTNode * temp;
        if(root==NULL) return;
        change(root->left);
        change(root->right);
        temp=root->left;
        root->left=root->right;
        root->right=temp;
        return;
}
```

五、算法设计题

设计一个算法，计算含 n 个元素的数据序列中逆序数据对的个数。

Ⅶ. 题型举例参考答案

一、单项选择题

1. A　　2. C　　3. B

二、填空题

1. 三元组表法
2. $1000+5i+j$
3. 5

三、解答题

1. C,D,E,B,A；C,D,B,E,A；C,D,B,A,E
2. 14 种

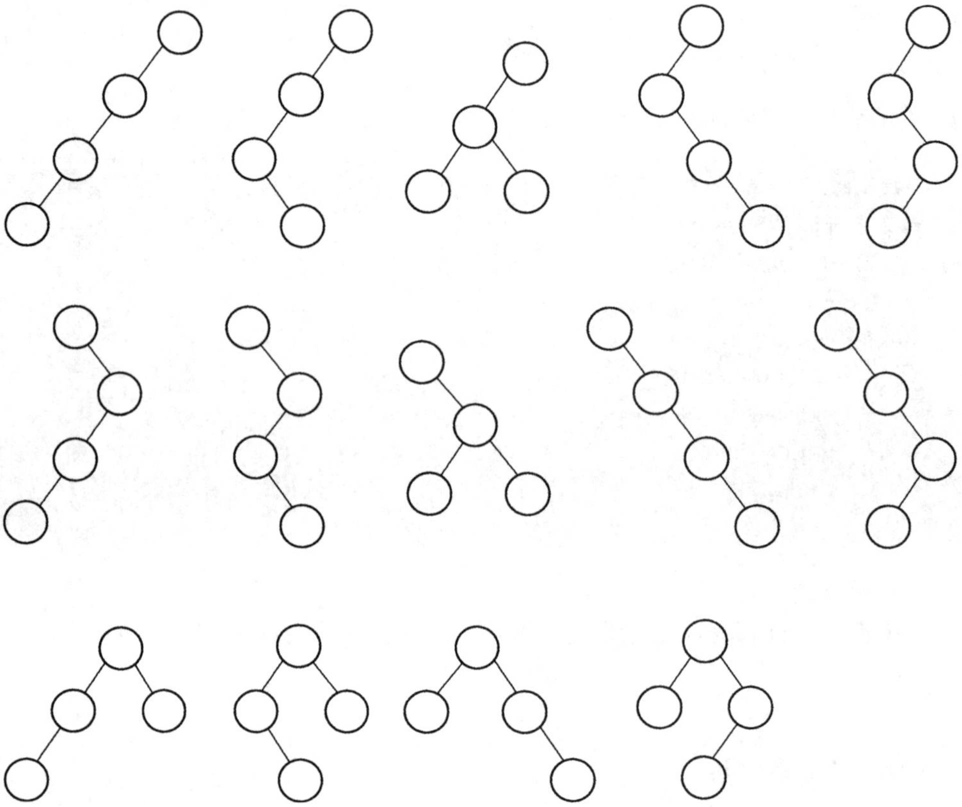

四、算法阅读题

1. （1）root = =NULL

（2）high(root->left)

（3）high(root->right)

2. 将二叉树中所有结点的左、右子树相互交换。

五、算法设计题

```
int rever(int *a,int len){
    int count=0;
    int i,j;
    for(i=0;i<len;i++)
      for(j=i+1;j<len;j++){
        if(a[i]>a[j])count++;
      }
    return count;
}
```

后　　记

《数据结构与算法自学考试大纲》是根据《高等教育自学考试专业基本规范（2021年）》的要求，由全国高等教育自学考试指导委员会电子、电工与信息类专业委员会组织制定的。

全国高等教育自学考试指导委员会电子、电工与信息类专业委员会对本大纲组织审稿，根据审稿会意见由编者做了修改，最后由电子、电工与信息类专业委员会定稿。

本大纲由南开大学辛运帏教授、北京理工大学陈朔鹰副教授编写；参加审稿并提出修改意见的有国防科技大学熊岳山教授、天津大学喻梅教授。

对参与本大纲编写和审稿的各位专家表示感谢。

全国高等教育自学考试指导委员会
电子、电工与信息类专业委员会
2023 年 12 月

全国高等教育自学考试指定教材

数据结构与算法

全国高等教育自学考试指导委员会　组编

编 者 的 话

本书是根据全国高等教育自学考试指导委员会最新制定的《数据结构与算法自学考试大纲》编写的自学教材。

百年大计，教育为本。习近平总书记在党的二十大报告中强调“教育、科技、人才是全面建设社会主义现代化国家的基础性、战略性支撑”，首次将教育、科技、人才一体安排部署，赋予教育新的战略地位、历史使命和发展格局。

当今的世界，信息技术的飞速发展使得计算机及其相关技术已经成为各个学科不可或缺的基础，现在热门的大数据、人工智能、软件工程和物联网技术等新兴专业均是以计算机专业为基础发展而来的；传统的电子信息、自动控制等信息类专业已经与计算机技术进行了深度融合，计算机技术已经在这些专业中得到深入应用；传统的机械制造、力学工程、机电工程和生物工程等非信息类的专业与计算机技术融合交叉，已经发展出新型学科，成为这些传统专业不断创新的突破点。

教育部出台的一系列相关文件，对人才培养提出了更加具体的要求。自学考试作为高等教育的良好补充，理应跟上时代的步伐。为此，我们根据新的《数据结构与算法自学考试大纲》编写了本教材。

数据结构与算法课程作为计算机科学与技术、软件工程等专业的重要基础理论，在整个计算机相关课程体系中占有重要的地位，不仅是计算机学科的核心课程，而且已经成为许多相关学科所必须学习和掌握的课程。

根据大纲要求，学习数据结构与算法课程的考生应该已经掌握了 C 语言程序设计的基础知识，这是本书的编写前提。教材内给出的算法实现均是用 C 语言完成的。

本书在吸收国内外相关教材的精华和其他数据结构与算法参考资料的基础上，围绕最新版的《数据结构与算法自学考试大纲》，覆盖了数据结构与算法课程的核心内容。教材编写过程中还参考了《高等学校计算机科学与技术专业公共核心知识体系与课程》规范，以及数据结构与算法的相关课程标准。

本书共分 8 章。第一章介绍了数据结构、抽象数据类型的基本概念，描述了 4 类数据结构及其特点，介绍了数据的 4 种基本存储方式。另外，还介绍了算法的基本概念及对算法进行评估的基本概念和基本方法，以及算法设计的基本策略及相应的特点。第二章介绍了线性表的概念，给出了线性表的两种存储方式，并分别在两种存储方式下实现了基本操作，分析了各操作的时间复杂度，对比了两种存储方式的空间开销；介绍了结合线性表顺序存储和链式存储特点的静态链表；介绍了若干应用。第三章讨论了栈和队列，分别讨论了栈和队列的两种实现方式，重点讨论了顺序栈和循环队列；介绍了双端队列。本章介绍的相关应用可以加深对栈及队列特点的理解。第四章介绍了多维数组行主序、列主序的存储方式及其相应方式下的地址计算方法，介绍了特殊矩阵的压缩存储。本章还介绍了广义表和串的基本概念、模式匹配的 BF 算法和 KMP 算法。第五章介绍了树、森林的基本概念及几种常用的表示方法，着重介绍了二叉树的相关概念及基本操作，实现了相关算法；介绍了堆的概念和基本操作，实现了相关算法；最后介绍了哈夫曼树及哈夫曼编码。第六章介绍了图的基本概念、存储方式及相关操作的实现，着重介绍了图的几个经典问题，给出了算法实现。第七章介绍了内部排序方法，描述了各排序算法的基本思想，给出了相应算法的实现，并对各算法进行了比较分析。第八章介绍了查找的概念，介绍了基于顺序表的查找方法、基于树形结构的查找方法和哈希方法。

为便于考生进行自学，在每章的开始列出了该章的学习目标，在每章的结尾给出了内容小结，帮助考生学习时抓住重点。本书在内容安排上连贯有序、层次分明、循序渐进，力求表述严谨、语言精练、通俗易懂，既便于教学，又便于考生自学。

每章最后列出一些习题，考生需要认真完成，以加深对课程中知识点的认知和理解，检验学习效果。本书配套的数字资源中给出了习题的参考答案，供考生参考。

本课程要求考生使用C语言至少完成6个实习题目。

为方便参加自考的考生切实领会本课程知识，掌握基础理论，学会解题方法，本书在以下几方面完成相关工作。

（1）采用“工科”思维，启发考生掌握如何从问题入手，通过抽象、分析来寻求问题的答案。

（2）覆盖考试大纲中的全部知识点，对线性表、栈、队列、数组、广义表、串、树和图等基础内容进行了详细讲解，对排序和查找等内容进行了深入讨论。通过多种应用实例，使考生了解如何根据不同的应用问题选择不同的数据结构进行求解。本书中没有包含数据结构与算法课程中更深入的内容，并非因为这些内容不重要，而是要避免超纲的内容冲淡内容的主体。

（3）本书的章节顺序与考试大纲的顺序完全一致，书中选用了本课程的典型算法和典型例题，并增加了一些以应用为背景的例题，以突出本课程的应用特点；每章之后的习题以基础知识为主导，放弃了一些过于理论性、探索性的题目，覆盖了自学考试中的全部题型，以利于考生自学和复习备考。

（4）为适应学生自学的需求，本书在讲解基本原理的过程中，以清楚易懂为首要原则，对于重要的原理，尽量进行详细阐述，对于算法的关键点，尽量进行细致介绍，增加了一些传统教材中忽略的细节，不再过分强调编程语言的简明，同时避免了过多的理论推导和知识扩展。

（5）本书中的算法描述力求结构化，全部程序采用C语言作为描述语言，注重编程风格，程序中尽量避免使用过多的涉及C语言本身的编程技巧，通过适当的注释增加程序的可读性，避免陷入C语言实现的细节中。因为各IDE存在细微差异，所以可能会有个别程序需要稍加修改，以便在其他环境下正确运行。算法实现中增加了很多注释，以帮助考生理解程序。

（6）本书中的全部程序均为真实的、可运行的程序，但这种“可运行”并不是简单地将书中给出的程序输入C编程环境中就可以直接编译运行，而是需要编写相关的其他辅助函数。例如，需要编写调用函数、输入对应于问题情况的数据输入函数，以及输出计算结果的输出函数，同时，为保证程序能够正常运行，还需要设计并准备相关的数据。由于篇幅的限制，因此本书中仅给出核心算法程序的实现主体。

（7）本书提供了配套的基础版电子教案（PPT），以帮助助学教师进行教学。

本书由南开大学辛运帏教授、北京理工大学陈朔鹰副教授共同编写。全国高等教育自学考试指导委员会电子、电工与信息类专业委员会组织审稿，秘书长、上海交通大学韩韬教授为本书审定做了大量组织工作。在本书的编写过程中，得到了东南大学姜浩教授的鼎力支持和帮助，他提出了许多宝贵的意见和建议，在此表示衷心的感谢。另外，本书还参考了大量的图书和资料，在此一并向这些图书和资料的作者致以诚挚的谢意。

本书经熊岳山教授（国防科技大学）、喻梅教授（天津大学）认真审阅，在全国考委电子、电工与信息类专业委员会 2023 年 11 月组织召开的审稿会上，以上专家对本书提出了中肯的修改意见，特向他们表示衷心的感谢。

本书既可供计算机科学与技术（专升本）、软件工程（专升本）等专业自学考试的考生使用，也可供普通高等院校计算机专业及相关专业的学生使用，或作为教学参考书。

由于作者水平有限，加之时间仓促，书中难免存在一些错误和不足，敬请读者批评指正，不胜感谢。

编　者

2023 年 12 月

第一章　绪　　论

学习目标：

1. 了解数据结构及算法在计算机软件和计算机应用中的作用。

2. 掌握数据结构中的基本概念和术语，了解 4 类基本数据结构，理解逻辑结构与存储结构的含义及相互关系，了解数据结构的 4 种基本存储方法。

3. 掌握抽象数据类型的表示与描述，能够用抽象数据类型表示实际问题。

4. 掌握算法的基本概念及重要特性，能够使用类 C 语言描述算法。

5. 掌握算法评估和复杂性度量的基本概念，能够对简单算法进行复杂度评估。

6. 领会算法的基本设计策略的特点，使用基本算法策略实现简单程序。

建议学时： 3 学时。

教师导读：

1. 本章将揭开数据结构与算法课程的序幕，让考生初步了解数据结构与算法课程的全貌，了解该课程在计算机及相关专业的课程体系中承上启下的关键作用。

2. 结合实例让考生理解数据类型与抽象数据类型的含义，理解逻辑结构与存储结构的关系，了解数据结构的 4 种基本存储方法。

3. 从使用自然语言描述算法过渡到使用类 C 语言描述算法。说明给出的算法示例满足算法的五大特性。

4. 以循环结构为例，向考生介绍常见程序结构的时间复杂度评估方法。

5. 从示例入手，向考生介绍基本的设计策略。

数据结构与算法是计算机专业的必修课程，在课程体系中占据着非常重要的地位，起着承上启下的作用，是学习其他计算机专业课程的基础和前提。

自计算机问世以来，计算机的处理能力越来越强，处理数据的类型越来越多样、复杂，需要更强有力的数据表示及处理方法。

高级程序设计语言都提供了基本数据类型，有些语言还提供了让程序员构造更高级、更复杂类型的机制。随着时间的推移，这些技术逐渐成熟，形成了一个完整的独立体系，这就是最初的数据结构思想，数据结构课程也应运而生。

本章将介绍数据结构的基本概念，算法及其特性，时间复杂度、空间复杂度的概念，在此基础上，还将介绍对算法进行复杂度评估的基本方法。

第一节　基本概念和术语

一、数据与数据结构

世界上第一台通用计算机是 ENIAC（Electronic Numerical Integrator And Calculator，电子

数值积分计算机），它的用途是计算弹道，是名副其实的“数值”计算机。那时的计算机仅能处理通常意义下的“数”，完全没有办法处理现在司空见惯的文档、照片、视频等类型的对象，处理的数据也谈不上有什么“结构”。

需求推动技术的发展，程序设计语言内置的数据类型越来越多样，提供的处理手段越来越方便、快捷。当需要方便地处理众多同类型的数据时，出现了数组，“结构”的雏形显现了。例如，在需要保存 100 个整数时，若使用 100 个变量分别保存，则每个变量都是独立的个体；如果将它们保存在一个数组中，则它们是一个整体。数组就是保存这 100 个整数的“结构”。又如，复数的实部和虚部可以使用两个实数分别表示。如果分开来看它们，那么它们是各自独立的，但在合并组成的二元组中，它们又是相互关联的。这样的二元组也是一种“结构”，结构中两个数据域是同类型的。在 C 语言中，可以定义 struct 类型来表示这样的“结构”，结构中数据域的个数可以是任意的，类型可以相同，也可以不同。例如，可以定义 struct 类型来保存学生信息，各数据域的类型可以是字符串、数值、日期等。各数据域中保存的一组值称为记录。

渐渐地，独立于程序设计语言，专门研究数据的表示方式、存储方法及处理方法，进而研究相关的算法实现的数据结构与算法课程出现了。

数据结构与算法作为一门独立的课程，已经有很多年了。世界著名计算机科学家高德纳（Donald E. Knuth）教授的巨著《计算机程序设计艺术》，全面系统地论述了数据的逻辑结构和存储结构，并且给出了多种典型算法，为数据结构奠定了理论基础。著名计算机科学家 N. 沃思（N. Wirth）编写的《算法+数据结构=程序》一书明确指出，在程序设计中，数据结构与算法同等重要。

20 世纪 80 年代以后，抽象数据类型概念将数据和对数据进行操作的定义紧密关联起来，但不涉及操作的具体实现，也就是说，将操作的具体实现和操作的定义分离。特别是在面向对象程序设计方法论中提出类的概念，从而将数据结构的理论和实践都提高到一个新水平。

“数据”这个词出现得越来越频繁，那么“数据”包括什么呢？在计算机科学中，数据是指所有能输入计算机并被计算机程序处理的符号的集合。数据绝不能仅仅理解为整数或实数这种狭义的“数值”。源程序、文档、地图、照片、歌曲、视频等，都可以被视为“数据”。今后，随着计算机技术的发展，计算机能够处理的对象会更加多元，应用领域会不断拓展，还将不断扩大数据的范畴。

数据是多种多样的，有些复杂，有些简单，复杂的数据往往是由简单的数据构成的。构成数据的基本单位称为数据元素。数据元素可大可小，大到可以是一幅地图、一本书、一部电影，小到可以是一个字符，甚至是计算机中的 1 位（bit）。

数据元素还可以细分为数据项。例如，要保存 100 名学生的信息，每名学生的信息包括学号、姓名、所学各科成绩等，可使用一条记录来保存。一条记录可以被看作一个数据元素，而记录中的学号、姓名、各科成绩等都可以被看作数据项。全部学生的记录构成了数据。

又如，某图书馆的图书管理系统中保存了馆内所有图书的信息和借阅情况，构成图书信息的书名、作者名、出版社名、书号和出版日期等都可以被看作数据项，由一本书的信息组成的一条记录即一个数据元素。

【例 1-1】 学生信息示例。

某班 30 名学生的基本信息见表 1-1。

表 1-1　某班 30 名学生的基本信息

学　号	姓　名	性　别	出生日期	籍　贯
M2022103001	王义平	男	2004 年 11 月 22 日	山东
M2022103002	陆东	男	2004 年 02 月 05 日	河南
M2022103003	李晓敏	女	2005 年 01 月 15 日	江苏
⋮	⋮	⋮	⋮	⋮
M2022103030	杨志强	男	2004 年 10 月 30 日	陕西

一名学生的基本信息形成一条记录，对应于表 1-1 中的一行，每一行信息是一个数据元素。表 1-1 中有 30 个数据元素。每个数据元素又含有 5 个数据项，分别是学号、姓名、性别、出生日期和籍贯。“M2022103003”“王义平”和“陕西”等都是数据项的值。每行中包含的数据项都是一样的，数据项的值可以相同，也可以不同。学号是一定不相同的，因为这个数据项有特殊的含义，它与每名学生一一对应。如果学生中有同乡，那么他们的“籍贯”数据项的值就会相同。如果有重名的学生，那么他们的“姓名”数据项的值就会相同。

表 1-1 中的各记录可以按任意的次序排列，如可以按学号递增排列。

在数据结构中，数据的最小不可分割的单位是数据项；逻辑上相关的、具有物理意义的若干数据项构成一个数据元素；数据元素作为一个完整的对象（整体）是构成数据的基本单位。

【例 1-2】 一本名为《数据结构与算法》的书的目录如图 1-1 所示。

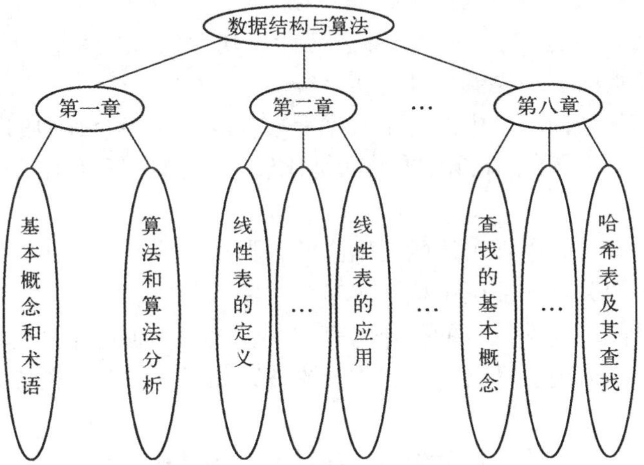

图 1-1　一本书的目录构成的树

在图 1-1 中，每个椭圆都表示一个数据元素。最上层的一个数据元素与第二层的 8 个数据元素存在“上下级”的关系，第二层的每个数据元素，又分别与第三层中的若干个数据元素存在“上下级”的关系。有“上下级”关系的两个数据元素，在图 1-1 中使用连线连接。在本例中，“上下级”代表的是包含关系，如“第一章”包含“基本概念和术语”

等。可以用图 1-1 这样的机制表示家族、组织机构等，在表示实际的情况时，这些“上下级”对应的含义会依具体情况而定。

数据元素之间的相互关系构成结构，带有结构特性的数据元素集合构成数据结构。具体来说，数据结构又分为逻辑结构和存储结构。逻辑结构主要是指数据元素之间的逻辑关系，存储结构主要是指数据元素在计算机中的表示及存储方式。

数据的逻辑结构从逻辑上描述数据，表明数据元素之间的关系，与数据的存储方式无关，既独立于计算机，又独立于程序设计语言。

从逻辑角度来看，基本的数据结构包括 4 类，分别是集合、线性结构、树结构和图结构。

集合由元素构成，是数学中最基本的概念之一。集合中各元素之间没有次序关系，涉及元素与集合的操作包括：将新元素加入集合、从集合中删除指定元素、判定某元素是否属于集合等。还可以对集合进行操作，如判定集合是否为空、求两个集合的并集、求两个集合的交集、求一个集合的补集等。

线性结构是数据元素之间存在着先后次序关系的结构，每个元素都对应着一个唯一的次序，这个次序决定着元素的位置。例 1-1 中给出的学生基本信息表就是一个线性结构，各数据元素按照学号的次序排列。包含“M2022103001”的记录是第一个元素，包含“M2022103030”的记录是第 30 个元素。排在每个数据元素前面的元素是唯一的，称为直接前驱。同样地，排在每个数据元素后面的元素也是唯一的，称为直接后继。在例 1-1 中，排在“陆东”前面的是“王义平”，排在其后面的是“李晓敏”。当然，第一个和最后一个元素是例外的，第一个元素没有直接前驱，最后一个元素没有直接后继。

树结构是一种层次结构，其中的数据元素按层排列。除了顶层的元素以外，每个数据元素都对应一个上一层元素，同时可以有数目不等的下一层元素。图 1-1 即树结构。“基本概念和术语”对应的上一层元素仅有一个，即“第一章”，“第一章”对应的下一层元素有多个，“基本概念和术语”对应的下一层元素有零个。仿照线性关系，可以将元素的上一层看作其直接前驱，将元素的下一层看作其直接后继。

图结构是一种网状结构，其中的每个数据元素都可以与多个其他的数据元素相关。树结构可以被看作图的特例。树结构和图结构都是比线性结构更复杂的结构，它们属于非线性结构。

如果考查数据元素之间存在关系的元素个数，那么，线性结构中元素之间是一对一的关系，树结构是一对多的关系，而图结构是多对多的关系。

集合的操作可以借用线性结构的操作来完成，一般不单独讨论集合。当需要使用集合来描述操作对象时，可以借用线性结构来完成。当然，如果还有其他的需求，则也可以使用树结构来完成。

图 1-2 形象地表示了集合、线性结构、树结构及图结构中数据元素之间的关系。

数据元素及其关系在计算机内的存储方式，称为数据的存储结构，也称为物理结构。算法的设计主要基于数据的逻辑结构，关注的是哪些数据元素之间存在相互关系，以及算法中要按照什么样的次序对哪些数据元素进行何种操作。而具体实现算法时要依赖于相应的存储结构，只有知道了数据元素的存储方式，才能实际访问数据元素和对其进行具体的操作。

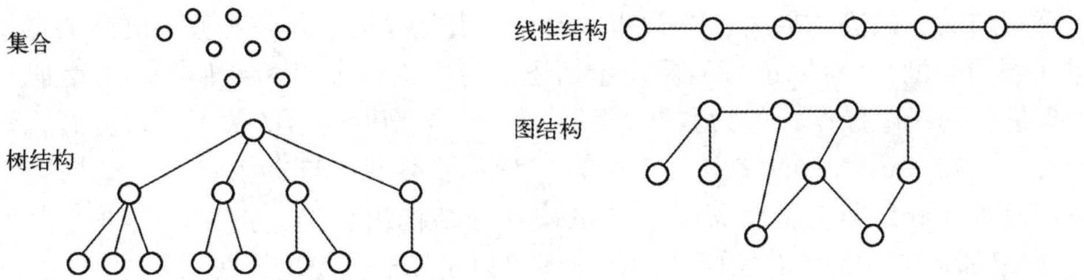

图 1-2　4 类基本数据结构示意图

二、常用存储方法

数据结构常用的存储方法有以下 4 种。

（1）顺序存储方法。逻辑上相邻的数据元素，存储到物理位置相邻的存储单元中，这样的存储方法称为顺序存储方法。在使用程序设计语言中的一维数组保存线性结构中的数据元素时，采用的就是顺序存储方法。相应的存储结构称为顺序存储结构。

（2）链式存储方法。逻辑上相邻的数据元素，不要求其存储的物理位置也相邻，通常借助于程序设计语言中的指针来指示数据元素间的逻辑关系。这样的存储结构称为链式存储结构。

（3）索引存储方法。除了保存数据元素以外，索引存储方法还针对数据元素建立索引表。索引表由索引项组成，索引项指示数据元素所在的物理位置。通过索引项，可以加快查找数据元素的速度。这种方法是索引存储方法。

（4）散列（哈希）存储方法。散列存储方法是一种特殊方法，它根据数据元素的关键字计算出该元素的物理存储位置。通常，使用称为散列表的一维数组作为保存元素的结构。

【例 1-3】 下列关于顺序存储结构与链式存储结构的叙述中，正确的是（　）。

A. 顺序存储结构的存储空间是连续的，链式存储结构的存储空间不一定连续

B. 顺序存储结构只用于线性结构，链式存储结构只用于非线性结构

C. 顺序存储结构一定比链式存储结构节省存储空间

D. 链式存储结构一定比顺序存储结构节省存储空间

答案为 A。

数据结构在采用顺序存储结构保存时，对于逻辑上相邻的数据元素，其存储单元的物理位置也相邻，因此存储空间必然是连续的。而采用链式存储结构保存时，通常使用指针来指示数据元素之间的逻辑关系，指针保存的是相关数据元素的存储地址。所以这两个元素在内存中可能是相邻的，也可能是不相邻的，所有元素的存储空间不一定是连续的。

顺序存储结构和链式存储结构，既可以保存线性结构，又可以保存非线性结构。至于哪种存储结构更节省存储空间，要视具体情况而定。

综上所述，选项 A 是正确的。

三、抽象数据类型

所有程序设计语言都会提供基本类型。类型即值的一个集合。例如，整型就是整数的集合。可以为这些类型定义运算，使用相应的运算符表示对应的操作。例如，对于整数集合，

定义的运算有加法、减法、乘法、整除和取模等，由此确定了允许对整数进行的操作。对于布尔类型（逻辑类型），可以进行的操作包括逻辑与、逻辑或和逻辑非等。类型加上允许对该类型数据进行的一组操作，称为数据类型。若一个类型所表示的值不可再分解，则该类型称为原子类型，如 C 语言中的整型、实型等都是原子类型。与之相对的是结构类型。结构类型的值可以再细分，即它是由若干个分量按某种结构组成的。例如，C 语言中的结构体（struct）、数组都是结构类型。构成结构的分量可以是原子类型的，也可以是结构类型的。

除了程序设计语言中提供的基本类型以外，还可以定义抽象意义下的类型，并为该类型定义一组相关的操作。这样定义的数据类型称为抽象数据类型（Abstract Data Type，ADT）。抽象数据类型的定义包括类型的名字及对各个操作的刻画，也就是要明确“做什么”。对于每个操作，要规定操作的名字、操作执行的前提条件、输入和输出分别是什么等。每个操作通常表示为一个函数或方法。

“抽象数据类型”是相对于程序设计语言中的“基本类型”来说的。抽象数据类型通常都是程序设计语言中没有提供的类型。在给出抽象数据类型的定义时，尚未明确所定义类型的数据元素的存储方式，当然也没有给出各操作的实现细节。在实现环节，才会给出所定义的类型中涉及的数据元素使用哪种方式保存及如何保存。有了存储结构，才能具体实现各操作，也就是实现“如何做”。

【例 1-4】 定义抽象数据类型 Triangle，它表示三角形。

```
ADT Triangle{                              //三角形的抽象数据类型定义
    数据部分：
        a,b,c：                            //表示构成三角形的三条边，实型
    操作部分：
        area(a,b,c)                        //给定三条边，计算三角形的面积
            输入：a,b,c
            输出：三角形的面积
            前提条件：三条边满足构成三角形的条件
        perimeter(a,b,c)                   //给定三条边，计算三角形的周长
            输入：a,b,c
            输出：三角形的周长
            前提条件：三条边满足构成三角形的条件
}
```

例 1-4 首先定义了一个称为 Triangle 的抽象数据类型，它的数据部分包括 3 个实型值，它们是组成三角形 3 条边的长度值；然后定义了两个操作，一个是根据 3 条边的长度计算三角形的面积，另一个是根据 3 条边的长度计算三角形的周长。这两个操作都表示为函数的形式，三角形的 3 条边是输入参数，仅当 3 条边的长度满足构成三角形的条件后，函数才能执行。

这个抽象数据类型的定义中，并没有说明 3 条边使用什么样的结构来保存，是使用数组呢？还是使用记录呢？或者就是使用 3 个独立的变量？另外，这两个函数中也都没有给出具体的实现代码。这些都表明例 1-4 给出的仅是一个抽象数据类型的定义。

第二节　算法和算法分析

算法的概念在计算机科学与技术领域几乎无处不在，在各种计算机系统的实现过程中，算法的设计与实现往往处于核心地位。在编写程序解决具体问题时，算法的思想是计算机程序的灵魂，算法规定的流程决定着程序的执行步骤。可以这样说，程序使用某种程序设计语言描述数据的表示方式，并实际展现算法。即使对同一个算法，实现的程序也会有不同的形式。不仅使用的程序语言可以不同，实际的实现细节也可以不同。

在使用计算机解决问题时，总会要求所花的时间越短越好，占用的计算机资源越少越好。除了正确性以外，多、快、好、省也都是一直追求的目标。那么，计算机内部的资源有哪些呢？CPU 时间和内存空间肯定是紧俏的两种资源。一般地，分别使用时间复杂度和空间复杂度来评估这两种资源的使用效率。本节将介绍算法的基本概念及衡量算法好坏的评价标准。

一、算法的基本概念

算法（algorithm）概念的出现与计算机及程序设计无关，事实上，远在计算机出现之前，就已经有算法被提出了。例如，使用辗转相除法求两个正整数最大公因子的欧几里得（Euclid）算法，出现在 2300 多年前，这是目前已知的最古老的算法。

定义 1-1　算法是一个由若干确定的（无二义性的）、可执行的步骤组成的肯定能够终止的有序步骤集合。

算法描述一个问题的求解过程，由一系列解决问题的清晰指令构成。这些指令可以使用自然语言表示，也可以使用计算机程序设计语言表示，甚至可以混合使用自然语言与计算机程序设计语言来描述。C 语言与自然语言的混合有时称为类 C 语言，这样描述的算法称为伪代码。

例如，温度通常有两种常用的计量表示方法，一种称为华氏温标，另一种称为摄氏温标。现在要求编制一个小程序，将摄氏温标值 C 转换为华氏温标值 F。已知温标转换计算公式为：$F=C\times(9/5)+32$，使用自然语言描述的转换过程如下。

（1）输入一个摄氏温标值 C。

（2）C 乘以常数 9/5（或 1.8）。

（3）将步骤（2）的乘积与常数 32 相加，得到 F。

（4）输出结果 F，即转换后的华氏温标值。

进一步地，采用类 C 语言进行描述如下。

```
(1)输入值 C;              //C 为摄氏温标值
(2)F=C×(9/5)+32;
(3)输出值 F;              //F 为华氏温标值
```

在计算机问世之后，人们将一些问题交给计算机来求解，但计算机不能识别上述那样描述的算法，所以很多算法要具体化为一个计算机程序，程序是算法的另一种表现形式。在有些语境中，算法与程序变成了同义词。本书采用 C 语言实现相关的算法。

使用 C 语言实现温标转换算法的程序如下。

```
#include <stdio. h>
int main( int argc, char  ** argv)
{
     double Ctemp, Ftemp;                    //分别代表两种温标值
     const double fac = 1. 8, inc = 32. 0;
     printf( "输入摄氏温标值:" );
     scanf( "%lf" ,&Ctemp);
     Ftemp = Ctemp * fac+inc;
     printf( "摄氏 %3. 1lf 度对应的华氏温标值是: %3. 1lf\n" , Ctemp, Ftemp);
     return 0;
}
```

算法是一系列指令的描述，但并不是任意的描述都可以构成算法。算法必须满足如下 5 个重要特性。

（1）输入：有 0 或多个输入值。

（2）输出：有 1 或多个输出值。

（3）有穷性：一个算法必须在执行有穷步骤之后结束。

（4）确定性：算法的每一个步骤都必须有确切的含义。

（5）可行性：算法中要做的运算都是相当基本的、能够精确进行的。

算法可以没有输入，但必须有输出，通常输出的是算法的执行结果。实现算法的程序的运行时间是有限的。算法的每个执行步骤不能有歧义，且必须是能够执行的。

二、算法的评估和复杂性度量

算法必须正确，错误的算法不可能得到正确的求解结果。所以，算法的正确性成为评判算法的首要指标。除此之外，还要评判算法的其他方面，包括它的执行效率。为简单起见，本书中只对正确的算法进行评判。

即使使用同一种程序设计语言描述同一个算法，也会有不同的方式。特别是当数据采用不同的存储方式时，算法的实现细节可能会有很大的差异。

计算机中最重要的资源之一是 CPU，完成具体任务的算法的效率是决定程序执行快慢的重要因素。如何衡量算法的效率呢？最先想到的应该是使用执行程序所花费的时间来表示快慢，执行程序所花费的时间短，表示程序执行得快；花费的时间长，表示程序执行得慢。

但仅仅这样刻画快慢未免有些武断，还应该考虑其他重要的因素。例如，对于解决同一问题的算法 A 和算法 B，算法 A 处理 10 个数据时花费 10 个时间单位，而算法 B 处理 1000 个数据时花费 20 个时间单位。那么花费时间单位更多的算法 B 是不是劣于花费时间单位较少的算法 A 呢？

显然，执行程序花费的时间与程序所处理的数据个数有很大的关系，这个数据个数称为问题规模，也称为问题大小。算法花费的时间表示为问题规模的一个函数。

仍以算法 A 处理 10 个数据为例，在主频不同的 3 台计算机上运行时，所花费的时间单位可能各不相同。通常，主频越高的计算机，花费的时间往往越少；主频越低的计算机，花费的

时间往往越长。所以，仅仅考虑待处理的数据数量还不够，还需要考虑计算机本身的差异。

为了突出算法自身的特点，故在衡量算法效率时应该屏蔽计算机的差异性，不能使用程序运行的绝对时间作为衡量指标。一般地，选择算法执行的机器指令个数作为衡量指标相对合理一些。计算机的 CPU 芯片不同，运行的系统不同，导致指令集也可能不同。将机器指令再进一步对应为程序中的语句，统计一个程序在执行期间需要执行的语句总数，将这个数值作为衡量算法的时间指标。并且约定，程序设计语言中一条基本语句的执行时间为 1 个单位时长，这样处理后将不同语句之间的差异也屏蔽掉了。

一个算法的时间效率可以用问题规模及关键的处理步骤的多少来定义。具体来说，将算法的时间效率表示为问题规模 n 的一个解析式，对于规模为 n 的问题，解析式计算的值就是算法处理的步骤数。将关于 n 的这个解析式称为增长函数，表示为 $T(n)$。

对于一个具体的算法，其增长函数是一个近似的表达式。一个算法处理 10 个数据时，是执行了 100 条语句还是 102 条语句，差别并不大。需要关心的是，当数据量增大若干倍时，算法所花费的时间需要增加多少倍，即需要知道其中的比例关系。这是函数的渐近性，即增长函数与问题规模的变化关系，也就是想知道 n 增大时函数的一般特性。看下面的例子。

【例 1-5】 查找给定的含 $n(n>0)$ 个元素的数组中的最大值。

```
int largest(int * array,int n)                    //找最大值
{       int currlarge=array[0];                   //保存目前得到的最大值
        int i;
        for (i=1;i<n;i++)                         //对数组中的每个元素进行处理
            if (array[i]>currlarge)
                currlarge=array[i];               //如果大于目前已经找到的元素，则更新最大值
        return currlarge;                         //返回最大值
}
```

这段程序非常简单，从数组最前面的元素开始，依次扫描每个元素，并记录目前找到的最大值。在扫描全部数据后，将得到数组中的最大值并返回该值。程序的主要部分是 for 循环，循环体是一条分支语句。循环的执行次数依赖于数组的大小。当数组中有 n 个数据时，for 语句的循环体执行的次数是 $n-1$ 次，这也是 if 语句的语句体执行的最大次数。再加上赋初值及返回语句，在不考虑 for 语句内部的初始化、迭代及更新语句的情况下，largest 函数中执行的语句个数最多为 $1+n-1+1=n+1$，得到该算法的增长函数 $T(n)=n+1$。当数组中元素个数为 $10n$ 时，执行的语句个数最多为 $10n+1$，即问题规模扩大至原来的 10 倍，所花费的时间也增加至约 10 倍。

【例 1-6】 程序段示例。

```
sum=0;                    //赋初值
for (i=0;i<n;i++)         //对每个 n 执行外层循环
    for (j=0;j<n;j++)     //对每个 n 执行内层循环
        sum++;            //累加
return sum;
```

例 1-6 中程序片段的主体是一个二重循环，外层循环每执行 1 次，内层循环都执行 n 次，所以 sum++的总执行次数为 n^2，语句执行的总数是 n^2+2，即增长函数 $T(n)=n^2+2$。当问题规模扩大至原来的 10 倍时，所花费的时间需要增加至约 100 倍。

可以看出，在例 1-5 和例 1-6 中，增长函数是不同次数的多项式，前者是线性的，后者是二次的。当 n 很小时，两者的差别并不明显。但随着 n 的增大，两者的差距会越来越悬殊。当 n 增大时，增长函数的变化规律就是算法的渐近变化规律，这是要关心的。从数学原理中知道，这个变化规律依增长函数表达式的主项而定，当 n 增大时，主项的变化最快。例如，在上述两例中，当 n 变得非常大时，因为 n^2 项的变化比 n 项快得多，故常数项是 1 还是 100 就变得无足轻重了。而主项的系数对变化趋势没有影响，如 n^2 与 $3n^2$ 的变化趋势是一样的。

在考查增长函数时，只关心增长函数表达式中的主项，并且不再考虑主项的系数。表达式的主项使用记号 O 来表示，例如，例 1-5 中增长函数表示为 $O(n)$，例 1-6 中增长函数表示为 $O(n^2)$。这称为渐近时间复杂度，也称为算法的阶。

定义 1-2 称（复杂度）函数 $T(n)$ 是 $O(f(n))$ 的，即 $T(n)=O(f(n))$，如果存在常数 $c>0$ 与 n_0，当 $n>n_0$ 时，有 $T(n)\leqslant cf(n)$。

例如，$T_1(n)=(n+1)/2=O(n)$，$T_2(n)=3n^2+4n+5=O(n^2)$。

当然，$T_1(n)=O(n^2)$，$T_2(n)=O(n^3)$ 也都是对的，但一般取最低阶表示。由此可以看出，$T(n)=O(f(n))$ 说明 $T(n)$ 的阶不大于 $f(n)$ 的阶。

定义 1-3 称（复杂度）函数 $T(n)$ 是 $\Omega(f(n))$ 的，即 $T(n)=\Omega(f(n))$，如果存在常数 $c>0$ 与 n_0，当 $n>n_0$ 时，有 $T(n)\geqslant cf(n)$。

例如，$T_1(n)=(n+1)/2=\Omega(n)$，$T_2(n)=3n^2+4n+5=\Omega(n^2)$。

当然，$T_1(n)=\Omega(1)$，$T_2(n)=\Omega(n)$，$T_2(n)=\Omega(n\log n)$ 也都是对的，同样地，取它们之中的最高阶。由此可以看出，$T(n)=\Omega(f(n))$ 说明 $T(n)$ 的阶不小于 $f(n)$ 的阶。

大 O 表示法和大 Ω 表示法分别描述某一算法的上限（如果能找到某一类输入下开销最大的函数）和下限（如果能找到某一类输入下开销最小的函数）。当上、下限相等时，可用 Θ 表示法。如果一种算法既是 $O(f(n))$ 的，又是 $\Omega(f(n))$ 的，则称其是 $\Theta(f(n))$ 的。

若增长函数不随算法问题规模变化，即不管问题规模有多大，花费的时间都是固定的，则增长函数称为 $O(1)$ 阶，或称常数复杂度。

与问题规模成正比的问题求解算法称为线性操作。许多算法具有 $\log_2 n$ 的对数复杂度。其他算法有 n 的某次幂的多项式复杂度，如 $O(n^2)$ 或 $O(n^3)$。更坏的算法是指数复杂度，n 是指数，如 $O(2^n)$。表 1-2 中列出了几种增长函数及它们的渐近时间复杂度（即时间复杂度）。

表 1-2　一些增长函数和它们的时间复杂度

增长函数	阶	时间复杂度
$T(n)=17$	$O(1)$	常数
$T(n)=20n-4$	$O(n)$	线性
$T(n)=12n\log n+100n$	$O(n\log n)$	线性对数
$T(n)=3n^2+5n-2$	$O(n^2)$	多项式（平方）
$T(n)=2^n+18n^2+3n$	$O(2^n)$	指数

【例 1-7】 某程序如下：

```
int fact(int n)
{    int factv=1,i;
     if (n<0) return -1;
     if (n<=1) return 1;
     for (i=2;i<=n;i++) factv *=i;
     return factv;
}
```

其时间复杂度是（　）。

A. $O(\log_2 n)$　　B. $O(n)$　　C. $O(n\log_2 n)$　　D. $O(n^2)$

答案是 B。

fact 函数计算整数 n 的阶乘，最主要的操作是 for 循环，另外还有对 factv 的赋值及返回语句。对于 n，循环执行的次数是 $n-1$，所以 fact 的增长函数 $T(n)=n-1+4=n+3$，时间复杂度为 $O(n)$，即线性的。

【例 1-8】 有如下程序段：

```
int x=m;
while (x>1){
    x=x/2;
}
```

其中 $m>1$，则时间复杂度为（　）。

A. $O(\log m)$　　B. $O(m^2)$　　C. $O(m^{1/2})$　　D. $O(m^{1/3})$

答案是 A。

x 的初值是 m，程序段中主要的执行语句是 while 循环，这个循环的执行次数依 x 的值而定，当 x≤1 时，循环终止。每次执行语句“x=x/2”，都会使 x 值减半，这个循环的执行次数与$\lceil \log m \rceil$值相近，故时间复杂度为 $O(\log m)$。

渐近时间复杂度对算法的意义是什么呢？它直接影响计算机能力提升后能够处理的数据量增长的大小。假定有不同时间复杂度的 4 个算法：A_1、A_2、A_3和 A_4，它们的时间复杂度列在表 1-3 中。当计算机的处理能力提升至原来的 10 倍时，具有 $O(n)$时间复杂度的算法 A_1处理的数据量确实增长至原来的 10 倍，也就是问题规模扩大至原来的 10 倍。但具有 $O(n^2)$时间复杂度的算法 A_2，问题规模只扩大至原来的 3.16 倍。同样，对于算法 A_3，问题规模只扩大至原来的 2.15 倍。对于具有指数阶的算法 A_4，其问题规模几乎没有什么改变。因处理器的处理速度提升而带来的改善比例，敌不过低效率算法导致的速度减弱。在要处理大量数据的系统中，算法的效率越低，提升处理器的处理速度带来的收益越少。

表 1-3　处理器处理速度提升 10 倍后问题规模的增长

算　法	时间复杂度	提升前最大问题规模	提升后最大问题规模
A_1	$O(n)$	s_1	$10s_1$
A_2	$O(n^2)$	s_2	$3.16s_2$

（续）

算　法	时间复杂度	提升前最大问题规模	提升后最大问题规模
A_3	$O(n^3)$	s_3	$2.15s_3$
A_4	$O(2^n)$	s_4	$s_4+3.3$

已经知道，时间复杂度是关于问题规模的函数。在具体到一个问题时，即使知道了初始数据的个数，所花费的时间也可能是不一样的。例如，在对 10000 个整数进行排序时，如果这 10000 个整数已经按大小排列好了，那么排序过程将非常简单，所花费的时间也最少。同样地，可能会有某一种排列情况，使得排序时所花费的时间最多。如果考虑每种排列情况，则可以综合评判它们的平均情况。由此得到时间复杂度的细化指标。当问题规模确定后，时间花费最少的称为最优时间复杂度或最好时间复杂度，时间花费最多的称为最坏时间复杂度或最差时间复杂度，所有情况下的平时花费时间称为平均时间复杂度。

除了要评判算法的时间复杂度以外，算法在运行过程中临时占用的空间大小也要考虑，这称为空间复杂度。一般地，空间复杂度也表示为问题规模的一个函数。在考虑空间存储量时，算法代码占用的空间、算法中初始数据占用的存储空间，都不包含在内。

有些算法，除数据本身占据的空间以外，需要额外分配的空间并不多，可能只是一个定数，并不依问题规模而改变。此时，关注的重点只在算法的时间复杂度上。只有当一个算法需要的额外空间数量依赖于问题规模时，才考虑它的空间复杂度。

第三节　算法设计策略简介

算法可以分为多种不同的类型，每种类型都有特定的应用场景和解决问题的方法。在设计算法时，可以配合采用一些设计策略，使得算法的实现更方便。设计策略也称为设计方法，是指在解决特定问题时所采用的一类方法。算法的设计策略有递推法、迭代法、递归法、贪心法、分治法、动态规划法等。

一、递推法

递推法是一种直接求解的算法设计策略，利用问题本身所具有的一种递推关系进行求解。找到问题本身的递推关系是问题求解的前提。

递推法的思想是，根据递推关系，能从已求得的问题规模为 $1,2,\cdots,i-1$ 的一系列解，构造出问题规模为 i 的解。求解规模为 i 的解时，有时可能仅需规模为 $1,2,\cdots,i-1$ 的系列解中的一部分，而不是全部。

例如，将斐波那契数列的前 10 项保存在数组中，可以采用递推法求解。

已知斐波那契数列 $F(n)$（$n\geqslant1$）的定义如下。

$$F(n)=\begin{cases}1 & n=1\\ 1 & n=2\\ F(n-1)+F(n-2) & n>2\end{cases} \tag{1-1}$$

式（1-1）的最后一行给出的是递推关系，使用斐波那契数列的第 $n-1$ 项和第 $n-2$ 项，可以计算出数列的第 n 项。式（1-1）的前两行是数列最初的两个值，均为 1。由递推公式可计算出数列的第三项，为2。再由第二项和第三项，得到第四项的值3。再由第三项和第四项，得到第五项的值5。依此类推，得到数列的前10项为：1,1,2,3,5,8,13,21,34,55。

设在主程序中已说明整型数组a，调用函数fibonacci(a,10)，将斐波那契数列的前10项保存在数组a中，采用递推法实现的函数fibonacci(int a[ ],int n)如下。

```
#include <stdio.h>
void fibonacci(int a[ ],int n)
{
    int i=0;
    if (n<=0){
        printf("n值错误\n");
        return;
    }
    else if (n==1) {
        a[0]=1;
        return;
    }
    else{
        a[0]=a[1]=1;
        for (i=2;i<n;i++){
            a[i]=a[i-1]+a[i-2];
        }
    }
}
```

二、迭代法

迭代法是一种直接求解的方法，往往需要建立迭代关系式，即根据前一个值推出下一个值的公式。初始时设定初始值（原值），然后根据迭代关系式和原值，求出新值，并用新值替代原值。持续进行这个过程。

迭代过程不能无限进行下去，或者设定一个迭代次数，当达到这个次数时，迭代过程停止；或者设定一个结束条件，当满足这个条件时，迭代过程停止。如果迭代过程正确，则迭代停止时可以得到理想的结果。

求两个正整数最大公约数的辗转相除法可以采用迭代法来实现，代码如下。

```
#include <stdio.h>
int main(int argc,char **argv)
{
    int data1=0,data2=0;
    printf("请输入两个正整数，以空格分隔，按回车键结束 \n");
    scanf("%d %d",&data1,&data2);        //读入两个正整数
    if (data1<0||data2<0) printf("不能输入负数\n");
    else
```

```
        printf("%d 和 %d 的最大公约数是 %d\n",data1, data2,gcd(data1,data2));
}
int gcd(int data1,int data2)
{
    int m;
    m=0;
    while ((m=data1%data2)!=0){
        data1=data2;
        data2=m;
    }
    return data2;
}
```

当 m 为 0 时，迭代过程终止。

三、递归法

递归是数学和计算机科学中非常重要的一个概念。在定义某个概念时，直接或间接地又用到自身，就出现了递归。例如，采用递归方式定义非负整数 n 的阶乘 $n!$的公式如下。

$$n!=\begin{cases}1 & n=0\\ n\times(n-1)! & n>0\end{cases}\tag{1-2}$$

在递归定义中，需要一个递归出口作为递归结束的标志，如式（1-2）的第一行即递归出口。

如果一个函数在定义时采用了递归方式，则实现时可以采用递归法来实现。求阶乘的函数实现如下。

```
#include <stdio.h>
int main(int argc,char **argv)
{
    int n;
    printf("请输入一个正整数，按回车键结束\n");
    scanf("%d",&n);
    if (n<0) printf("不能输入负数\n");
    else printf("%d 的阶乘是 %d\n",n,fact(n));
    return 0;
}
int fact(int n)
{
    if (n==0)return 1;
    else return n*fact(n-1);
}
```

在实现 fact 函数时，需要用到 fact(n-1)的结果，所以函数 fact 是一个递归函数。当 n 为 0 时，结束递归，这是递归出口。

在编写递归函数时，需要特别注意，递归的变化方向是：向递归出口靠近并最终到达递归出口。以 fact 函数为例，如果调用该函数时给 n 一个小于 0 的初始值，则 n 持续地减 1，永远不会满足 n==0 这个条件，即递归不会结束。检查 n 值的合理性，可以放在调用 fact 函数的主调函数中，也可以放在 fact 函数内部。

四、贪心法

贪心法也称贪婪算法，它是一种通过每一步选择局部最优解来达到整体最优解的算法，适用于求某些最优解问题。在求解过程中，一步步地进行求解，根据当前的情况选择最优的可能。实际上，这个最优是在当前条件下的最优，称为局部最优。在求解过程中，因为没有考虑各种可能的情况，有可能并不是全局最优。也正是因为贪心法仅考虑局部的情况，而没有穷尽所有的可能，所以避免了耗费大量时间。

贪心法能不能得到真正的最优解，取决于贪心策略的选择。在第五章构造哈夫曼树的过程中，采用了贪心法策略；在第六章求最小生成树的两个算法中，也采用了贪心法求解。这几个算法都能得到满足条件的最优解。

五、分治法

当求解一个输入规模为 n 并且 n 的取值又很大的问题时，直接求解往往非常困难。可以把这个大规模的问题分解为若干个规模更小且可以独立求解的问题，这些小问题与原问题相同，可以各自求解。然后把各个小问题的解进行合并，得到原问题的解。这就是分治法的思想。

一般来说，分治法的求解过程分为三个阶段，即划分、求解小问题及小问题解的合并。

如果小问题的规模仍然很大，不能直接求解，则再继续划分，直到小问题可以求解。然后将小问题的解合并为大问题的解。

一次划分得到的若干个小问题是相互独立的，它们的求解可以独立完成，这是分治法的重要特点。并且这些小问题的求解次序也没有约束。

求解小问题的解与求解原问题的解，除了规模不同以外，使用的求解算法是相同的，所以分治法中通常还配合使用递归法。

在第七章介绍的快速排序和归并排序的递归实现中，都采用了分治法求解。它们都是将一个大问题分解为两个小问题，递归调用后再对两个小问题分别进行求解。

六、动态规划法

动态规划法是求多阶段决策过程最优化的一种方法，它将问题的整体按时间或空间的特征分成若干个前后衔接的阶段，把多阶段决策问题表示为前后有关的一系列单阶段决策问题，然后逐个求解，从而求出整个问题的最优决策。动态规划法强调了时间和空间的连续性。所以，不同阶段的求解往往不是独立进行的，可能存在依赖关系。

求解“最大子序列和”问题是采用动态规划法求解的典型示例。给定一个整数数组 A，找到一个具有最大和的连续子数组（至少含有一个元素），返回该最大和。如果数组中保存的全部数据均小于 0，则最大和为 0，这是特例。

例如，$A=\{-2,1,-3,4,-1,2,1,-5,4\}$，得到的最大和是 6，相应的子数组是 $\{4,-1,2,1\}$，即从 $A[3]$ 到 $A[6]$。

最直接的方法是找到数组中所有的子数组，计算所有子数组的和，并选出其中的最大值作为结果。记 $\mathrm{sum}_{i,j}$为从 $A[i]$到 $A[j]$的子数组的和，$0\leqslant i\leqslant j\leqslant n-1$。所有子数组的和列在表 1-4 中。

表 1-4　所有子数组的和

$\mathrm{sum}_{0,0}$	$\mathrm{sum}_{0,1}$	…	$\mathrm{sum}_{0,i}$	…	$\mathrm{sum}_{0,n-1}$
	$\mathrm{sum}_{1,1}$	…	$\mathrm{sum}_{1,i}$	…	$\mathrm{sum}_{1,n-1}$
		…	…	…	…
					$\mathrm{sum}_{n-1,n-1}$

计算每个 $\mathrm{sum}_{i,j}$（$0\leqslant i\leqslant j\leqslant n-1$）时可以使用一重循环，计算所有子数组的和需要三重循环。在子数组和的计算过程中，有许多重复的计算过程，这些是可以精简的。

对于长度为 n 的给定数组，其连续子数组的长度可以为 $1\sim n$ 的任一长度。长度为 1 的子数组就是元素本身。长度为 2 的子数组，可以在长度为 1 的子数组基础上计算出来。依此类推。根据定义，$\mathrm{sum}_{i,j}$（$0\leqslant i\leqslant j\leqslant n-1$）是从 $A[i]$到 $A[j]$的子数组的和，实际上，它等于 $\mathrm{sum}_{i,j-1}$加上 $A[j]$的值。也就是说，可以依据前一个阶段的计算结果（$\mathrm{sum}_{i,j-1}$）得到下一个阶段的计算结果（$\mathrm{sum}_{i,j}$），使用一次加法替代了一重循环。

将各个阶段的值都保存下来，比如，使用如表 1-4 所示的一个二维数组保存全部的 $\mathrm{sum}_{i,j}$（$0\leqslant i\leqslant j\leqslant n-1$），从 $\mathrm{sum}_{0,0}$开始计算，根据 $\mathrm{sum}_{0,j-1}$和 $A[j]$的值，即能得到 $\mathrm{sum}_{0,j}$的值。可按行的次序得到全部的值。对任一行，从 $\mathrm{sum}_{i,i}$开始计算，根据 $\mathrm{sum}_{i,j-1}$和 $A[j]$的值，即能得到 $\mathrm{sum}_{i,j}$的值。

因为 $\mathrm{sum}_{i,j-1}$仅用于计算 $\mathrm{sum}_{i,j}$的值，所以不需要使用数组保存全部的 $\mathrm{sum}_{i,j}$，使用一个变量 sum 保存前一个子数组的和，然后计算当前子数组的和，随着计算而更新 sum。同时将当前最优结果保存到 MaxSum 中。相应的实现如下。

```
int MaxSeq(int A[],int n,int C[])
{
    int MaxSum=0,i,j,sum=0,count=0;
    C[0]=C[1]=0;                          //记录下标范围
    for (i=0;i<n;i++){
        sum=0;
        count=0;                          //元素个数
        for (j=i;j<n;j++){
            sum+=A[j];
            count++;
            if (sum>MaxSum){
                MaxSum=sum;
                C[1]=j;
                C[0]=C[1]-count+1;
            }
        }
    }
```

```
    return MaxSum;
}
```

进一步优化算法。

显然，负数不能作为最大和的子数组的起点，因为对于一个以负数为起点的子数组，去掉这个负元素后，剩余元素的和更大。所以，在遇到负数后，可以将它忽略，直到找到一个正数，并将它作为子数组的起点。实际上，0也是可以忽略的。

如果一个子数组最前面子段的和是负数，则这个子段可以被排除。仅当目前子数组的和保持为正时，才持续不断地加入后面的元素，扩大子数组的长度。在扩大子数组的过程中，将新加入的元素值加到原子数组的和上，从而得到更长的子数组的和，并使用一个变量记录所有这些值中的最大值。

对于 $A=\{-2,1,-3,4,-1,2,1,-5,4\}$，求解过程中当前子数组的和到目前为止的最大值见表1-5。

表1-5　算法求解过程中相关变量的值

下　标	0	1	2	3	4	5	6	7	8
A	-2	1	-3	4	-1	2	1	-5	4
sum	0	1	0	4	3	5	6	1	5
MaxSum	0	1	1	4	4	5	6	6	6

最大子数组和为6，即从 $A[3]$ 到 $A[6]$。

相应的算法实现如下。

```
#include <stdio.h>
int MaxSeq(int A[],int n,int C[])
{
    int MaxSum=0,sum=0,i,count=0;
    C[0]=C[1]=0;                    //子数组的起点为C[0]，终点为C[1]
    for (i=0;i<n;i++){
        sum+=A[i];
        count++;                    //子数组的长度
        if(sum>MaxSum){
            MaxSum=sum;
            C[1]=i;
            C[0]=C[1]-count+1;
        }
        if (sum<0){
            sum=0;
            count=0;
        }
    }
    if (MaxSum<0){
```

```
            C[0]=C[1]=0;
            return 0;
        }
        return MaxSum;
    }
int main(int argc,char **argv)
{   int A[]={-2,1,-3,4,-1,2,1,-5,4};
    int C[2];                                        //从 C[0]到 C[1]
    int n=sizeof(A)/sizeof(int);
    int sum=MaxSeq(A,n,C);
    if (sum>0) printf("最大子数组和为: %d 从 A[%d] 到 A[%d]\n",sum,C[0],C[1]);
    else printf("全部数据均为负数，最大子数组和为 0\n");
}
```

内容小结

本章介绍了数据结构的基本概念、4 类数据结构及其特点、数据的 4 种基本存储方式、抽象数据类型的概念，以及定义抽象数据类型的方法。

本章还介绍了算法的基本概念及 5 个特性、对算法进行评估的基本概念和基本方法（包括时间复杂度和空间复杂度），以及几种基本的算法策略。

习　题

一、单项选择题

1. 在数据结构与算法中，从逻辑上可以把数据结构分为________。
   A. 紧凑结构和非紧凑结构　　B. 线性结构和非线性结构
   C. 内部结构和外部结构　　D. 动态结构和静态结构
2. 数据元素可以细分为________。
   A. 数据项　　B. 字符　　C. 二进制位　　D. 数据记录
3. 树结构中元素之间是________关系。
   A. 一对一的　　B. 一对多的　　C. 多对多的　　D. 不确定的
4. 在数据结构中，数据元素之间均为一对一关系，称为________。
   A. 线性结构　　B. 树结构　　C. 图结构　　D. 集合结构
5. 下列选项中，不属于数据结构常用存储方式的是________。
   A. 顺序存储方式　　B. 链式存储方式　　C. 分布存储方式　　D. 散列存储方式
6. 算法分析要评估的两个主要方面是________。
   A. 正确性和简明性　　B. 时间复杂度和空间复杂度
   C. 可读性和可维护性　　D. 数据复杂性和程序复杂性
7. 下列选项中，定义抽象数据类型时不需要做的事情是________。

A. 给出类型的名字　　B. 定义类型上的操作

C. 实现类型上的操作　　D. 用某种语言描述抽象数据类型

8. 下列算法的时间复杂度中，算法效率最低的是________。

A. $O(n)$　　B. $O(n^2)$　　C. $O(2^n)$　　D. $O(\log n)$

9. 设 n 是描述问题规模的非负整数，则下面程序片段的时间复杂度是________。

```
x=2;
while (x<n/2)
    x=2*x;
```

A. $O(\log_2 n)$　　B. $O(n)$　　C. $O(n\log_2 n)$　　D. $O(n^2)$

10. 设 n 是描述问题规模的非负整数，则下列程序片段的时间复杂度是________。

```
x=1;
while (n>=(x+1)*(x+1))
    x=x*2;
```

A. $O(n^{1/2})$　　B. $O(\log_2 n)$　　C. $O(n)$　　D. $O(n\log_2 n)$

11. 在设计求斐波那契数列前 n 项的算法时，适宜使用的算法策略是________。

A. 分治法　　B. 递推法　　C. 递归法　　D. 穷举法

二、填空题

1. 在数据结构与算法中，将所有能输入计算机并被计算机程序处理的符号集合称为________。

2. 构成数据的基本单位是________。

3. 数据元素及其关系在计算机内的存储方式称为数据的________。

4. 数据结构包括 4 类，分别是集合、线性结构、树结构和________。

5. 构成索引表的基本内容是________。

6. 一个算法必须在执行有穷步之后结束，这个特性是算法的________。

7. 设 $A=\{1,3,-4,5,-6,4,6,-3,-2,6\}$，调用函数 MaxSeq(A,n,C)后，$C[1]$的值是________。

三、解答题

1. 计算机能处理哪些数据？举例说明。

2. 如何理解线性结构中元素之间是一对一的关系？

3. 定义代表交通工具的抽象数据类型 vehicle，并添加必要的数据和操作。

4. 定义表示复数的抽象数据类型。

5. 为什么不使用算法的绝对运行时间来衡量算法的时间效率？

6. 在评估算法的空间效率时，需要考虑哪些占用的存储空间？

四、算法设计题

1. 试设计一个算法，使用最少的比较次数找出三个不同整数 a、b、c 的中值。

2. 试设计一个算法，对于给定的正整数 n，列出斐波那契数列的前 n 项，要求该算法的空间复杂度为 $O(1)$。

第二章　线　性　表

学习目标：

1. 理解线性表的相关概念，了解其逻辑定义及基本操作，理解线性表数据元素之间的逻辑关系。

2. 掌握线性表的顺序存储方式和链式存储方式，了解它们各自的特点。

3. 掌握顺序表及链表基本操作的实现，并能进行复杂度分析。

4. 掌握静态链表基本操作的实现，并能进行复杂度分析。

5. 能够设计与线性表相关的数据结构，灵活运用线性表的基本操作，设计算法解决与线性表相关的实际问题。

建议学时：8 学时。

教师导读：

1. 让考生了解线性表的操作是基于实际需求的，本章给出常用基本操作的定义及实现。在此基础上，操作可以有增、删，各操作的参数表也可以有变化。

2. 在实现顺序表的插入及删除操作时，元素移动是关键步骤。让考生理解为什么要进行元素移动，以及如何进行移动。分析元素移动操作对时间复杂度的影响。

3. 在实现链表时，指针操作是关键。让考生理解为什么要添加头结点，以及头结点在单链表中的作用。

4. 让考生对比顺序表与链表中各操作的实现过程，更深入地理解随机访问和顺序访问的特点。

5. 让考生理解实现顺序表和链表各操作时，影响算法时间复杂度的关键操作分别是什么。

6. 让考生掌握静态链表的概念；通过分析静态链表的存储特点及实现过程，让考生进一步加深对顺序表和链表的理解。

7. 在保证考生掌握基本概念的基础上，应要求考生设计并实现与线性表相关的应用程序，掌握程序设计的技巧。

8. 在学习完本章后，应要求考生完成实习题目 1。

线性表是最基本的一种数据结构，在其他非线性数据结构，比如图和树中，也会或多或少地用到线性表。本章介绍线性表的定义与线性表的两种基本存储方式，以及在不同存储方式下基本操作的实现过程，同时分析并比较这些操作的复杂度。本章还将介绍结合了顺序表及链表特性的静态链表。由于线性表的应用非常广泛，因此本章最后会介绍线性表的应用实例。

第一节　线性表的定义和基本操作

线性表是一种线性结构。在这种结构中，存在唯一的“第一个”元素、唯一的“第二个”元素，依此类推。

一、线性表的定义

线性表中各个元素依次排列。例如，在例 1-1 中，表 1-1 列出的某班 30 名学生的基本信息能够组成一个线性表，可以按照学号排列名单。

例 1-1 的学生线性表里共有 30 个元素，每个元素都是一条记录，每条记录中又含有 5 个数据项。如果有新学生加入，则可以在表中添加一个新元素；同样地，如果有学生转到其他班级，则从表中删除相应的记录。

定义 2-1 一个线性表（linear list）是由同类型数据元素构成的有限序列。

一般而言，由 $n(n\geqslant 0)$ 个元素组成的线性表 L 可以表示为：

$$L=(a_0, a_1, \cdots, a_{n-1})$$

这里，$a_i(0\leqslant i\leqslant n-1)$ 是线性表中的数据元素，也称为表项。线性表中所有数据元素的数据类型必须相同。数据元素的次序就是它们在表中的排列次序。第一个元素是 a_0，称为表头元素或开始元素；第二个元素是 a_1……第 n 个（即最后一个）元素是 a_{n-1}，称为表尾元素或终端元素。元素的个数 n 称为表长。在 $n=0$ 时，线性表称为空表，表示为( )。

【例 2-1】 将例 1-1 的学生基本信息表表示为线性表 Student。

Student = ((M2022103001 王义平 男 2004 年 11 月 22 日 山东),(M2022103002 陆东 男 2004 年 02 月 05 日 河南),…,(M2022103030 杨志强 男 2004 年 10 月 30 日 陕西))

每位学生的信息又包含 5 个数据项，为清楚起见，使用一对括号将数据项括起来。

线性表中常使用从 0 开始的连续非负整数来表示各元素的位置，表头 a_0 的位置为 0，a_1 的位置为 1，一般地，$a_i(0\leqslant i\leqslant n-1)$ 的位置为 i。对于元素 $a_i(1\leqslant i\leqslant n-1)$，元素 $a_j(0\leqslant j<i)$ 称为 a_i 的前驱，其中元素 a_{i-1} 称为 a_i 的直接前驱；对于元素 $a_i(0\leqslant i\leqslant n-2)$，元素 $a_j(i<j\leqslant n-1)$ 称为 a_i 的后继，其中元素 a_{i+1} 称为 a_i 的直接后继。在不引起歧义的情况下，直接前驱简称为前驱，直接后继简称为后继。除表头元素 a_0 以外，每个元素有且仅有一个直接前驱；除表尾元素 a_{n-1} 以外，每个元素有且仅有一个直接后继。这些体现的正是“线性”的含义和特点。

线性表中各元素的次序是固有的，即元素 $a_i(1\leqslant i\leqslant n-2)$ 排在 a_{i-1} 之后，且排在元素 a_{i+1} 之前。如果线性表中各元素的值可以进行比较，并且表中元素的值按位置顺序递增或递减排列，即按值的“大小”有序排列，则线性表称为有序表，这个“序”指的是大小有序。与之相对的，表中元素的值不满足按位置顺序递增或递减关系的线性表则称为无序表。

从定义中可以看出，线性表有 3 个特点，分别是：

（1）所有元素属于同一个类型。

（2）元素个数是有限的。

（3）各元素之间不一定有大小关系，但一定有次序关系。

【例 2-2】 写出 10 以内（不含 10）的非负偶数组成的线性表。

10 以内（不含 10）的非负偶数共有 5 个，可以写出如下的不同形式的线性表：

$$L_1=(0,2,4,6,8)$$
$$L_2=(8,6,4,2,0)$$
$$L_3=(2,6,4,0,8)$$

前两个都是有序表，分别是递增有序表和递减有序表。第三个是无序表。当然，还可以写出其他形式的无序表。

以 L_1 为例，元素 0 是表头元素，8 是表尾元素，表长为 5。元素 6 的位置是 3，它的直接前驱是 4，直接后继是 8。

二、线性表的抽象数据类型

线性表上可以进行的基本操作通常有：向线性表中添加新元素、从线性表中删除某个元素、求线性表的表长、求线性表中某元素的直接前驱或直接后继、判断线性表是否为空、判断线性表是否为满、按位置查找元素、查找某元素所在位置等。

线性表的定义加上对它的操作组成线性表的抽象数据类型（ADT）的定义，表示为 LinearList。为简单起见，表中元素的类型使用 ELEMType 来表示。在实际应用中，可以将 ELEMType 替换为具体使用的数据类型，如整型（int），或自定义的复杂结构等。线性表的许多操作都涉及位置，使用 Position 表示位置类型。

线性表的抽象数据类型定义如下。

```
ADT LinearList{
    数据部分:
        L;                                          //线性表
    操作部分:
        int initList(LinearList *L);                //初始化线性表，创建一个空表 L
        int clear(LinearList *L);                   //将表 L 置空
        int isEmpty(LinearList *L);                 //如果表 L 为空，则返回 1，否则返回 0
        int isFull(LinearList *L);                  //如果表 L 为满，则返回 1，否则返回 0
        int length(LinearList *L);                  //返回表 L 的当前长度
        int insertList(LinearList *L,Position pos,ELEMType x);
            //在表 L 的位置 pos 处插入元素 x
        int removeList(LinearList *L,Position pos,ELEMType *x);
            //删除表 L 中位置 pos 处的元素并通过 x 返回
        int setValue(LinearList *L,Position pos,ELEMType x);
            //给表 L 位置 pos 处的元素赋值 x
        int getValue(LinearList *L,Position pos,ELEMType *x);
            //返回表 L 中位置 pos 处的元素
        Position find(LinearList *L,ELEMType x);
            //返回元素 x 在表 L 中第一次出现的位置
}
```

线性表中有几个基本操作会涉及位置 Position，操作后有些元素的位置会发生变化。以插入操作 insertList 为例，当在表 L 的位置 pos 处插入元素 x 后，原 pos 位置的元素及它的所有后继元素的位置均增 1。删除操作 removeList 也是类似的，当删除表 L 中位置 pos 处的元素后，被删除元素的所有后继元素的位置均减 1。

LinearList 中定义的操作都有返回值，有些返回值代表操作的执行结果，另外一些仅表示操作是否已正确执行。例如，length 返回的是线性表的当前长度，即线性表所含元素的个数；find 返回的是要查找的元素 x 在表中第一次出现的位置，如果表中不包含 x，则返回-1。当表为空时，isEmpty 返回 1，否则返回 0；当表已满时，isFull 返回 1，否则返回 0。initList、clear、insertList、removeList、setValue、getValue 等操作的返回值表示操作是否已正确执行。在这种情况下，通常 1 代表执行成功，0 或-1 代表执行时遇到了某些问题，比如参数值不正确。

线性表定义中给出的操作可以根据需要有所变化。例如，可以增加显示（display）操作，即依次列出线性表中的所有元素；也可以增加对位置进行处理的操作，如 setFirst 用于定位到线性表的首位置，prev 和 next 分别返回当前位置的前驱与后继位置。另外，可以去掉冗余的操作，例如，如果 length 返回的值是 0，则是空表；若返回的值大于 0，则是非空表。所以，可以去掉判定表是否为空的 isEmpty。

【例 2-3】 设有线性表 LinearLists，表 2-1 中列出线性表操作的几个示例，这些操作是依次执行的。

表 2-1　线性表操作示例

序　号	操　　作	操作结果	解　　释
1	initList(&s)	( )	创建空线性表 s
2	for(i=0;i<6;i++) insertList(&s,i,2 * i)	(0,2,4,6,8,10)	在空表 s 的表尾处依次插入 6 个值
3	removeList(&s,3,&x)	(0,2,4,8,10)	删除位置 3 的值并由 x 返回该值
4	setValue(&s,3,-10)	(0,2,4,-10,10)	给位置 3 的元素赋值-10
5	find(&s,10)	返回值是 4	在 s 中查找 10，10 在位置 4
6	find(&s,9)	返回值是-1	在 s 中查找 9，查找失败

第二节　线性表的顺序存储及实现

线性表基本操作的具体实现需要依赖线性表的存储结构。可以使用顺序存储方式和链式存储方式保存线性表，从而分别得到线性表的顺序存储结构和链式存储结构。顺序存储结构使用数组保存线性表中的各元素，相应的线性表称为顺序表。链式存储结构使用链表保存线性表中的各元素，相应的线性表称为链表。

一、顺序表

顺序存储使用一组连续的存储单元依次存储各个元素。在 C 语言中，一维数组是顺序存储的连续存储空间，所以线性表的顺序存储结构就是将线性表中的各数据元素，按照其逻辑次序，依次保存到数组中。使用顺序存储结构保存的线性表称为顺序表。线性表中的一个元素保存在数组的一个单元中。线性表中逻辑上相邻的两个元素，保存在数组内相邻的两个单元中。

为了保存一个线性表，需要分配一个多大的数组呢？线性表中的元素个数可以是变化的，这意味着数组的单元数也要变化。而一旦数组分配完毕，它的个数就不会改变。一般地，需要分配一个足够大的数组以供线性表使用，这样既保证能够保存线性表中当前的全部元素，又为后续的插入操作预留了空间。在分配数组时，预留的数组空间越大，数组空间占满的可能性越小，空间利用率越低，即存储效率越低。应该根据线性表中可能包含的元素的最大个数来分配数组。为了表示数组中保存的实际元素个数，通常还需要使用一个整型变量来记录顺序表的当前长度。

在分配数组空间后，将线性表中的 n 个元素依次保存在数组中，从表头至表尾的各个元素分别对应从下标 0 到下标 $n-1$ 的位置。数组是内存中一片连续的空间，相邻的两个单元在内存中的实际地址也是相邻的，这表明，线性表中逻辑上相邻的两个元素，其存储地址也是相邻的。这是顺序表的一个显著特点。

线性表中的元素可以是有定义的任何类型，如例 2-1 中的一条记录或例 2-2 中的一个整数。在内存中，保存不同类型的元素时会需要数目不等的存储单元。要正确理解“数组中相邻单元的存储地址相邻”这句话的含义。假设有线性表 $L=(a_0, a_1, a_2, a_3, a_4, a_5)$，每个元素需要占用 2 个字节，要分配一个含 8 个元素的数组 A 来保存 L，则 A 在内存中的示意图如图 2-1 所示。

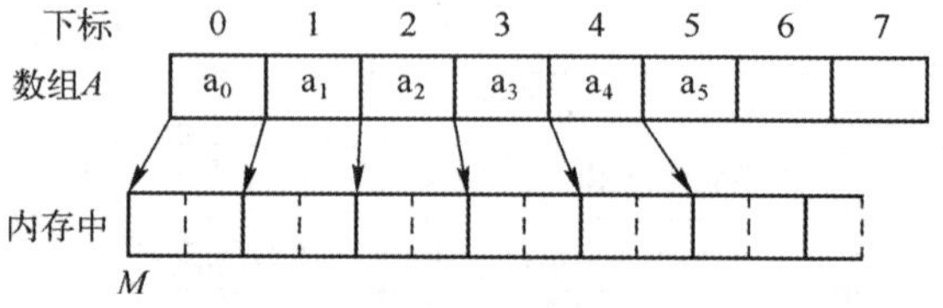

图 2-1　数组 A 在内存中的示意图

数组 A 占据内存中从位置 M 开始的一片连续空间，其中，第 1 个字节和第 2 个字节用来保存元素 a_0，第 3 个字节和第 4 个字节保存元素 a_1，第 5 个字节和第 6 个字节保存元素 a_2，依此类推，第 11 个字节和第 12 个字节保存元素 a_5。所以，线性表 L 共占用 12 个字节。通常每个字节对应于内存中的一个存储单元，而计算机的编址方式可能不完全一致，主要有字编址和字节编址。所以，保存元素 a_0 的首地址和保存元素 a_1 的首地址不一定是连续的地址编号，但这两个地址编号之间不会再有保存其他元素的地址编号。

数组下标与线性表元素的位置相对应。线性表元素依次存放的特性，决定了表中位置 $i(i \geqslant 0)$ 的元素存储在数组的下标 i 处。表头元素保存在位置 0 处，这个位置也称为数组的首地址。有了这个约定，对表中任意一个元素的访问将变得非常容易。只要给出表中元素的序号，就可以根据下标地址计算公式很容易地计算出元素所在的内存位置（实际上是相对于数组首地址的偏移量），因此可以直接访问该元素。顺序表中的访问方式称为随机访问方式，其含义是，只要给定数组下标，就能立即计算出相应元素的存储地址，并据此访问该元素。

设 $LOC(a_i)$（$i \geqslant 0$）表示元素 a_i 的存储首地址，每个元素需要占用 d 个存储单元，则有

$$LOC(a_i)=LOC(a_{i-1})+d \tag{2-1}$$

进一步地有

$$LOC(a_i)=LOC(a_0)+i \times d \tag{2-2}$$

$LOC(a_0)$ 即数组的首地址。

【例 2-4】 设顺序表的每个元素占 8 个存储单元。若第 1 个元素的存储首地址为 100，则第 6 个元素占用的最后一个存储单元的地址是（　）。

A. 132　　B. 139　　C. 140　　D. 147

答案是 D。

对于顺序表，存储任一元素 a_i 的开始地址 $LOC(a_i)$ 与数组首地址 $LOC(a_0)$ 的关系应满足式（2-2）。本例中，$d=8$，$LOC(a_0)=100$，第 6 个元素是 a_5。$LOC(a_5)=LOC(a_0)+5 \times 8=$

100+40 = 140，即第 6 个元素占用从 140 开始的 8 个存储单元，那么最后一个存储单元是 147。

也可以使用另一种求解方法。第 6 个元素占用的最后一个存储单元，实际上是第 7 个元素占用的第 1 个存储单元的前一个单元。可以先计算第 7 个元素的首地址，得到 148，再减 1，得到相同的答案。

线性表的插入和删除是两个基本操作。顺序表要求表中的相邻元素存储在数组的相邻单元中，所以当在某个位置插入新元素时，必须先为这个元素找到相应的存储空间，同时要保证数组中所有元素依然依次相邻存放。在删除元素时，被删除元素所占用的位置要由其他元素来填补。总的来说，在当前位置插入元素或删除当前位置的元素时，都会涉及从当前位置开始，一直到表尾的所有元素，即这些元素都需要移动。

当在表尾后插入元素或删除表尾元素时，操作是容易实现的，因为操作不会引起其他元素的移动。当插入或删除操作的位置是其他位置时，移动元素的个数依赖于操作的位置。例如，当要在表头插入新元素时，表中当前所有元素都必须向表尾方向移动一个位置以腾出空间。当要在表中（合理的）位置 i 插入一个新元素时，这个位置及其到表尾的所有元素都必须向表尾方向移动一个位置。删除操作与此类似，只是元素的移动是向表头方向进行的。平均来说，插入和删除操作要移动表中约一半的元素。

设给定一个顺序表，初始时含有 5 个元素：11、5、23、19 和 6。在位置 2 插入元素 27，然后删除位置 3 的元素，每步操作后的顺序表如图 2-2 所示。

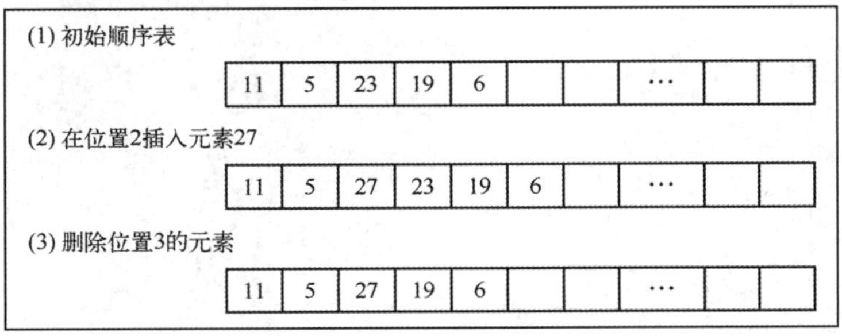

图 2-2　顺序表的插入、删除过程

为了执行“在位置 2 插入元素 27”，需要依次将元素 6、19 和 23 向后移动一个位置，注意移动的次序。先移动 6，最后移动 23。此时，位置 2 的空间是可用的（其中仍有数据 23），将元素 27 保存在这个位置。这个过程如图 2-3 所示。

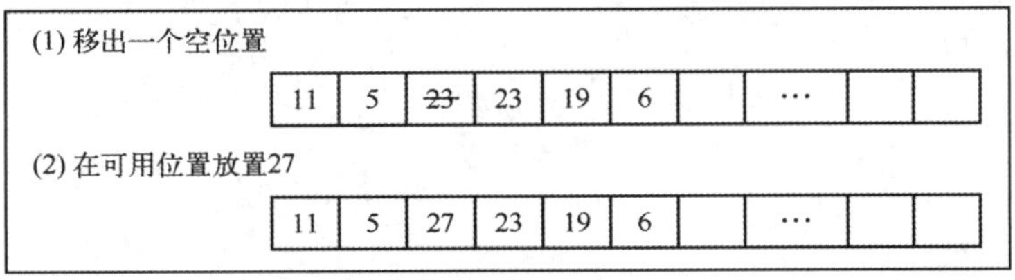

图 2-3　插入 27 的详细过程

在执行“删除位置 3 的元素”时，需要将 23 后面的元素（19 和 6）依次前移一个位置。移动的次序是，先移动 19，再移动 6。这个过程如图 2-4 所示。

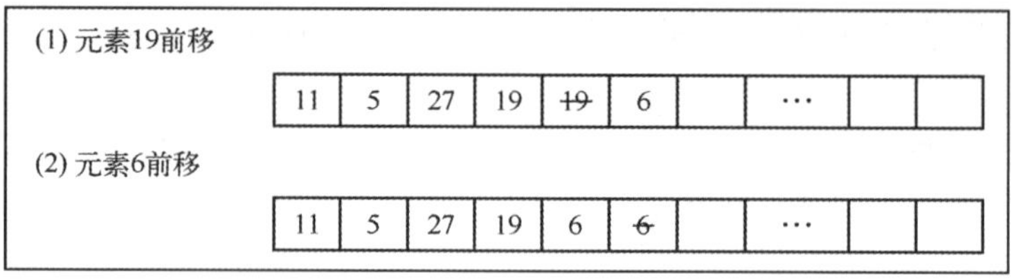

图 2-4　删除位置 3 元素的详细过程

二、顺序表基本操作的实现

下面给出顺序表的实现。

实现基本操作的程序中会用到一些常量，其定义如下。

```
#define TRUE 1
#define FALSE 0
#define ERROR -1
#ifndef maxSize
#define maxSize 100
#endif
```

表中每个元素的类型是 ELEMType，顺序表的定义如下。

```
typedef int ELEMType;
typedef struct{
    ELEMType element[maxSize];        //保存元素的数组，最大容量为 maxSize
    int n;                            //顺序表中的元素个数
}SeqList
typedef SeqList LinearList;
typedef int Position;
```

新构造的顺序表为空表。空表中所含的元素个数为零，将表清空也意味着表中元素个数为零。这两个操作的实现非常简单。

```
int initList(SeqList *L)            //初始化顺序表，创建一个空表 L
{   L->n=0;
    return TRUE;
}
int clear(SeqList *L)               //将表 L 置空
{   L->n=0;
    return TRUE;
}
```

根据顺序表中 n 的值，可以判断顺序表是否为空、是否已满，值 n 也直接代表顺序表的长度。

```
int isEmpty(SeqList *L)                    //如果表 L 为空，则返回 1，否则返回 0
{   if (L->n==0) return TRUE;
    else return FALSE;
}
int isFull(SeqList *L)                     //如果表 L 已满，则返回 1，否则返回 0
{   if (L->n==maxSize) return TRUE;
    else return FALSE;
}
int length(SeqList *L)                     //返回表 L 的当前长度
{   return L->n;
}
```

当在不满的顺序表中插入一个元素 x 时，除了要指明元素的值以外，还要指出插入的位置。insertList 函数带有 3 个参数，分别是顺序表、插入位置及要插入的值。位置值 pos 必须是一个合理的整数值，即 pos 值介于 0 和 "L->n" 之间。合理的位置值有 $n+1$ 个。插入在位置 0 处，意味着插入在表头位置。插入在 "L->n" 处，意味着添加在原表尾的后一个位置。

当确认表不满且插入位置有效后，从表尾元素开始，到插入位置的元素为止，依次将各元素后移一个位置。移动完毕，将元素 x 放到移动后出现的空闲位置中。之后将元素个数增 1，即表长增 1。

插入操作的实现如下。

```
int insertList(SeqList *L,Position pos,ELEMType x)
    //在表 L 的位置 pos 处插入元素 x
{   int i;
    if (isFull(L)==TRUE) return FALSE;           //表已满
    if (pos<0||pos>L->n) return ERROR;           //位置错误，与表满区分开
    for (i=L->n;i>pos;i--){
        L->element[i]=L->element[i-1];           //移动元素
    }
    L->element[i]=x;                             //放置 x
    L->n++;                                      //表长增 1
    return TRUE;
}
```

对于长度为 n 的顺序表，当在表尾的后一个位置插入元素时，不需要移动任何元素。如果插入在倒数第一个位置，则需要移动 1 个元素；如果插入在倒数第二个位置，则需要移动两个元素。依此类推，插入在第一个位置，需要移动 n 个元素。总之，当在位置 i 插入元素时，需要移动 $n-i$ 个元素。

如果在任何位置进行插入的概率都相等，则插入操作中，移动元素的平均次数 N 为

$$N = \frac{\sum_{k=0}^{n} k}{n+1} = \frac{n}{2}$$

删除操作是类似的，函数 removeList 中需要指明顺序表及要删除的元素所在的位置。通常，删除的元素值需要通过一个变量返回给操作调用者，所以 removeList 函数也带有三个参数，前两个参数分别是顺序表和删除位置，删除的元素值将放到第三个参数中。也可以让 removeList 函数只带前两个参数，而删除的元素值通过函数的返回值带回。

在删除时，需要确认表不为空且位置值 pos 有效，这里 pos 应介于 0 和“L->n-1”之间。合理的位置值有 n 个。注意，删除的合理位置值比插入的合理位置值少 1。移动表元素时，从被删除元素的直接后继开始，一直到表尾结束，各元素依次前移一个位置。同时，表长减 1。

删除操作的实现如下。

```
int removeList(SeqList *L,Position pos,ELEMType *x)
    //删除表L中位置pos处的元素并通过x返回
{   int i;
    if (isEmpty(L)==TRUE) return FALSE;          //表空
    if (pos<0||pos>L->n-1) return ERROR;         //位置错误，与表空区分开
    *x=L->element[pos];                          //记下被删除的元素值
    for (i=pos;i<L->n-1;i++){
        L->element[i]=L->element[i+1];           //前移元素
    }
    L->n--;                                      //表长减1
    return TRUE;
}
```

被删除的元素值通过形参 x 带给操作调用者，所以形参 x 是指针形式。

对于长度为 n 的顺序表，当删除表尾元素时，不需要移动任何元素。当删除倒数第二个元素时，需要向前移动 1 个元素，依此类推，当删除表头元素时，需要前移 $n-1$ 个元素。

如果在任何位置进行删除的概率都相等，则删除操作中，移动元素的平均次数 N 为

$$N=\frac{\sum_{k=0}^{n-1}k}{n}=\frac{n-1}{2}$$

因为能通过数组下标直接定位到元素，从而可以直接访问到元素本身，所以，很容易实现给顺序表中某位置的元素赋值、获取表中某位置处的元素值。在表中查找某个值时，需要从前向后依次判定元素是不是要查找的目标，使用一个循环完成查找过程。当然，也可以从后向前进行依次判别查找。假设，顺序表中一定能找到查找目标，则最优情况下，在数组下标 0 处即找到查找目标。在最坏情况下，需要查找到数组最后一个元素。所以平均来讲，也需要查找顺序表中约一半的元素。如果查找失败，则需要查找到数组最后一个元素，与查找成功时的最坏情况类似。这三个函数的实现如下。

```
int setValue(SeqList *L,Position pos,ELEMType x)
    //给表L位置pos处的元素赋值x
{   if (pos>=0&&pos<L->n){
        L->element[pos]=x;
```

```
        return TRUE;
    }
    return FALSE;
}
int getValue(SeqList *L,Position pos,ELEMType *x)
    //返回表 L 中位置 pos 处的元素
{   if (pos>=0&&pos<L->n){
        *x=L->element[pos];
        return TRUE;
    }
    return FALSE;
}
Positionfind(SeqList *L,ELEMType x)          //返回元素 x 在表 L 中第一次出现的位置
{   int i;
    for (i=0;i<L->n;i++)
        if (L->element[i]==x) return i;
    return ERROR;                            //表示未找到
}
```

可以使用一个程序验证上述各函数的正确性。为了展示顺序表中各元素的值，可以先实现一个依序列出元素值的辅助函数 display。

```
void display(SeqList *L)                  //列出顺序表中各元素的值
{   int i;
    if (L->n==0) printf("这是一个空顺序表 \n");
    else{
        printf("这是含 %d 个元素的顺序表:\n",length(L));
        for (i=0;i<L->n;i++){
            printf("%d ",L->element[i]);
        }
        printf("\n");
    }
}
```

测试程序如下。

```
#include <stdio.h>
#define TRUE 1
#define FALSE 0
#define ERROR -1
#ifndef maxSize
#define maxSize 100
#endif
```

```
int main(int argc,char ** argv)
{    SeqList listtest;
     int i,temp;
     if (initList(&listtest)= =FALSE){
          printf("初始化失败\n");
          return 0;
     }else printf("完成初始化\n");
     for (i=0;i<6;i++)
          if (!insertList(&listtest,i,2 * i)) printf("插入错误\n");
     display(&listtest);
     if (!removeList(&listtest,3,&temp))printf("删除错误\n");
     else{
          printf("删除的元素是: %d \n",temp);
          printf("删除后的表, ");
          display(&listtest);
     }
     if (!setValue(&listtest,4,-10)) printf("修改值出错\n");
     else{
          printf("修改位置 4 的值后的表, ");
          display(&listtest);
     }
     if (!getValue(&listtest,4,&temp)) printf("获取值出错\n");
     else printf("获取位置 4 的值是 %d \n",temp);
     printf("查找-10 的结果:  %d\n",find(&listtest,-10));
     printf("查找 9 的结果:  %d \n",find(&listtest,9));
     return 0;
}
```

测试程序的输出如下。

```
完成初始化
这是含 6 个元素的顺序表:
0 2 4 6 8 10
删除的元素是: 6
删除后的表, 这是含 5 个元素的顺序表:
0 2 4 8 10
修改位置 4 的值后的表, 这是含 5 个元素的顺序表:
0 2 4 8 -10
获取位置 4 的值是 -10
查找 -10 的结果:  4
查找 9 的结果:  -1
```

在 C 语言中，函数参数的传递方式有值传递和地址传递。如果在函数体内修改了实参值，且操作结果需要传递到函数外，即要对相应的实参起作用，则相应的形参选择为指针形式。此外，为了各函数参数表的形式一致及调用时的高效率，形参中的顺序表均使用指针形式。调用时需要传递实参顺序表的地址。以初始化操作 initList 为例，定义的形参是 SeqList ＊L。在 main 函数中，调用 initList 函数时使用的实参是顺序表的地址 &listtest。

假设顺序表长度为 n，则上述系列方法中，插入操作、删除操作与操作的位置有关，这两个方法的时间复杂度均为 $O(n)$。其他操作的时间复杂度均为 $O(1)$。

【例 2-5】 设有顺序表 L，表长为 n，保存在数组 A 中。实现算法将 L 逆置，即将 $L=(a_0,a_1,\cdots,a_{n-2},a_{n-1})$ 变为 $L=(a_{n-1},a_{n-2},\cdots,a_1,a_0)$。

当顺序表 L 不为空时，将 $A[0]$ 与 $A[n-1]$ 进行交换，然后将 $A[1]$ 与 $A[n-2]$ 进行交换，依此类推。当交换到 L 中间的元素时，算法结束。

如果 n 是偶数，则交换的元素对刚好是 $n/2$。如果 n 是奇数，则 L 中间的元素不需要交换，交换的元素对也是 $n/2$。所以可以使用一个 for 循环完成交换过程，循环执行的次数为 $n/2$，算法的时间复杂度为 $O(n)$。算法的实现如下。

```
int reverse(SeqList *L)                    //将顺序表 L 逆置
{
    int i,len=L->n;
    if (len==0) return TRUE;               //空表，直接返回
    for (i=0;i<len/2;i++) swap(&(L->element[i]),&(L->element[len-i-1]));
    return TRUE;
}
```

其中用到的交换函数 swap 的实现如下。

```
void swap(ELEMType *x,ELEMType *y)
{
    ELEMType temp;
    temp= *x;
    *x= *y;
    *y=temp;
}
```

使用顺序存储结构保存线性表非常方便，因为可以通过下标来访问数组元素，所以可以实现对表中元素的随机访问。这是顺序存储结构的优势。

在顺序表中实现插入和删除时可能需要移动元素，如果插入和删除的位置靠近表头位置，则移动的元素个数偏多。当有频繁的插入、删除操作时，元素的移动也会很频繁，操作的效率较低。另外，由于数组的大小是相对固定的，因此，当表的长度有很大变化时，数组空间的利用率也不好控制。有可能会因为表中元素个数过多而导致数组空间不足，也可能会因为表中元素个数较少，使得数组中的很多位置是空置的。这些都是顺序存储结构的不足之处。

针对顺序表的这些问题，提出了线性表的另一种存储方式，即链式存储方式。

第三节　线性表的链式存储及实现

线性表还可以使用链式存储方式保存，即线性表中的各个元素保存在各自的存储空间中，形成一个个结点。这些结点在内存中的地址不要求是相邻的，它们之间通过指针连接起来。以这种方式保存的线性表称为链表。每个结点中包含元素值和指向其他结点的指针，指针的个数可以是一个，也可能是两个，从而形成不同形式的链表。

链式存储结构是一种动态且灵活的存储方式，它不要求预先分配一块连续的存储空间，而是按需分配，随时需要，随时分配。同时不要求分配的空间必须是相邻的，而是由系统决定分配的具体位置，既可以相邻，也可以不相邻。所以在执行插入及删除操作时，不再需要为保证存储空间的相邻性而移动元素。因为元素不是保存在数组中，所以执行插入操作时也不再需要判定数组是否已满。链式存储方式下没有容量上限，除非计算机内存资源耗尽。

一、单链表

单链表是由一组动态分配的结点形成的链表，每个结点保存线性表中的一个元素及一个指针，指针指向保存其直接后继元素的结点。使用一个特殊的指针指向表头元素所在的结点，即单链表的第一个结点。表头元素所在的结点称为表头结点，也称为首结点。类似地，表尾元素所在的结点称为表尾结点，也称为终端结点。假设线性表 L 为(A,B,C,D)，则保存 L 的单链表如图 2-5 所示。

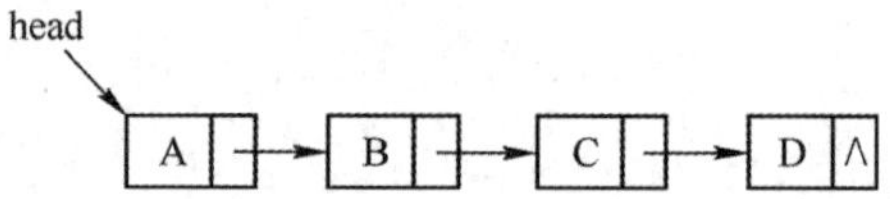

图 2-5　保存 L 的单链表

指针 head 指向单链表中的表头结点，head 称为表头指针或头指针。每个结点中都有一个指针，指向保存其后继元素的结点。由表头指针可以找到表头结点，然后根据每个结点中指针的指向，可以找到单链表中其余的任何一个结点。表尾元素所在结点中的指针为空，表示单链表的结束。程序中使用 NULL 表示空指针，图中经常以“∧”表示。单链表中的“单”表示每个结点中仅含有一个指针。

实现基本操作的程序中会用到一些常量，其定义如下。

```
#define TRUE 1
#define FALSE 0
#define ERROR -1
#ifndef maxSize
#define maxSize 100
#endif
```

单链表中每个元素的类型是 ELEMType，单链表中结点及链表的定义如下。

```
typedef int ELEMType;
typedef struct node{            //单链表结点
    ELEMType data;              //数据域
    struct node * next;         //指针域
```

```
}LinkNode;
typedef LinkNode *LinkList;            //单链表
typedef int Position;                  //位置
```

在使用单链表保存线性表时，不再像顺序表那样需要预先分配一个足够大的数组，而是按需分配，有新元素插入线性表时，申请并动态分配一个结点，将含有新元素的结点插入到单链表中。如果从线性表中删除元素，则从单链表中删除相应的结点，并将结点占用的空间释放。所以，单链表所占用的空间量与表中的结点个数成正比。

单链表中各结点所在的内存地址，并不要求是相邻的，即线性表中逻辑上相邻的元素，在内存中的存放位置并不要求也相邻。因此，当插入或删除结点时，其他结点不需要移动，从而避免了像顺序表进行插入或删除时那样的元素移动。

与顺序表一样，在单链表中进行插入或删除时，仍需要指明操作位置。顺序表中的操作位置是一个合理、有效的非负整数。在单链表中，各元素的位置值也是从 0 开始计数的一个非负整数。例如，在图 2-5 所示的单链表 L 中，元素 A、B、C、D 的位置依次为 0、1、2、3。实际上，元素的位置值也是元素所在的结点的次序值。

在实现基本操作时，因为操作是在单链表中进行的，所以往往使用指针指向相应的结点。例如，要在图 2-5 所示的单链表 L 的位置 2 处插入元素 E。从表头指针 head 开始逐结点向后遍历，可以找到次序值为 2 的结点，即保存元素 C 的结点。这个结点称为当前结点，使用指针 curr 指向这个结点，指针 curr 称为当前指针，如图 2-6 所示。

在位置 2 处插入元素 E 后得到的线性表为(A,B,E,C,D)，在单链表 L 上插入的操作步骤是：

① 创建一个新结点，新结点中保存值 E。

② 让新结点的 next 指针指向指针 curr 指向的结点（当前结点）。

③ 让当前结点的直接前驱结点的 next 指针指向新结点。

操作过程如图 2-7 所示。

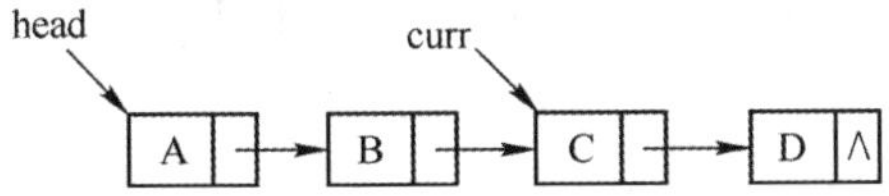

图 2-6　单链表 L 及当前指针 curr

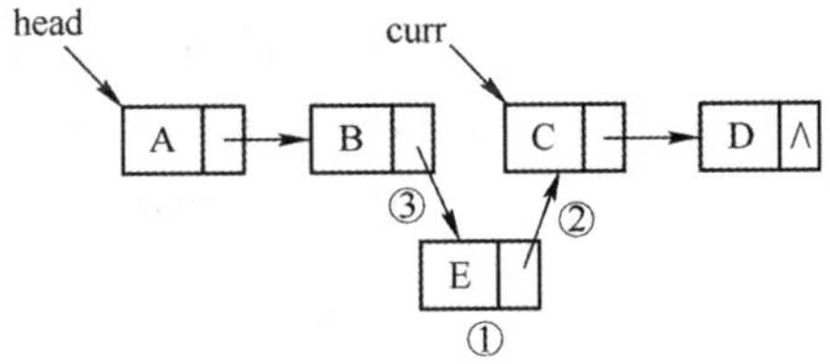

图 2-7　在单链表 L 中进行插入操作的过程

插入结点的过程中，在分配新结点所使用的空间后，还需要改变两个指针的指向。以图 2-7 中的单链表 L 为例，这两个指针分别是元素 E 所在结点（简称为结点 E）的 next 指针（简称为 E 指针）和元素 B 所在结点（简称为结点 B）的 next 指针（简称为 B 指针）。E 指针指向 curr 所指的结点（简称为结点 C），B 指针指向结点 E。

在创建结点 E 后，能很容易地访问到 E 指针，让它指向结点 C 易如反掌。

如何快速找到 B 指针是一个问题。在正常情况下，如果没有其他指针指向结点 B，则需要使用一个临时工作指针，从单链表的表头指针 head 开始，沿链的方向逐步后移，直到找到结点 B 为止。

删除操作也有类似的情况，也需要找到被删除结点的前驱结点。如果没有其他指针可利用，则也需要从表头指针开始，沿链的方向逐步后移，从而找到相应的位置。

现在考虑当前指针的另一种定义方式。查看操作的步骤可知，插入操作及删除操作涉及的表结点都只有 3 个，即当前结点及它的前驱结点和新结点。现在改变当前指针指向的位置，让它前移一个位置，即指向当前结点的前驱结点。这样，从当前指针所指位置开始，定位操作中涉及的 3 个结点就非常方便了，因为它们都在当前指针后面不远的地方。

仍以图 2-7 为例，让指针 curr 前移一个结点，即 curr 指向结点 B，那么在插入元素 E 时，创建新结点后，能很容易地找到并修改相关的指针。为此，修改原来关于当前指针的语义。在插入结点时，新插入的结点作为当前指针所指结点的后继。类似地，在删除操作中，删除的是当前指针所指结点的后继。

在修改为这样的定义后，问题并没有完全解决。试想一下，如果要插入的元素作为单链表的新的首元素，或者要删除单链表中的首元素，那么当前指针 curr 又指向哪里呢？为此，再进一步修改单链表的定义。让单链表自带一个虚拟结点作为第一个结点，虚拟结点中并不保存线性表中的任何元素。单链表的首元素保存在虚拟结点的后继结点，即单链表的第二个结点中。这个虚拟结点通常称为头结点，相应的单链表称为带头结点的单链表。头结点的 data 域中可以不保存任何值，也可以保存单链表中的结点个数。表头指针指向头结点。

带头结点的单链表示例如图 2-8 所示，其中图 2-8a 是空单链表，图 2-8b 是非空单链表，使用 curr 表示当前指针。

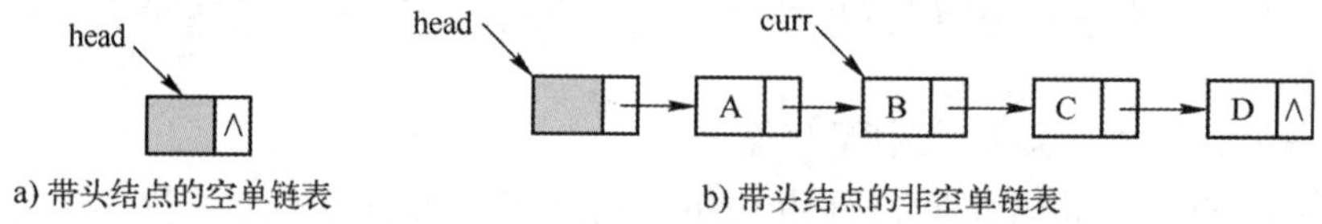

图 2-8　带头结点的单链表

在带头结点的单链表中实现插入操作时，其过程如图 2-9 所示。创建新结点并在其中保存了值 E（步骤①）后，让新结点的 next 指针指向当前指针所指结点（结点 B）的后继结点（结点 C）（步骤②），然后让当前指针 curr 所指结点（结点 B）的 next 指针指向新结点（结点 E）（步骤③）。新插入的结点变为当前结点，也就是说，插入后指针 curr 的值不变。

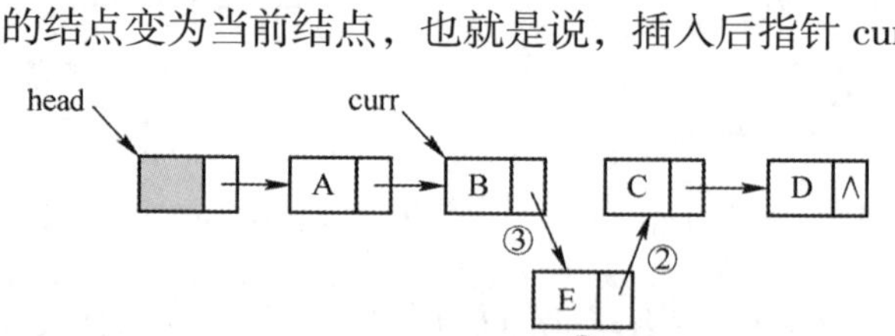

图 2-9　在带头结点的单链表 L 中进行插入操作的过程

【例 2-6】 在单链表 L 中，已知 q 所指结点是 p 所指结点的前驱结点，next 是结点的指针域，若在 q 和 p 之间插入 s 所指结点，则执行的操作是（　）。

A. s->next=p->next; p->next=s;　　B. p->next=s->next; s->next=p;

C. p->next=s;　s->next=q;　　D. q->next=s;　s->next=p;

答案是 D。

初始时，单链表 L 中部分结点及待插入结点的状态如图 2-10 所示。

因为插入位置附近的两个结点都有独立的指针指向，所以指针 s 所指结点（结点 s）的 next 指针和指针 q 所指结点（结点 q）的 next 指针，其修改次序可以是任意的，先修改哪一个都是可以的。

结点 s 的后继结点是指针 p 指向的结点（结点 p），所以修改结点 s 的 next 指针的语句是“s->next=p;”。而结点 s 成为结点 q 的后继结点，相应的修改语句是“q->next=s;”。选项 D 是正确的，对应选项 D 在单链表 L 中插入结点 s 的过程如图 2-11 所示。

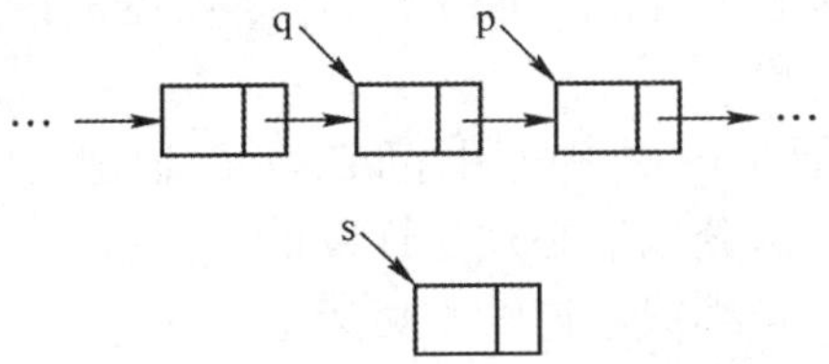

图 2-10　单链表 L 中部分结点及待插入结点的初始状态

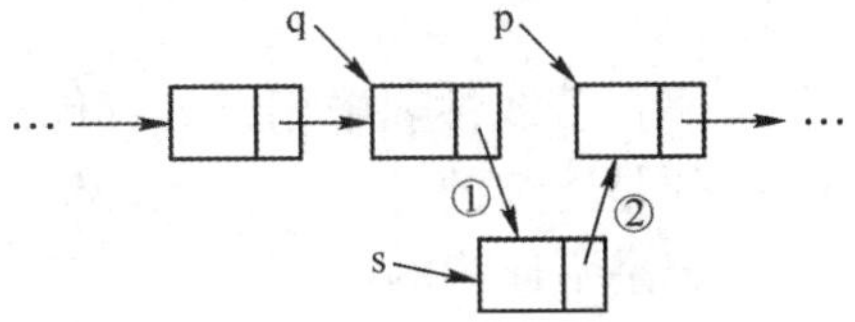

图 2-11　对应选项 D 在单链表 L 中插入结点 s 的过程

对于选项 A，语句“s->next=p->next;”将结点 p 的后继结点作为结点 s 的后继结点，这是错误的。对于选项 B，语句“p->next=s->next;”将结点 s 的 next 域的值赋给了结点 p 的 next 域，通常，结点 s 的 next 域的值是 NULL，也就是说，将结点 p 与其后继结点断开了。如果结点 s 的 next 域的值不是 NULL，则意味着将结点 s 的后继结点作为结点 p 的后继结点。这两种情况都与题意不符。对于选项 C，语句“p->next=s;”将结点 s 作为结点 p 的后继结点，也是错误的。

删除操作的过程如图 2-12 所示。先使用一个临时指针 temp 指向即将被删除的结点（结点 C）（步骤①），然后修改当前指针 curr 所指结点（结点 B）的指针域（步骤②），让其指向 temp 指向结点的后继结点（结点 D）。在进行删除操作后，当前指针 curr 的值不变。

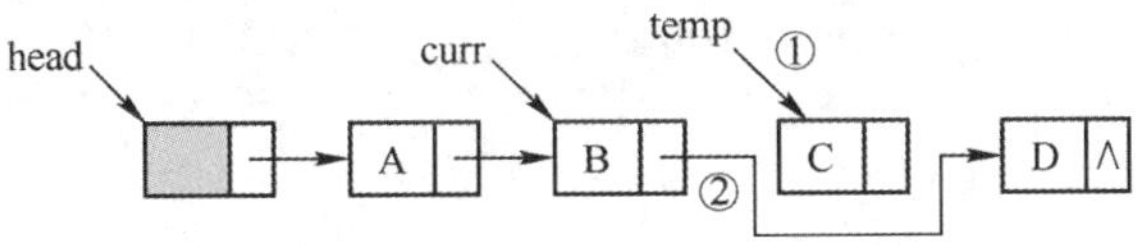

图 2-12　在带头结点的单链表 L 中进行删除操作的过程

注意，要删除的是当前指针所指结点（结点 B）的后继结点（结点 C）。因为这个结点的空间不再使用，所以使用一个临时指针指向它，其目的是使用完结点值后可以释放空间，释放空间的步骤不要忘记。实际上，在释放之前，结点 C 的 next 域仍指向结点 D。

【例 2-7】 在带头结点的单链表中，若删除指针 p 所指结点的后继结点，则执行的操作是（　）。

A. p->next=p->next->next;　　　B. p=p->next;p->next=p->next->next;

C. p->next=p->next;　　　D. p=p->next->next;

答案为 A。

不妨设 p 所指结点是 X，其后继结点是 Y，根据题意，要删除的是结点 Y。需要让结点

X 的 next 指针指向结点 Y 的后继，即“p->next=p->next->next;”。选项 A 是正确的。如果结点 Y 没有后继，则意味着删除操作后 p 所指结点为终端结点，语句“p->next=p->next->next;”会让结点 X 的 next 域的值为 NULL。

对于选项 B，语句“p=p->next;”使得指针 p 指向结点 Y，而语句“p->next=p->next->next;”删除的是结点 Y 的后继结点，不符合题意。

对于选项 C，语句“p->next=p->next;”没有改变任何值，也没有删除任何结点。

对于选项 D，语句“p=p->next->next;”只是让指针 p 指向了结点 Y 的后继，没有删除任何结点。

实际上，如果删除了单链表中的某个结点，则还应该通过 free 语句将结点占用的空间释放。

【例 2-8】 若线性表采用链式存储结构保存，则要求内存中可用存储单元的地址（ ）。

A. 必须是连续的

B. 部分地址必须是连续的

C. 一定是不连续的

D. 连续或不连续都可以

答案为 D。

对于采用链式存储方式保存的线性表，其各元素所在的地址在系统分配内存空间时确定，既不要求所有元素的地址是连续的（选项 A），也不要求部分元素的地址是连续的（选项 B），连续和不连续都有可能（选项 D 正确），所以，“一定是不连续的”这个说法也是错误的（选项 C）。

二、单链表基本操作的实现

下面给出带头结点的单链表基本操作的实现。

在带头结点的单链表中，始终会有一个头结点，这个结点在初始化时创建。

```
int initList(LinkList *head)                  //构造一个带头结点的空单链表
{
    (*head)=(LinkList)malloc(sizeof(LinkNode));
    if (*head==NULL) return FALSE;            //分配空间失败
    (*head)->data=0;                          //在头结点中记录链表长度
    (*head)->next=NULL;
    return TRUE;
}
```

清空单链表的结果是只留下头结点，其余结点所占用的空间都需要使用 free 释放。

```
int clear(LinkList *head)                     //将表 head 置空
{
    LinkNode *p;
    if (*head==NULL) {                        //表头指针错误，返回 0
        printf("链表错误\n");
        return FALSE;
    }
    p=(*head)->next;
```

```
    while (p!=NULL){                      //依次释放各结点占用的空间
        (*head)->next=p->next;
        free(p);
        p=(*head)->next;
    }
    (*head)->data=0;                      //结点个数为0
    return TRUE;
}
```

单链表中结点占用的空间是随需分配的，不会像顺序表那样受数组元素个数的限制，而仅受内存空间大小的限制。所以，对于单链表，只要系统能够成功分配结点的空间，单链表就不会满。即一旦分配失败，就相当于单链表满了。所以，单链表中无须实现 isFull 函数。空单链表至少含有一个表头结点。

```
int isEmpty(LinkList *head)               //如果表head为空，则返回1，否则返回0
{
    if (*head==NULL){                     //表头指针错误，返回-1
        printf("链表错误\n");
        return ERROR;
    }
    if ((*head)->data==0) return TRUE;
    else return FALSE;                    //链表不为空时返回0
}
```

在头结点的 data 域中已经保存了结点的个数，当求单链表长度时，可以直接返回这个值。如果没有在头结点中保存这个值，那么求单链表长度时需要从表头开始，逐个结点进行计数。两种实现版本如下。

```
int length(LinkList *head)            //返回表head的当前长度，采用域值方式
{
    if (*head==NULL){                 //表头指针错误，返回-1
        printf("链表错误\n");
        return ERROR;
    }
    return(*head)->data;
}
int length(LinkList *head)            //返回表head的当前长度，采用计数方式
{
    LinkNode *p;
    int i=0;
    if (*head==NULL){                 //表头指针错误，返回-1
        printf("链表错误\n");
        return ERROR;
```

```
    }
    p=( * head)->next;
    while (p!=NULL) {
        p=p->next;
        i++;
    }
    return i;
}
```

在插入、删除操作中，形参表中给定的位置值需要转换为指向单链表中相应结点的指针，即要给当前指针进行赋值，用函数 setCurr 实现这个功能。

```
LinkNode * setCurr(LinkList * head,Position pos)      //设置当前指针的值
{   LinkNode * temp= * head;
    if ( * head= =NULL) {                              //表头指针无效
        printf("表头指针无效\n");
        return NULL;
    }
    while (temp!=NULL && pos>0) {
        temp=temp->next;
        pos--;
    }
    return temp;
}
```

在单链表中插入一个新元素时，调用 setCurr 函数以根据位置值来设置 curr 的值，由 curr 指明插入的位置，插入的新结点作为 curr 所指结点的后继。

```
int insertList(LinkList * head,Position pos,ELEMType x)
    //在表 head 的位置 pos 处插入元素 x
{   LinkNode * temp, * curr;
    if ( * head= =NULL) return FALSE;             //表头指针无效
    curr=setCurr(head,pos);
    if (curr= =NULL)return FALSE;                 //插入位置无效
    temp=(LinkNode * )malloc(sizeof(LinkNode));
    temp->data=x;
    temp->next=curr->next;
    curr->next=temp;
    ( * head)->data++;
    return TRUE;
}
```

删除结点与插入结点类似，也需要调用 setCurr 函数并根据位置值来设置 curr 的值。删除的是 curr 所指结点的后继结点，结点中的值赋给 x，在调用 removeList 的程序中可以使用。

```
int removeList(LinkList *head,Position pos,ELEMType *x)
    //删除表 head 中位置 pos 处的元素，并通过 x 返回
{   LinkNode *temp, *curr;
    if (*head==NULL)return FALSE;                              //表头指针无效
    curr=setCurr(head,pos);
    if (curr==NULL||curr->next==NULL) return FALSE;    //删除位置无效
    if (isEmpty(head)==TRUE) return FALSE;                 //空表
    *x=curr->next->data;
    temp=curr->next;
    curr->next=curr->next->next;
    free(temp);
    (*head)->data--;
    return TRUE;
}
```

setValue 和 getValue 的实现如下，其中也需要调用 setCurr 函数并根据位置值来设置 curr 的值。

```
int setValue(LinkList *head,Position pos,ELEMType x)
    //给表 head 中位置 pos 处的元素赋值 x
{   LinkNode *curr;
    if (*head==NULL) return FALSE;                  //表头指针无效
    curr=setCurr(head,pos);
    if (curr==NULL)return FALSE;                    //当前指针无效
    curr->next->data=x;
    return TRUE;
}
int getValue(LinkList *head,Position pos,ELEMType *x)
    //返回表 head 中位置 pos 处的元素
{  LinkNode *curr;
    if (*head==NULL) return FALSE;                  //表头指针无效
    curr=setCurr(head,pos);
    if (curr==NULL)return FALSE;                    //当前指针无效
    *x=curr->next->data;
    return TRUE;
}
```

函数 find 返回元素 x 在表 head 中第一次出现的位置。temp 指针从链表头开始，逐个结点向表尾的方向，边移动，边进行判断，同时使用 count 记下移动的步数。find 函数的实现如下。

```
Position find(LinkList *head,ELEMType x)
    //返回元素 x 在表 head 中第一次出现的位置
{   LinkNode *temp=*head;
```

```
    int count=0;
    if ( *head==NULL) {
        printf("链表错误\n");
        return ERROR;
    }
    while (temp->next!=NULL) {
        if (temp->next->data==x) {
            printf("在链表中找到  %d \n",temp->next->data);
            return count;
        }
        else{
            temp=temp->next;
            count++;
        }
    }
    return ERROR;
}
```

在有些情况下，需要在表 head 中找到元素 x 所在的结点，并返回指向该结点的指针。此时，find 函数需要返回一个指针。为有所区别，返回指针形式的函数名为 findNode，其实现如下。

```
LinkNode *findNode(LinkList *head, ELEMType x)
    //返回元素 x 在表 head 中第一次出现的位置，返回指向该结点的指针
{   LinkNode *temp=head;
    if ( *head==NULL) {
        printf("链表错误\n");
        return NULL;
    }
    while (temp->next!=NULL) {
        if (temp->next->data==x) {
            printf("在链表中找到  %d \n",temp->next->data);
            return temp;
        }
        else temp=temp->next;
    }
    return NULL;
}
```

列出链表中各元素的辅助函数 display 的实现如下。

```
void display(LinkList *head)
{   LinkList p;
```

```
    int counter=0;
    if ( * head= =NULL) {
        printf("链表错误\n");
        return;
    }
    if (( * head)->next= =NULL) printf("这是一个空链表\n");
    else{
        printf("这是含 %d 个元素的链表: ",length(head));
        p=( * head)->next;
        while (p! =NULL) {
            printf("%d,",p->data);
            counter++;
            p=p->next;
        }
        printf("\n");
    }
    return;
}
```

在单链表中，由指针指向结点是方便的，有时需要知道指针指向的结点的位置，这个功能由 setPos 函数实现，见例 2-9。

【例 2-9】 编写程序 setPos 函数，返回指针 curr 指向结点的位置。

setPos 与 setCurr 的作用刚好相反。setPos 函数的实现如下。

```
Position setPos(LinkList * head,LinkNode * curr)     //返回 curr 指向结点的位置
{   LinkNode * temp= * head;
    int count=0;
    if ( * head= =NULL||curr= =NULL) {               //指针无效
        printf("指针无效\n");
        return ERROR;
    }
    while (temp! =curr&&temp! =NULL) {
        temp=temp->next;
        count++;
    }
    return count;
}
```

在访问带头结点的单链表中的结点时，必须从头结点开始逐结点后移来寻找，这种访问方式是顺序访问方式，不能像顺序表那样根据位置直接定位到访问目标。所以，在进行插入、删除操作时，如果给定的参数是位置，则需要在链表中先进行定位操作。若插入、删除的位置都在表的最前面，则时间复杂度均为 $O(1)$，这是最方便的位置。如果操作位置都在表尾，则时间复杂度均为 $O(n)$，n 是链表的长度。插入、删除操作的平均时间复杂度也均为 $O(n)$。

如果已经设定当前指针的指向，则进行插入、删除操作时，时间复杂度均为 $O(1)$，因为操作过程中不需要进行元素的移动，也不需要将当前指针从表头后移到当前位置。

在判定单链表是否为空时，只需要查看头结点中指针域的值，时间复杂度也为 $O(1)$。对于清空表操作，因为要将所有数据结点所占用的空间释放，所以时间复杂度是 $O(n)$。对于求表长操作，如果在头结点中保存了链表的长度，则时间复杂度是 $O(1)$。如果采用计数方式实现，即从表头开始，一个结点一个结点地计数，则时间复杂度为 $O(n)$。查找操作的时间复杂度由查找目标在链表中的位置而定。若在单链表中一定能找到查找目标，则在最优情况下，比较 1 次就能找到，时间复杂度为 $O(1)$；在最坏的情况下，需要进行 n 次比较，时间复杂度为 $O(n)$。平均来看，需要查找链表中约一半的元素，所以时间复杂度是 $O(n)$。在查找失败时，查找操作的时间复杂度也是 $O(n)$。

在线性表采用链式存储时，每个结点中除存储元素值以外，还需要保存一个指针。指针的空间属于额外的空间开销。对于有 n 个元素的线性表，采用单链表存储时，占用的空间为 $n\times(E+P)$，其中 E 是结点中数据域占用的空间量，P 是结点中指针域占用的空间量，用于数据的部分是 $n\times E$，属于有效部分，用于额外开销的部分是 $n\times P$，属于结构性开销部分。

三、循环链表

在单链表中，每个结点都带有一个指向其后继结点的指针，因为表尾元素没有后继结点，所以表尾结点的指针域为空，表明它不指向任何结点，并表示这个结点是表中的最后一个结点。

现在修改这个约定，将表尾结点的指针指回头结点，从而形成一类新链表。在这样的链表中，从任何一个结点出发，沿着指针域的指示，可以再回到这个结点，好像转了一个圈，可形象地称这样的链表为循环链表，更准确地说，它是单向循环链表。在不引起歧义的前提下，可以将它简称为循环链表。

在循环链表中，表结点的定义与单链表中相同。同样地，也可以定义一个头结点，其目的是保持和单链表的一致性，方便在循环链表中进行插入和删除操作。在循环链表中，因为表尾结点的指针指向头结点，所以可以根据这个特性来判断是否已经到达表的最后。

在有些情况下，表尾结点的 next 指针并不指向头结点，而是指向链表中的某一个数据结构，从而构成带环的单链表。这是一种不规整的循环链表。

循环链表的直观形式如图 2-13 所示。

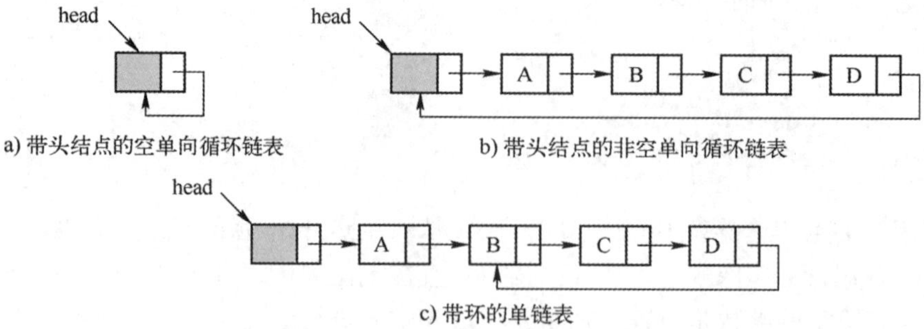

图 2-13　带头结点的单向循环链表

在带头结点的单链表中，表为空的判定条件是 head->next==NULL，而在循环链表中，表为空的判定条件是 head->next==head。这两类链表具有明显的特征，使用 head->next 的值，或表尾结点的 next 值，就可以判定链表是单链表还是循环链表。单链表中存在唯一的空指针，循环链表中不存在空指针。

想要判定一个单链表是否是如图 2-13c 所示的带环的单链表，并不简单。这样的链表不存在空指针，但又不像循环链表那样可以使用表尾结点的 next 值与 head 值的关系来判定。可以使用两个指针，初始时均指向头结点，一个指针每次走两步，另一个指针每次走一步。当两个指针“遇上”（即指向同一个结点）时，表明单链表中存在环。如果“快”（每次走两步）的指针先遇到 NULL，则表明是普通的单链表。具体实现留作习题。

【例 2-10】 设带头结点的单向循环链表 L 中仅含有一个数据结点，head 是 L 的头指针。现要在该数据结点之后添加一个新结点，指针 p 指向该新结点，给出相应的语句序列。

根据题意，插入的新结点是 L 的终端结点，它的 next 域应该指向头结点。然后让 L 中现有的唯一数据结点的 next 域指向该结点。相应的语句序列如下。

```
p->next=head;
head->next->next=p;
```

当然，还可以写出其他的语句形式。

四、双向链表

在单链表中，每个结点中都仅含有一个指针，除表尾结点以外，该指针指向后继结点，故查找后继结点的操作很方便。从插入及删除操作的实现步骤中了解到，查找前驱结点很不方便。为此，修改单链表中结点的定义，在表结点中，除保留指向后继结点的指针以外，再增加一个指向该结点的前驱结点的指针，即每个结点都含有两个指针，一个指向该结点的后继结点，另一个指向该结点的前驱结点。如果结点的前驱结点或后继结点不存在，则相应的指针为空。这样的链表称为双向链表，也称为双链表。

在双向链表中，表结点及链表的定义如下。

```
typedef int ELEMType;
typedef struct node{                      //双向链表结点
    ELEMType data;
    struct node *next;                    //指向后继结点
    struct node *prev;                    //指向前驱结点
}DouLinkNode;
typedef DouLinkNode *DouLinkList;         //双向链表
typedef int Position;
```

在双向链表中，如果某结点存在前驱结点和后继结点，则通过当前指针及结点内的指针，能够很容易地找到并访问它们。所以头结点在双向链表中是可选的，可有可无。为了与单链表在结构上保持一致，双向链表中也常常定义头结点，即头指针指向的结点是一个虚拟结点，其中的 data 域可用来保存表中元素的个数。双向链表中指针可以沿两个方向移动，除头指针 head 以外，通常还定义一个指向表尾结点的尾指针 tail。带头结点的双向链表如图 2-14 所示。

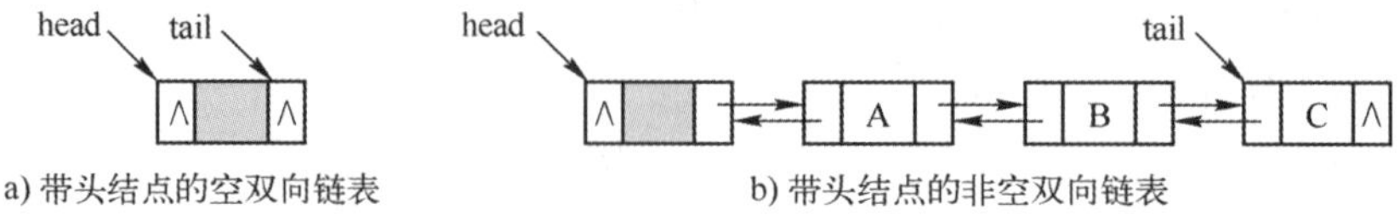

图 2-14　带头结点的双向链表

施加于双向链表的操作与在单链表中的操作是类似的，实现过程中会涉及更多的指针操作，有些地方也需要增加更多的判断。

仍以带头结点的链表为例来实现双向链表。初始化函数中创建一个头结点，头结点的 next 指针和 prev 指针的初值都置为空。

```
int initList(DouLinkList *head)                    //构造一个带头结点的空双向链表
{   (*head)=(DouLinkList)malloc(sizeof(DouLinkNode));
    if (*head==NULL) return FALSE;                 //分配空间失败
    (*head)->data=0;                               //记录结点个数
    (*head)->next=NULL;
    (*head)->prev=NULL;
    return TRUE;
}
```

双向链表上有些操作的实现与在单链表上对应操作的实现，除了链表的类型不同以外，其他是完全一样的。这些操作包括清空链表 clear、判断链表是否为空 isEmpty、求链表长度 length、给位置 pos 处的元素赋值 setValue、返回位置 pos 处的元素 getValue 等。

在双向链表中插入一个新元素时，一般情况下需要修改 4 个指针。插入的元素也可能是新的表尾结点，它不存在后继结点，故这时要增加对表尾结点的判断。删除操作也是类似的。与单链表中实现插入、删除操作时一样，双向链表实现插入、删除操作时也需要辅助函数 setCurr，其实现如下。

```
DouLinkNode *setCurr(DouLinkList *head,Position pos)   //设置当前指针的值
{   DouLinkNode *temp=*head;
    if (*head==NULL){                                  //表头指针无效
        printf("表头指针无效\n");
        return NULL;
    }
    while (temp!=NULL && pos>0){
        temp=temp->next;
        pos--;
    }
    return temp;
}
```

插入、删除两个操作的实现如下。

```
int insertList( DouLinkList  * head,Position pos,ELEMType x)
    //在表 head 的位置 pos 处插入元素 x
{
    DouLinkNode  * temp, * curr;
    if ( * head= =NULL) return FALSE;                              //表头指针无效
    curr=setCurr( head,pos) ;
    if (curr= =NULL) return FALSE;                                 //插入位置无效
    temp=( DouLinkNode  * )malloc( sizeof( DouLinkNode) ) ;
    temp->data=x;
    temp->next=curr->next;
    if (curr->next != NULL) curr->next->prev=temp;
    temp->prev=curr;
    curr->next=temp;
    ( * head)->data++;
    return TRUE;
}
int removeList( DouLinkList  * head, Position pos, ELEMType *  x)
    //删除表 head 中位置 pos 处的元素，并通过 x 返回
{
    DouLinkNode  * temp, * curr;
    if ( * head= =NULL) return FALSE;                              //表头指针无效
    curr=setCurr( head,pos) ;
    if (curr= =NULL||curr->next= =NULL) return FALSE;  //删除位置无效
    if ( isEmpty( head)= =TRUE) return FALSE;                      //空表
    * x=curr->next->data;
    temp=curr->next;
    curr->next=curr->next->next;
    if (curr->next!=NULL) curr->next->prev=curr;
    free( temp) ;
    ( * head)->data--;
    return TRUE;
}
```

在空双向链表中，头结点的 next 和 prev 指针都为空。在非空双向链表中，头结点的 prev 指针为空，表尾结点的 next 指针为空。也可以像单向循环链表那样，将这些空指针利用起来，由此得到双向循环链表。在双向循环链表中，通过头结点的 prev 指针，可以方便地找到表尾结点，所以可以不定义尾指针。带头结点的双向循环链表如图 2-15 所示。

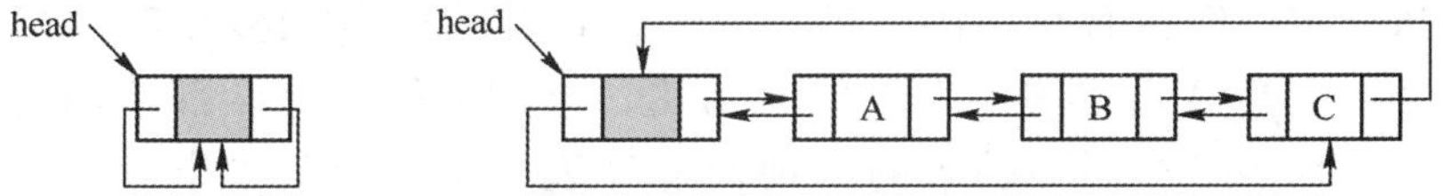

a) 带头结点的空双向循环链表　　b) 带头结点的非空双向循环链表

图 2-15　带头结点的双向循环链表

【例 2-11】在双向循环链表中，将指针 s 指向的结点插入到指针 p 所指的结点（非尾结点）之后，下列选项中，正确的指针修改语句序列是（　）。

A. p->next=s; s->prev=p; p->next ->prev=s; s->next=p->next;

B. p->next->prev=s; p->next=s; s->prev=p; s->next=p->next;

C. s->prev= p; s->next=p->next; p->next=s;p->next->prev=s;

D. s->prev=p;s->next=p->next;p->next->prev=s;p->next=s;

答案是 D。

选项 D 中的 4 条赋值语句对应的 4 个指针操作及次序如图 2-16 所示，语句的结果能达到插入结点的目的。

其他几个选项的操作次序或操作语句均存在错误之处。选项 A 中第一条语句“p->next =s;”已经将双向循环链表中指针 p 所指结点与其后继结点断开，第三条语句“p->next->prev =s”实际上是将指针 s 所指结点的 prev 又指向自身。选项 B 中第二条语句“p->next=s;”已经将指针 p 所指结点与指针 s 所指结点相连，而第四条语句“s->next=p->next;”的原意是想将指针 s 所指结点与指针 p 所指结点的后继结点连接起来，但实际上 p->next 已指向 s 所指结点，故操作的结果是 s->next 又指向自身。其他选项的错误之处不再赘述。

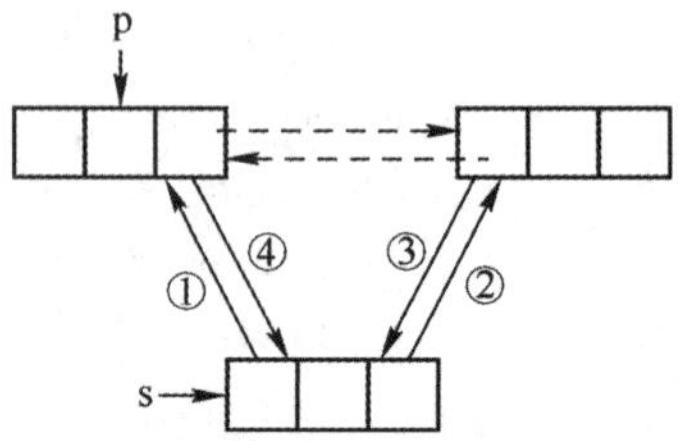

图 2-16　双向循环链表的插入

第四节　进一步讨论两种基本实现方式

一、两种基本实现方式的比较

线性表有两种基本实现方式，分别是顺序实现和链式实现。那么，哪一种方法更好呢？这两种实现方式各有优势，在不同的情况下，对应于不同的操作，某一种方式可能会优于另外一种。但是哪种方式都不能适用于所有情况。

顺序表的优点是存储每个数据元素时空间比较紧凑，并且会占用连续的空间。数组的每个单元中只需要保存数据本身，没有额外的开销。与此相对的是，链表在每个结点上除存储数据元素以外，还要留出空间存放指针。单链表中每个结点包含一个指针，双向链表中每个结点包含两个指针。这些指针占用的空间称为结构性开销。存储一个指针的空间大小是固定的，与使用的具体系统相关。如果数据域 data 占用的空间较小，则结构性开销的比例就会较大。

为顺序表分配的数组，通常要宽松一些。当线性表中元素个数没能达到顺序表的最大容量时，数组中仍然会有空闲的空间，此时并没能充分利用数组的全部空间。而链表中占用的空间大小与链表中的元素个数成正比，分配的结点是全部使用的。所以，当线性表的元素个数相对较少时，链表的实现比顺序表的实现更节省空间。反之，当线性表中的元素个数接近数组分配的最大个数，数组几乎被填满时，空闲的单元不多，它的空间存储效率很高。

设 n 表示线性表中当前元素的个数，D 表示最多可以在数组中存储的元素个数，也就是数组的大小，P 表示指针的存储单元大小，E 表示数据元素的存储单元大小。按照这个假设，顺序表的空间需求为 $D×E$，单链表的空间需求为 $n×(P+E)$。对于给定的 n 值，以上两个表达式中哪一个的值较小呢？列方程后可以求出 n 的临界值，即 $n=D×E/(P+E)$。当线性表中元素个数超过这个值时，顺序表的空间效率更高，反之单链表的存储效率更优。如果 $P=E$（如指针占 2 字节，数据元素也占 2 字节），则临界值 $n=D/2$。

【例 2-12】 设采用单链表保存的线性表 L 的每个元素需要的空间为 10 字节，一个指针占 2 字节。若采用单链表或含 30 个元素的数组保存 L，试分析哪种方式的空间存储效率更高，仅需要考虑 L 中的元素。

根据题意，在采用单链表保存 L 时，每个结点占用的空间为 12 字节。

如果采用数组保存，则需要的空间是 30×10＝300 字节。若使用这些空间来保存单链表中的结点，则可以保存 300/12＝25 个结点，即在不考虑头结点所占用空间的前提下，如果 L 中元素个数少于 25 个，则采用单链表更省空间；如果多于 25 个元素，则采用数组更省空间；如果正好是 25 个元素，则两种方式占用的空间是一样大的。

选择顺序表或链表的一个因素是，当线性表元素个数变化较大或者未知时，最好使用链表实现。如果用户事先知道线性表的大致长度，则使用顺序表的空间效率会更高些。还有一个因素需要考虑，即顺序表占用的空间是连续的，而链表占用的空间可能是零散的，并且还需要程序员来管理空间的分配及释放。

再来看看操作的时间效率。以访问线性表的第 i 个元素为例，在顺序表中是直接定位的，可以实现随机访问，操作的时间复杂度是 $O(1)$。相比之下，单链表不能随机访问指定的元素，访问时必须从表头开始逐个结点进行查找，直到找到第 i 个结点为止。这个操作的平均时间复杂度和最差时间复杂度均为 $O(n)$。关于插入操作和删除操作，在给出指向链表合适位置的当前指针后，在单链表内进行插入和删除操作的时间复杂度也可以达到 $O(1)$。而顺序表的插入操作和删除操作必须在数组内将当前位置之后的各元素分别向后与向前移动，这种移动的平均和最差时间复杂度均为 $O(n)$。对于线性表的许多应用，插入和删除都是主要的操作，因此它们的时间效率是举足轻重的，仅就这个原因而言，单链表通常比顺序表更灵活。

双向链表的操作实现起来与单链表类似，其空间效率要低于单链表，因为表中每个结点都带有两个指针，比单链表中每个结点的指针数多 1 个。所以双向链表的结构性开销是单链表的 2 倍。双向链表各个操作的时间复杂度分析留作习题。

【例 2-13】 将下列特性分别对应到顺序表和链表中。

A. 逻辑上相邻的元素，在内存中的存储位置也相邻

B. 不必事先估计存储空间

C. 所需空间与元素个数成正比

D. 插入、删除时不需要移动元素

E. 支持随机存取

F. 支持顺序存取

顺序表具有的特性有：A、E 和 F，链表具有的特性有：B、C、D 和 F。

注意，顺序表支持随机存取，也支持顺序存取。所以最后一个特性（F），既是顺序表的特性，也是链表的特性。

二、空闲单元链表

在链表中，当需要在链表中插入一个结点时，需要调用 malloc 函数分配相应的空间。当在链表中删除一个结点时，需要调用 free 函数释放空间。如果在链表中频繁进行插入、删除结点的操作，则频繁调用这些函数的时间开销会是非常可观的。

可以针对实际应用的每类链表，定义一个“伙伴链表”，表结点的结构与所使用链表的结构一致。伙伴链表用来管理暂时不用的结点，也可以将伙伴链表称为空闲单元链表。

以本章第三节中定义的单链表为例，链表的类型定义如下。

```
typedef int ELEMType;
typedef struct node{                    //单链表结点
    ELEMType data;                      //数据域
    struct node * next;                 //指针域
}LinkNode;
typedef LinkNode * LinkList;            //单链表
typedef LinkNode * Position;            //位置
```

定义与之对应的空闲单元链表 freelist 如下。

```
LinkList freelist=NULL;
```

假设保存数据的单链表为 L。当从链表 L 中删除一个结点时，将这个结点插入到 freelist 中。当需要申请新的结点空间时，先查看链表 freelist。如果 freelist 不为空，则从 freelist 中获取一个结点，结点中保存相应的值，并将该结点插入到 L 的相应位置，否则调用 malloc 函数分配新的空间，并完成后续的插入操作。

freelist 链表的作用是暂时保管要归还给系统的结点空间，结点中的数据是无意义的，所以插入及删除的操作都可以在表头进行。而且，链表中也不需要头结点。因此，对 freelist 链表操作的效率非常高。

对于有相同结点结构的所有链表，可以共用一个 freelist 链表，也可以将其设置为一个全局变量，初始时，freelist 是一个空链表。在程序的最后，freelist 中结点占用的空间需要全部释放。

在增加 freelist 链表后，可以修改前面实现的在单链表中进行插入结点及删除结点的操作，实现如下。

```
int insertList(LinkList * head,Position curr,ELEMType x)
    //在表 head 的位置 curr 处插入元素 x
{   LinkNode * temp;
    if ( * head==NULL&&curr==NULL) return FALSE;     //指针无效
    if (freelist==NULL){
        temp=(LinkList)malloc(sizeof(LinkNode));
    }
    else{
```

```
            temp=freelist;
            freelist=freelist->next;
        }
        temp->data=x;
        temp->next=curr->next;
        curr->next=temp;
        ( * head)->data++;
        return TRUE;
    }
    int removeList(LinkList  * head,Position curr,ELEMType  * x)
        //删除表 head 中位置 curr 处的元素，并通过 x 返回
    {   LinkNode  * temp;
        if (( * head= =NULL&&curr= =NULL)||curr->next= =NULL) return FALSE;   //指针无效
        if (isEmpty(head)= =TRUE) return FALSE;      //空表
        * x=curr->next->data;
        temp=curr->next;
        curr->next=curr->next->next;
        temp->next=freelist;
        freelist=temp;
        ( * head)->data--;
        return TRUE;
    }
```

清空链表的操作也需要进行相应的修改，实现如下。

```
    int clear(LinkList  * head)                    //将链表 head 置为空
    {   LinkNode  * p;
        if ( * head= =NULL){                       //表头指针错误，返回 0
            printf("链表错误\n");
            return FALSE;
        }
        p=( * head)->next;
        while (p!=NULL){                           //将各结点依次放入 freelist 中
            ( * head)->next=p->next;
            p->next=freelist;
            freelist=p;
            p=( * head)->next;
        }
        ( * head)->data=0;                         //结点个数为 0
        return TRUE;
    }
```

三、静态链表

从例 2-13 中可以看出，顺序表和链表的一些特点是相互对立的，比如，当插入元素时，在顺序表中可能要移动元素，但在链表中完全不需要移动。顺序表的空间是一次性预分配的，而链表的空间是随用随分配的。顺序表中查找某位置的元素非常方便，但多数情况下在链表中进行查找则不是一个便捷的操作。特别是，顺序表占用的空间完整，而链表占用的空间零散。

在有些应用中，需要一种兼具顺序表和链表特性的结构，既要具有顺序表的空间整体性，不必进行零散的空间处理，又要具有链表的灵活性，在插入或删除时不必进行数据的大量移动。静态链表正好能满足这种需求。数据结构中的静态链表，即使用一维数组实现的链表。下面以单链表为例，介绍静态链表。实际上，还可以实现静态双向链表及静态循环链表。

假设静态链表保存在一维数组 A 中，每个元素的类型与单链表结点类型一致，也有数据域 data 和指针域 next。将 $A[0]$ 当作一个特殊结点，类似于单链表中的表头结点，在 $A[0]$ 的数据域 data 中保存链表中元素的个数，在指针域 next 中保存静态链表中第一个元素在数组中的下标。初始时，data 的值是 0，next 的值是-1。

例如，将图 2-17a 所示的单链表 head 中的各元素，依次保存在数组 A 最前面的几个单元中，得到的静态链表如图 2-17b 所示。

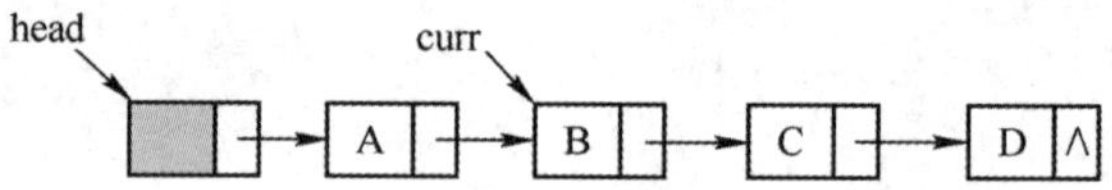

a) 带头结点的非空单链表

	0	1	2	3	4	5	6	7	8
data	4	A	B	C	D				
next	1	2	3	4	-1				

b) 保存单链表head各元素的静态链表

图 2-17　单链表 head 及静态链表

在静态链表中实现基本操作的过程类似于在链表中的实现过程。例如，在静态链表中进行图 2-9 所示的插入操作，新元素 E 应在元素 B 与 C 之间。在图 2-17b 所示的一维数组中找到一个空闲位置，如下标 5 处，这相当于在单链表中进行插入操作时调用 malloc 函数得到一个新的结点空间。将元素 E 放在这个位置的 data 域中（类似于图 2-9 中的步骤①）。E 的后继是元素 C，所以下标 5 处的 next 值应为 3（类似于图 2-9 中的步骤②），而 E 的前驱是元素 B，即 B 的 next 值应为 5（类似于图 2-9 中的步骤③）。最后，将链表中的元素个数加 1。在插入操作完成后，得到的静态链表如图 2-18 所示。

	0	1	2	3	4	5	6	7	8
data	5	A	B	C	D	E			
next	1	2	5	4	-1	3			

图 2-18　在图 2-17b 所示的静态链表中插入元素 E 后的静态链表

现在，在图 2-18 所示的静态链表中删除元素 D。删除的元素 D 是静态链表中的表尾元素，删除后，它的前驱（元素 C）的 next 值应为元素 D 的 next 值，即-1，表示静态链表的结束。同时，在静态链表中将这个位置标识为空闲位置，这相当于在单链表中进行删除操作时调用 delete 函数。得到的静态链表如图 2-19 所示。

	0	1	2	3	4	5	6	7	8
data	4	A	B	C		E			
next	1	2	5	-1		3			

图 2-19　在图 2-18 所示的静态链表中删除元素 D 后的静态链表

在静态链表使用的数组中，可以将单元的状态分为两类，一类是已经被占用的单元，如图 2-19 中下标为 0、1、2、3、5 的单元，另一类是空闲单元，如图 2-19 中下标为 4、6、7、8 的单元。空闲单元又分为两种，一种是曾经使用过但现在空闲的，如下标为 4 的单元，另一种是从未使用过的，如下标为 6、7、8 的单元。

在静态链表中，可以使用一个特殊标记来标识空闲单元，插入时将新元素放置在有特殊标记的单元中。初始时，数组中所有单元均为空闲单元，故需要为每个单元设置特殊标记。在插入时，需要逐个单元进行查找。当然，可以采用更有效的方法标记空闲单元，其目的是方便后面的插入操作。

数组中所有未曾使用过的单元必定是一片连续单元，可以使用整型变量 unused 记录这片连续单元的首位置，凡是下标大于等于 unused 且不越界的单元，均为空闲单元。例如，在图 2-19 中，unused 的值是 6。下标大于等于 6 且小于 9 的单元即这类空闲单元。对于数组中曾经使用过且目前空闲的所有单元，建立另一个静态链表将其链接起来，可以将这个链表称为空闲单元链表，用整型变量 available 记录这个链表首结点的下标。例如，对于图 2-19 所示的静态链表，available 值为 4。因为目前只有这一个空闲位置，故它也是表尾，位置 4 的 next 值为-1。

程序中用到的一些常量及静态链表的定义如下。

```
#define TRUE 1
#define FALSE 0
#define ERROR -1
typedef int ELEMType;
typedef struct node{
    ELEMType data;                        //数据域
    int next;                             //指针域
}ArrayListNode;
typedef struct{
    ArrayListNode element[maxSize];       //保存元素的数组,最大容量为 maxSize
    int available;                        //空闲单元链表首位置,将释放的结点组成一个链表
    int unused;                           //未用空间首位置
}ArrayList;
typedef int position;
```

初始化过程是构造一个空的静态链表，并给静态链表中的各个变量赋初值。

```
int initList(ArrayList *L)                //构造一个空静态链表 L
{   L->element[0].data=0;
    L->element[0].next=-1;
    L->available=-1;
    L->unused=1;
    return TRUE;
}
```

清空静态链表与初始化过程是类似的。

```
int clear(ArrayList *L)                   //将表 L 置空
{
    L->element[0].data=0;                 //element[0]：头结点，data 保存链表长度
    L->element[0].next=-1;                //element[0]：头结点，链表结束，置 next 为-1
    L->available=-1;                      //空闲单元链表首位置，初始时无空闲结点置为-1
    L->unused=1;                          //未用空间首位置，初始为 element[1]
    return TRUE;
}
```

判定静态链表的空或满状态是很容易实现的。数组第一个单元的 data 域保存了链表中元素的个数，如果该值是 0，则链表是空链表，如果是 maxSize-1，则表示链表已满。

```
int isEmpty(ArrayList *L)                 //如果表 L 为空，则返回 1，否则返回 0
{   if (L->element[0].data==0) return TRUE;
    else return FALSE;
}
int isFull(ArrayList *L)                  //如果表 L 为满，则返回 1，否则返回 0
{   if (L->element[0].data==maxSize-1) return TRUE;
    else return FALSE;
}
```

求表长的实现如下。

```
int length(ArrayList *L)                  //返回表 L 的当前长度
{   return L->element[0].data;
}
```

在静态链表中进行插入操作时，如果空闲单元链表为空，即 available==-1，则使用 unused 位置的单元，同时 unused++；如果空闲单元链表不为空，即 available!=-1，则取表头单元来使用，即使用 available 位置的单元，同时更新空闲单元链表，available 值更新为链表中下一个元素的下标。

```
int insertArrayList( ArrayList  * L, Position pos, ELEMType x)
    //在表 L 的位置 pos 处插入元素 x
{   int i, k, curr;
    if (isFull(L)= =TRUE) return FALSE;                    //表满
    if (pos<0||pos>L->element[0].data) return ERROR;  //位置错误，与表满区分开
    if (L->available= = -1){                                 //空闲单元链表为空
        k=L->unused;                                         //新申请的数据结点的下标
        L->element[L->unused++].data=x;
    }
    else{                                                     //有空闲空间，取出空闲单元链表的首结点
        k=L->available;                                      //新申请的数据结点的下标
        L->element[k].data=x;
        L->available=L->element[k].next;             //将新结点从空闲单元链表中删除
    }
    L->element[0].data++;
    current=0;                                                //头位置
    for (i=0;i<pos;i++){                                     //在数据链表中定位位置在 pos 的结点
        curr=L->element[curr].next;
    }
    L->element[k].next=L->element[curr].next;  //将新数据结点插入到链表中
    L->element[curr].next=k;                            //放置 x
    return TRUE;
}
```

当从静态链表中删除一个元素时，元素的值通过 x 带回。从表头开始找到被删除元素的前驱，修改该元素的 next 值，与被删除元素的后继相连。而该元素占用的空间会链接到空闲单元链表中。

```
int removeArrayList( ArrayList  * L, Position pos, ELEMType  * x)
    //删除表 L 中位置 position 处的元素并通过 x 返回
{   int i, k, curr;
    if (isEmpty(L)= =1) return FALSE;                          //表空
    if (pos<0||pos>=L->element[0].data) return ERROR;  //位置错误，与表空区分开
    curr=0;                                                          //头位置
    for (i=0;i<pos;i++){
        curr=L->element[curr].next;
    }
    k=L->element[curr].next;
    * x=L->element[k].data;                                      //记下被删除的元素值
    L->element[curr].next=L->element[K].next;         //删除
    L->element[k].next=L->available;
    L->available=k;
```

```
        L->element[0].data--;                    //表长减 1
        return TRUE;
    }
```

双向链表也可以保存在一维数组中，成为双向静态链表，见例 2-14。

【例 2-14】 双向静态升序链表操作示例。

设双向静态升序链表 L 保存在含 8 个元素的数组 *A* 中，表头结点在 *A*[0]中。依次执行下列操作，并给出每个操作后得到的数组 *A*。

（1）初始化 L。

（2）将序列 618,205,103,501,781,910 依次插入到 L 中，建立双向静态升序链表。

（3）从 L 中依次删除元素 501、103。

（4）将元素 301 插入到 L 中。

解：（1）初始化 L，得到的数组 *A* 如图 2-20 所示。

available
-1

unused
1

prev	元素值	next
-1	0	-1

图 2-20　保存静态链表的数组 *A* 的初态

（2）插入数据序列后，得到的数组 *A* 如图 2-21 所示。

available
-1

unused
7

prev	元素值	next
-1	6	3
4	618	5
3	205	4
0	103	2
2	501	1
1	781	6
5	910	-1

图 2-21　插入数据序列后的数组 *A*

先插入第一个值 618，使用 unused 指示的位置 1 来保存 618。unused 更新为 2。618 的 next 中保存 *A*[0].next 的值，而 *A*[0].next 更新为 618 的下标 1。类似地，618 的 prev 的值为 0。

再插入第二个值 205。这个值保存在下标 2 处，因为要保持有序性，故 205 要链接在 618 的前面。所以 618 的 prev 的值是 2，而 205 的 next 值是 1。103 的插入，类似于 205 的处理。

501 应该插入到 205 和 618 之间，所以 501 的 prev 应是 2，而 205 的 next 是 4。501 的 next 是 1，而 618 的 prev 是 4。781 和 910 的插入过程不再赘述。

（3）从 L 中依次删除元素 501、103，得到两个空闲单元，这两个单元链入到空闲单元链表中。这个链表中的每个结点都只需要用到一个指针域，不妨设使用 next 域，其 prev 域简单地赋为-1。得到的数组 A 如图 2-22 所示。

available
3

unused
7

prev	元素值	next
-1	4	2
2	618	5
0	205	1
-1		4
-1		-1
1	781	6
5	910	-1

图 2-22　删除元素 501、103 后的数组 A

（4）将元素 301 插入到 L 中，因为空闲单元链表非空，所以，新插入的 301 使用该链表的首结点，得到的数组 A 如图 2-23 所示。

available
4

unused
7

prev	元素值	next
-1	5	2
3	618	5
0	205	3
2	301	1
-1		-1
1	781	6
5	910	-1

图 2-23　将元素 301 插入到 L 后的数组 A

静态链表的本质是链表，初始化链表、清空链表、判空及判满操作的时间复杂度都是 $O(1)$。因为插入及删除都需要寻找操作位置，所以它们的时间复杂度都是 $O(n)$。

第五节　单链表的应用

本节给出单链表的 4 个应用示例。单链表结点的定义与本章第三节中的定义相同。为了方便，重新写出来。

```
#define TRUE 1
#define FALSE 0
#define ERROR -1
typedef int ELEMType;
typedef struct node{                  //单链表结点
    ELEMType data;                    //数据域
    struct node *next;                //指针域
}LinkNode;
typedef LinkNode *LinkList;           //单链表
typedef LinkNode *Position;
```

为了展示单链表的应用，需要先创建一个单链表。单链表中各元素的值从键盘读入。定义单链表的头指针 LinkList head=NULL，然后调用本章第三节中的 initList(&head)进行初始化。接下来，调用 createMyList(&head)创建单链表。

在 createMyList 中，先从键盘上输入元素个数，然后依次读入相应个数的整数值，使用这些值构造一个带头结点的单链表。相应的实现如下。

```
int createMyList(LinkList *head)         //构造一个带头结点的单链表
{   int i,counter,k;
    printf("请输入单链表元素个数：");
    scanf("%d",&counter);
    if (counter>0){
        printf("请输入构成链表的%d 个整数：",counter);
        for (i=0;i<counter;i++){
            scanf("%d",&k);
            if (insertList(head,i,k)==FALSE) return FALSE;}
    }
    display(head);
    return TRUE;
}
```

在程序运行后，从键盘输入的单链表元素个数保存在变量 counter 中。只有当 counter 大于 0 时，才依次读入单链表各元素的值。读入的值使用本章第三节实现的 insertList()函数插入到单链表的表尾。

也可以将待输入的数据预先保存在一个一维数组中，假设数组是 a，数组元素个数是 na，则在完成初始化后，调用 createMyListFromArray(head,a,na)来构建单链表。createMyListFromArray 的实现如下。

```
int createMyListFromArray(LinkList *head,int *a,int n)
    //读取数组中元素的值，构造一个带头结点的单链表
{   int i;
    if (n>0){
```

```
        for (i=0;i<n;i++) {
            if (insertList(head,temp,a[i])==FALSE) return FALSE;
        }
    }
    return TRUE;
}
```

一、查找单链表倒数第 *k* 个结点

我们已经知道，在单链表中，每个结点含有的指针只有一个，它指向当前结点的后继结点。当要访问单链表中正数第 k 个结点时，从头指针开始，沿指针的方向依次后移 $k-1$ 次，就可以定位到要访问的结点。为了统一，如果单链表中有头结点，则将头结点也一起编号。

如果要查找单链表中倒数第 $k(k\geqslant 1)$ 个结点，则没有这么简单。因为不能从表尾向表头进行遍历，所以不能直接从表尾向表头直接数 k 个结点。

至少有两个办法可以实现这个操作。如果知道单链表的长度，那么查找倒数第 k 个结点就很容易了。假设单链表中含有 n 个结点，则倒数第 k 个结点即第 $n-k+1$ 个结点。如果单链表头结点的数据域中保存了单链表的长度，则可以很方便地找到这个值。如果没有保存，则需要遍历一遍单链表，并对结点个数进行计数，从而得到单链表的长度。

当不知道单链表的长度时，还可以使用下面介绍的方法来查找单链表倒数第 k 个结点。

使用两个指针 front 和 rear，均从表头开始向表尾方向移动。初始时，先令 front 前进 k 步，当个“排头兵”。这样 front 和 rear 指向的位置相距 k 个结点。然后两个指针同步前进。当 front 到达表尾时，rear 即指向倒数第 k 个结点。

在这个过程中，可能会出现几种例外情况，需要加以特殊处理。一种例外是，给定的单链表是空表。对于空表，不能进行相应的查找。所以程序需要判定给定的单链表是不是空表。另一种例外是，给定的 k 值不合理。程序中需要判定 k 值是不是不大于表长的一个正整数。程序的实现如下。

```
LinkNode *findKth(LinkList *head,int k)          //查找倒数第 k 个结点
{   LinkNode *front, *rear;
    int i,flag=1;
    if (k<=0) {
        printf("k 必须大于零!");
        return NULL;
    }
    if (*head==NULL) {
        printf("链表错误\n");
        return NULL;
    }
    front=*head;
    rear=*head;
    for (i=0;i<k;i++) {
```

```
            if (front! =NULL) front=front->next;
            else{
                flag=0;
                break;
            }
        }
        if (!flag){
            printf("k 值大于表长!");
            return NULL;
        }
        while (front! =NULL){
            front=front->next;
            rear=rear->next;
        }
        return rear;
    }
```

二、查找单链表的中间结点

单链表的长度是任意的，所以中间结点并不能确定是其中的第几个结点，具体的值要依单链表的长度而定。而且，当单链表结点个数是偶数时，会有两个中间结点，这里只求前一个结点。不能简单地调用上面给出的 findKth 函数，但实现思想是类似的。

仍然使用两个指针，并从表头开始同步地向表尾方向移动，一个指针每次走两步，另一个指针每次走一步。这样，当“排头兵”指针到达表尾时，后面的指针即指向链表的中间结点。与 findKth 函数中一样，两个指针分别是 front 和 rear。程序的实现如下。

```
    LinkNode *findMiddle(LinkList *head)  //查找中间结点，返回指向中间结点的指针
    {
        LinkNode *front, *rear;
        if (*head==NULL){
            printf("链表错误\n");
            return NULL;
        }
        front=*head;
        rear=*head;
        while (front! =NULL){        //当前指针 front 没有移动到最后一个结点之前，继续循环
            front=front->next;
            if (front! =NULL){
                front=front->next;
                rear=rear->next;
            }
            else{
```

```
                break;
            }
        }
        return rear;
}
```

三、将单链表逆置

例 2-5 实现了顺序表的逆置，现在来实现单链表的逆置。假设单链表中含有头结点。

原单链表的头结点保留，仍为逆置后新单链表的头结点。所以，对于头指针 head，先不进行处理。从第一个数据结点开始，依次让每个结点的指针域反向，由指向其后继结点转为指向其前驱结点。

为了使处理过程中单链表的链接不中断，使用三个指针分别指向相邻的三个结点，如图 2-24 所示。

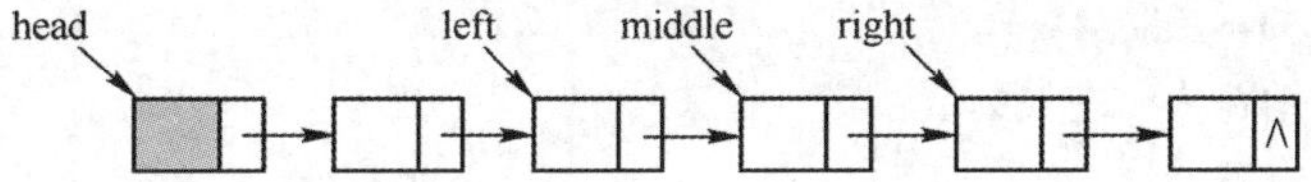

图 2-24　逆置单链表 L 时的指针

第一个数据结点需要特殊处理，因为它将是逆置后单链表的表尾结点，next 域必须置为 NULL。

对于单链表中的其他结点，让 middle 所指结点的 next 域指向 left 所指结点，即 left 所指结点的原后继（middle 所指）变为它的新前驱。然后，三个指针依次后移一个位置。

当所有结点中的 next 域都转向后，再将 head 所指的头结点链接在表头处。程序的实现如下。

```
int reverse(LinkList *head)                    //将单链表逆置
{   LinkNode *left, *middle, *right;
    if (*head==NULL){
        printf("链表错误\n");
        return FALSE;
    }
    left=(*head)->next;
    if (left!=NULL) middle=left->next;
    left->next=NULL;
    while (middle!=NULL){
        right=middle->next;
        middle->next=left;
        left=middle;
        middle=right;
    }
    (*head)->next=left;
```

```
        return TRUE;
    }
```

四、验证本章给出的单链表的实现

为了验证本章所给单链表程序的正确性，可以编写如下驱动程序。

```
int main(int argc,char ** argv)
{   LinkList head=NULL;
    LinkNode *result;
    int i,k;
    LinkNode *temp;
    i=initList(&head);
    if (i==0) printf("链表初始化错误\n");
    else printf("初始化完成\n");
    createMyList(&head);
    printf("请输入要查找的值:");
    scanf("%d",&i);
    k=find(&head,i);
    if (k==ERROR) printf("没有找到 %d\n",i);
    insertmy(&head,k,100);
    printf("插入后的链表,");
    display(&head);
    printf("请输入要删除的值:");
    scanf("%d",&i);
    k=find(&head,i);
    removemy(&head, k, &k);
    printf("删除后的链表,");
    display(&head);
    printf("请输入要查找的结点的倒数位置:");
    scanf("%d",&k);
    result=findKth(&head,k);
    if (result != NULL) printf("data = %d\n", result->data);
    else printf("给定的参数不正确\n");
    result=findMiddle(&head);
    if (result != NULL) printf("middle data = %d\n", result->data);
    else printf("给定的参数不正确\n");
    printf("单链表逆置后:\n");
    reverse(&head);
    display(&head);
    return 0;
}
```

内容小结

本章首先介绍了最基础的一种数据结构：线性表，其中首先介绍了线性表的概念，然后给出了线性表的两种存储方式，并分别在两种存储方式下实现了基本操作，最后分析了各操作的时间复杂度、对比了两种存储方式下的空间开销、比较了两种实现方式的特点及应用条件。链式存储方式实现的链表包括单链表、循环链表和双向链表。

然后，在线性表的基础上，本章介绍了静态链表的概念，实现了其基本操作。另外，本章还介绍了链式存储方式下空闲单元链表的概念。

最后，本章介绍并实现了线性表的若干应用实例。

习　　题

一、单项选择题

1. 下列选项中，不属于链表特点的是________。

A. 插入、删除时不需要移动元素　　B. 可随机访问任一元素

C. 不必事先估计存储空间　　D. 所需空间与元素个数成正比

2. 下列关于线性表的叙述中，错误的是________。

A. 线性表采用链式存储方式，便于进行插入和删除操作

B. 线性表采用顺序存储方式，便于进行插入和删除操作

C. 线性表采用链式存储方式，不必占用一片连续的存储单元

D. 线性表采用顺序存储方式，必须占用一片连续的存储单元

3. 若一个线性表分别采用下列存储结构进行存储，则读取一个指定位置（序号）的元素所花费时间最少的是________。

A. 顺序表　　B. 单向链表　　C. 双向链表　　D. 循环链表

4. 下列关于线性表的叙述中，错误的是________。

A. 除第一个元素以外，均有唯一的前驱

B. 除最后一个元素以外，均有唯一的后继

C. 元素的个数可以是0，此时表为空表

D. 若元素的个数为无穷，则表为无穷表

5. 下列关于线性表L的叙述中，正确的是________。

A. L是由n个相同元素组成的离散数据序列

B. L中任意一个元素有且仅有唯一直接前驱

C. 可以在L中进行取元素、查找或排序等操作

D. 不能在L的任意位置插入或删除一个元素

6. 若线性表L的常用操作有访问任一位置的元素和在最后进行插入和删除操作，为使操作的时间复杂度好，则下列选项中，为L选择的存储结构为________。

A. 顺序表　　B. 双向链表

C. 带头结点的双向循环链表　　D. 单向循环链表

7. 线性表 L 中常用的操作有在最后一个元素之后插入一个元素和删除第一个元素，为使操作的时间复杂度好，则下列选项中，为 L 选择的存储结构为________。

A. 单链表　　B. 仅有头指针的单向循环链表

C. 双向链表　　D. 仅有尾指针的单向循环链表

8. 为了提供全程对号入座的高速铁路售票系统，保证每一位旅客从上车到下车期间都有独立座位，并且在短途乘客下车后，该座位可以销售给其他乘客，铁路公司设计了基于内存的系统，系统中需要描述座位信息和每个座位的售票情况。保存座位信息和每个座位售票情况的数据结构分别是________。

A. 数组，数组　　B. 数组，链表

C. 链表，数组　　D. 链表，链表

9. 若长度为 n 的线性表采用顺序存储结构，则在其第 i（$0 \leqslant i \leqslant n$）个位置插入一个新元素的算法的时间复杂度为________。

A. $O(1)$　　B. $O(i)$　　C. $O(n)$　　D. $O(n^2)$

10. 对于含 n 个元素且采用顺序存储的线性表，访问位置 $i(0 \leqslant i \leqslant n-1)$ 处的元素和在位置 $i(0 \leqslant i \leqslant n)$ 插入元素的时间复杂度分别为________。

A. $O(n)$和$O(n)$　　B. $O(n)$和$O(1)$　　C. $O(1)$和$O(n)$　　D. $O(1)$和$O(1)$

11. 线性表$(a_0, a_1, \cdots, a_{n-1})$以链接方式存储时，访问位置 i 的元素的时间复杂度为________。

A. $O(1)$　　B. $O(i-1)$　　C. $O(i)$　　D. $O(n)$

12. 在带头结点的非空单向循环链表 head 中，指向表尾结点的指针 p 满足的条件是________。

A. p==NULL　　B. p==head

C. p->next==head　　D. p->next==NULL

13. 带头结点的单链表 head 为空的判定条件是________。

A. head==NULL　　B. head!=NULL

C. head->next==head　　D. head->next==NULL

14. 在双向循环链表中，在指针 p 所指结点之后插入指针 s 所指结点的操作是________。

A. p->next=s;s->prev=p;p->next->prev=s;s->next=p->next;

B. p->next =s;p->next->prev=s; s->prev=p;s->next=p->next;

C. s->prev=p; s->next=p->next; p->next=s; p->next->prev=s;

D. s->prev=p; s->next=p->next;p->next->prev=s; p->next=s;

15. 在一个单链表中，已知 q 所指结点是 p 所指结点的前驱结点，若在 q 和 p 之间插入 s 所指结点，则执行的操作是________。

A. s->next=p->next;p->next=s;　　B. p->next=s->next; s->next=p;

C. q->next=s;s->next=p;　　D. p->next=s;s->next=q;

16. 在一个单链表中，若 p 所指结点不是终端结点，在 p 所指结点之后插入 s 所指结点，则执行的操作是________。

A. s->next=p;p->next=s;　　B. s->next=p->next; p->next=s;

C. s->next=p->next; p=s; D. p->next=s;s->next=p;

17. 下列关于带头结点的单向循环链表 L 的叙述中，正确的是________。

A. L 中最后一个结点的指针域要指向头结点

B. 循环链表的长度为 L 中数据元素个数加 1

C. 因为 L 是环形的，所以无法计算链表长度

D. L 中最后一个结点的指针域指向首个数据结点

18. 含 6 个元素的线性表保存在如下的数组中，它表示的是一个静态________。

	表元素关键字	表元素之间的联系
0	6	3
1	618	5
2	205	1
3	103	4
4	501	2
5	781	6
6	910	0
7		

A. 单链表 B. 双向链表

C. 单向循环链表 D. 双向循环链表

二、填空题

1. 线性表是一个有限序列，组成线性表的是 n（$n\geqslant 0$）个________。

2. 不带头结点的单链表 L（head 为头指针）为空的判定条件是________。

3. 带头结点的双向循环链表 L（head 为头指针）为空的判定条件是________。

4. 在带头结点的单链表中，当删除某一指定结点时，必须找到该结点的________。

5. 在数组中保存的链表称为________。

6. 设一个非空的静态链表保存在数组中，以-1 表示表尾所在结点为表尾结点，则含-1 的单元个数最多为________。

7. 若线性表中每个元素占 size 个单元，采用顺序存储方式，第一个数据元素的存储位置是 1000，则线性表第 i 个元素的存储位置 $Loc(a_i)=$ ________。

三、解答题

1. 在单链表中设置头结点的作用是什么？

2. 什么是单链表中的头结点、第一个数据结点和头指针？

3. 假设线性表 L=(51,40,19,15,24,36)，使用线性表 ADT 中定义的方法，列出删除 19 时对应的语句序列。

4. 已知线性表中一个元素占 8 字节，一个指针占 2 字节，数组的大小为 20 个元素。在顺序及链式两种存储方式中，线性表应该采用哪种方式保存？为什么？

5. 在单链表和双向链表中，从当前结点出发，能否访问到表中的任何一个结点？

6. 若线性表$(a_0,a_1,\cdots,a_{n-1})$采用顺序存储方式，那么 a_i 和 a_{i+1}（$0\leqslant i<n-1$）的物理位置相邻吗？若采用链式方式，那么结果如何？

7. 试分析双向链表中插入、删除、查找等基本操作的时间复杂度。

8. 在静态链表中，如何同时保存单链表及空闲单元链表?

9. 在静态链表中，unused 的作用是什么?

四、算法阅读题

1. 在如图 2-13b 所示的带头结点的非空单向循环链表中保存了若干整数。算法 average 可求出这些整数的平均值。请在空白处填上适当内容以将算法补充完整。

```
float average(LinkList head)
{
    LinkNode  *p;
    int counter=0,sum=0;
    if (head==NULL) {
        printf("链表错误\n");
        return FALSE;
    }
    if (___(1)___) printf("这是一个空链表\n");
    else{
        p=head->next;
        while (___(2)___){
            counter++;
            sum+=p->data;
            p=p->next;
        }
    }
    return___(3)___;
}
```

2. 单链表的结点及链表定义如下:

```
typedef struct node{
    int data;                           //数据域
    struct node  *next;                 //指针域
}LinkNode;
typedef LinkNode  *LinkList;            //单链表
```

算法 largest 可找出这些整数中的最大值。请在空白处填上适当内容以将算法补充完整。

```
int largest(LinkList head)
{
    LinkNode  *p;
    int maxitem;
    if (head==NULL){
        printf("链表错误 \n");
        return FALSE;
```

```
    }
    if ( (1) ) printf("这是一个空链表\n");
    else{
        p=head->next;
        maxitem=p->data;
        p=p->next;
        while (p!=NULL){
            if ( (2) ) (3) ;
            p=p->next;
        }
    }
    return maxitem;
}
```

3. 阅读程序，并回答下列问题。

```
int counterofodd(LinkList head)
{
    LinkNode *p;
    int counter=0;
    if (head==NULL){
        printf("链表错误\n");
        return FALSE;
    }
    if (head->next==NULL) printf("这是一个空链表\n");
    else{
        p=head->next;
        while (p!=NULL){
            if (p->data%2!=0) counter++;
            p=p->next;
        }
    }
    return counter;
}
```

（1）若单链表 head 中保存的是(1,3,5,7,10)，则执行 counterofodd(head)后，返回的结果是什么？

（2）counterofodd( )的功能是什么？

五、算法设计题

1. 表 2-1 给出一个线性表操作示例，请采用顺序存储方式保存线性表，编程使用基本操作验证表中的结论。

2. 表 2-1 给出一个线性表操作示例，请采用链式存储方式保存线性表，编程使用基本操作验证表中的结论。

3. 表 2-1 给出一个线性表操作示例，请采用单向静态链式存储方式保存线性表，编程使用基本操作验证表中的结论。

4. 例 2-14 给出一个采用带头结点的双向静态链式存储方式保存一个升序线性表的示例，编程使用基本操作验证示例中的结论。

5. 设有一个正整数序列组成的有序单链表（按递增次序有序，且允许有相等的整数存在），试编写能实现下列功能的算法：

（1）确定在序列中比正整数 x 大的数有几个（相同的数只计算一次，如有序序列{10,20,30,30,40,41,50,50,51}中比 30 大的数有 4 个）；

（2）将单链表中比正整数 x 小的数按递减次序重排，仍放置在单链表中，如在保存有序序列{10,20,30,30,40,41,50,50,51}的单链表中，将比 40 小的数重排后，得到的单链表中保存的序列是{30,30,20,10,40,41,50,50,51}；

（3）将比 x 大的偶数从单链表中删除。

6. 在单链表 L 中保存了若干整数。实现算法将 L 分为两个单链表：L_1 和 L_2，其中 L_1 中保存奇数，L_2 中保存偶数。

7. 已知带头结点的单链表的每个结点中保存一个整数，数据结点有 n 个。请设计算法以判断该链表中保存的值是否构成斐波那契数列中的前 n 项。若是，则算法返回 1，否则返回 0。

8. 实现算法，判断带头结点的单链表中所保存的整数是否构成递增有序序列。若是递增有序序列，则算法返回 1；若不是，则算法返回 0。

9. 设线性表元素为整数，其中可能有相同的元素。试设计一个算法，删除表中重复的元素（即相同元素只保留一个），使删除后表中各元素均不相同。给出在顺序存储和链式存储两种方式下的实现程序。

10. 设有两个按元素值递增有序排列的单链表：A 和 B。试实现算法，将它们合并成一个单链表 C，要求 C 的元素值仍递增有序排列（允许 C 中有值相同的元素）。

11. 已知链表结点及带头结点的单链表定义如下：

```
typedef int ELEMType;
typedef struct node{                        //单链表结点
    ELEMType data;                          //数据域
    struct node *next;                      //指针域
}LinkNode;
typedef LinkNode *LinkList;                 //单链表
```

请编写函数 int appendList(LinkList head,ELEMType x)，将 x 插入到 head 指向的单链表的表尾。

12. 已知链表结点及带头结点的单链表定义如下：

```
typedef int ELEMType;
typedef struct node{                        //单链表结点
    ELEMType data;                          //数据域
```

```
        struct node  * next;                    //指针域
    } LinkNode;
    typedef LinkNode  * LinkList;               //单链表
```

请编写函数 int deleteNode(LinkList head, ELEMType x), 在 head 指向的单链表中删除 data 等于 x 的结点，如果删除成功，则函数返回值为 1，否则返回值为 0。

13. 判定给定的单链表中是否存在环，如果存在，则函数返回 1，否则返回 0。

第三章 栈和队列

学习目标：

1. 掌握栈和队列的逻辑定义、特点及基本操作，了解它们的逻辑表示方法及使用场景。
2. 掌握栈的两种存储方式及各自的特点，掌握两种方式下基本操作的实现及复杂度分析。
3. 掌握队列的两种存储方式及各自的特点，掌握两种方式下基本操作的实现，重点掌握循环队列的实现及复杂度分析。
4. 掌握结合了栈和队列特点的双端队列。
5. 了解线性表与栈及队列的关系。
6. 灵活运用栈和队列的基本操作，设计算法来解决与此相关的实际问题。

建议学时：7 学时。

教师导读：

1. 要让考生了解栈、队列与线性表的关系，了解栈及队列之于线性表的特殊之处，掌握栈及队列的特点。
2. 在采用顺序存储方式实现栈的入栈、出栈操作时，要让考生了解为什么能避免实现顺序表时出现的数据元素的移动。
3. 在采用顺序存储方式实现队列时，要让考生了解采用循环队列的原因，掌握循环队列中各基本操作的实现，掌握循环队列为空、为满的判定条件。
4. 要让考生分别了解链式栈和链式队列与链表的异同点。
5. 结合实例，让考生了解在什么情况下使用栈或队列。
6. 让考生了解双端队列的特点，了解栈与队列相互模拟的实现过程。
7. 掌握将中缀表达式转换为后缀表达式的算法，掌握计算后缀表达式值的算法。
8. 在学习完本章后，应要求考生完成实习题目 2。

栈和队列是线性表的两个经典特例，它们都是操作受限的线性表，即操作的位置需要满足各自的条件。这些条件的特殊性，使得实现各自的操作时过程简洁、效率更高。这两个数据结构的应用也非常广泛。

自助餐厅里的一摞盘子或一摞碟子就是常见的栈的例子。在栈中，只能在栈顶位置添加或删除数据项。排队是日常生活中熟悉的场景，人们排的那个队就是队列，如服务窗口前等待的一排顾客就排成了一个队列。在队列中，数据项在一端进入，在另一端离开。

第一节 栈

栈是一种特殊的线性表，它的特殊性体现在操作的位置上。在含 n 个元素的线性表中进行插入或删除时，操作位置可以有 $n+1$ 个或 n 个。当将操作位置限定在线性表的同一端时，得到的数据结构就是栈。它是一种受限的线性表。

一、栈的定义及其基本操作

定义 3-1 栈（stack）是限定仅在一端进行插入和删除的线性表。能进行插入和删除的一端称为栈顶（top），另一端称为栈底（bottom）。

在栈顶插入一个元素称为入栈（push），也称为进栈或压栈；从栈顶删除一个元素称为出栈（pop），也称为退栈。可以沿用线性表的表示方法，将栈 S 表示为：

$$S=(a_0,a_1,\cdots,a_{n-1})$$

在这个表示中，将哪一端规定为栈顶都是可以的，通常指定 a_{n-1} 一端为栈顶，a_0一端是栈底。栈中元素个数 n 称为栈的长度，当 $n=0$ 时，称为空栈。栈中最多能保存的元素个数称为栈的容量。栈及入栈和出栈操作的示意图如图 3-1 所示。

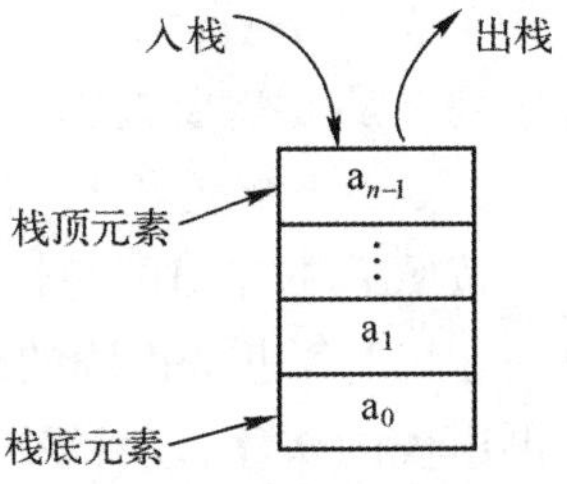

图 3-1　栈及入栈、出栈操作示意图

入栈操作及出栈操作只能在栈顶进行，实际上，只能看到栈顶元素，栈顶之下的所有元素都是不可见的，即不允许访问非栈顶元素。

栈中每个元素的类型都是 ELEMType，定义如下。

```
typedef int ELEMType;
```

栈的抽象数据类型为 Stack，为简单起见，仅列出栈的基本操作如下。

```
//栈的基本操作
int initStack(Stack *mys);                      //初始化栈，创建一个空栈 mys
int clear(Stack *mys);                          //将栈 mys 清空
int pop(Stack *mys,ELEMType *x);                //将栈顶元素出栈
int push(Stack *mys,ELEMType x);                //将元素 x 入栈
int gettop(SeqStack *mys, ELEMType *x);         //获取栈顶元素（不出栈）
int isEmpty(Stack *mys);                        //如果栈 mys 为空，则返回 1，否则返回 0
int isFull(Stack *mys);                         //如果栈 mys 为满，则返回 1，否则返回 0
```

设有栈 S，元素 $a_0,a_1,\cdots,a_{n-1}$依次入栈，然后依次出栈。入栈时，首先 a_0入栈，然后 a_1入栈……最后 a_{n-1}入栈。出栈时，首先 a_{n-1}出栈，然后 a_{n-2}出栈……最后 a_0出栈。得到的出栈次序刚好与入栈次序相反，最先入栈的元素最后出栈。所以栈具有后进先出（LIFO，Last In First Out）的特性。

对于栈，给定了入栈序列，是不是只能得到唯一的出栈序列？一般来说，只要栈不空，就允许出栈；只要栈不满，就允许入栈。当没有其他的特殊限制时，对于同一个入栈序列，可能会得到很多个正确合理的出栈序列。

从另一方面来说，对于含 n（$n\geqslant 3$）个元素的入栈序列，它的全排列共有 $n!$个。这些序列不全是合理的出栈序列，实际上，合理的出栈序列个数为

$$C_n=\frac{C_{2n}^n}{n+1} \tag{3-1}$$

例如，当 $n=2$ 时，

$$C_2=\frac{C_4^2}{2+1}=\frac{4!}{3\times2!\times2!}=\frac{4\times3\times2!}{3\times2!\times2!}=2$$

即两个元素的合理出栈序列个数为 2。当 $n=5$ 时，

$$C_5=\frac{C_{10}^5}{5+1}=\frac{10!}{6\times5!\times5!}=\frac{10\times9\times8\times7\times6\times5!}{6\times5!\times5!}=42$$

即 5 个元素的合理出栈序列个数为 42。式（3-1）的证明已超出本书范畴，本书不做介绍。

对于含 n（$n\geqslant3$）个元素的入栈序列，既然其全排列的 $n!$ 个不同序列不全是合理的出栈序列，那么需要判断一个序列是不是针对入栈序列的合理的出栈序列。

例如，3 个元素 1、2 和 3 依次进入栈 S 中，那么能得到哪些合理的出栈序列呢？

按照后进先出的特性，3,2,1 肯定是能得到的出栈序列，这是以 3 开头的唯一一个出栈序列。1,2,3 也是正确的出栈序列。按照元素 1 入栈再出栈、元素 2 入栈再出栈、元素 3 入栈再出栈的次序，就能得到出栈序列 1,2,3。此外，1,3,2 也是正确的出栈序列。以 1 开头的出栈序列共有两个。类似地，以 2 开头的出栈序列也有两个。

【例 3-1】 设 5 个元素 1、2、3、4 和 5 依次入栈，以 push(x)表示 x 入栈，pop(x)表示 x 出栈，试写出得到出栈序列 2,1,4,3,5 的操作过程。

操作过程为：push(1)，push(2)，pop(2)，pop(1)，push(3)，push(4)，pop(4)，pop(3)，push(5)，pop(5)。

为了让元素 2 第一个出栈，必须让元素 1、2 依次入栈，此时栈顶是 2，出栈后得到 2。

接下来，要得到元素 1，此时栈顶正好是元素 1，出栈。现在，栈为空栈，目前得到的部分出栈序列是 2,1。

剩余的入栈序列是 3,4,5，要得到的出栈序列是 4,3,5。类似于前面得到出栈序列 2,1 的过程，为了得到元素 4，必须要将元素 3 和 4 均入栈，栈顶为 4，出栈。然后栈顶 3 再出栈。最后，元素 5 入栈再出栈。元素全部处理完毕。

【例 3-2】 读入数据元素序列 a,b,c,d,e,f,g 并入栈。下列选项中，不可能是出栈序列的是（　）。

A. d,e,c,f,b,g,a　　　　B. c,d,b,e,f,a,g

C. e,f,d,g,c,b,a　　　　D. f,e,g,d,a,c,b

答案为 D。

若以 push(x)表示 x 入栈，pop(x)表示 x 出栈，则对合理的出栈序列可以写出一个完整的操作序列。如果写不出一个完整的操作序列，则表明得不到这样的出栈序列。

选项 A 中的出栈序列的操作序列是：push(a)，push(b)，push(c)，push(d)，pop(d)，push(e)，pop(e)，pop(c)，push(f)，pop(f)，pop(b)，push(g)，pop(g)，pop(a)。

选项 B 和 C 中给出的序列，也都是正确的出栈序列。例如，选项 B 中的出栈序列的栈状态变化过程如图 3-2 所示。

对于选项 D 中的序列，操作序列是：push(a)，push(b)，push(c)，push(d)，push(e)，push(f)，pop(f)，pop(e)，push(g)，pop(g)，pop(d)，能得到出栈序列 f，e，g，d，此时栈顶是 c，但得不到元素 a，故选项 D 中的序列是得不到的。

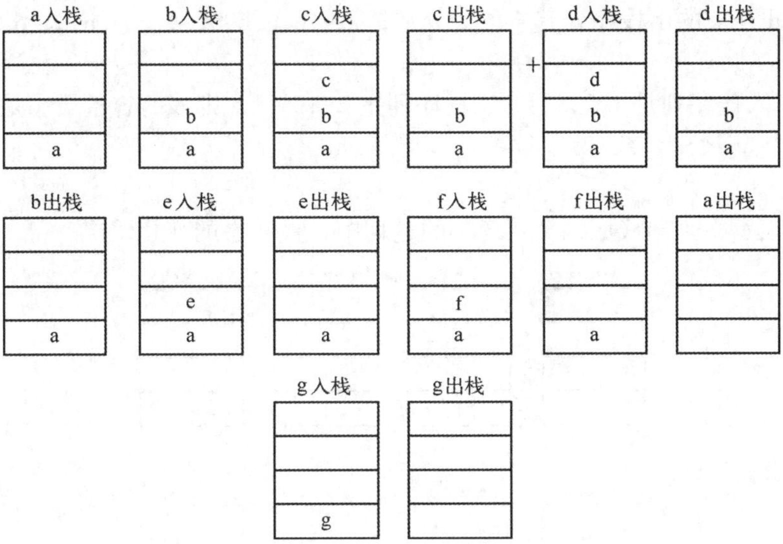

图 3-2　对应选项 B 的栈变化状态

【例 3-3】 一个栈的输入序列为 1,2,3,…,n，若输出序列的第一个元素是 n，则第 i（$1<i\leqslant n$）个输出元素是（　）。

A. 不确定　　B. $n-i+1$　　C. i　　D. $n-i$

答案为 B。

如果第一个输出元素是 n，则意味着全部数据都入栈后才开始出栈。在全部数据入栈后，栈中从栈底到栈顶的数据依次是 1,2,3,…,n。n 出栈后，栈顶是 $n-1$，此时只能出栈 $n-1$。依此类推，后面依次出栈的元素是 $n-2$,$n-3$,$n-4$,…,3,2,1。出栈序列是入栈序列的逆序列。

实际上，当入栈序列是升序时，如入栈序列是 1,2,3,…,n，那么，在任一合理的出栈序列 $b_0,b_1,\cdots,b_{n-1}$ 中，对于任一元素 b_i（$0\leqslant i\leqslant n-2$），位于 b_i 之后的小于 b_i 的所有元素构成一个降序序列。

例如，对于入栈序列 1,2,3,4,5,6，序列 4,3,5,6,2,1 是合理的出栈序列。元素 4 后面小于 4 的元素构成序列 3,2,1，元素 3 后面小于 3 的元素构成序列 2,1，元素 5 后面小于 5 的元素构成序列 2,1，等等，它们都是降序序列。

【例 3-4】 元素 a、b、c、d 和 e 依次进入初始为空的栈中，在所有可能的出栈序列中，以元素 d 开头的序列个数是（　）。

A. 3　　B. 4　　C. 5　　D. 6

答案为 B。

如果元素 d 排在出栈序列的开头，则意味着 a,b,c 必须在 d 之前入栈且未出栈。a,b,c,d 依次入栈，且从栈底到栈顶依次为 a,b,c,d。此时 d 出栈，故它才能排在第一个位置。栈中剩余的元素为 a,b,c，栈顶是 c。栈外还有元素 e。栈中三个元素的出栈相对次序只能是 c,b,a，元素 e 可以在此期间的任何时候入栈，因为它是最后一个元素，所以入栈后立即出栈。具体来说，e 可以在 c 出栈前入栈且出栈、在 b 出栈前入栈且出栈、在 a 出栈前入栈且出栈，或在 a 出栈后入栈且出栈。

因此，以 d 开头的出栈序列有 4 种，分别是：d,e,c,b,a、d,c,e,b,a、d,c,b,e,a 和 d,c,b,a,e。

【例 3-5】 入栈序列是 1,2,3,4，出栈序列是 2,4,3,1，则栈的容量最小是（　）。

A. 1　　B. 2　　C. 3　　D. 4

答案为 C。

用图 3-3 表示得到出栈序列 2,4,3,1 的过程中，栈状态的变化情况。

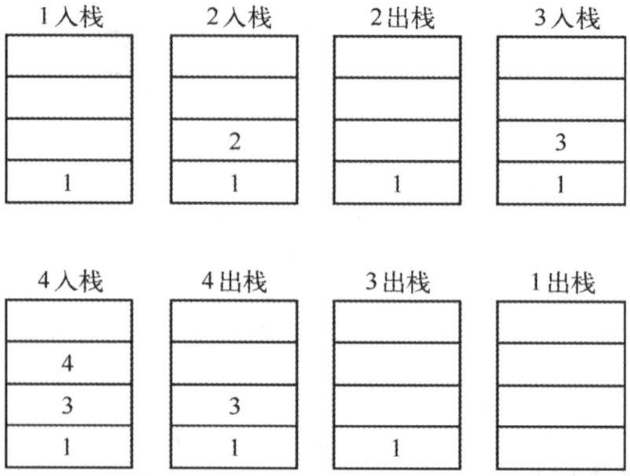

图 3-3　得到出栈序列 2,4,3,1 的过程中栈的状态

可以看到，在 4 入栈后，栈中有 3 个元素，这是栈含元素最多的时刻。所以栈的容量最小是 3。也就是说，如果栈容量小于 3，则对于 1,2,3,4 的入栈序列，得不到 2,4,3,1 的出栈序列。

实际上，如果出栈序列与入栈序列完全相同，则操作序列一定是入栈一次、出栈一次，栈中的元素个数始终不多于 1 个。如果出栈序列与入栈序列完全相反，即互为逆序，则一定是所有元素均入栈，然后依次出栈。入栈序列的元素个数 n 为栈中要占用的位置数，要求栈的容量必须大于等于 n。

二、栈的存储及其实现

和线性表一样，栈也有两种主要的存储方式，分别是顺序存储和链式存储。顺序存储方式使用数组保存栈元素，得到的是顺序栈。链式存储方式使用单链表保存栈元素，得到的是链式栈。

1. 顺序栈及其实现

在顺序栈中，栈中的元素保存在一维数组中，为方便起见，将栈底定义在数组下标为 0 的位置。同时还需要一个变量来标记栈顶的位置，即栈顶位置。习惯上，栈顶位置也称为栈顶指针，不过它只是数组中的一个下标，并不是真正意义上的一个指针。

顺序栈的定义如下。

```
typedef int ELEMType;                       //以 int 类型为例
typedef struct {
    ELEMType element[maxSize];              //maxSize 是数组最大容量，已定义的常量
    int top;                                //栈顶位置
} SeqStack;                                 //顺序栈
```

顺序栈的基本操作如下。

```
int initStack(SeqStack  * mys);                    //初始化栈
int clear(SeqStack  * mys);                        //将栈 mys 清空
int pop(SeqStack  * mys,ELEMType  * x);            //将栈顶元素出栈
int push(SeqStack  * mys,ELEMType x);              //将元素 x 入栈
int gettop(SeqStack  * mys,ELEMType  * x);         //获取栈顶元素（不出栈）
int isEmpty(SeqStack  * mys);                      //如果栈 mys 为空，则返回 1，否则返回 0
int isFull(SeqStack  * mys);                       //如果栈 mys 为满，则返回 1，否则返回 0
```

实现基本操作的程序中会用到一些常量，其定义如下。

```
#define TRUE 1
#define FALSE 0
#define ERROR -1
#ifndef maxSize
#define maxSize 100
#endif
```

栈顶位置 top 具体指向数组中的哪个位置呢？它有两种不同的定义方式，一种是定义在紧邻栈顶元素的下一个空位置，如图 3-4a 所示；另一种是定义在栈顶元素所在的位置，如图 3-4b 所示。本书实现时采用图 3-4a 所示的定义方式。

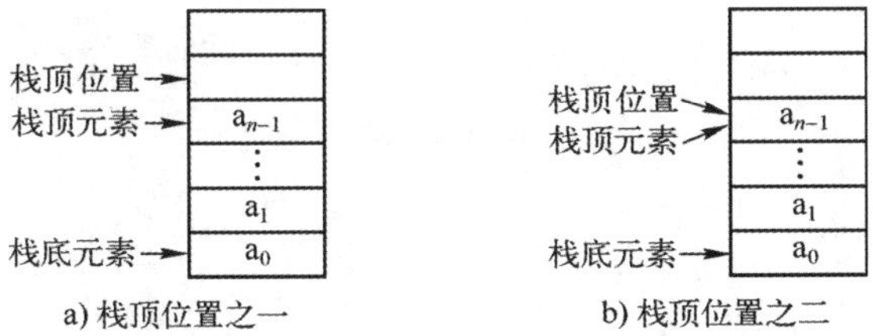

图 3-4　栈顶位置 top 的两种定义方式

对于采用图 3-4a 的方式定义的顺序栈，空栈时，top 的值是 0。在初始化一个栈时，得到一个空栈，即设定 top 值为 0。初始化操作的实现如下。

```
int initStack(SeqStack  * mys)                     //初始化栈
{    mys->top=0;
     return TRUE;
}
```

清空栈的结果也是得到一个空栈，可以将栈顶 top 设为 0，即表示空栈。

```
int clear(SeqStack * mys)                          //将栈 mys 清空
{    mys->top=0;
     return TRUE;
}
```

根据栈顶 top 的值，可以判定栈是空或是满。判定栈空的实现如下。

```
int isEmpty(SeqStack  * mys)                    //如果栈 mys 为空，则返回 1，否则返回 0
{   if (mys->top = =0) return TRUE;
    else return FALSE;
}
```

当 top 值等于 maxSize 时，表示栈满，判定栈满的实现如下。

```
int isFull(SeqStack  * mys)                     //如果栈 mys 为满，则返回 1，否则返回 0
{   if (mys->top = =maxSize) return TRUE;
    else return FALSE;
}
```

入栈时，新元素放在 element[top]处，然后 top 值加 1，表明栈顶移向下一个位置，为下一次的入栈操作做好准备。第一个元素入栈时放在数组下标为 0 的位置。因为数组空间有限，最大容量是 maxSize，所以入栈时需要判定栈是否是满的。

出栈时，需要先将 top 值减 1，然后将 element[top]处的值通过参数 x 返回。与入栈操作时要判定栈是否为满类似，出栈时需要判定栈是否是空的。

top 的值既是保存下一个入栈元素的位置，也是栈中所含元素个数的计数器，可谓“身兼数职”。

入栈操作和出栈操作的实现如下。

```
int push(SeqStack  * mys,ELEMType x)               //将元素 x 入栈
{   if (isFull(mys)= =FALSE) mys->element[ mys->top++ ] =x;
    else{
        printf("栈满\n");
        return FALSE;
    }
    return TRUE;
}
int pop(SeqStack  * mys,ELEMType  * x)              //将栈顶元素出栈
{   if (isEmpty(mys)= =FALSE){
        * x=mys->element[ --mys->top ];
        return TRUE;
    }
    else{
        printf("栈空\n");
        return FALSE;
    }
}
```

获取栈顶元素的实现类似于出栈的实现，差别在于，前者在操作后不会修改栈顶指针 top。实现如下。

```
int gettop(SeqStack *mys, ELEMType *x)        //返回栈顶元素（不出栈）
{   if (isEmpty(mys)==FALSE){
        *x=mys->element[mys->top-1];
        return TRUE;
    }
    else{
        printf("栈空\n");
        return FALSE;
    }
}
```

因为栈的入栈操作及出栈操作都在栈顶进行，入栈及出栈时都不需要移动栈中已有的元素，避免了顺序表中插入及删除操作时的数据移动，故顺序栈入栈操作、出栈操作及获取栈顶元素操作的时间复杂度都是 $O(1)$。判定栈空及栈满等操作的时间复杂度也是 $O(1)$。

有时，也可以将数组下标最大的一端作为栈底，入栈时，栈顶指针减 1，出栈时，栈顶指针加 1。另外，栈顶指针可以定义在栈顶元素所在的位置。

【例 3-6】 若一个栈保存在数组 V[0…n-1]中，初始时栈顶指针 top 为 n，则下列选项中，能够正确实现 x 入栈操作的语句序列是（　）。

A. top=top+1；V[top]=x；　　　　B. V[top]=x；top=top+1；

C. top=top-1；V[top]=x；　　　　D. V[top]=x；top=top-1；

答案为 C。

如果初始时栈顶指针 top 为 n，则意味着栈底在 V[n-1]处，入栈时，栈顶指针 top 要减 1。所以排除了选项 A 和 B。

另外，对于选项 A，语句“top=top+1;”使得 top 的值为 n+1，导致语句“V[top]=x;”中出现数组下标越界错误。

对于选项 B，语句“V[top]=x;”将 x 放置在数组 V 下标为 n 的单元中，而数组 V 的下标范围是 0~n-1。同样出现数组下标越界错误。

对于选项 D，语句“V[top]=x;”也会出现与选项 B 同样的错误。

对于选项 C，先将栈顶指针减 1，即 top=n-1，然后将 x 放在 V[n-1]中。这是正确的。

当两个栈的空间占用出现此消彼长的情况时，还可以让这两个栈共用一个数组。例如，有数组 arr[m]，其下标范围为 0~m-1。数组的两端分别作为两个栈的栈底。一个栈（左侧栈，S_1）占用数组中 0~k 的单元，栈顶在 k+1 位置；另一个栈（右侧栈，S_2）占用数组中 m-1~h 的单元，栈顶在 h-1 位置。此时必须满足 $k<h$，以保证两个栈不会重叠。在栈 S_1 入栈时，栈顶指针值增大，出栈时栈顶指针值减小。栈 S_2 刚好相反，入栈时栈顶指针值减小，出栈时栈顶指针值增大。这样的两个栈称为对顶栈，如图 3-5 所示。

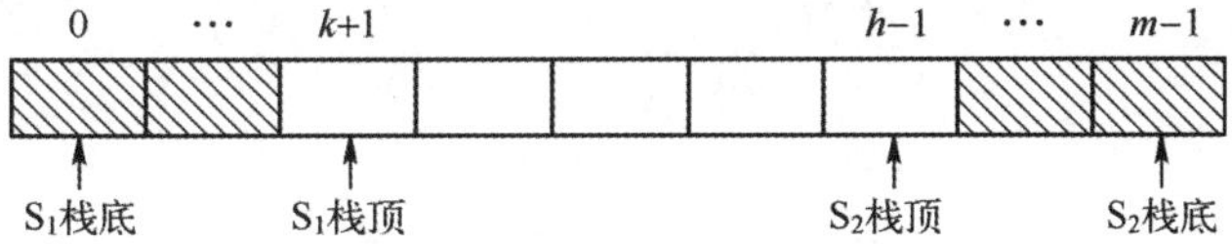

图 3-5　对顶栈示意图

在实现对顶栈时，两个栈中的元素个数之和不能超出数组的最大容量。并且，当一个栈中的元素个数增多时，另一个栈的元素个数减少是比较理想的情况。

【例 3-7】 若栈采用顺序存储方式存储，现有两个栈共享空间 V[0…m-1]，栈 1 的底在 V[0]，栈 2 的底在 V[m-1]，初始时，栈 1 的栈顶 top1=0，栈 2 的栈顶 top2=m-1，则栈满的条件是（　）。

A. |top2-top1|==0　　　　B. top1==top2+1

C. top1+top2==m-1　　　　D. top1==top2

答案为 B。

本例题干中描述的两个栈是对顶栈。根据条件，初始时栈 1 的栈顶 top1=0，表明栈顶在栈顶元素所在位置的下一个位置。当两个栈呈现为图 3-6 所示的状态时，栈满。

2. 链式栈及其实现

与顺序表类似，顺序栈也受数组大小的限制。如果不能提前预知栈中元素的最大个数，就不能精确地设定 maxSize 的值，这种情况下可以使用链式栈。

链式栈，可以看作一个仅在表头位置进行操作的单链表。将头指针所指的这一端作为栈顶，表尾一端作为栈底。入栈操作及出栈操作都可以通过头指针完成。所以，在链式栈中，可以只定义头指针，尾指针及头结点都可以不定义。

链式栈中仍沿用顺序栈中定义的常量。链式栈的定义如下。

```
typedef int ELEMType;
typedef struct node{                        //链式栈结点
    ELEMType data;
    struct node *next;
}LinkStackNode;
typedef LinkStackNode *LinkStack;           //链式栈
```

例如，图 3-4a 所示的顺序栈使用链式方式存储时，得到的链式栈如图 3-7 所示。

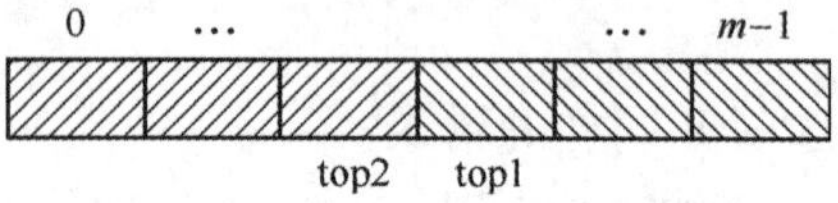

图 3-6　对顶栈满状态示意图

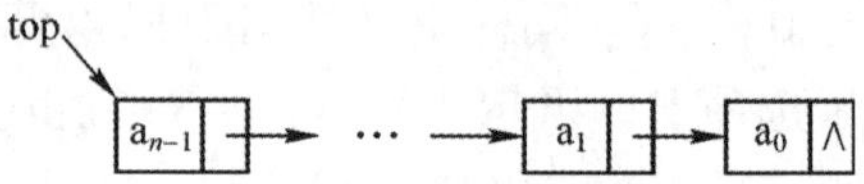

图 3-7　链式栈示例

链式栈的基本操作要实现的基本功能与顺序栈的基本操作是一样的，但因为两种栈的存储方式不同，所以实现方式也不同。

初始时栈是一个空栈，所以指向栈顶元素的栈顶指针被赋值为 NULL。

```
int initStack(LinkStack *mys)               //初始化栈
{    *mys=NULL;
     return TRUE;
}
```

仅当栈不为空时才能执行出栈操作，所以 pop 函数中要先判断栈不为空。出栈后，将栈顶元素的值通过 x 返回给调用者，元素所占用的空间要释放。

```
int pop(LinkStack *mys,ELEMType *x)              //将栈顶元素出栈
{   LinkStackNode *temp;
    if (isEmpty(*mys)==FALSE){
        *x=(*mys)->data;
        temp=(*mys);
        *mys=(*mys)->next;
        free(temp);
        return TRUE;
    }
    else{
        printf("栈空\n");
        return FALSE;
    }
}
```

当栈顶指针不空时，持续调用出栈操作，可以将栈清空。

清空栈使得栈变空。注意，不能简单地将栈顶指针赋值为 NULL。清空栈时要把所有元素占用的空间释放，可以在 clear 函数中实现，也可以调用 pop 函数实现。

```
int clear(LinkStack *mys)                        //将栈 mys 清空
{   int elem;
    while ((*mys)!=NULL){
        pop(mys,&elem);
    }
    return TRUE;
}
```

入栈时，需要创建一个新结点，并将新结点插入在栈顶位置。

```
int push(LinkStack *mys,ELEMType x)              //将元素 x 入栈
{   LinkStackNode *p;
    p=(LinkStackNode *)malloc(sizeof(LinkStackNode));
    if (p!=NULL){
        p->data=x;
        p->next=(*mys);
        (*mys)=p;
    }
    else{
        printf("栈满\n");
        return FALSE;
    }
    return TRUE;
}
```

判定栈是否为空的操作实现如下。

```
int isEmpty(LinkStack *mys)                    //如果栈 mys 为空，则返回 1，否则返回 0
{   if ( *mys==NULL) return TRUE;
    else return FALSE;
}
```

与顺序栈一样，链式栈的入栈、出栈等操作的时间复杂度也都是 $O(1)$。

3. 顺序栈与链式栈的比较

从前面的分析中知道，实现顺序栈和链式栈的所有操作都只需要常数时间，因此栈的两种实现方式的优劣仅体现在它们的存储效率上。

顺序栈需要预先申请一个固定长度的一维数组，并自始至终全部占用。当栈中元素个数相对较少时，空间浪费较大。虽然链式栈的长度可变，但是每个元素都需要一个指针域，这又产生了结构性空间开销。链式栈的空间可能会非常零碎，且需要在程序中动态申请及释放。根据以上分析，两种实现方式在优劣方面没有本质差别，在实际中都可选用。当不能预先估算出栈中元素最大个数时，只能使用链式栈，而如果知道栈的最大元素个数，则可以使用顺序栈。

三、栈与函数调用

设计程序时不可避免地会出现函数调用，系统如何处理这些函数调用呢？通常来讲，当遇到函数调用语句时，当前正在执行的函数被暂停，程序控制转去执行被调用的函数。函数中直接或间接调用自身的函数称为递归函数，相应的函数调用称为递归调用。

以函数 A 调用函数 B 为例。在函数 A 的语句序列中遇到调用函数 B 的语句时，函数 A 暂停，这个位置不妨称为断点。接下来执行函数 B 的函数体。函数 B 执行完毕，程序又回到断点，继续执行函数 A 中后续的语句。为了能让函数 A 接续执行，转去函数 B 之前的相关信息都要保存起来，其目的是从函数 B 返回后，这些信息逐一恢复，从而函数 A 能继续执行。

用什么结构来保存这些信息呢？如果只有这一次函数调用，那么使用哪种数据结构来保存这些信息都不是问题。关键是，函数调用可能是一系列的，甚至函数还可以调用自身，形成递归调用，这样的调用通常都不是一次性的，需要保存的信息会是一系列的。

例如，函数 A 调用函数 B，函数 B 又调用函数 C，函数 C 又调用函数 D，这个调用过程如图 3-8 所示。

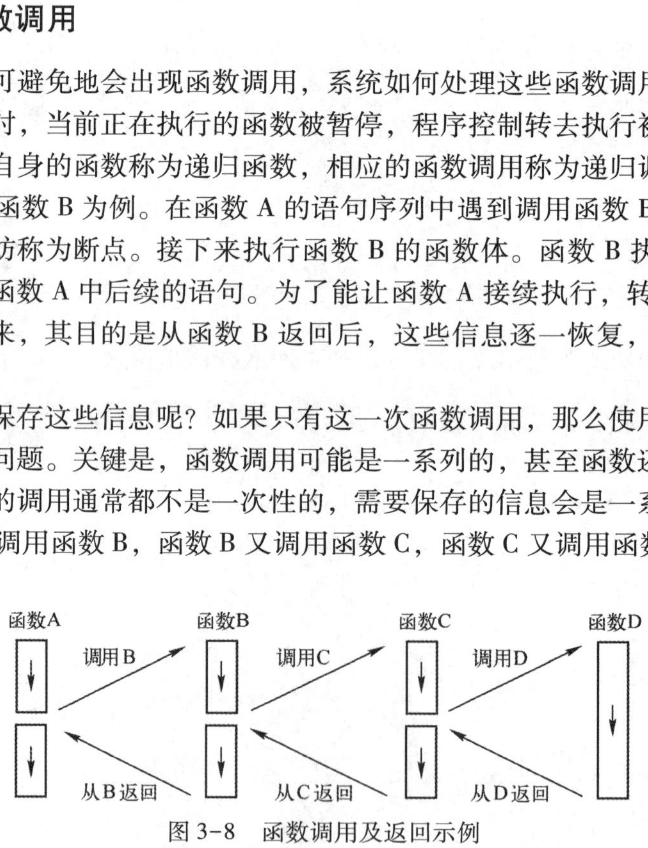

图 3-8　函数调用及返回示例

在图 3-8 所示的一系列函数调用中，系统需要依次保存函数 A 中的断点、函数 B 中的断点和函数 C 中的断点。当函数 D 的执行结束后，最先返回到函数 C 中的断点继续执行，然后返回到函数 B 中的断点继续执行，最后返回到函数 A 中的断点继续执行。可以看出，保存与恢复的次序刚好是互逆的。这表明，栈是保存这些信息的最佳结构。实际上，系统内部会开辟一个函数调用栈用来保存函数在调用过程中所需的一些信息。

第二节 队 列

队列也是一种特殊的线性表，其特殊性也体现在操作的位置上。队列在日常生活中很常见，在数据结构中，它的含义与日常的通用意思是一样的。例如，人们在日常生活中经常见到的排队，先到的人排在前面，后到的人应该排在队尾等候，排在最前面的人办完事情后离开。这就是一个队列，它具有优先的特性，即先来的人优先得到服务。这种先来先服务的特性称为先进先出（First In First Out，FIFO）。

一、队列的定义及其基本操作

定义 3-2 队列（queue）是只能在表的一端插入、在另一端删除的线性表。能进行插入的一端称为队列尾，简称队尾；能进行删除的一端称为队列头，简称队头。

在队尾插入元素称为入队（enqueue），从队头删除元素称为出队（dequeue）。仍然可以沿用线性表的方法来表示队列，队列 Q 可以表示为：

$$Q=(a_0,a_1,\cdots,a_{n-1})$$

a_0称为队头元素，a_{n-1}称为队尾元素，元素个数 n 称为队列长度。

当给定队列的入队序列后，仅能得到一个出队序列，而且它是与入队序列完全相同的序列。这是由队列先进先出的特性决定的。

队列中元素的类型是 ELEMType，另外，还有指示队头和队尾的两个量，定义如下。

```
typedef int ELEMType;
int front,rear;                          //队头、队尾指针
```

队列的抽象数据类型为 Queue，队列操作的定义如下。

```
int initQueue(Queue *myq);               //构造一个空队列 myq
int clear(Queue *myq);                   //将队列 myq 清空
int isEmpty(Queue *myq);                 //如果队列 myq 为空，则返回 1，否则返回 0
int isFull(Queue *myq);                  //如果队列 myq 为满，则返回 1，否则返回 0
int length(Queue *myq);                  //返回队列 myq 的当前长度
int enqueue(Queue *myq,ELEMType x);      //入队 x
int dequeue(Queue *myq,ELEMType *x);     //出队列，并通过 x 返回
```

二、队列的存储及实现

与线性表及栈一样，队列也有两种实现方式，分别为顺序队列和链式队列。

1. 顺序队列

使用一个一维数组 A（下标从 0 到 $n-1$）来保存队列，数组的存储特点要求其中的元素

必须紧凑存放在数组最前面的若干连续位置中，也就是不允许中间有空闲的位置。假定队列中含有 m（$m \leqslant n$）个元素，选择 $A[0]$作为队头，那么 $A[m-1]$就是队尾。当出队时，队头 $A[0]$从数组中删除，此时要依次将后面的 $m-1$ 个元素前移一个位置。在这种情况下，出队操作的时间复杂度是 $O(m)$。

现在交换队头和队尾的位置，选择 $A[m-1]$是队头，那么 $A[0]$是队尾。入队时，队列中原有的 m 个元素均需要后移一个位置，腾出 $A[0]$的位置来放置新元素。此时入队操作的时间复杂度为 $O(m)$。

根据队列的定义，入队操作的位置一定在队尾，出队操作的位置一定在队头。无论采用哪种约定，数组下标为 0 的位置是放置队头元素还是队尾元素，其中必定有一种操作需要移动大量的元素，这显然得不偿失。

之所以出现这个问题，是因为约定了“元素保存在数组从下标 0 开始的连续单元中”。如果去掉这个限制，则可以避免在入队或出队时必须要移动元素，从而部分地解决了这个问题。当入队或出队时，不移动元素，导致的结果是将元素保存在数组中从某个位置开始的若干连续单元中，开始位置不再必须是下标 0，这看起来就像是数据占用的区域整体地在数组中从前向后移动。每次操作都可以有效地避免元素的移动。但由于数据段的起始和终止位置不断变化，故需要增加两个指示变量，用来标出这段区间。

可以使用变量 front 指示队头位置，使用变量 rear 指示队尾位置。习惯上，称 front 为队头指针，rear 为队尾指针。与栈顶指针 top 类似，front 和 rear 不是真正意义上的指针，它们都是整型值，表示的是数组下标。通常，front 指示的是队头元素所在的位置，rear 指示的是队尾元素后面的空位置。按照惯例，还是将第一个入队的元素保存在数组下标为 0 的位置。入队的新元素放置到所有元素的后面。在经过若干次入队、出队操作后，含 m 个元素的队列的示意图如图 3-9 所示，其中阴影部分表示队列中的元素实际占用的数组单元。

当再进行若干次入队操作后，rear 会到达数组的末尾，即最后一个下标位置，如图 3-10 所示。若之后再进行入队操作，则会出现数组下标越界。但数组的前半段可能会因出队操作而有空闲的单元。

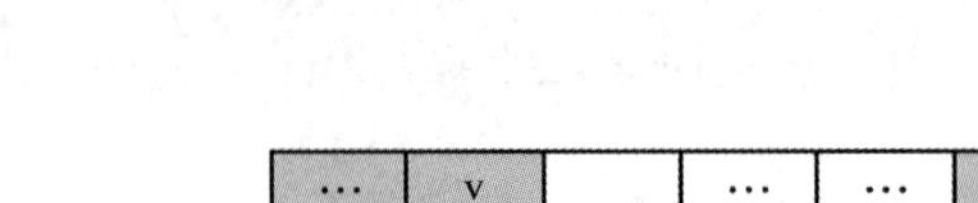

图 3-9　队列示意图

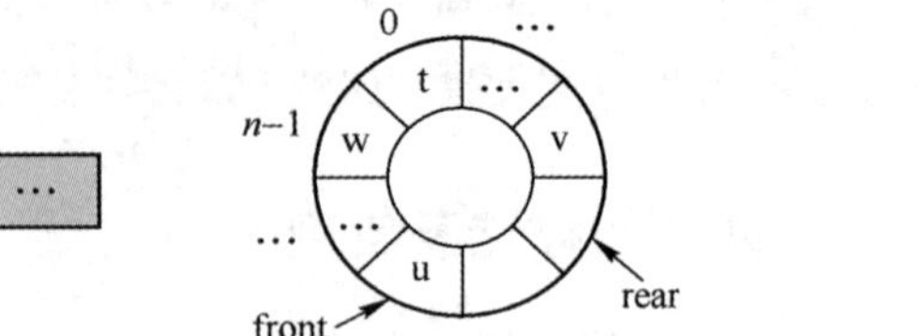

图 3-10　rear 到达数组末尾的队列

可以重复利用数组中前面的空闲单元来保存后续入队的元素，形成“循环”队列，如图 3-11 所示。

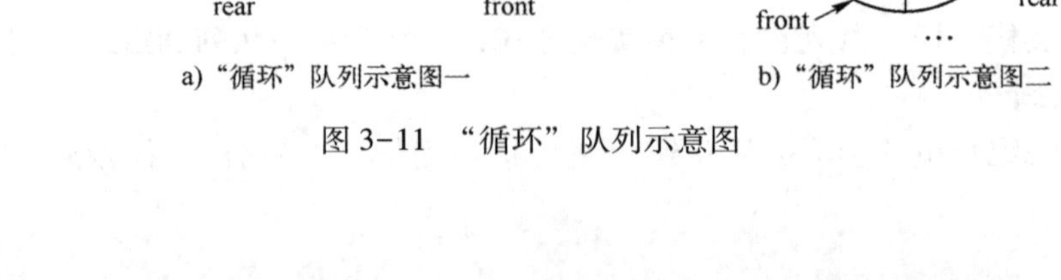

a)“循环”队列示意图一　　b)“循环”队列示意图二

图 3-11　“循环”队列示意图

用例 3-8 来说明在数组中“循环”使用数组单元存储元素的过程。

【例 3-8】 设队列保存在最大容量为 7 的数组 A 中，从空队列开始，依次执行下列各步操作，分别给出得到的队列示意图。

（1）将 5,12,9,37 依次入队。

（2）将 5,12 依次出队，并将 25,8 依次入队。

（3）将 16 入队，再将 9 出队，最后将 7,4 入队。

第一个元素 5 入队后保存在数组最前面的单元中，即元素 5 保存在 $A[0]$ 中。此时，front 指向 5，rear 指向 5 后面的空位置，即 front 的值是 0，rear 的值是 1。元素 12 入队时，要排在 5 的后面；接下来依次是元素 9 和 37，分别放到 $A[2]$ 和 $A[3]$ 中。在每次元素入队后，rear 的值都加 1，而 front 的值不变。执行第一步操作后得到的队列如图 3-12 所示。

在每次元素出队后，front 值加 1，而 rear 值不变。在将 5 和 12 出队后，front 的值变为 2。再将后续的两个元素入队，rear 到达数组最大的下标处，即 6。执行第二步操作后得到的队列如图 3-13 所示。

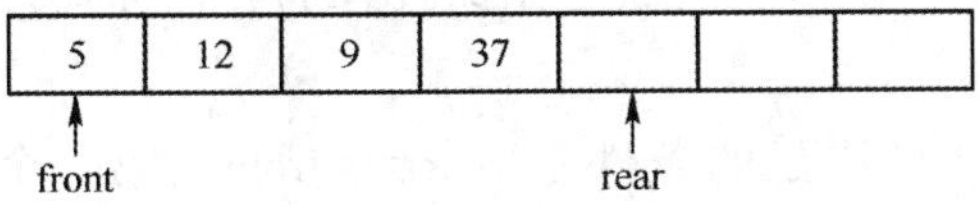

图 3-12　执行第一步操作后的队列

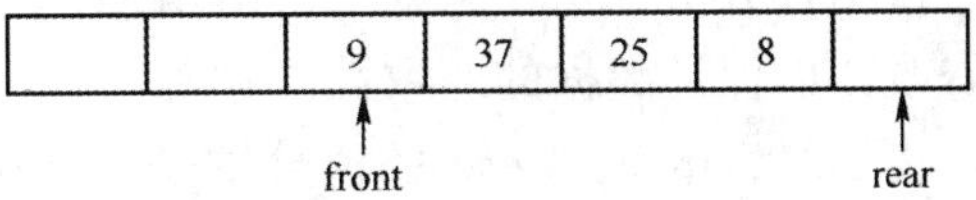

图 3-13　执行第二步操作后的队列

元素 16 入队后，保存在 $A[6]$ 处，而 rear 的值变为 0，即绕回到数组的开头位置，然后 9 出队且 7,4 依次入队，得到的队列如图 3-14 所示。

使用循环存储思想实现的队列称为循环队列，一般地，顺序队列均采用循环方式实现。在循环队列中，入队操作会涉及队尾 rear 值的变化，rear=(rear+1)%n，出队操作会涉及队头 front 值的变化，front=(front+1)%n，其中 n 是数组的大小。可以把这个数组想象成一个首尾相接的圆环，$A[n-1]$ 的后面是 $A[0]$。“循环”一词的含义正是如此。

在循环队列中，因为元素保存在数组中，所以入队时还需要判定数组是不是已满，这个“满”是真的满，即数组中已经没有空闲单元来保存元素了，而不是判定数组下标是否越界。同样，出队时要考虑队列是否为空。所以，需要判定这种情况下数组的满或空。

在图 3-14 所示的队列中再入队一个元素，数组就满了。此时 rear==front。

另外，假设队列中只含有一个元素，如图 3-15 所示。出队一个元素，front 加 1，则此时 rear==front 也成立。条件 rear==front 也代表空队列。

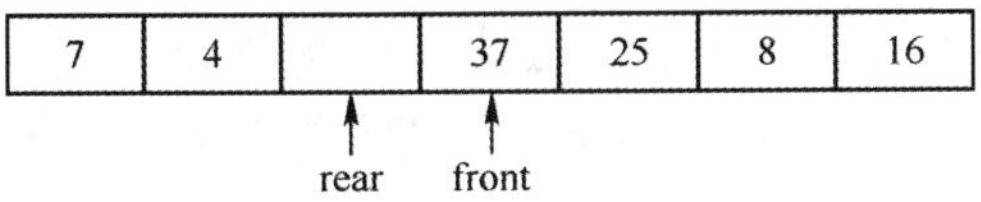

图 3-14　执行第三步操作后的队列

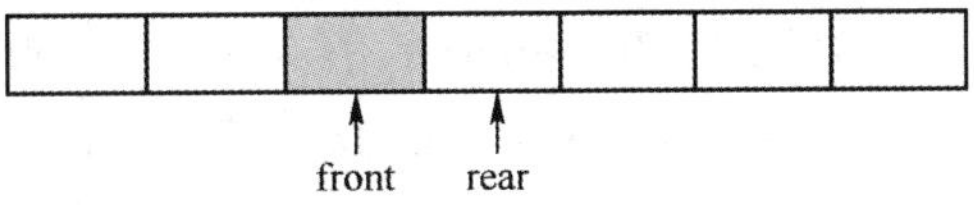

图 3-15　只含有一个元素的队列

若使用循环队列，就会存在这样的问题。可以使用如下解决方法：让数组中始终剩余至少一个空位置。当数组中仅有一个空位置时，就认为已经达到队列的最大长度了，队列已满。在这样规定后，图 3-14 所示的队列就是满队列了。

在数组中唯一的空闲位置介于下标 0 和下标 $n-2$ 之间时，队列的情况类似于图 3-14 的形式，此时，front=rear+1。当唯一的空闲位置在下标 $n-1$ 时，也代表队列满，如图 3-16 所示，此时，rear=front+n−1。这两种情况都满足(rear+1)%n==front，因此这个表达式是队列满的判定条件。

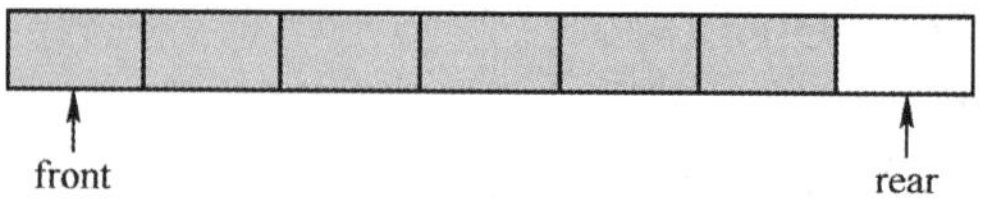

图 3-16　满队列

如果不想浪费队列中的空间，则可以增加一个变量来帮助区分 rear==front 时，队列是空还是满。例如，增加一个标记 flag 来表示入队或出队操作，不妨设入队是 1，出队是 0。如果 flag 是 1，满足 rear==front 时意味着队列已满；如果 flag 是 0，则满足 rear==front 时意味着队列为空。还可以直接使用一个整型变量 len 来记录队列的长度。len 初值为 0，当有元素入队时，len 增 1，出队时，len 减 1。在需要判定队列的空或满状态时，直接使用 len 的值即可。

这两种方法都是在队列之外再增加一个变量，每次进行入队或出队操作时，需要同步进行修改，以保证数据的一致性。

初始时，front 和 rear 的值分别是什么呢？空队列满足的条件是 rear==front。第一个入队的元素放在数组的第一个位置，所以初始时，front=0 且 rear=0。

【例 3-9】 已知循环队列存储在一维数组 $A[0\ldots n-1]$ 中，且队列非空时 front 和 rear 分别指向队头元素与队尾元素。若初始时队列为空，且要求第一个进入队列的元素存储在 $A[0]$ 处，则初始时 front 和 rear 的值分别是（　）。

A. 0,0　　　B. 0,n−1　　　C. n−1,0　　　D. n−1,n−1

答案是 B。

循环队列中分别使用队头 front、队尾 rear 来标记队列的两端，或指向元素本身，或指向其旁边的空闲位置。共有 4 种组合方式。可以将 front 指向队头元素，rear 指向队尾元素的下一个空闲位置。这个位置也就是元素入队的位置，如图 3-9 所示队列中的定义。也可以如本题题干中所给的定义，即 front 和 rear 均指向元素本身。

无论如何定义 front 和 rear 的指示位置，根据队列的定义，元素均在队头出队，在队尾入队。出队时，front=(front+1)% n；入队时，rear=(rear+1)% n。根据本题题干，第一个进入队列的元素存储在 $A[0]$ 处，此时，front 和 rear 的当前值均为 0。第一个元素入队，front 的值没有变化，故入队前 front=0，即指向数组的第一个位置。

入队只改变队尾 rear 的值（加 1），所以第一个元素入队前，rear 的值应该是其当前值减 1（模 n），即 rear=(rear 的当前值−1+n)% n=(0−1+n)% n= n−1，即指向数组的最后一个位置。

因此，正确答案为 B。

对于选项 A，如果初始时 front 和 rear 的值都是 0，而入队一个元素（它既是队头元素，又是队尾元素）后，队尾 rear 要加 1，而队头 front 不变，此时这两个指针指向相邻的两个位置，不满足“front 和 rear 分别指向队头元素与队尾元素”这个条件。

对于选项 C，在第一个元素入队后，front 不变，仍为 n−1，rear 变为 1，而队头元素（也称为队尾元素）在 $A[0]$ 处，也与题目条件不符。

对于选项 D，在第一个元素入队后，front 不变，仍为$n-1$，rear 变为0，也与题目条件不符。

下面介绍循环队列的实现。

循环队列的定义如下。

```
typedef int ELEMType;
typedef struct{
    ELEMType element[maxSize];           //保存队列元素的数组
    int front,rear;                      //队头指针、队尾指针
}SeqQueue;
```

循环队列的操作如下。

```
int initQueue(SeqQueue *myq);                    //构造一个空队列 myq
int clear(SeqQueue *myq);                        //将队列 myq 清空
int isEmpty(SeqQueue *myq);                      //如果队列 myq 为空，则返回 1，否则返回 0
int isFull(SeqQueue *myq);                       //如果队列 myq 为满，则返回 1，否则返回 0
int length(SeqQueue *myq);                       //返回队列 myq 的当前长度
int enqueue(SeqQueue *myq,ELEMType x);           //入队 x
int dequeue(SeqQueue *myq,ELEMType *x);          //出队，并通过 x 返回
```

实现基本操作的程序中会用到一些常量，其定义如下。

```
#define TRUE 1
#define FALSE 0
#define ERROR -1
#ifndef maxSize
#define maxSize 100
#endif
```

在循环队列初始化时，构造一个空队列，队头和队尾指针均赋初值0，实现如下。

```
int initQueue(SeqQueue *myq)                     //构造一个空队列 myq
{   myq->front=0;
    myq->rear=0;
    return TRUE;
}
```

清空队列也会得到一个空队列，可以将队头和队尾指针均赋初值0，和初始化队列的结果一样，也可以让队头和队尾指针的值相等，表示它是一个空队列。这里实现的是后一种，让队头指针值等于队尾指针值，这就像让队列中的所有元素均出队一样。

```
int clear(SeqQueue *myq)                         //将队列 myq 清空
{   myq->front=myq->rear;
    return TRUE;
}
```

队列为空的条件是 rear==front，队列为满的条件是(rear+1)%n==front，根据这两个表达式，很容易实现判空及判满的函数。队列的长度也可以根据 front 和 rear 的相对位置计算得出。

```
int isEmpty(SeqQueue *myq)            //如果队列 myq 为空，则返回 1，否则返回 0
{   if (myq->front==myq->rear) return TRUE;
    else return FALSE;
}
int isFull(SeqQueue *myq)             //如果队列 myq 为满，则返回 1，否则返回 0
{   if ((myq->rear+1)%maxSize==myq->front) return TRUE;
    else return FALSE;
}
int length(SeqQueue *myq)             //返回队列 myq 的当前长度
{   return (myq->rear-myq->front+maxSize)%maxSize;
}
```

入队操作需要先确认队列不满，然后将元素值保存在 rear 指向的单元中，同时修改 rear 值。出队操作要先确认队列不空，然后将保存在 front 指向的单元中的元素值通过变量 x 返回给调用者，同时更新 front 值。两个函数的实现如下。

```
int enqueue(SeqQueue *myq, ELEMType x)        //入队 x
{   if (isFull(myq)==TRUE) return FALSE;
    myq->element[(myq->rear++)%maxSize]=x;
    return TRUE;
}
int dequeue(SeqQueue *myq,ELEMType *x)        //出队，并通过 x 返回
{   if (isEmpty(myq)==TRUE) return FALSE;
    *x=myq->element[(myq->front++)%maxSize];
    return TRUE;
}
```

队列的顺序实现只是顺序表实现的简化，需要注意：判空和判满的条件，以及入队和出队操作后，front 和 rear 值的修改。

在循环队列中进行入队和出队操作时，因为有队头和队尾指针指示相应的位置，并且不需要移动队列中的元素，所以它们都是时间复杂度为 $O(1)$ 的操作。循环队列的其他操作的时间复杂度也是 $O(1)$。

rear 也可以指向队尾元素本身。如果采用这种定义，则队列空或满的条件要稍作改变，各函数的实现也会相应地产生变化。这些问题留作本章的习题。

2. 链式队列

与栈的处理情况一样，当不能确定队列中同时保存的元素个数的上限时，可以采用链式存储方式，即使用一个单链表保存队列，这样的队列称为链式队列。

链式队列采用带头指针及尾指针的单链表作为队列的存储结构。单链表的头指针可以当作队头指针 front，尾指针可以当作队尾指针 rear。

因为队列中的操作可以通过 front 和 rear 来完成，入队相当于在链表表尾的插入，出队相当于在链表表头的删除，所以单链表中的头结点不是必需的。因为单链表中表尾元素的后面没有结点，故队尾指针 rear 指向队尾元素。

当然，也可以与单链表的表示一致，在链式队列的最前面加上头结点。

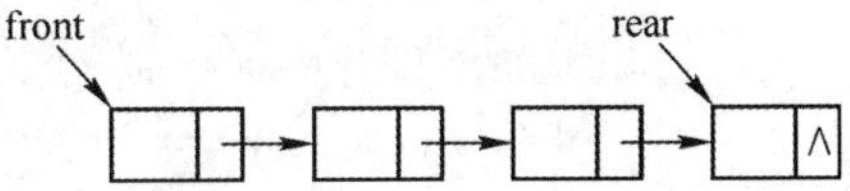

图 3-17　链式队列示意图

链式队列如图 3-17 所示。

链式队列的定义如下。

```
typedef int ELEMType;
typedef struct node{                          //链式队列中的结点
    ELEMType data;
    struct node *next;
}LinkQueueNode;
typedef struct{                               //链式队列
    LinkQueueNode *front, *rear;              //队头指针、队尾指针
}LinkQueue;
```

链式队列的基本操作要实现的基本功能与循环队列的基本操作是一样的，但因为两种队列的存储方式不同，故实现方式也不同。

在链式队列中，因为不需要头结点，所以初始化操作中，只给队头指针和队尾指针分别赋初值 NULL。队列清空操作需要做两件事，首先将队列中的所有结点从队列中删除，并释放所占用的空间，其次将队列的头指针和尾指针赋值为 NULL。

```
int initQueue(LinkQueue *myq)                 //构造一个空队列 myq
{   (*myq).front=NULL;
    (*myq).rear=NULL;
    return TRUE;
}
int clear(LinkQueue *myq)                     //将队列 myq 清空
{   LinkQueueNode *temp;
    int counter=0;
    temp=(*myq).front;
    while (temp!=NULL){
        (*myq).front=(*myq).front->next;
        free(temp);
        temp=(*myq).front;
        counter++;
    }
    (*myq).front=NULL;
    (*myq).rear=NULL;
    return TRUE;
}
```

在循环队列中，当队头指针和队尾指针相等时，队列为空。而在空链式队列中，队头指针和队尾指针都为 NULL。在内存足够大的情况下，链式队列通常不会满。

```
int isEmpty(LinkQueue *myq)          //如果队列 myq 为空，则返回 1，否则返回 0
{   if ((*myq).front==NULL && (*myq).rear==NULL) return TRUE;
    else return FALSE;
}
```

入队操作的位置在链式队列尾，出队操作的位置在链式队列头，而队尾指针 rear 和队头指针 front 分别指向链表的最后一个结点与第一个结点，所以入队操作和出队操作都非常容易实现。要注意的是，第一个元素入队时，会使队列由空变为不空，所以除了按通常的入队操作需要修改 rear 指针以外，还需要修改 front 指针，这两个指针都指向这个首结点。类似地，当最后一个结点出队时，队列变为空队列。此时，也要给指针 rear 和指针 front 都赋值为 NULL，表示是空队列。在出队时，结点所占用的空间也需要释放。

```
int enqueue(LinkQueue *myq, ELEMType x)          //入队 x
{   LinkQueueNode *temp;
    temp=(LinkQueueNode *)malloc(sizeof(LinkQueueNode));
    if (temp==NULL) return FALSE;
    temp->data=x;
    temp->next=NULL;
    if ((*myq).front==NULL){                     //处理第一个元素
        (*myq).front=temp;
        (*myq).rear=temp;
    }
    else {                                       //处理非第一个元素
        (*myq).rear->next=temp;                  //链在表尾
        (*myq).rear=temp;                        //更新尾指针
    }
    return TRUE;
}
int dequeue(LinkQueue *myq, ELEMType *x)         //出队，并通过 x 返回
{   LinkQueueNode *temp;
    if (isEmpty(myq)==TRUE){
        printf("队列为空\n");
        return FALSE;
    }
    *x=(*myq).front->data;
    temp=(*myq).front;
    (*myq).front=temp->next;
    if ((*myq).front==NULL) (*myq).rear=NULL;    //唯一的元素出队
    free(temp);
    return TRUE;
}
```

在链式队列中进行入队和出队操作时，都会有指针直接指向操作位置，所以入队操作及出队操作的实现都非常简单。它们都是时间复杂度为 $O(1)$ 的操作。链式队列的其他操作的时间复杂度也是 $O(1)$。

【例 3-10】 若使用不带头结点的单链表存储队列，则进行入队操作时（　）。

A. 仅需要修改队头指针，不需要修改队尾指针

B. 仅需要修改队尾指针，不需要修改队头指针

C. 队尾指针一定要修改，队头指针也一定要修改

D. 队尾指针一定要修改，队头指针可能要修改

答案为 D。

以单链表保存的队列是链式队列，通常需要两个指针分别指向队头结点和队尾结点。入队时，新元素插入在队尾，队尾指针一定要修改，让它指向这个新元素。通常队头指针是不需要修改的。但当向空队列中插入一个新元素时，队头指针也需要修改。

在链式队列进行出队操作时，通常也是如此，大部分情况下，仅需要修改队头指针。但当队列为空时，除需要修改队头指针以外，还需要修改队尾指针。

在采用链式方式实现队列时，也可以像单链表那样，配合使用一个空闲单元链表，使得入队、出队时尽量少地调用 malloc 函数及 free 函数。

在单链表中，数据链表与空闲单元链表是两个独立的链表。在链式队列中，可以将这两个链表合在一起，形成一个圆环，即使用一个循环链表来表示链式队列及对应的空闲单元链表，如图 3-18 所示。在这个循环链表中，结点分为两部分，一部分结点用来保存实际数据，另一部分结点是空闲结点。

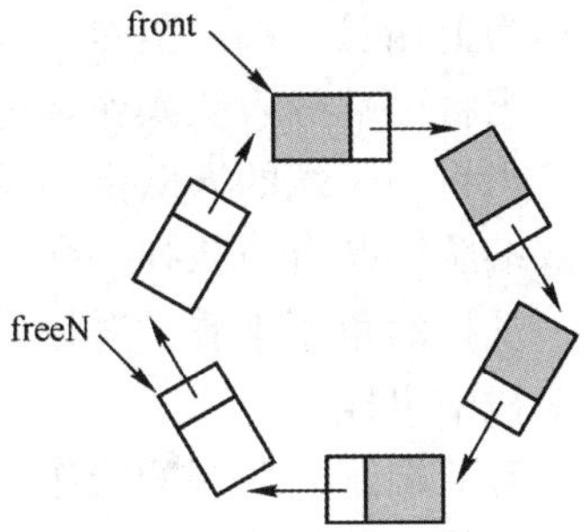

图 3-18　带空闲单元链表的链式队列示意图

使用 front 指向保存队列当前首元素的结点，使用 freeN 指向空闲单元链表的首结点，而且队尾指针 rear 是可选的。

初始时建立含一个结点的链式队列，该结点作为链式队列与空闲单元链表之间的分界，且指针 front 和指针 freeN 都指向这个结点，如图 3-19 所示。此时，队列和空闲单元链表均为空。

在元素入队时，如果空闲单元链表不空，则新元素保存在 freeN 指向的结点中，然后 freeN 转移指向下一个结点。如果空闲单元链表为空，则将新元素保存在 freeN 指向的结点中，同时分配一个新结点，并将它插入在 freeN 指向结点的后面，且让 freeN 指向该新结点。空闲单元链表为空的条件是 freeN->next = =front。

在元素出队时，如果队列为空，则 front 指向的结点中保存的是要出队的元素，然后 front 转移指向下一个结点。如果队列为空，则不能出队。队列为空的条件是 freeN = =front。

例如，当首次向链式队列中插入一个新元素时，得到的链式队列如图 3-20 所示。

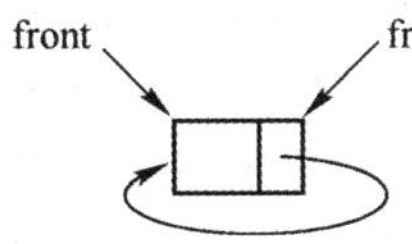

图 3-19　带空闲单元链表的链式队列的初始状态

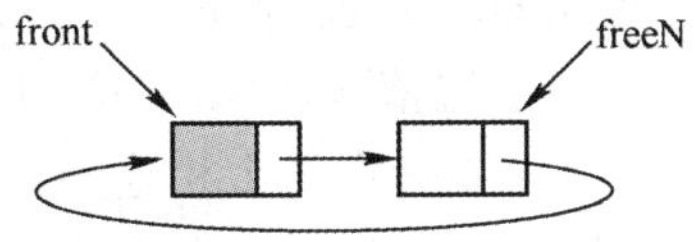

图 3-20　插入第一个元素后的链式队列

第三节　进一步讨论栈与队列

一、双端队列

假设你正在邮局排队等待办理某项业务。当你排到最前面时，邮局柜员要求你填一张表。你靠边去填表，而让邮局柜员为下一位排队的顾客服务。在填完表后，邮局柜员要服务的下一个对象就是你。这意味着，你排到了队头，而不需要从队尾再排一次队。类似地，假如你去银行排队，发现队伍很长，所以决定离开，这相当于你从队尾走掉了。

可以用队列模拟排队情形。邮局排队的情形表明，可以在队头出队，也可以在队头入队。银行排队的情形表明，可以在队尾入队，也可以在队尾出队。在队头、队尾两端均能够进行入队、出队操作的队列称为双端队列，如图 3-21 所示。

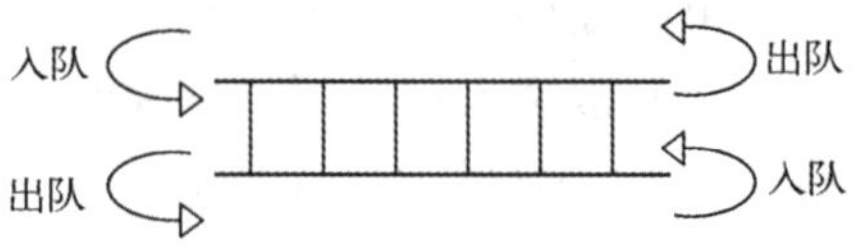

图 3-21　双端队列示意图

因为双端队列的两端都可以进行入队和出队操作，所以两端不再分队头及队尾。当将队列画成水平方式时，可以将两端称为左端及右端。当将队列画成垂直方式时，可以将两端分别称为上端及下端。当然，也可以标记为端 1 和端 2，或你喜欢的名字。

当将一端的入队操作及另一端的出队操作看作一对操作时，双端队列与普通队列是一样的。当将同一端的入队操作及出队操作看作一对操作时，双端队列与普通的栈是一样的。所以双端队列既有与队列一样的操作，又有与栈一样的操作。从队列的角度来看，这是双端队列，从栈的角度来看，这是对底栈，只是栈的底是通的，即从一个栈进入的元素，可以从另一个栈中出栈。

对双端队列两端的操作加以限制，如其中一端仅允许入队，另一端既允许入队，又允许出队，得到的是输入受限的双端队列。类似地，一端仅允许出队，另一端既允许入队，又允许出队，得到的是输出受限的双端队列。

【例 3-11】若以 1,2,3,4 作为双端队列的输入序列，则既不能由输入受限的双端队列得到，又不能由输出受限的双端队列得到的输出序列是（　）。

A. 1,2,3,4　　B. 4,1,3,2　　C. 4,2,3,1　　D. 4,2,1,3

答案为 C。

设有输入受限的双端队列 Q1 和输出受限的双端队列 Q2，不妨设受限的一端均为左端。对于选项 A 中的输出序列 1,2,3,4，由 Q1 和 Q2 均能得到。对于选项 B 中的输出序列 4,1,3,2，因为输出的第一个元素是 4，所以必须将 1,2,3,4 全部进入队列后才能出队。当 1,2,3,4 依次从左端进入 Q1 时，队列中从左至右的数据依次是 4,3,2,1，然后依次从左端、右端、左端、右端出队，即能得到 4,1,3,2。由输入受限的双端队列可以得到选项 B 中的输出序列。若要让 Q2 得到输出序列 4,1,3,2，则意味着必须将输入序列在 Q2 中排成 4,1,3,2 的形式，然后从左端依次出队。Q2 的两端均可入队。设 1 已经入队，接下来是 2 入队，无论从哪一端入队，2 一定与 1 相连。第三个入队的是 3，无论它从哪一端入队，都不会插入到 1 和 2 的中间。也就是说，在 1,2,3 入队后，队列中不会出现 1,3,2 的形式。

类似地，可以分析出 Q1 得不到选项 D 中的输出序列，Q2 可以得到它。Q1 和 Q2 均得不到选项 C 中的输出序列。

【例 3-12】 循环队列存放在一维数组 A[0…M-1]中，end1 指向队头元素，end2 指向队尾元素的后一个位置。假设队列两端均可进行入队和出队操作，队列中最多能容纳 M-1 个元素，初始时为空。下列判断队空和队满的条件中，正确的是（　）。

A. 队空：end1==end2；队满：end1==(end2+1) mod M

B. 队空：end1==end2；队满：end2==(end1+1) mod (M-1)

C. 队空：end2==(end1+1) mod M；队满：end1==(end2+1) mod M

D. 队空：end1==(end2+1) mod M；队满：end2==(end1+1) mod (M-1)

答案为 A。

根据题意，双端循环队列如图 3-22 所示。

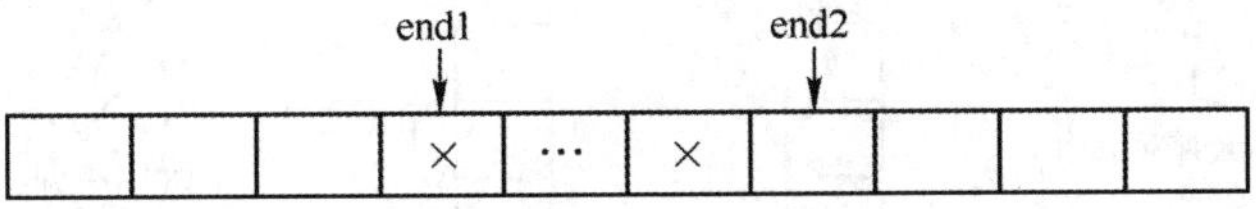

图 3-22　双端循环队列

空双端循环队列如图 3-23 所示。

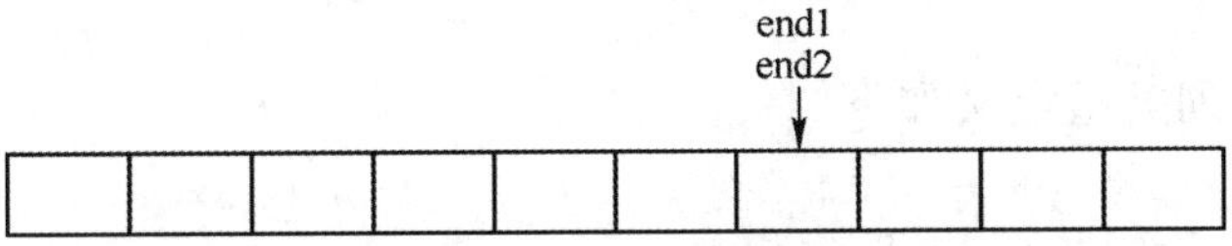

图 3-23　空双端循环队列

满双端循环队列分为两种情形，如图 3-24 所示。

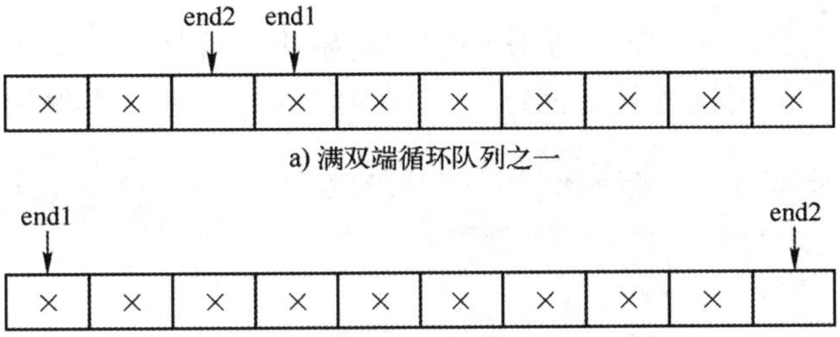

a) 满双端循环队列之一

b) 满双端循环队列之二

图 3-24　满双端循环队列

可知，选项 A 是正确的。

选项 B 和 D 中，模数为 M-1，这是错误的。虽然题目中给定条件“队列中最多能容纳 M-1 个元素”，但因为数组中的元素个数是 M，所以模数应为 M。

选项 C 中，给出的队空判定条件是：end2==(end1+1) mod M，这实际上是含有 1 个元素时队列的状态，而不是队空的条件。

二、栈与队列的相互模拟

栈与队列可以相互模拟。具体来说，使用两个栈能模拟出队列的行为，或使用两个队列能模拟出栈的行为。

1. 使用栈来模拟队列

给定栈及其基本操作，模拟队列的基本操作。这里仅选择 enqueue（入队）、dequeue（出队）、isEmpty（判空）及 isFull（判满）操作来实现。

对于给定的输入序列 $a_1, a_2, \cdots, a_n$，队列能够得到的输出序列仍是 $a_1, a_2, \cdots, a_n$。而目前仅有栈这个结构，它具有后进先出的特性，如果元素输入之后没有输出，则先输入的元素会压在后输入的元素下面。使用两个栈 S 和 T，将 S 中的全部元素出栈且入栈到 T 中，则可以将栈 S 中的元素序列逆序，此时，若再输出，输出序列就会与队列的输出一致。这个过程如图 3-25 所示。

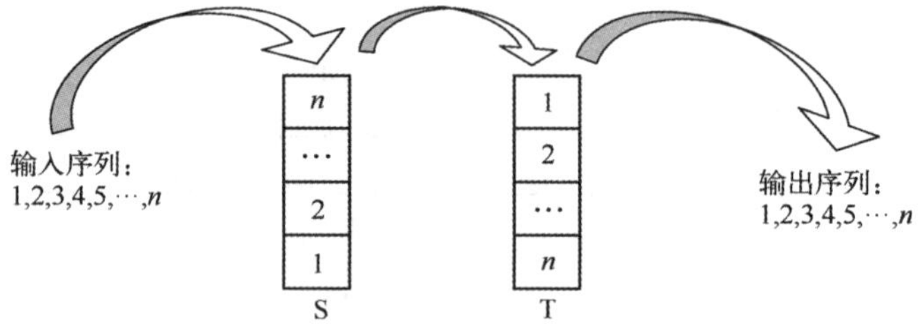

图 3-25　用栈来模拟队列

使用栈模拟的队列类型定义如下。

```
typedef struct{
    SeqStack S,T;
}simuQueue;                              //队列
typedef int ELEMType;
```

与其他数据结构类似，先实现初始化函数。初始化后得到一个空队列，意味着用来模拟队列的两个栈也为空。调用栈的基本操作，实现对栈的初始化，实现如下。

```
int initsimuQ(simuQueue *simuq)          //构造一个空队列 simuq
{   initStack(&simuq->S);
    initStack(&simuq->T);
    return TRUE;
}
```

元素 e 入队的过程是：若栈 S 不满，则元素 e 入栈到 S 中；否则，若栈 T 为空，则将栈 S 中的所有元素出栈并入栈到 T 中，然后元素 e 入栈到 S 中，若栈 T 非空，则入队失败。具体实现如下。

```
int enqueuesimuQ(simuQueue *simuq, ELEMType x)          //入队 x
{   ELEMType temp;
    if (isFull(&simuq->S)= =FALSE){
        push(&simuq->S,x);
        return TRUE;
    }
```

```
        else{
            if (isEmpty(&simuq->T)= =TRUE){
                while (isEmpty(&simuq->S)= =FALSE && isFull(&simuq->T)= =FALSE){
                    pop(&simuq->S,&temp);
                    push(&simuq->T,temp);
                }
                if (isEmpty(&simuq->S)= =FALSE) return FALSE;
                else push(&simuq->S,x);
                return TRUE;
            }
            else return FALSE;
        }
    }
```

出队得到出队元素 e 的过程是：若栈 T 不空，则 T 出栈得到出队元素 e；否则，若栈 S 不空，则将栈 S 中的所有元素依次出栈并入栈到 T 中，T 出栈得到出队元素 e，若栈 S 为空，则队列为空，出队失败。具体实现如下。

```
    int dequeuesimuQ(simuQueue *simuq, ELEMType *x)      //出队，并通过 x 返回
    {   ELEMType temp;

        if (isEmpty(&simuq->T)= =FALSE){
            pop(&simuq->T,x);
            return TRUE;
        }
        if (isEmpty(&simuq->S)= =TRUE){
            return FALSE;
        }
        while (isEmpty(&simuq->S)= =FALSE && isFull(&simuq->T)= =FALSE ){
            pop(&simuq->S,&temp);
            push(&simuq->T,temp);
        }
        pop(&simuq->T,x);
        return TRUE;
    }
```

什么状态表示队列为空呢？显然，当 S 和 T 均为空时，队列为空。判定队列为空的过程是：若栈 S 和栈 T 均为空，则队列为空。实现如下。

```
    int isEmptysimuQ(simuQueue *simuq)      //如果队列 simuq 为空，则返回 1，否则返回 0
    {   if (isEmpty(&simuq->S) && isEmpty(&simuq->T)) return TRUE;
        else return FALSE;
    }
```

什么状态表示队列为满呢？当栈 S 满且 T 不空时，表示队列已满。实现如下。

```
int isFullsimuQ(simuQueue *simuq)      //如果队列 simuq 为满，则返回 1，否则返回 0
{   if (isFull(&simuq->S) && !isEmpty(&simuq->T)) return TRUE;
    else return FALSE;
}
```

2. 使用队列来模拟栈

队列的特性是先进先出，先进入队列的元素会先退出队列。但栈的特性是后进先出，所以只使用一个队列不能模拟栈。

设使用队列 P 和 Q 来模拟栈 S，即给定输入序列 $a_1, a_2, \cdots, a_n$，其输出是合理的出栈序列。P 作为主队列，Q 作为辅助队列。

使用队列模拟的栈类型定义如下。

```
typedef struct{
    SeqQueue P,Q;
}simuStack;                              //使用队列来模拟栈
typedef int ELEMType;
```

与模拟队列类似，这里也会选择栈的基本操作来实现。

初始化栈会得到一个空栈，模拟栈的两个队列也为空。操作的实现如下。

```
int initsimuS(simuStack *simus)          //构造一个空栈 simus
{   initQueue(&simus->P);
    initQueue(&simus->Q);
    return TRUE;
}
```

清空栈也即清空相关的队列，操作的实现如下。

```
int clearsimuS(simuStack *simus)         //将栈 simus 置为空
{
    clear(&simus->P);
    clear(&simus->Q);
    return TRUE;
}
```

判空和判满操作的实现如下。

```
int isEmptysimuS(simuStack *simus)      //如果栈 simus 为空，则返回 1，否则返回 0
{   if (isEmpty(&simus->P)==TRUE && isEmpty(&simus->Q)==TRUE) return TRUE;
    else return FALSE;
}
int isFullsimuS(simuStack *simus)       //如果栈 simus 为满，则返回 1，否则返回 0
```

```
{   if (isFull(&simus->P)= =TRUE) return TRUE;
    else return FALSE;
}
```

求栈长度的实现如下。

```
int lengthsimuS(simuStack  * simus)                    //返回栈 simus 的当前长度
{   int length1;
    length1 = (simus->P. rear-simus->P. front+maxSize)%maxSize;
    return length1;
}
```

当元素 e 入栈 S 时，若队列 P 不满，则 e 进入队列 P 中，否则队列 P 已满，则表示栈满，入栈失败。

```
int pushsimuS(simuStack  * simus, ELEMType x)       //入栈 x
{
    if (isFull(&simus->P)= =FALSE){
        enqueue(&simus->P,x);
        return TRUE;
    }
    return FALSE;
}
```

当从栈 S 出栈时，若队列 P 为空，则表示栈空，出栈失败，否则 P 中元素除尾元素以外，均出队且入队到 Q 中，P 出队一个元素作为出栈元素，然后将队列 Q 中全部元素出队且入队到 P 中。

```
int popsimuS(simuStack  * simus, ELEMType  * x)      //出栈，并通过 x 返回
{   ELEMType temp;
    if (isEmpty(&simus->P)= =TRUE) return FALSE;  //空栈
    while (isEmpty(&simus->P)= =FALSE){          //除最后一个元素以外，均入辅助队列
        dequeue(&simus->P,&temp);
        if (isEmpty(&simus->P)= =FALSE) enqueue(&simus->Q,temp);
    }
    * x=temp;
    printf("   x=   %d    ", * x);
    while (isEmpty(&simus->Q)= =FALSE){
        dequeue(&simus->Q,&temp);
        enqueue(&simus->P,temp);
    }
    return TRUE;
}
```

每当从栈 S 中出栈一个元素时，都要将队列 P 中的所有元素（除最后入队元素以外）移至队列 Q 中，然后还要将 Q 中所有元素移回 P 中，时间开销很大。

可以增加一个奇偶标志 flag 以避免元素的过多移动。两个队列轮流当作主队列及辅助队列。只需要在出栈前将元素从一个队列移到另一个队列，出栈后不需要再将元素移回。但由于保存元素的队列是变化的，故根据 flag 值来判定当前操作是对 P 进行的，还是对 Q 进行的。

检验程序如下。

```
int main(int argc,char ** argv)
{   simuStack mys;
    int i;
    ELEMType k=0;
    i=initsimuS(&mys);
    printf("length  =   %d \n",lengthsimuS(&mys));
    if (popsimuS(&mys,&k)==FALSE) printf("空\n");
    for (i=0;i<6;i++)
        if (pushsimuS(&mys,i)==FALSE) printf("满 i=%d\n",i);
    printf("length  =   %d \n",lengthsimuS(&mys));
    for (i=0;i<4;i++){
        if (popsimuS(&mys,&k)==TRUE) printf("k= %d   i=%d\n",k,i);
        else printf("空 i=%d\n",i);
    }
    printf("\n");
    for (i=6;i<10;i++)
        if (pushsimuS(&mys,i)==FALSE) printf("满 i=%d\n",i);
    printf("length  =   %d \n",lengthsimuS(&mys));
    for (i=4;i<10;i++){
        if (popsimuS(&mys,&k)==TRUE) printf("k= %d   i=%d\n",k,i);
        else printf("空 i=%d\n",i);
    }
    printf("\n");
    return TRUE;
}
```

第四节　栈和队列的应用

栈和队列的应用非常广泛，可以说，在计算机的内部，无论是系统软件还是用户程序，几乎都离不开栈和队列。例如，使用 C 语言编写一个递归函数 fun，系统处理这个函数的递归调用时必然会用到栈。不只是递归函数，调用自己编写的任何函数时，在系统内部都要借助于栈来实现。本节给出三个有代表性的应用示例。

一、括号的匹配检查

程序中有很多符号是成对出现的，并且它们的出现次序必须正确，可以嵌套，但不能交错。例如，当忽略非括号的所有符号时，{[()()]()}是正确的括号串，而[(])是错误的括号串。

在配对的一对符号中，“左”符号称为“开”符号，“右”符号称为“闭”符号。当符号是程序中的括号时，这些符号必须成对出现。例如，对于圆括号，一个左圆括号必须对应于一个右圆括号；对于方括号，一个左方括号也必须对应于一个右方括号。

如果表达式中符号匹配正确，则表达式称为平衡的表达式。可以用栈来实现检验符号平衡性的算法。

假设只进行括号的匹配检查，括号包括()、[]和{}。算法的输入是代表表达式的符号串，从键盘读入。因为仅需检查括号的平衡性，故当输入的符号不是需要检查的括号时，忽略之。程序中仅对括号进行处理。

检验括号匹配算法的思想是：从左至右扫描给定的符号串，忽略所有非括号的符号。当遇到开括号时，保存它；当遇到一个闭括号时，看看它是否对应于最近遇到的开括号，如果是，则丢掉开括号，并继续扫描符号串，否则就是遇到了不匹配的情况。如果能扫描完整个符号串，且没有遇到不匹配的情况，则给定的符号串代表的表达式是平衡的。

例如，对于表达式[a+(d+e)]，在扫描过程中，要依次保存括号[和(，当遇到)时，与(进行匹配并丢掉(；当遇到]时，与[进行匹配并丢掉[。可以看出，对于遇到的闭括号，要匹配的是最后遇到的相应的开括号。这个次序正好符合“后进先出”的特性，所以可以使用栈来保存遇到的开括号。在遇到闭括号时，将该括号与栈顶的括号进行匹配，如果是同一对括号，则出栈，否则，表达式是不平衡的。

表达式不平衡的情况有以下几种：

（1）刚扫描到的闭括号与栈顶开括号不匹配，说明括号有交错。

（2）已扫描到表达式尾，但栈不空，说明开括号数多于闭括号数。

（3）扫描到闭括号时发现栈为空，说明缺少与此闭括号对应的开括号。

检验括号平衡性算法的实现如下。

```
int checkBalance(char *str)
{
    SeqStack mys;
    int isBalanced=1,inputchar=0,stackchar=0;
    initStack(&mys);
    while (*str!='\0'&&isBalanced){
        switch(*str){
            case '(':case '[':case '{':
                push(&mys,*str);
                break;
            case ')':
                if (isEmpty(&mys)==TRUE)
```

```
                        isBalanced = 0;
                    else{
                        pop( &mys, &stackchar);
                        if (stackchar! = '(') {
                            printf("不平衡的符号:%c 和 %c. \n", stackchar, * str);
                            isBalanced = 0;
                        }
                    }
                    break;
                case ']':
                    if (isEmpty( &mys) = = TRUE)
                        isBalanced = 0;
                    else{
                        pop( &mys, &stackchar);
                        if (stackchar! = '[') {
                            printf("不平衡的符号:%c 和 %c. \n", stackchar, * str);
                            isBalanced = 0;
                        }
                    }
                    break;
                case '}':
                    if (isEmpty( &mys) = = TRUE)
                        isBalanced = 0;
                    else{
                        pop( &mys, &stackchar);
                        if (stackchar! = '{') {
                            printf("不平衡的符号:%c 和 %c. \n", stackchar, * str);
                            isBalanced = 0;
                        }
                    }
                    break;
                default: break;
            }
            str++;
        }
        if ( !isEmpty( &mys) ) isBalanced = 0;
        if (isBalanced ) printf("括号平衡。\n");
        else printf("括号不平衡。\n");
        return isBalanced;
    }
```

在主程序中读入要检测的括号字符串 inputstr，通过参数传递给函数 checkBalance。主程序的实现如下。

```
int main(int argc, char ** argv)
{
    char inputstr[100],result[100];
    printf("请输入表达式:");
    scanf("%s",inputstr);
    printf("result=%s ",inputstr);
    printf("=%d\n",checkBalance(inputstr));
    return 0;
}
```

【例 3-13】 给出使用 checkBalance 算法检查表达式[a+(d+e)]时栈的变化过程。

在检查表达式是否平衡时，使用栈来保存开括号。在读入的符号是开括号时，入栈。在读入的符号是非括号的符号时，忽略，继续读入下一个符号。在读入的符号是闭括号时，与栈顶的开括号进行匹配。如果匹配的是一对括号，则从栈顶弹出开括号。继续读入下一个符号。题目中所给的表达式是平衡的，处理过程中没有出现不平衡的情况。

栈的变化过程如图 3-26 所示。

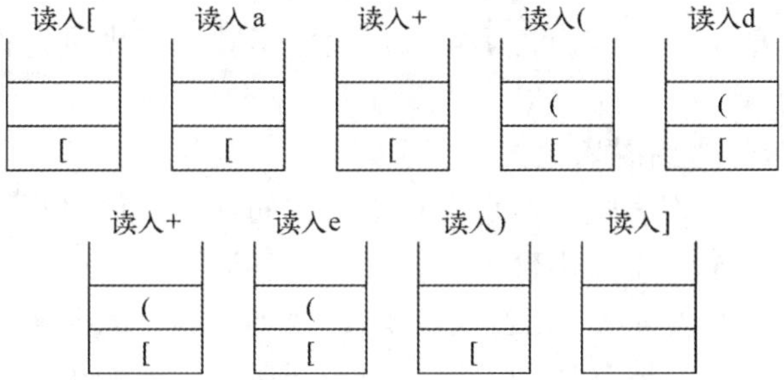

图 3-26　对应于例 3-13 的栈的变化过程

当读入[和(时，它们依次入栈。当读入 a、+、d、+和 e 时，忽略。当读入)时，栈顶元素为(，出栈，括号匹配。当读入]时，栈顶元素是[，出栈，括号匹配。当读到表达式的末尾时，栈为空，所以表达式是平衡的。

【例 3-14】 给出使用 checkBalance 算法检查表达式{[(])}时栈的变化过程。

与例 3-13 类似，使用栈来保存开括号。题目中所给的表达式已经忽略了非括号的符号。栈的变化过程如图 3-27 所示。

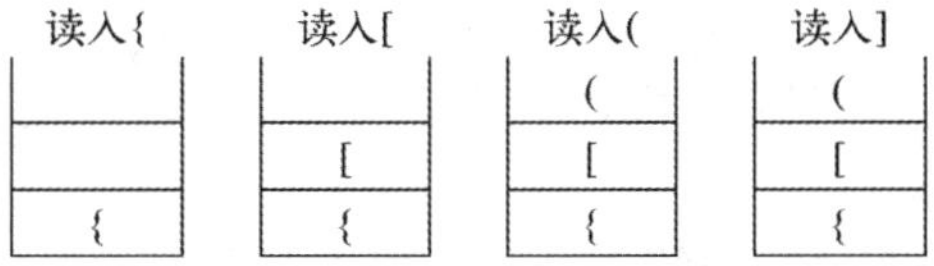

图 3-27　对应于例 3-14 的栈的变化过程

当读入开括号{、[和(时，它们依次入栈。当读到闭括号]时，栈顶元素为(，出栈，它们不匹配，所以表达式不是平衡的。

二、表达式的计算

编写的程序中总会出现表达式，需要了解在计算机内表达式的计算过程。本小节以代数表达式为例，介绍计算机内计算表达式值的简单过程。为简单起见，表达式中的运算符均为二元运算符。二元运算符也称为双目运算符，即一个运算符有两个操作数参与运算。

1. 表达式的表示形式及计算次序

按一般的书写习惯，书写表达式时将运算符放在两个操作数的中间，这样的表达式称为中缀表达式。每个运算符及其操作数的一般形式是：<操作数><运算符><操作数>，<操作数>又可以是子表达式的计算结果。例如，a+b、c * (a+b) 和 a+b * c 都是合法的中缀表达式。

当表达式中有多个运算符时，它们的计算次序要由出现的位置、运算符的优先级、是否加括号来决定。通常，两个相邻的运算符的计算次序为：优先级高的先计算；优先级相同的按结合律的规定计算（大部分是自左至右）；当使用括号时，从最内层括号开始计算。因此，中缀表达式中操作符的出现次序与其实际执行计算的次序可能不一致。例如，在表达式 a+b * c 中，运算符+先于运算符 *，但因为乘法要先于加法计算，所以要先执行出现在后面的乘法运算。当然，可以使用括号来改变约定的计算优先级。例如，在 c * (a+b) 中，加法先于乘法进行计算。这些例子中都出现了位于后面的运算符要先进行计算的情况，这使得处理表达式的程序变得复杂。

2. 将中缀表达式转变为后缀表达式

将中缀表达式转变为后缀表达式后再进行表达式的计算，可以很好地简化表达式计算程序的流程。在后缀表达式中，不再出现括号，而且，各运算符在表达式中出现的次序与其计算次序完全一致。所以当从左至右扫描表达式时，遇到运算符的时候就是执行相应计算的时刻，计算表达式值的程序变得容易实现。计算中缀表达式的过程可以分两步实现，第一步是将中缀表达式转变为对应的后缀表达式，第二步是计算后缀表达式的值，由此得到原中缀表达式的计算结果。

运算符出现在其两个操作数之后的表达式是后缀表达式。在后缀表达式中，每个运算符及其操作数的一般形式是：<操作数><操作数><运算符>，<操作数>又可以是子表达式的计算结果。对应于前面三个示例的后缀表达式分别是：a b +、c a b + * 和 a b c * +。实际上，在同一个表达式的中缀形式与后缀形式中，各操作数的相对次序完全相同，不同的仅是各运算符的位置及次序。

表达式的第三种形式是前缀表达式，即运算符出现在其两个操作数之前。在前缀表达式中，每个运算符及其操作数的一般形式是：<运算符><操作数><操作数>，<操作数>又可以是子表达式的计算结果。这种形式的表达式也称为波兰式，对应地，后缀表达式称为逆波兰式。

实现表达式计算的第一步是将中缀表达式转换为后缀表达式。

先介绍手算策略。给中缀表达式中的每个运算符加括号，形成带完全括号的中缀表达式。例如，将 a+b 写为(a+b)，将 c * (a+b) 写为(c * (a+b))，将 a+b * c 写为(a+(b * c))。通过添加括号，去掉了表达式对运算符优先级的依赖性。每个运算符现在都对应于一对括号。

接下来，将每个运算符右移到对应的闭括号的前面。例如，将(a+b)变为(a b+)，将(c＊(a+b))变为(c(a b+)＊)，将(a+(b＊c))变为(a (b c＊)+)。

最后，去掉括号便得到后缀表达式。前面提到的三个表达式的后缀形式分别为：a b+、c a b+＊和 a b c＊+。

将中缀表达式转换为后缀表达式的思路是，自左至右扫描中缀表达式，当遇到操作数时，直接输出；当遇到运算符时，将其保存在栈中。当满足一定的条件时，才输出栈顶的运算符。称栈顶运算符为栈内运算符，读取表达式时遇到的当前运算符为栈外运算符。

当读到表达式中的一个运算符时，将它与栈内运算符进行比较，分以下情况考虑：

（1）若栈内运算符的优先级高于栈外运算符的优先级，则输出栈内运算符，继续比较栈外运算符与当前栈内运算符。

（2）若栈外运算符的优先级高于栈内运算符的优先级，则栈外运算符入栈，继续读入表达式的下一个符号。

（3）若已经读到表达式末尾，则依次输出栈中的全部运算符。

为了能实现上述算法，给每个运算符指定一个优先级。很容易想到，用正整数代表优先级。因为算法中只需要比较优先级的大小，所以只要能区分出不同运算符优先级的大小就可以了，至于整数值具体是多少，不是原则性问题。在四则运算中，加、减是同级的运算符，它们的优先级可以是相等的。乘、除也可以有相同的优先级。部分运算符的优先级见表 3-1。

表 3-1　部分运算符优先级

运算符	+	-	*	/
优先级	1	1	2	2

前面描述的算法中没有给出优先级相等时如何处理栈内及栈外的运算符。例如，在栈内运算符和栈外运算符都是+时，应该如何处理呢？

因为扫描表达式是自左至右进行的，所以栈内运算符一定排在栈外运算符前面。按照四则运算的规则，同级运算符根据结合律决定运算的次序，如加减乘除运算都具有左结合律，也就是先遇到的先计算。例如，在计算表达式 2-3+4 时，先计算减法后计算加法，结果是3。对于同一个运算符，可以分别指定两个不同的优先级，分为栈内优先级和栈外优先级，在增加了这样的规定后，所有的运算符的处理就统一了。

圆括号优先级的处理有些特殊。圆括号的处理规则要优先于运算符优先级规则。当读到开圆括号时，一定是先进行括号内的运算，所以总是将开圆括号入栈，即栈外开圆括号的优先级高。而一旦开圆括号在栈中，就将它看作有最低优先级的运算符，随后的任何一个运算符都将入栈，因为它之后的运算符要先进行计算。在遇到闭圆括号时，代表括号内的计算应该全部完成，所以将栈外闭圆括号的优先级设置为低于其他运算符的优先级。因为闭圆括号不入栈，所以没有栈内闭圆括号的优先级。

在处理表达式的过程中，总会遇到空栈的时候。为了编写程序方便，在栈底放置一个特殊符号，如“#”，它不参与表达式的计算，但有了这个栈底，程序中就不必经常判定栈是否为空栈。此外，任何运算符的优先级都高于“#”的优先级。

修改表 3-1 的内容，得到表 3-2。

表 3-2　部分运算符栈内优先级与栈外优先级

运算符	+，-	*，/，%	(	)	#
栈内优先级	3	5	1	—	0
栈外优先级	2	4	8	1	—

【例 3-15】 将中缀表达式 1+2＊3 转换为后缀表达式。

表达式转换的过程见表 3-3。

表 3-3　将中缀表达式 1+2＊3 转换为后缀表达式的过程

读入的当前符号	后缀形式	运算符栈（从栈底到栈顶）	说　明
		#	初始状态
1	1	#	操作数直接输出
+	1	#+	运算符+的优先级高，入栈
2	12	#+	操作数直接输出
＊	12	#+＊	运算符＊的优先级高，入栈
3	1 2 3	#+＊	操作数直接输出
	1 2 3 ＊	#+	读到表达式尾，＊出栈
	1 2 3 ＊ +	#	+出栈
			特殊栈底#出栈，结束

将运算符及其优先级表保存在各自的数组中，并定义相应的函数来获取给定运算符的优先级。程序实现如下。

```
int oper[ ] = {'+','-','*','/','%','(',')','#'};
int innerpri[ ] = {3,3,5,5,5,1,-1,0};
int outpri[ ] = {2,2,4,4,4,8,1,-1};
int innerpriv(char c)                    //获得运算符的栈内优先级
{   int i;
    for (i=0;i<sizeof(oper)/sizeof(char);i++){
        if (c==oper[i]) return innerpri[i];
    }
    return -2;                           //没有定义运算符
}
int outpriv(char c)                      //获得运算符的栈外优先级
{   int i;
    for (i=0;i<sizeof(oper)/sizeof(char);i++){
        if (c==oper[i]) return outpri[i];
    }
    return -2;                           //没有定义运算符
}
```

为了简化程序的实现，程序仅处理数字常量形式的操作数。输出的后缀表达式保存在数组 result 中。另外，算法默认接收的表达式是格式正确的，所以算法中不对表达式的正确性进行判定。

将中缀表达式转换为后缀表达式的算法实现如下。

```
int expression(char *input, char *result)
{
    SeqStack mys;
    int counter=0,stackchar=0;
    char *p=input;
    initStack(&mys);
    push(&mys, '#');                                        //特殊栈底
    while (isEmpty(&mys)==FALSE&& *p!='\0') {
        switch(*p) {
            case '+':case '-':case '*':case '/':case '%':   //运算符
            case '(':case ')':case '#':
                pop(&mys,&stackchar);
                if (innerpriv(stackchar)<outpriv(*p)) {     //栈外符号优先级高，入栈
                    push(&mys,stackchar);
                    push(&mys, *p);
                    ++p;
                } else if (innerpriv(stackchar)>outpriv(*p)) {//栈内符号优先级高，输出
                    result[counter++]=stackchar;
                } else {
                    if (stackchar=='(') ++p;
                }
                break;
            case '0':case '1':case '2':case '3':case '4':   //操作数
            case '5':case '6':case '7':case '8':case '9':
                result[counter++] = *p++;
                while ( *p>='0'&& *p<='9')                  //若下一个字符是数字，则处理
                    result[counter++] = *p++;
                result[counter++]=' ';
                break;
        }
    }
    while (isEmpty(&mys)==FALSE) {
        pop(&mys,&stackchar);
        if (stackchar!='#'&&stackchar!='(')
            result[counter++]=stackchar;
    }
    result[counter]='\0';
    return 0;
}
```

3. 后缀表达式的计算

对后缀表达式进行计算的算法相对简单。计算过程中需要使用栈保存操作数。计算结果也在栈中。

该算法的思路是，从左至右扫描后缀表达式，当遇到操作数时，操作数入栈。当遇到运算符时，从栈中弹出两个操作数，并进行运算符所代表的运算，结果仍放到栈中。因为栈的后进先出的特性，故从栈中先弹出的操作数是运算符的右操作数，后弹出的是左操作数。

为了减少对空栈的判定，初始时在栈底放置一个特殊值-65536，例 3-16 中以“#”表示。

【例 3-16】 计算例 3-15 得到的后缀表达式 1 2 3 * +的值。

计算后缀表达式 1 2 3 * +的值的过程见表 3-4。

表 3-4 计算后缀表达式 1 2 3 * +的值的过程

读入的当前符号	操作数栈（从栈底到栈顶）	说　明
	#	初始状态，特殊栈底
1	#1	操作数入栈
2	#12	操作数入栈
3	#123	操作数入栈
*	#16	弹出两个操作数，做乘法，结果入栈
+	#7	弹出两个操作数，做加法，结果入栈
	#	输出结果
		特殊栈底出栈，空栈，结束

为简单起见，操作数仅是正整数。算法的实现如下。

```
int calexpress(char * str)
{
    SeqStack operstack;
    int tempvalue,loper,roper,result;
    ini tStack(&operstack);
    while ( * str! ='\0') {
        if ( * str>='0'&& * str<='9') {                    //数字
            tempvalue= * str-'0';
            str++;
            while ( * str>='0'&& * str<='9')
                tempvalue=tempvalue * 10+ * str++-'0';
            push(&operstack,tempvalue);                     //操作数入栈
        }
        else{
            switch( * str) {                                //运算符，进行计算
            case '+':
                pop(&operstack,&roper);                     //操作数 2 出栈
```

```
                pop( &operstack,&loper);           //操作数 1 出栈
                result=loper+roper;                //执行: 操作数 1+操作数 2
                push( &operstack,result) ;
                break;
            case '-':
                pop( &operstack,&roper);
                pop( &operstack,&loper);
                result=loper-roper;
                push( &operstack,result);
                break;
            case '*':
                pop( &operstack,&roper);
                pop( &operstack,&loper);
                result=loper * roper;
                push( &operstack,result);
                break;
            case '/':
                pop( &operstack,&roper);
                pop( &operstack,&loper);
                result=loper/roper;
                push( &operstack,result);
                break;
            case '%':
                pop( &operstack,&roper);
                pop( &operstack,&loper);
                result=loper%roper;
                push( &operstack,result);
                break;
            }
        }
        str++;
    }
    if (isEmpty(&operstack)= =FALSE){              //最后的结果
        pop( &operstack,&result);
    }
    return result;
}
```

编写测试程序如下。

```
int main(int argc, char ** argv)
{
    char inputstr[100],result[100];
```

```
    int resu;
    printf("请输入表达式:");
    scanf("%s",inputstr);
    expression(inputstr,result);
    printf("result=%s\n",result);
    resu=calexpress(result);
    printf("result=%d\n",resu);
    return 0;
}
```

三、输出杨辉三角形

二项式系数可以排列成一个三角形，这个三角形就是著名的杨辉三角形。杨辉三角形是中国古代数学研究的杰出成果之一，它把二项式系数图形化，用直观的方式展现出来。

图 3-28 展示了杨辉三角形的前 8 行。

```
                  1                          n=1
                1   1                        n=2
              1   2   1                      n=3
            1   3   3   1                    n=4
          1   4   6   4   1                  n=5
        1   5  10  10   5   1                n=6
      1   6  15  20  15   6   1              n=7
    1   7  21  35  35  21   7   1            n=8
```

图 3-28　杨辉三角形的前 8 行

在输出杨辉三角形前，先分析一下它的规律。可以看到，首行数据只有一个 1，之后，每行的数据个数都比前一行多 1 个，且每行数据的起始和结尾都是 1，中间的每个数都是其上一行中位于其左上、右上的两个数之和。因此，可以由上一行中的数直接计算出下一行中的数。以第三行为例，这一行有 3 个数据，两端都是 1，中间的数是第二行两个数之和，即 2。再看第四行，这一行有 4 个数据，两端也都是 1，中间的两个数分别是第三行中第一、第二两数之和及第二、第三两数之和。以第四行和第五行的数据为例，用箭头表示两行数据之间的关系，如图 3-29 所示。

图 3-29　杨辉三角形中两行数据之间的关系

只要保存了前一行的数据，就可以按规律生成后一行的数据，并输出。使用循环队列作为存储结构。初始时队列中保存一个 1。在前一行数据出队的同时，将后一行的数据依次生成并加入到队列中。

算法的实现如下。

```
void printblank(int n){                    //输出 n 个空格
    int i;
    for (i=0;i<n;i++) printf(" ");
```

```
}
void yangTri(int n)
{   SeqQueue myq;
    int i,j,k,first,second,add;
    initQueue(&myq);
    printblank(n-1);
    printf("    1\n");                    //直接输出第一行
    enqueue(&myq,1);                      //第二行的左 1 入队
    for (i=2;i<=n;i++){                   //输出第二行至第 n 行
        enqueue(&myq,1);                  //下一行左 1 入队
        first=1;
        dequeue(&myq,&first);
        printblank(n-i);
        printf("%d ", first);             //输出本行左 1
        for (j=1;j<i-1;j++){              //输出中间部分
            dequeue(&myq,&second);
            add=first+second;
            printf("%d ",add);            //输出前一行左上、右上的值之和
            enqueue(&myq,add);
            first=second;
        }
        printf("%d ", 1);                 //输出本行右 1
        enqueue(&myq,1);                  //下一行右 1 入队
        printf("\n");
    }
}
```

编写测试程序如下。

```
int main(int argc, char **argv)
{
    int n;
    printf("输出的杨辉三角形的行数 n 是: ");
    scanf("%d",&n);
    yangTri(n);
    return 0;
}
```

内 容 小 结

本章讨论了线性表的两个特殊实例：栈和队列。栈是只在栈顶进行插入、删除的线性表，形成一种后进先出的线性结构。任何时刻，只能看到栈顶元素，而不能访问栈中的其他

元素。栈有两种实现方式：顺序栈和链式栈。在顺序栈中，一般将栈底设在数组下标为 0 的位置。在链式栈中，将栈顶设置在链表表头的位置。在顺序栈和链式栈中，出栈、入栈、获取栈顶元素操作的时间复杂度都是 $O(1)$。

队列也是一种线性表，它在队尾插入，在队头删除，形成一种先进先出的线性结构。队列常用数组来存储，并实现为循环队列。队列中常使用两个变量来分别标记队头和队尾的位置，出队、入队操作的时间复杂度也都是 $O(1)$。

本章还介绍了结合栈和队列特点的双端队列，使用栈模拟了队列，使用队列模拟了栈。最后还介绍了栈和队列的应用实例。

习　　题

一、单项选择题

1. 栈操作数据的原则是________。

A. 先进先出　　B. 后进先出　　C. 后进后出　　D. 随机处理

2. 入栈序列是 $a_1, a_3, a_5, a_2, a_4, a_6$，出栈序列是 $a_5, a_4, a_2, a_6, a_3, a_1$，则栈的容量最小是________。

A. 2　　B. 3　　C. 4　　D. 5

3. 6 个元素 6、5、4、3、2 和 1 依次入栈，不能得到的出栈序列是________。

A. 5,4,3,6,1,2　　B. 4,5,3,1,2,6　　C. 3,4,6,5,2,1　　D. 2,3,4,1,5,6

4. 输入序列为 A,B,C，借助于栈，将其变为 C,B,A，经过的栈操作为________。

A. push,pop,push,pop,push,pop　　B. push,push,push,pop,pop,pop

C. push,push,pop,pop,push,pop　　D. push,pop,push,push,pop,pop

5. 若一个栈存储在数组 $V[n]$ 中，设栈空时栈顶指针 top$=n-1$，则下列选项中，能正确表示 x 入栈的是________。

A. top=top+1;V[top]=x;　　B. V[top]=x;top=top+1;

C. V[top]=x;top=top-1;　　D. top=top-1;V[top]=x;

6. 若用不带头结点的单链表存储队列，队头指针指向队头结点，队尾指针指向队尾结点，则在进行删除操作时________。

A. 仅需要修改队头指针，不需要修改队尾指针

B. 仅需要修改队尾指针，不需要修改队头指针

C. 队头指针一定要修改，队尾指针也一定要修改

D. 队头指针一定要修改，队尾指针可能要修改

7. 下列链式队列的操作中，不可能修改队尾指针的是________。

A. 入队操作　　B. 清空队列操作

C. 出队操作　　D. 判定队列是否为空

8. 在循环队列 Q（最多元素为 MaxSize）中，front 指向队头元素所在位置，rear 指向队尾元素后的空位置，则循环队列为满的条件是________。

A. Q. rear= =Q. front　　B. Q. rear+1= =Q. front

C. Q. rear= =Q. front+1　　D. (Q. rear+1)%MaxSize= =Q. front

9. 若用不带头结点的单链表存储队列，其头指针指向队头结点，尾指针指向队尾结点，则在进行出队操作时应进行的操作是________。

A. 仅修改头指针　　B. 头、尾指针均不需要修改

C. 仅修改尾指针　　D. 头、尾指针都可能要修改

10. 假设以数组 $A[0...m-1]$ 存放循环队列的元素，队头指针 front 指向队头元素，队尾指针 rear 指向队尾元素后的空位置，则当前队列中的元素个数为________。

A. (rear-front+m)%m　　B. rear-front+1

C. (front-rear+m+1)%m　　D. (rear-front)%m

11. 栈和队列的共同点是________。

A. 都是后进先出　　B. 都是先进先出

C. 只允许在端点处插入和删除元素　　D. 没有共同点

12. 若循环队列存储在数组 $A[0...m]$ 中，则入队时修改队尾指针的操作为________。

A. rear=rear+1　　B. rear=(rear+1)%(m-1)

C. rear=(rear+1)%m　　D. rear=(rear+1)%(m+1)

13. 若用一个大小为 6 的数组来实现循环队列，且当前队尾 rear 和队头 front 的值分别为 0 与 3，当从队列中删除一个元素，再加入两个元素后，rear 与 front 的值分别为________。

A. 1 和 5　　B. 2 和 4　　C. 4 和 2　　D. 5 和 1

14. 某队列允许在其两端进行入队操作，但仅允许在一端进行出队操作。若元素 a、b、c、d 和 e 依次入队后再进行出队操作，则不可能得到的出队序列是________。

A. b,a,c,d,e　　B. d,b,a,c,e　　C. d,b,c,a,e　　D. e,c,b,a,d

二、填空题

1. 如果对一个线性表的访问进行限制，要求对元素的插入、删除、读取等操作只能在线性表的一端进行，则该线性表称为________。

2. 队列的基本特性是________。

3. 如果对一个线性表访问进行限制，要求对元素的插入、删除、读取等操作只能在线性表的两端进行，则该线性表称为________。

4. 设局域网中含有多台计算机与一台网络打印机，通常会在打印机中设置一个打印数据缓冲区，以满足多个打印任务的需求，该缓冲区的逻辑结构应该是________。

5. 设栈 S 和队列 Q 的初始状态均为空，元素 a、b、c、d、e 和 f 依次进入 S。若每个元素出栈后立即进入 Q，且 6 个元素出队的顺序是 b、d、c、f、e 和 a，则 S 的容量至少是________。

6. 已知大小为 10 的循环队列 Q，其头指针和尾指针分别为 2 与 6，当 Q 的头指针和尾指针变为 6 与 2 时，入队的元素个数至少为________。

7. 已知大小为 10 的循环队列 Q，其头指针和尾指针分别为 2 与 6，当 Q 的头指针和尾指针变为 6 与 2 时，出队的元素个数至少为________。

三、解答题

1. 对于一个栈，设元素入栈的次序为 A、B、C、D 和 E，并给定下列各序列：

(1) A,B,C,D,E　　(2) B,C,D,E,A

(3) E,A,B,C,D　　(4) E,D,C,B,A

哪些是可以得到的出栈序列？若要得到相应序列，则需要执行哪些栈操作？使用本章给出的基本操作并写出操作序列。若其中某些输出序列不可能得到，试说明理由。

2. 有 5 个元素，其入栈次序为：A、B、C、D 和 E，在各种可能的出栈序列中，以元素 C、D 最先出栈（即 C 第一个出栈，D 第二个出栈）的序列有哪些？

3. 若将两个栈存入数组 $V[0...m-1]$ 中，那么如何安排最好？这时栈空、栈满的条件分别是什么？

4. 简述顺序存储队列时假溢出的避免方法，以及队列满或空的条件。

5. 当 rear==front 时，为了能区分循环队列的空与满，本书中使用了“让数组中始终剩余至少一个空位置”的解决方法。你还有其他解决方法吗？

6. 简述循环队列的数据结构，并写出其初始状态，以及队列空、队列满时的队头指针与队尾指针的值。

7. 假设循环队列中的 rear 指向队尾元素本身，则队列空和满的条件分别是什么？

8. 已知两个栈 S1 和 S2 共享存储空间 $C(1,M)$，其中 S1 的栈底在 $C[1]$处，S2 的栈底在 $C[M]$处，top1 是 S1 的栈顶指针，top2 是 S2 的栈顶指针，它们均指向各自的栈顶元素。两个栈要最大限度地利用存储空间 $C(1,M)$。请问：

（1）判断两个栈空的条件分别是什么？

（2）判断栈满的条件是什么？

9. 已知循环队列的类型定义如下：

```
#define MAXQSIZE 100          //队列最大长度
typedef struct {
    char *base;               //初始化的动态分配存储结构
    int front;                //头指针，若队列不空，则指向队头元素
    int rear;                 //尾指针，若队列不空，则指向队尾元素的下一个位置
} SqQueue;
```

请回答下列问题：

（1）判断队空的条件是什么？

（2）判断队满的条件是什么？

（3）计算队列的长度的公式是什么？

10. 给出调用 expression 函数将中缀表达式 A*(B+C)*D 转换为后缀表达式的过程中，运算符栈的变化。

四、算法阅读题

1. 给出对顶栈的定义如下：

```
typedef int ELEMType;                  //以 int 类型为例
typedef struct {
    ELEMType element[maxSize];         //maxSize 是数组的最大容量，是已定义的常量
    int lefttop, righttop;             //两个栈顶位置
} SeqTopStack;
```

其中，栈中的元素保存在数组 element 中，lefttop 和 righttop 分别是左栈与右栈的栈顶指针。

以下程序实现了对顶栈的若干基本操作，请在空白处填上适当内容以将算法补充完整。

（1）initStack 函数用于初始化左栈和右栈。

```
int initStack(SeqTopStack *mys)                 //初始化两个栈
{   mys->lefttop=___(1)___;
    mys->righttop=___(2)___;
    return 1;
}
```

（2）isEmpty 函数用于判定指定的栈是否为空，若为空，则返回 1，否则返回 0。如果 flag 为-1，则判定左栈；若 flag 为 1，则判定右栈。

```
int isEmpty(SeqTopStack mys,int flag)
{   if (flag==-1 &&___(1)___) return 1;
    if (flag==1 &&___(2)___) return 1;
    else ___(3)___;
}
```

（3）isFull 函数用于判定栈是否为满，若栈满，则返回 1，否则返回 0。

```
int isFull(SeqTopStack mys)
{   if (___(1)___) ___(2)___;
    else return 0;
}
```

2. 给出对顶栈的定义如下：

```
typedef int ELEMType;                    //以 int 类型为例
typedef struct {
    ELEMType element[maxSize];           //maxSize 是数组的最大容量，是已定义的常量
    int lefttop,righttop;                //两个栈顶位置
} SeqTopStack;
```

其中，栈中的元素保存在数组 element 中，lefttop 和 righttop 分别是左栈与右栈的栈顶指针。

请说明 clear 函数的功能。

```
int clear(SeqTopStack *mys,int flag)
{   if (flag==-1) mys->lefttop=0;
    else if (flag==1) mys->righttop=maxSize-1;
    else{
        mys->lefttop=0;
        mys->righttop=maxSize-1;
```

```
        }
        return 1;
    }
```

五、程序设计题

1. 现使用一个数组存储对顶栈，试实现入栈操作。

2. 现使用一个数组存储对顶栈，试实现出栈操作。

3. 定义循环队列的 rear 指向队尾元素本身，分别实现入队和出队操作。

4. 对于给定的入栈序列和出栈序列，请编程判断对于入栈序列是否能够仅凭栈操作就得到指定的出栈序列。

第四章　数组、广义表和串

学习目标：

1. 掌握数组、广义表和串的基本概念。
2. 掌握多维数组按行主序和按列主序的存储方式及相应的地址计算方法。
3. 掌握特殊矩阵的压缩存储方式及相应的地址计算方法。
4. 理解广义表的概念，掌握广义表的基本操作。
5. 了解模式匹配的概念，掌握串的模式匹配中的 KMP 算法。

建议学时：4 学时。

教师导读：

1. C 语言中可以定义数组，要让考生了解数组在内部的实现方式，掌握多维数组的概念，重点掌握二维数组和特殊矩阵的压缩存储方式及存储单元地址的计算方法，能够根据具体要求推导出地址计算公式，而不仅仅是记忆公式。
2. 数组是一种基本的数据类型，不只在本章会涉及数组的概念。实际上，任何数据类型的顺序存储方式都会涉及数组。要让考生加强使用数组进行程序设计的练习。
3. 举例让考生了解广义表与线性表的区别。
4. 让考生掌握串的模式匹配中的 KMP 算法。
5. 在学习完本章后，应要求考生完成实习题目 3。

线性表的顺序实现方式采用一维数组作为存储结构。很多高级程序设计语言都提供了数组，数组是这些语言内置的数据类型。本章将介绍数组的特点及存储方式，包括多维数组按行主序存储和按列主序存储方式下的地址计算、特殊矩阵的压缩存储等，还将介绍数组的应用。

串是比较特殊的一种数据结构，有些程序设计语言提供了字符串类型，C 语言使用字符数组表示字符串。本章介绍串的模式匹配的概念及串的 KMP 算法。

本章还将介绍广义表的基本概念和基本操作。

第一节　数组及广义表

数组是高级程序设计语言中的重要语法成分，很多语言都定义了数组类型。例如，在 C 语言中，定义了一维数组。数组元素还可以是数组，由此得到数组的数组，即多维数组。一般将 n（$n \geqslant 2$）维数组看作 $n-1$ 维数组的数组。

从数据结构的角度来理解，一维数组可以作为线性表的存储结构，数组中保存的各元素可以组成一个线性表。多维数组在系统内部都对应一个隐含的一维数组，所以多维数组也是一种线性表。例如，二维数组就是以一维数组为元素的线性表。

数组的每个元素都是形如(index, value)的二元对，index 是数组下标，也称为索引，

value 是对应于该下标的数值。任何两个元素的 index 值都不相同。

数组的基本操作如下。

```
Create();                  //创建一个空的数组
Store(index,value);  //添加数据(index,value),同时删除有相同 index 值的数据对（如果存在）
Retrieve(index);          //返回下标为 index 的 value 值
```

在 C 语言中，上面的操作对应的分别是定义并初始化数组、给数组元素赋值、获取指定下标处的元素值。

【例 4-1】 用数组表示一个星期中每天的最高温度。

一个星期中每天的最高温度（摄氏温标数）可用如下的数组 hightem 来表示：

hightem = {(星期日,30),(星期一,28),(星期二,29),(星期三,32),(星期四,28),
(星期五,30),(星期六,31)}

数组 hightem 中包含 7 个元素，每个元素都包含一个下标（星期几）和一个值（当天的最高温度)。通过执行如下操作，可将星期一的最高温度改为 29：

```
Store(星期一,29);
```

通过执行如下操作，可以找到星期五的最高温度：

```
Retrieve(星期五);
```

也可以约定使用 0~6 来分别表示星期日~星期六，此时，数组 hightem 可表示为：

hightem = {(0,30),(1,28),(2,29),(3,32),(4,28),(5,30),(6,31)}

在这个表示方式中，下标是一个数值，而不再是字符串，数值(0,1,2,…,6)代表了一周中每天的名称(星期日,星期一,星期二,…,星期六)。

在 C 语言中，数组下标从 0 开始，对于二维数组也是一样的，从而简化了数组的一般表示。

【例 4-2】 在 “int p[ ][4] = {{1},{3,2},{4,5,6},{0}};” 中，$p[1][2]$的值是(　)。

A. 0　　B. 1　　C. 2　　D. 6

答案为 A。

题目中给出了定义数组 p 的语句，使用初值表为数组 p 中的部分元素赋了初值，使用矩阵形式表示的数组如下。

$$\boldsymbol{p}=\begin{bmatrix}1 & & & \\ 3 & 2 & & \\ 4 & 5 & 6 & \\ 0 & & & \end{bmatrix}$$

没有赋初值的其他元素的初值都为 0。实际上，$\boldsymbol{p}$ 的状态如下。

$$\boldsymbol{p}=\begin{bmatrix}1 & 0 & 0 & 0\\ 3 & 2 & 0 & 0\\ 4 & 5 & 6 & 0\\ 0 & 0 & 0 & 0\end{bmatrix}$$

$p[1][2]$代表的是矩阵中第二行、第三列的元素，值为 0。

一、数组的顺序存储方式

从数组的操作可知，它没有一般线性表常用的插入和删除操作，更多的是根据下标 index 访问元素。一维数组天然地采用顺序存储方式，多维数组的顺序存储又是什么样的呢?

数组的顺序存储有两种形式。以二维数组为例，它的元素可以按行排列，也可以按列排列。这里的“行”和“列”借用数学上矩阵或行列式中的概念。所谓按行排列，就是先排数组的第一行，紧随其后排第二行，依此类推。所谓按列排列，就是先排数组的第一列，紧随其后排第二列，依此类推。最终都是将数组中的全部元素排列成一个序列。

在 C 语言中，可以定义多维数组，它的下标采取如下的形式表示：

$$[i_1][i_2][i_3]\dots[i_k]$$

i_j（$1\leqslant j\leqslant k$）为非负整数。如果 k 为 1，则数组是一维的，如果 k 为 2，则数组是二维的，等等。例如，值为整型类型的 k 维数组 DkArray 可用如下的语句来声明：

```
int DkArray[u1][u2][u3]...[uk];
```

在这个定义中，每一维的下标取值范围是：$0\leqslant i_j<u_j$（$1\leqslant j\leqslant k$）。因此，这个数组最多可以容纳 $n=u_1\times u_2\times u_3\times\cdots\times u_k$ 个整数。数组所需内存空间大小为 sizeof(DkArray) = $n\times$sizeof(int)字节。假设数组的开始地址为 start，那么该数组占用的空间将延伸至 start+sizeof(DkArray)−1。

为了实现与数组相关的操作，必须确定下标值与存储地址[start，start+sizeof(DkArray)−1]之间的对应关系，即需要找到把数组下标$[i_1][i_2][i_3]\dots[i_k]$映射到 $0\sim n-1$ 的函数 map$(i_1,i_2,i_3,\dots,i_k)$，通过 map 函数，可将与该下标所对应的元素值存储在以下位置：

$$\text{start}+\text{map}(i_1,i_2,i_3,\dots,i_k)\times\text{sizeof(int)}$$

仍以二维数组为例。设在 C 语言程序中使用语句“int D2Array[3][6];”定义了一个二维整型数组，它对应一个 3 行 6 列的矩阵，习惯上，数组下标的排列形式如图 4-1 所示。第一维值相同的下标位于同一行，第二维值相同的下标位于同一列。

[0][0]	[0][1]	[0][2]	[0][3]	[0][4]	[0][5]
[1][0]	[1][1]	[1][2]	[1][3]	[1][4]	[1][5]
[2][0]	[2][1]	[2][2]	[2][3]	[2][4]	[2][5]

图 4-1　D2Array[3][6]的下标排列形式

通常 int 类型占 4 字节，数组 D2Array 中含有 18 个元素，共占用 18×4 = 72 字节。如果保存的起始地址是 1000，则数组将占用从 1000 到 1071 的内存空间。注意，这里提到的字节编号并不是内存中真实的编号。

将图 4-1 所示的下标表格按行自上而下、同一行中自左至右的次序进行连续编号，从 0 开始，即可得到图 4-2a 所示的编号结果，这种按行优先把二维数组中的下标映射到 $0\sim n-1$ 之间的某个整数的方式称为按行优先方式，也称为行主序方式。包括 C 语言在内的大多数程序设计语言均采用行主序的实现模式。也有一些程序设计语言采用另一种实现模式，称为按列优先方式，也称为列主序方式。在列主序方式中，按列优先，对于下标表格，从第一列开始，从上到下进行连续编号，直到最后一列。这个结果如图 4-2b 所示。

0	1	2	3	4	5
6	7	8	9	10	11
12	13	14	15	16	17

a) 行主序方式

0	3	6	9	12	15
1	4	7	10	13	16
2	5	8	11	14	17

b) 列主序方式

图 4-2　二维数组的下标映射

行主序方式对应的映射函数为：

$$map(i_1,i_2)=i_1\times u_2+i_2$$

其中 u_2是数组的列数。在对下标[i_1][i_2]进行编号时，前面已对 i_1个整行（每行 u_2列）进行了编号，故为 $i_1\times u_2$，然后，再加上 i_2即可。

现在用前面给出的 3 行 6 列的数组 D2Array 进行验证。D2Array 的列数为 6，故映射公式变成：

$$map(i_1,i_2)=6\times i_1+i_2$$

因此有 map(1,3)=6×1+3=9，map(2,4)=6×2+4=16。与图 4-2a 中给出的编号一致。

类似地，列主序方式对应的映射函数为：

$$map(i_1,i_2)=i_2\times u_1+i_1$$

其中 u_1是数组的行数。可以验证，对于数组 D2Array，$u_1=3$，映射函数为：

$$map(i_1,i_2)=i_2\times 3+i_1$$

则有 map(1,3)=3×3+1=10，map(2,4)=4×3+2=14。与图 4-2b 中给出的编号一致。

【例 4-3】 二维数组 A[10][5]采用行主序方式存储，每个数据元素占 4 个存储单元，若 A[0][4]的存储地址是 1000，则 A[8][4]的存储地址是多少？

给定的数组 A 是 10 行 5 列，需要从 A[0][4]的存储地址反推出数组 A 的首地址，然后再计算 A[8][4]的存储地址。

行主序所对应的映射函数为：$map(i_1,i_2)=i_1\times u_2+i_2$，本题中，$u_2=5$。map(0,4)=4，每个元素占 4 个存储单元，表明 A[0][0]的存储地址为 1000-4×4=984。根据计算公式，A[8][4]的映射编号是 map(8,4)=8×5+4=44，存储地址为 984+44×4=1160。

也可以换一种计算方法。

A[0][4]和 A[8][4]之间的元素个数是 8×5=40，A[0][4]与 A[8][4]之间的偏移量为 40×4，则 A[8][4]的存储地址=A[0][4]的存储地址+A[0][4]与 A[8][4]之间的偏移量=1000+160=1160。

二维数组的这种映射方式也可以扩展到更高维的数组。注意到在行主序方式中，首先列出所有第一维值为 0 的下标，然后是第一维值为 1 的下标，等等。第一维值相同的下标按其第二维下标的递增次序排列，依此类推，也就是各维下标按照字典序进行排列。例如，若有三维数组 D3Array[3][2][4]，则按行主序下标排列的形式如图 4-3 所示。

对于三维数组 ThrDimenArray[u_1][u_2][u_3]，其行主序方式的映射函数应为：

$$map(i_1,i_2,i_3)=i_1\times u_2\times u_3+i_2\times u_3+i_3$$

[0][0][0]	[0][0][1]	[0][0][2]	[0][0][3]	[0][1][0]	[0][1][1]	[0][1][2]	[0][1][3]
[1][0][0]	[1][0][1]	[1][0][2]	[1][0][3]	[1][1][0]	[1][1][1]	[1][1][2]	[1][1][3]
[2][0][0]	[2][0][1]	[2][0][2]	[2][0][3]	[2][1][0]	[2][1][1]	[2][1][2]	[2][1][3]

图 4-3　三维数组 D3Array 的下标排列形式

从具体的数组 D3Array[3][2][4]可以观察到，所有第一维值为 i_1 的元素都排在第一维值大于 i_1 的元素之前。第一维值相同的元素数目为 $u_2 \times u_3$。因此第一维值小于 i_1 的元素数目为 $i_1 \times u_2 \times u_3$，第一维值等于 i_1 且第二维值小于 i_2 的元素数目为 $i_2 \times u_3$，第一维值等于 i_1、第二维值等于 i_2 且第三维值小于 i_3 的元素数目为 i_3。

例如，在保存数组 D3Array 时，D3Array[1][1][3]相对于数组首地址的偏移量为：

$$\text{map}(1,1,3)=1\times2\times4+1\times4+3=8+4+3=15$$

若保存 D3Array[0][0][0]的单元编号为 0，则 D3Array[1][1][3]保存在编号为 15 的单元中。

有了如此简单的映射关系，实现数组的基本操作就不是难事了。至于三维以上数组的映射函数，留给读者作为练习。

二、矩阵的压缩存储

数学中的矩阵可以使用二维数组保存。对于 n 行 m 列的矩阵，数组元素至少需要分配 $n\times m$ 个。有些矩阵因其特殊性，可以不必保存其中的所有元素，因而可以减少为数组分配的空间。

1. 对称矩阵和三角矩阵

在应用中经常出现的特殊矩阵有对称矩阵和三角矩阵，它们都是方阵，即行数与列数相等。矩阵 $\boldsymbol{M}$ 中 i 行 j 列的元素可以表示为 M_{ij}。$n\times n$ 矩阵 $\boldsymbol{M}$ 是一个对称矩阵，当且仅当对所有的 i 和 j，有 $M_{ij}=M_{ji}(i,j=0,1,\cdots,n-1)$。在对称矩阵中，以对角线为界，上三角部分与下三角部分对称相等。图 4-4a 为对称矩阵。$n\times n$ 矩阵 $\boldsymbol{M}$ 是一个上三角矩阵，当且仅当 $i>j$ 时有 $M_{ij}=0(i,j=0,1,\cdots,n-1)$。在上三角矩阵中，非 0 值仅会出现在矩阵的上三角部分，下三角部分的所有元素均为 0。图 4-4b 为上三角矩阵。$n\times n$ 矩阵 $\boldsymbol{M}$ 是一个下三角矩阵，当且仅当 $i<j$ 时有 $M_{ij}=0(i,j=0,1,\cdots,n-1)$。与上三角矩阵类似，在下三角矩阵中，非 0 值仅会出现在下三角部分，上三角部分的元素均为 0。图 4-4c 是下三角矩阵。

$$\begin{bmatrix}1&2&3&4\\2&8&6&5\\3&6&9&7\\4&5&7&0\end{bmatrix}\qquad\begin{bmatrix}1&2&3&4\\0&5&6&7\\0&0&8&0\\0&0&0&9\end{bmatrix}\qquad\begin{bmatrix}1&0&0&0\\2&3&0&0\\4&5&6&0\\7&8&9&10\end{bmatrix}$$

a) 对称矩阵　　b) 上三角矩阵　　c) 下三角矩阵

图 4-4　特殊矩阵的几种形式

如果不考虑矩阵的特殊性，按照一般二维数组的顺序存储方式来存储特殊矩阵，也是完全可行的。但是，从节省存储空间的角度考虑，对称矩阵和上（下）三角矩阵都可以只保存矩阵中约一半的元素，从而可以节省差不多一半的存储空间。这样的存储形式称为压缩存储。具体来说，对于对称矩阵，因为对角线以上及以下的元素对称相等，所以只需要保存其中的一半及对角线上的元素。对于上三角矩阵或下三角矩阵，仅保存上三角部分或下三角部分的元素，另外一半的 0 元素不再保存。若矩阵有 n 行 n 列，则这三种形式下需要保存的元素个数为 $n\times(n+1)/2$。在采用压缩存储以后，需要寻找与普通二维数组不同的映射函数。

以下三角矩阵为例，使用一个一维数组仅存储其对角线及其以下部分的各元素。也可以按行主序或按列主序两种方式存储。例如，对于图 4-4c 所示的矩阵，若按行主序方式存储，则一维数组中保存的各元素依次是 1,2,3,4,5,6,7,8,9,10；若按列主序方式存储，则一维数组中保存的各元素依次是 1,2,4,7,3,5,8,6,9,10。

对于一般的 $n\times n$ 矩阵 $\boldsymbol{M}$，包括对角线在内的下三角或上三角部分共有 $n\times(n+1)/2$ 个元素，这差不多是全部的 n^2 个元素的一半。当然，要建立行列值 (i,j) 与一维数组下标之间的映射函数，这样才容易找到矩阵元素 M_{ij} 在一维数组中的位置。考虑按行主序存储的情况，在存储 i 行之前，已经按次序存储了从 0 行到第 $i-1$ 行的各元素（注意，每行元素的个数是不同的）。然后，接着存储 i 行的前 j 个元素。由此得到

$$\text{map}(i,j)=1+2+3+\cdots+i+j=i\times(i+1)/2+j \quad (0\leqslant i\leqslant n-1, 0\leqslant j\leqslant i)$$

例如，对于图 4-4c 所示的矩阵，元素 5 的行、列值分别是 2 和 1，即 $i=2$，$j=1$，根据公式计算：$\text{map}(2,1)=2\times(2+1)/2+1=4$，即保存在一维数组下标为 4 的单元中。

对于采用压缩存储方式保存的特殊矩阵，在根据行、列值访问数组元素时，需要先判断行、列值的合理性。仍以图 4-4c 的矩阵为例，如果给定的行、列值分别是 1 和 4，在不进行合理性判断而直接代入上述公式进行计算时，会得到错误的结果。当 $j>i$ 时，均应该返回元素值 0。

对于对称矩阵，也是如此，在仅保存上三角部分或下三角部分时，也要根据行、列值的大小关系来决定具体的存储位置。如果不满足条件，则需要互换行、列值才能进行计算。

设以一维数组 $B[n\times(n+1)/2]$ 作为 n 阶对称矩阵 $\boldsymbol{A}$ 的存储结构，按行主序方式保存 $\boldsymbol{A}$ 的下三角部分。元素 $A[i][j](0\leqslant i,j\leqslant n-1)$ 保存在 $B[k](0\leqslant k\leqslant n\times(n+1)/2-1)$ 中，则 k 与 i,j 存在下列对应关系：

$$k=\begin{cases} i\times(i+1)/2+j & i\geqslant j \\ j\times(j+1)/2+i & i<j \end{cases}$$

【例 4-4】 设有一个 10 行 10 列的下三角矩阵 $\boldsymbol{A}$，采用行优先压缩存储方式，保存 $\boldsymbol{A}$ 中第一个元素 $a_{0,0}$ 的地址是 100，保存 $a_{1,1}$ 的地址是 108，则保存元素 $a_{4,4}$ 的地址是（　）。

A. 115　　B. 156　　C. 160　　D. 212

答案为 B。

根据保存 $a_{0,0}$ 和 $a_{1,1}$ 的地址，可以计算出每个元素占用的字节大小。在按照行优先方式存储下三角矩阵 $\boldsymbol{A}$ 时，$a_{1,1}$ 相对于 $a_{0,0}$ 的偏移量是 2，$(108-100)/2=4$，也就是说，每个元素占用 4 个存储单位。

$a_{4,4}$ 相对于 $a_{0,0}$ 的偏移量是 14，占用的存储单位 $=14\times4=56$。$a_{0,0}$ 的地址是 100，则 $a_{4,4}$ 的地址 $=100+56=156$。

2. 稀疏矩阵

在实际的应用中，矩阵中可能会出现大量的 0 元素，而非 0 元素数量很少，这就是所谓的稀疏矩阵。至于非 0 元素少到什么程度才能称为稀疏矩阵，并没有很严格的定义。通常认为，矩阵中非 0 元素的个数与矩阵的阶数相当，即可将其看作稀疏矩阵。

为了节省空间，一般只存储稀疏矩阵中的非 0 元素。但在稀疏矩阵中，非 0 元素的出现是没有规律的，所以在存储非 0 元素时必须将它所在的行号和列号一起存储起来。这些信息组成一个三元组(i,j,v)的形式，其中 v 表示非 0 元素的值，i 表示 v 所在的行号，j 表示 v 所在的列号。一个稀疏矩阵的所有元素用一个三元组表来表示，也就是可以构成一个三元组的线性表。

设有稀疏矩阵 $\boldsymbol{S}$

$$\boldsymbol{S}=\begin{bmatrix} 0 & 8 & 9 & 0 & 0 & 0 & 0 \\ 1 & 0 & 0 & 0 & 0 & 0 & 0 \\ -3 & 0 & 0 & 0 & 0 & 12 & 0 \\ 0 & 0 & 16 & 0 & 0 & 0 & 0 \\ 0 & 24 & 0 & 0 & 6 & 0 & 0 \\ 15 & 0 & 0 & 0 & 0 & -7 & 0 \end{bmatrix}$$

该矩阵只有 10 个非 0 元素，每个非 0 元素用一个三元组表示，这些三元组组成的线性表是：((0,1,8),(0,2,9),(1,0,1),(2,0,-3),(2,5,12),(3,2,16),(4,1,24),(4,4,6),(5,0,15),(5,5,-7))，如图 4-5 所示。图 4-5 中的每一列代表一个三元组，并且按非 0 元素所在行号不减、行号相同列号不减的次序由左到右排列。

i	0	0	1	2	2	3	4	4	5	5
j	1	2	0	0	5	2	1	4	0	5
v	8	9	1	-3	12	16	24	6	15	-7

图 4-5　表示稀疏矩阵 $\boldsymbol{S}$ 的三元组表

在 C 语言中，可以使用一个结构来表示三元组，实现如下。

```
typedef struct{
    int i,j;                    //存储非 0 元素的下标
    ELEMType v;                 //存储非 0 元素的值
}triTerm;
```

在稀疏矩阵的存储结构中，采用一维数组保存三元组。同时还要保存稀疏矩阵的行数和列数，还可以选择保存非 0 元素的个数，实现如下。

```
typedef struct{
    int rows,cols;              //矩阵的行数、列数
    int terms;                  //非 0 元素个数
    triTerm tri[maxSize];       //三元组表
}SparseMatrix;
```

为了方便后续其他操作的实现，三元组表应该是一个有序序列，通常按行主序次序排列，即先按行的大小排列，同一行的三元组再按列的大小排列。三元组表的初始值从键盘输入，输入时，各三元组可以按行主序排列，也可以按任意的次序排列，但最终都应该按行主序的次序插入到一维数组的合适位置。当然，在有特殊需求的应用中，也可以按列主

序方式保存。

以任意次序输入三元组来生成三元组表的程序实现如下。

```
int readSparseMatrix(SparseMatrix * M,int r,int c)
{    int i,j,v,k=0;
     int temp=0;
     M->rows=r;                          //矩阵行数
     M->cols=c;                          //矩阵列数
     M->terms=0;                         //非 0 元素个数
     scanf("%d %d %d",&i,&j,&v);         //从键盘输入三个整数值,按行主序
     while (i>=0&&i<r&&j>=0&&j<c){       //当输入的行、列值是负数时,表示输入结束
          temp=0;
          while (temp>=0&&temp<M->terms&&M->tri[temp].i<i)temp++;  //寻找插入的位置
          while (temp>=0&&temp<M->terms&&M->tri[temp].i==i&&M->tri[temp].j<j) temp++;
          for (k=M->terms;k>temp;k--){   //空出插入的位置
               M->tri[k].i=M->tri[k-1].i;
               M->tri[k].j=M->tri[k-1].j;
               M->tri[k].v=M->tri[k-1].v;
          };
          M->tri[k].i=i;
          M->tri[k].j=j;
          M->tri[k].v=v;
          M->terms++;
          scanf("%d %d %d",&i,&j,&v);
     }
     return TRUE;
}
```

转置是矩阵中常用的一种操作。下面实现采用三元组表表示的稀疏矩阵的转置算法。

矩阵转置即行、列互换，i 行的元素放置到 i 列，这也意味着，j 列的元素放置在 j 行。如果矩阵是 $n\times m$ 的，则转置后得到的矩阵是 $m\times n$ 的。

很容易想到，将三元组表中的每个三元组项的 i 与 j 互换，即可得到转置后矩阵的三元组表。但是，这样转换后得到的三元组表不再按行主序排列，不便于后续操作的实现。所以，要实现矩阵转置程序，必须先得到一个按行主序排列的三元组表。

可以像 readSparseMatrix 函数那样处理，读入原矩阵的一个三元组，插入到目标矩阵的三元组表中。在插入过程中，需要调整部分三元组在三元组表中的次序，也就是需要进行元素的移动。从顺序表实现的时间复杂度分析中知道，这样的移动会导致转置操作的效率很低。

可以使用一个临时计数数组，记录原矩阵的每个三元组在目标矩阵的三元组表中的插入位置，以辅助完成转置操作，由此避免了三元组的移动，可高效率地实现转置操作。

不失一般性，设原矩阵 $\boldsymbol{A}$ 的行数是 rows，列数是 cols，则转置后矩阵 $\boldsymbol{B}$ 的行数是 cols，列数是 rows。三元组的个数没有改变。

A 中处于 0 列的元素将是 ***B*** 中处于 0 行的元素。所以 ***B*** 的三元组表中最前面的元素是 ***A*** 中列值为 0 的元素。接下来是 ***A*** 中列值为 1 的元素，依此类推，最后是 ***A*** 中列值为 cols−1 的元素。使用临时数组 ColSize 来保存统计结果。例如，对于矩阵 ***S***，ColSize 的值如图 4-6 所示。

0	1	2	3	4	5
3	2	2	0	1	2

图 4-6　矩阵 ***S*** 的 ColSize 值

按照图 4-6 中的信息，在 ***B*** 的三元组表中，为各行元素预留位置，示意图如图 4-7 所示。

0　1　2	3　4	5　6	7	8　9
0行元素	1行元素	2行元素	4行元素	5行元素

图 4-7　在 ***B*** 的三元组表中各行元素的预留位置

例如，对于 ***A*** 的三元组(0,1,8)和(4,1,24)，转置后分别为(1,0,8)和(1,4,24)，它们应该保存在上述第二部分，即位置 3 和位置 4 中。为了快速地找到目标位置，再使用一个辅助数组 RowNext，记录各行当前非 0 元素的位置。例如，0 行元素，从位置 0 开始保存，这是起始位置；1 行元素从位置 0(0 行的起始位置)+3(0 行的个数)= 3 开始保存；2 行元素从位置 3(1 行的起始位置)+2(1 行的个数)= 5 开始保存。一般地，k 行元素从(k−1 行的起始位置)+(k−1 行的个数)开始保存。

故由 ColSize 数组中的元素值，从前向后依次相加，得到 RowNext 的值，如图 4-8 所示。

0	1	2	3	4	5	6
0	3	5	7	7	8	10

图 4-8　RowNext 的值

当某行的一个三元组处理完毕时，这一行的 RowNext 值加 1，指向下一个位置。

稀疏矩阵进行转置操作的算法实现如下。

```
void Transpose(SparseMatrix source,SparseMatrix *result)
{   int i,j,k=0;
    int ColSize[7],RowNext[7];
    result->cols=source.rows;
    result->rows=source.cols;
    result->terms=source.terms;
    for (i=0;i<7;i++)                       //初始化计数数组
        ColSize[i]=0;
    for (i=0;i<result->terms;i++)
        ColSize[source.tri[i].j]++;
    RowNext[0]=0;
    for (i=1;i<source.cols;i++)
        RowNext[i]=RowNext[i-1]+ColSize[i-1];
```

```
    for (i=0;i<source.terms;i++) {                    //以下执行转置操作
        j=RowNext[source.tri[i].j]++;
        result->tri[j].i=source.tri[i].j;
        result->tri[j].j=source.tri[i].i;
        result->tri[j].v=source.tri[i].v;
    }
}
```

三、数组的应用

多维数组，特别是二维数组，在计算机科学中有广泛的应用。下面以一个有趣的“迷宫”问题为例，介绍数组的应用。

“老鼠走迷宫”是实验心理学中的一个经典问题，也是一种智力游戏。在计算机模拟实现中，可以用一个较大的二维数组表示迷宫，其中元素 0 表示走得通，元素 1 表示走不通（受阻），行走路径只考虑水平和垂直方向上的 4 个方向（上、下、左、右）。图 4-9 是一个迷宫示意图。

$$\text{入口}\longrightarrow\begin{bmatrix}0&0&0&0&0&1&1&0&0&0&1&0&1&0&1\\1&1&1&0&1&1&0&0&1&0&0&0&0&0&0\\0&0&1&0&0&0&0&1&0&1&0&0&1&1&0\\1&1&0&0&1&1&0&1&0&0&0&1&1&0&0\\0&0&0&1&0&1&0&0&0&1&0&1&0&1&1\\0&0&0&1&1&0&1&0&1&0&0&0&0&0&1\\0&1&1&1&0&1&1&0&1&0&1&1&0&1&0\\0&0&0&0&0&1&1&0&0&0&0&1&0&1&0\\1&0&1&1&0&0&0&0&1&0&1&0&0&0&1\\0&0&0&1&0&1&1&0&1&0&0&1&1&0&1\\0&1&1&0&1&0&1&0&1&0&1&0&1&0&0\end{bmatrix}\longrightarrow\text{出口}$$

图 4-9　一个迷宫示意图

不失一般性，使用一个 m 行 n 列的矩阵 maze 表示迷宫，让机器人 R 寻找从 maze[0][0]（左上角，入口）到 maze[$m-1$][$n-1$]（右下角，迷宫的唯一出口）间的可行路径。任一时刻，R 在迷宫中的位置用行号、列号[i][j]来表示，这时它有 4 个方向可以进行试探，即从图上看是上、下、左、右。设下一位置是[g][h]，显然[g][h]的值与走的方向有关。例如，若从[i][j]向右走一步，则“g=i;h=j+1”；若向上走一步，则“g=i-1;h=j”。当 R 走到迷宫边缘时，可以试探的方向不足 4 个，需要进行边界的判断。为了避免过多的边界条件判断，可以把原来表示迷宫的矩阵 maze 扩大一圈，变成 $m+2$ 行、$n+2$ 列，并且令表示边缘的这些矩阵元素全为 1。

在编写计算机程序求解迷宫问题时，一般采用一步一探查并加回溯的方法。称 R 所在的位置为当前位置，当 R 走到一个位置时，除了进入当前位置的方向以外，可以在其他 3 个方向进行探查，选择可行且尚未走过的方向走一步，所处的新位置变为当前位置，并再次探查下一个可行位置；当 3 个方向都走不通时，只能沿来路退到前一个位置后再选择其他方向，这一步骤称为回溯。回溯后的位置又变为当前位置。在探查的过程中，因为有回溯，所以可能会走到原来已走过的位置，为避免重复并找出确定的可行路径，需要一个栈记录已走过的每一步的位置及方向，另外还需要设置一个与原来迷宫矩阵同样大小的标志矩阵 mark，以对走过的位置进行标记。mark 矩阵的初值全为 0，当 R 走到 maze[i][j]位置时，则置 mark[i][j]为 1。

R 走迷宫的步骤概括如下。

① 令 R 处在迷宫入口，此为当前位置。

② 在当前位置上，依右、下、左、上的顺序探查前进方向。

③ 向可以进入的方向前进，即目标位置的 maze 和 mark 值全为 0。在前进一步后，目标位置为当前位置，将 mark 矩阵的当前位置标记为 1，并将前一位置的位置值及进入当前位置的方向入栈。

④ 重复步骤②和③。

⑤ 若找不到前进通路，则从原路后退一步（退栈），改变探测方向，再重复步骤②、③，以寻找另一条新的通路。

⑥ 重复步骤②~⑤，直到走出迷宫或宣布迷宫无通路为止。

在用 C 语言实现具体算法之前，先推导走步时相邻两个位置之间行、列值的关系。若向右走，则行值不变，列值加 1；若向下走，则行值加 1，列值不变；若向左走，则行值不变，列值减 1；若向上走，则行值减 1，列值不变。将这 4 组值定义在 move 矩阵中，

$$\text{move}=\begin{bmatrix}0 & 1 & 0 & -1\\1 & 0 & -1 & 0\end{bmatrix}$$

move 是一个 2 行 4 列的矩阵，列号 0、1、2、3 分别对应着方向右、下、左、上，行号 0 和 1 分别对应着位置坐标 i 与 j。通过 move 矩阵，可以方便地确定新旧两个位置的坐标值，例如，当 R 由位置[i][j]向右走一步时，位置变化值由 move 的 0 列决定，0 行是 i 值的修正值，1 行是 j 值的修改值，即新位置[g][h]为：g=i+move[0][0]=i+0=i，h=j+ move[1][0]=j+1。当 R 由位置[i][j]向上走一步时，位置变化值由 move 的 3 列决定，即新位置[g][h]为：g=i+ move[0][3]=i-1，h=j+move[1][3]=j+0=j。

在探查过程中，将到达目前位置之前的所有走步信息都保存一个栈中。栈元素为一个含三个分量的结构，i 存储行值，j 存储列值，d 表示方向。栈的定义如下。

```
typedef struct{
    int i,j,d;
}mazestack;
mazestack stack[100];
```

当回溯时，出栈就能得到前一个位置。

R 走迷宫算法的实现如下。

```
int mazepath(int *pmaze, int m, int n)              //maze 是加围墙边的迷宫矩阵
{
    int i, *mark;                                    //标志矩阵，初始化为全 0，R 进入迷宫
    int move[2][4]={{0,1,0,-1},{1,0,-1,0}};//move：探查方向的行、列修正值
    MazeStack stack;
```

```
        ELEMType nextR, currR={1,1,0};                    //currR：当前位置，初始化为起点数据
        mark = (int *)malloc( m * n * sizeof(int) );
        for ( i=0; i<m * n; i++ )
            *(mark+i) = 0;                                //数组清零
        *(mark+n+1) = 1;      //初始位置，(1,1)对应的是在一维数组中的位置

        initStack( &stack );
        while (currR.i!=m-2 || currR.j!=n-2 ) {          //(m-2,n-2)为出口位置
            nextR.i = currR.i + move[0][currR.d];
            nextR.j = currR.j + move[1][currR.d];        //进一步试探，得到下一个位置
            nextR.d = 0;
            if ( *(pmaze+nextR.i * n+nextR.j)==0 && *(mark+nextR.i * n+nextR.j)==0 ){
                                                          //若为通路且没有走过
                *(mark+nextR.i * n+nextR.j) = 1;         //标记将进入的下一个位置
                push(&stack, currR);                      //当前位置入栈
                currR = nextR;                            //新位置切换为当前位置
            }
            else {                                        //若新位置无效
                if ( currR.d<3 ) currR.d++;               //换新方向后再试探
                else
                    if ( !isEmpty( &stack ) )             //回溯：后退一步后再试探
                        pop( &stack, &currR);
                    else return FALSE;                    //栈空，迷宫没有通路，返回 FALSE
            }
        }
        printf("通路由以下位置构成:\n");                   //走出迷宫
        currR.d = 4;
        push( &stack,currR);
        outStack( &stack );
        printf("\n");
        return TRUE;
    }
```

使用下列两个迷宫进行测试：

```
    int maze[][6]={{1,1,1,1,1,1}, {1,0,1,0,1,0}, {1,0,0,0,1,1}, {1,1,1,0,0,0},
                   {1,0,0,0,0,1}, {1,1,1,1,1,1}};
    int maze[][6]={{1,1,1,1,1,1}, {1,0,1,0,1,0}, {1,0,0,0,1,1}, {1,1,1,1,0,0},
                   {1,0,0,0,0,1}, {1,1,1,1,1,1}};
```

测试代码如下：

```
    int main(int argc, char **argv)
```

```
{
    int maze1[][6]={{1,1,1,1,1,1},{1,0,1,0,1,0},
                    {1,0,0,0,1,1}, {1,1,1,0,0,0},
                    {1,0,0,0,0,1}, {1,1,1,1,1,1}};      //6*6矩阵,四周为墙,有通路
    int maze2[][6]={{1,1,1,1,1,1}, {1,0,1,0,1,0},
                    {1,0,0,0,1,1}, {1,1,1,1,0,0},
                    {1,0,0,0,0,1}, {1,1,1,1,1,1}};      //6*6矩阵,四周为墙,无通路
    if (mazepath((int *)maze1,6,6))
        printf("此迷宫有通路!\n");          //迷宫有通路
    else
        printf("此迷宫没有通路!\n");        //迷宫无通路
    if (mazepath((int *)maze2,6,6))
        printf("此迷宫有通路!\n");          //迷宫有通路
    else
        printf("此迷宫没有通路!\n");        //迷宫无通路
    return 0;
}
```

第一个迷宫有通路，通路由以下位置构成：

```
(1,1)(2,1)(2,2)(2,3)(3,3)(3,4)(4,4)
```

第二个迷宫没有通路。

四、广义表

广义表是线性表的推广，也称为列表。它是由 n（$n \geqslant 0$）个表元素组成的有限序列，记为：

$$LS=(a_0,a_1,\cdots,a_{n-1})$$

其中，LS 是广义表的名称，n 是表的长度。当 $n=0$ 时，称为空表。在线性表的定义中，a_i（$0 \leqslant i \leqslant n-1$）的类型必须是一致的，而在广义表的定义中，$a_i$（$0 \leqslant i \leqslant n-1$）的类型可以不完全一致，既可以是单个元素（称为原子），又可以是广义表（称为子表）。原子不可再分。习惯上，用大写字母表示广义表的名称，用小写字母表示原子。当广义表 LS 非空时，第一个元素 a_0称为 LS 的表头（Head），其余元素组成的表$(a_1,a_2,\cdots,a_{n-1})$称为 LS 的表尾（Tail）。广义表中括号的最大嵌套层数定义为表的深度。

有两种简单情况可以直接求解表的深度。空表的深度为 1，原子的深度为 0。其他情况，可以递归求解。广义表的深度=max｛各子表的深度｝+1。

【例 4-5】 广义表示例。

A=()：A 是空表，长度为 0，深度为 1。

B=(())：B 的长度为 1，深度为 2。

C=(6,2)：C 的长度为 2，深度为 1，两个元素都是原子。

D=('a',(5,3,'x'))：D 的长度为 2，深度为 2，含一个原子及一个子表。

E=(C,D,A)：E 的长度为 3，深度为 3，含三个子表。

F=(C)：F 的长度为 1，深度为 2，含一个子表。

G=(4,G)：G 的长度为 2，深度为∞，递归表。

E、F 和 G 中都含有由大写字母表示的子表。对于表 E，它所含的三个元素又分别是广义表，其中表 D 的深度最大，为 2，所以 E 的深度为 3。广义表 G 中又包含了表 G，这是一个递归表，展开后 G=(4,(4,(4,(…))))，故其深度为∞。

【例 4-6】 广义表操作示例。

对于例 4-5 中给出的各非空广义表，求各表的表头和表尾，结果如下。

```
Head(B)=(), Tail(B)=()
Head(C)=6, Tail(C)=(2)
Head(D)='a', Tail(D)=((5,3,'x'))
Head(E)=C, Tail(E)=(D,A)
Head(F)=C, Tail(F)=()
Head(G)=4, Tail(G)=(G)
```

空表没有定义表头和表尾，所以不能求表 A 的表头和表尾。表 E 的表头是表 C。

【例 4-7】 已知广义表 L=((e,n,g),c,(h,s,t))，下列操作中，得到的结果是 h 的是（　）。

A. head(tail(tail(L)))　　　　B. tail(head(head(tail(L))))

C. head(tail(head(tail(L))))　　　　D. head(head(tail(tail(L))))

答案为 D。

对于选项 A，tail(L)=(c,(h,s,t))，tail(tail(L))=((h,s,t))，head(tail(tail(L)))=(h,s,t)。

对于选项 B 和 C，tail(L)=(c,(h,s,t))，head(tail(L))=c，这是原子，不能再求 head(head(tail(L)))和 tail(head(tail(L)))。

对于选项 D，tail(L)=(c,(h,s,t))，tail(tail(L))=((h,s,t))，head(tail(tail(L)))=(h,s,t)，head(tail((c,(h,s,t))))=h。

第二节　串

一、串的基本概念

串（String）也称为字符串，是由零个或多个字符组成的有限序列，记为 s="$a_0a_1\cdots a_{n-1}$"($n\geqslant0$)，其中，s 是串名，使用双引号括起来的字符序列是串的值。串中的每个符号 a_i（$0\leqslant i\leqslant n-1$）可以是字母、数字或其他字符，其在串中的次序定义为该符号的位置，位置从 0 开始。串中字符个数 n 称为串的长度。$n=0$ 时称为空串。注意" "和""分别表示长度为 1 的空白串与长度为 0 的空串，这两者是不一样的。

串 s 中任意个连续字符组成的子序列称为串 s 的子串，相应地，s 称为主串。子串在主串中首次出现时，子串首字符对应于主串的符号位置，定义为子串在主串中的位置。例如，设有串 s1="This is a string"，s2="is"，s1 是主串，s2 是 s1 的子串。s2 在 s1 中出现了两次，首次出现时，字符'i'所对应的主串的位置是 2，故 s2 在 s1 中的位置为 2。特别地，空串是任意串的子串，任意串是其自身的子串。

C 语言中没有字符串类型，而是提供了字符数组，将字符串作为字符数组来处理。当使用字符数组表示一个字符串时，C 语言规定使用一个字符串结束标志'\0'表示串的结尾。同时，C 语言还提供了许多字符串操作。例如，可以定义字符串 s1 和 s2，并展示其内容和长度，语句如下。

```
char *s1="12345";
char s2[ ]={'c',' ','p','r','o','g','r','a','m','\0'};
printf("s1 的内容是：%s\t\ts1 的长度=   %d\n",s1, strlen(s1));
printf("s2 的内容是：%s\t\ts2 的长度=   %d\n",s2, strlen(s2));
```

在上述代码中，给 s1 赋值时使用的是字符串常量，系统自动添加结束符'\0'，s1 的长度是 5。字符串的长度是其中实际含有的字符个数，但不包括结束符'\0'。而 s2 是一个字符数组，赋值时必须在数组内显式添加结束符'\0'，s2 的长度是 9，包含的内容是"c program"。s1 和 s2 占用的空间除了字符本身所占用的空间以外，还需要加上结束符占用的空间。所以 s1 和 s2 占用的空间分别是 6 与 10 字节。

二、串的模式匹配

在主串中寻找子串（第一个字符）在主串中的位置，称为串的模式匹配。此时，子串又称为模式，主串又称为目标。例如，目标 T="Beijing"，模式 P="jin"，匹配结果为 3。

1. 朴素的模式匹配算法（BF 算法）

最简单的模式匹配算法是朴素的模式匹配算法。分别从主串与模式串各自的首字符（看作当前位置）开始，依次比较两个串的当前字符。如果相等，则两个串各自的当前位置均后移一个位置，继续比较下一对字符；如果不等，则模式串整体后移一个位置，模式串的首字符和主串的第二个字符分别是当前位置，依次比较两个串的当前字符。继续这个过程，当主串与模式串失配时，模式串整体后移一个位置，从模式串的首字符和主串的第三个字符、第四个字符等开始，依次比较两个串的当前字符。直到模式串与主串的某个子串完全匹配，或到达了主串的最后位置，仍未找到与模式串完全匹配的子串时为止，前者表示匹配成功，后者意味着匹配失败。

【例 4-8】设主串 T="aaaaab"，模式串 P="aab"，采用 BF 算法的匹配过程如图 4-10 所示。

主串	a	a	a	a	a	b	
模式串	a	a	b				第一趟
		a	a	b			第二趟
			a	a	b		第三趟
				a	a	b	第四趟

图 4-10　采用 BF 算法的匹配过程

第一趟比较时，模式串前两个字符分别与主串的前两个字符匹配成功，但第三对字符失配。带下画线的字符表示每趟匹配时失配的位置。失配后，模式串整体后移一个位置，再次从它的首字符开始与主串相对应的字符进行比较。这个过程一直进行到第四趟，匹配成功。在每趟匹配中，主串与模式串的字符之间的比较次数均有三次，共四趟，所以共进行了 12 次比较。

朴素的模式匹配算法简单，但时间效率不高。设主串长度为 n，模式串长度为 m。如果每次都是比较到模式串最后一个字符时才出现失配，且主串的最后 m 个字符与模式串匹配成功（与例 4-8 中的情形类似），就出现了最坏情况。此时，每一趟都进行了 m 次比较，共比较了 $n-m+1$ 趟，故总比较次数将达到$(n-m+1)\times m$。在多数场合下，m 远小于 n，因此，算法的最坏情况时间复杂度为 $O(n\times m)$。

2. 改进的模式匹配算法（KMP 算法）

有多个模式匹配算法改进了 BF 算法，下面介绍经典的 KMP 算法。

在 BF 算法中，当失配时，模式串整体后移一个位置并继续从模式串首字符开始进行比较。在多数情况下，主串和模式串的当前位置都要回退，意味着主串和模式串中的字符都要进行多次比较，故算法的效率不高。实际上，当模式串整体向右移动一位后，失配位置之前的各对字符都已经比较过了，也就是已经知道这几个位置上主串和模式串的字符是匹配的。因此，可以借助前一趟比较的结果，决定本趟匹配时模式串后移的位数，从而提高匹配的效率。这种处理思想是由 D. E. Knuth、J. H. Morris 和 V. R. Pratt 同时提出的，相应的算法称为 KMP 算法。

设主串 T="$b_0b_1b_2\cdots b_{m-1}\cdots b_{n-1}$"，模式串 P="$p_0p_1p_2\cdots p_{m-1}$"，进行第一趟匹配时，T 与 P 的对应字符进行比较，过程如下：

$$\text{主串 T}\quad b_0\ b_1\ b_2\cdots b_{m-1}\cdots b_{n-1}$$
$$\text{模式串 P}\quad p_0\ p_1\ p_2\cdots p_{m-1}$$

在匹配过程中，若某一趟比较时出现失配，模式串 P 需要整体右移，那么 P 右移的位数应该是多少呢？

不失一般性，假设模式串 P 的首字符 p_0对应于主串的字符 b_s，且前 j（$j\geqslant 0$）对字符都匹配成功，第 $j+1$ 对字符匹配不成功，如图 4-11 所示。

主串T	b_0	b_1	$\cdots$	b_{s-1}	b_s	b_{s+1}	b_{s+2}	$\cdots$	b_{s+j-1}	b_{s+j}	b_{s+j+1}	$\cdots$ b_{n-1}
					=	=	=	$\cdots$	=	$\neq$		
模式串P					p_0	p_1	p_2	$\cdots$	p_{j-1}	p_j		

图 4-11　模式串 p_j 与目标串 b_{s+j}出现失配

图 4-11 所示的情形表示，直到比较 b_{s+j} 与 p_j 才失配，则有 $b_sb_{s+1}b_{s+2}\cdots b_{s+j-1}=p_0p_1p_2\cdots p_{j-1}$。

如果下一趟比较时模式串 P 与主串 T 匹配，也就是 P 与主串中从 b_{s+1}开始的子串匹配，则必须满足 $p_0p_1p_2\cdots p_{j-1}\cdots p_{m-1}=b_{s+1}b_{s+2}b_{s+3}\cdots b_{s+j}\cdots b_{s+m}$。若知道 $p_0p_1\cdots p_{j-2}\neq p_1p_2\cdots p_{j-1}$，则立刻可以断定 $p_0p_1\cdots p_{j-2}\neq b_{s+1}b_{s+2}\cdots b_{s+j-1}$，即下一趟必不匹配，如图 4-12 所示。

同样地，若 $p_0p_1\cdots p_{j-3}\neq p_2p_3\cdots p_{j-1}$，则再下一趟也不匹配，因为有 $p_0p_1\cdots p_{j-3}\neq b_{s+2}b_{s+3}\cdots b_{s+j-1}$。如果找到一个 k 值，满足 $p_0p_1\cdots p_{k+1}\neq p_{j-k-2}p_{j-k-1}\cdots p_{j-1}$，但 $p_0p_1\cdots p_k=p_{j-k-1}p_{j-k}\cdots$

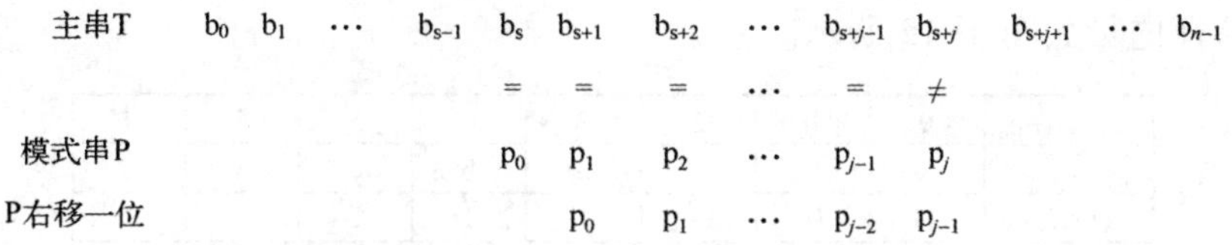

图 4-12　由模式串中子串的不相等推断目标串与模式串的失配

p_{j-1}，则有 $p_0p_1\cdots p_k=b_{s+j-k-1}b_{s+j-k}\cdots b_{s+j-1}$，那么，下一趟可以直接用 p_{k+1} 与 b_{s+j} 进行比较。

如何确定 k 值呢？对于不同的失配位置 j，k 的取值是不同的，它仅依赖于模式串 P 本身前 j 个字符的构成，而与主串无关。

不失一般性，当模式串 P 中位置 j（$j\geqslant 0$）的字符与主串 T 中相应字符失配时，使用模式串 P 中位置 $k+1$ 的字符与主串中刚失配的字符重新进行比较。使用一个特征向量 next 来确定这个 k 值。

设模式串 $P=p_0p_1\cdots p_{m-2}p_{m-1}$，特征向量 next 的定义如下：

$$\text{next}(j)=\begin{cases}-1 & j=0\\ k+1 & 0\leqslant k<j-1 \text{ 且使得 } p_0p_1\cdots p_k=p_{j-k-1}p_{j-k}\cdots p_{j-1} \text{ 的最大整数}\\ 0 & \text{其他情况}\end{cases}$$

从特征向量 next 的定义可知，next(0) = −1，next(1) = 0。对于 $j\geqslant 2$，要去查看模式串前 j 个字符组成的子串 $p_0p_1\cdots p_{j-2}p_{j-1}$ 的前缀和后缀，找到相等的两个，next 值是相等的前缀和后缀的长度，如图 4-13 所示。

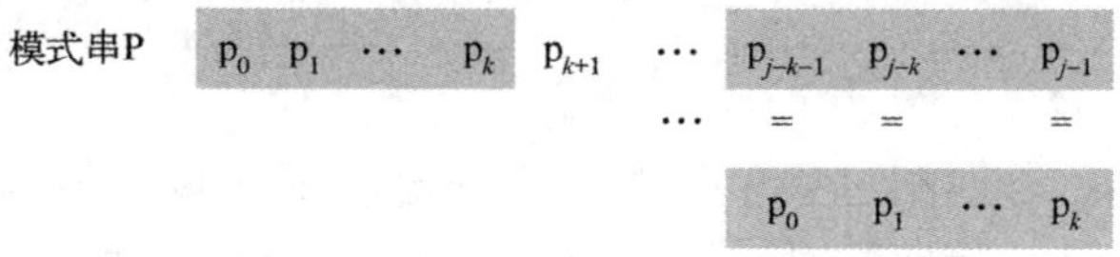

图 4-13　寻找模式串中相等的前缀和后缀（情形一）

$p_0p_1\cdots p_{j-2}p_{j-1}$ 的前缀和后缀也可能有重叠，如图 4-14 所示。

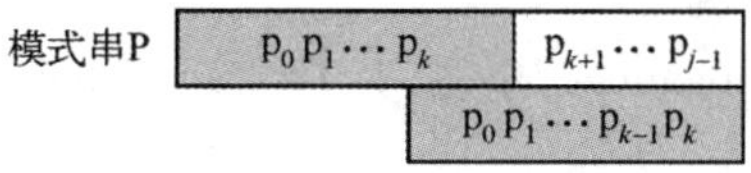

图 4-14　寻找模式串中相等的前缀和后缀（情形二）

【例 4-9】 设模式串 P = "abaabcac"，求它的特征向量。

next(0) = −1，next(1) = 0。

在 $j=2$ 时，p_0p_1 = "ab"，next(2) = 0。

在 $j=3$ 时，$p_0p_1p_2$ = "aba"，$p_0=p_2$，$k=0$，next(3) = 1。

在 $j=4$ 时，$p_0p_1p_2p_3$ = "abaa"，$p_0=p_3$，$k=0$，next(4) = 1。

在 $j=5$ 时，$p_0p_1p_2p_3p_4$ = "abaab"，$p_0p_1=p_3p_4$，$k=1$，next(5) = 2。

在 $j=6$ 时，$p_0p_1p_2p_3p_4p_5$ = "abaabc"，没有相等的子串，next(6) = 0。

在 $j=7$ 时，$p_0p_1p_2p_3p_4p_5p_6$ = "abaabca"，$p_0=p_6$，$k=0$，next(7) = 1。

得到的特征向量如图 4-15 所示。

j	0	1	2	3	4	5	6	7
P	a	b	a	a	b	c	a	c
next(j)	-1	0	0	1	1	2	0	1

图 4-15　得到的特征向量

计算特征向量时采用递推方式，j 依次取 $0,1,2,\cdots,m-1$，计算 n_j。

① 当 $j=0$ 时，$n_0=-1$。设当 $j>0$ 时，$n_{j-1}=k$。

② 当 $k=-1$ 或 $j>0$ 且 $p_{j-1}=p_k$ 时，$n_j=k+1$。

③ 循环判定，当 $p_{j-1}\neq p_k$ 且 $k\neq-1$ 时，$k=n_k$，直到条件不满足为止。

④ 当 $p_{j-1}\neq p_k$ 且 $k=-1$ 时，$n_j=0$。

计算特征向量 next 值的算法实现如下。

```
void getnext(char *p,int next[]){
    int j=0,k=-1,i;
    next[0]=-1;
    while (j<strlen(p)){
        while (k>=0&&p[j]!=p[k])k=next[k];
        j++;
        k++;
        next[j]=k;
    }
}
```

在得到特征向量后，若匹配过程中失配，则根据特征向量的值确定模式串 P 右移的位置。具体来说，在进行某一趟匹配时，设在模式串 P 的位置 j 失配，若 $j>0$，那么在下一趟比较时模式串 P 的起始比较位置是 $p_{next(j)}$，主串 T 的指针不回溯，也就是让 $p_{next(j)}$ 与主串失配位置的字符相比较；若 $j=0$，则主串指针 T 右移一位，模式串 P 的指针回到首位置，即指向 p_0，继续进行下一趟匹配比较。

【例 4-10】 设模式串 P="abaabcac"，主串 T="abaaababaabcac"。采用 KMP 算法的匹配过程如图 4-16 所示。

例 4-9 中已经得到了模式串的特征向量。每一趟失配位置使用下画线表示。

主串	a	b	a	a	a	b	a	b	a	a	b	c	a	c		j	next(j)
模式串	a	b	a	a	b	c	a	c							第一趟	4	1
				a	b	a	a	b	c	a	c				第二趟	1	0
					a	b	a	a	b	c	a	c			第三趟	3	1
							a	b	a	a	b	c	a	c	第四趟		

图 4-16　采用 KMP 算法的匹配过程

在第一趟失配时，失配位置值是 4，next(4)= 1，即将模式串的位置 1 对齐主串中的当前位置。在此位置，主串中是字符 a，模式串中是字符 b，仍失配，失配位置值是 1，next(1)= 0，即将模式串的位置 0 对齐主串中的当前位置。当前位置的字符匹配，其后两个位置的字符也匹配。再次失配时的位置是 3，此位置的主串中是字符 b，模式串中是字符 a。next(3)=1，即让模式串的位置 1 对齐主串中的当前位置。

在匹配过程中，模式串右移 3 次，且右移时可以移多位。主串的匹配位置始终不回退。若每趟第一对字符不匹配，则共比较 $n-m+1$ 趟，总比较次数最坏达到 $(n-m)+m=n$。若每趟第 m 对字符不匹配，则总比较次数最坏亦达到 n。

分析图 4-16 所示的匹配过程。在第一趟失配时，模式串中位置 4 的字符 b 与主串中位置 4 的字符 a 不匹配，根据 next 值，模式串中位置 1 的字符对应到主串的当前位置，并进行比较。实际上，模式串位置 1 的字符仍是 b，所以还是失配的。再次根据 next 值，继续右移模式串。

可以改进 next 值的计算，当模式串中失配位置的字符与要移到的目标位置的字符相等时，使用目标位置的 next 值来替代。由此，省略中间这一步的右移。

【例 4-11】设模式串 P="abaabcac"，求它的改进特征向量。

next(0)=-1，next(1)=0。

当 $j=2$ 时，p_0p_1="ab"，next(2)=0，$p_2==p_0$，修正 next(2)=next(0)=-1。

当 $j=3$ 时，$p_0p_1p_2$="aba"，$p_0=p_2$，$k=0$，next(3)=1。

当 $j=4$ 时，$p_0p_1p_2p_3$="abaa"，$p_0=p_3$，$k=0$，next(4)=1，$p_4==p_1$，修正 next(4)=next(1)=0。

当 $j=5$ 时，$p_0p_1p_2p_3p_4$="abaab"，$p_0p_1=p_3p_4$，$k=1$，next(5)=2。

当 $j=6$ 时，$p_0p_1p_2p_3p_4p_5$="abaabc"，没有相等的子串，next(6)=0，$p_6==p_0$，修正 next(6)=next(0)=-1。

当 $j=7$ 时，$p_0p_1p_2p_3p_4p_5p_6$="abaabca"，$p_0=p_6$，$k=0$，next(7)=1。

得到的改进特征向量如图 4-17 所示。

j	0	1	2	3	4	5	6	7
P	a	b	a	a	b	c	a	c
next(j)	-1	0	-1	1	0	2	-1	1

图 4-17　得到的改进特征向量

【例 4-12】设模式串 P="abaabcac"，主串 T="abaaababaabcac"。采用 KMP 算法，基于改进的特征向量，匹配过程如图 4-18 所示。

主串	a	b	a	a	a	b	a	b	a	a	b	c	a	c		j	next(j)
模式串	a	b	a	a	<u>b</u>	c	a	c							第一趟	4	0
					a	b	a	<u>a</u>	b	c	a	c			第二趟	3	1
							a	b	a	a	b	c	a	c	第三趟		

图 4-18　匹配过程

例 4-11 中已经得到了模式串改进的特征向量。每一趟失配位置使用下画线表示。

可以看出，在使用改进的特征向量进行匹配时，可以减少一趟匹配。

计算改进的特征向量 next 值的算法实现如下。

```
void getnext(char *p,int next[]){
    int j=0,k=-1,i;
    next[0]=-1;
    while (j<strlen(p)){
        while (k>=0 && p[j]!=p[k])k=next[k];
        j++;
        k++;
        if (p[j]==p[k]) next[j]=next[k];
        else next[j]=k;
    }
}
```

内容小结

本章介绍了数组行主序、列主序的存储方式及其相应方式下的地址计算方法，还介绍了特殊矩阵的压缩存储。

本章介绍了广义表的基本概念及基本操作。

本章介绍了串的基本概念及基本操作，还介绍了模式匹配的概念及相关算法。

习　　题

一、单项选择题

1. 假定一个二维数组的定义语句为“int a[3][4]={{3,4},{2,8,6}};”，则元素 a[1][2] 的值为________。

A. 8　　B. 6　　C. 4　　D. 2

2. 在 C 语言中，设有数组定义“char array[ ]="Apple";”，则数组 array 所占用的空间为________。

A. 4 字节　　B. 5 字节　　C. 6 字节　　D. 7 字节

3. 关于主对角线（从左上角到右下角）对称的矩阵为对称矩阵；如果一个矩阵中的各个元素取值为 0 或 1，那么该矩阵可称为 0-1 矩阵。大小为 $n \times n$ 的 0-1 对称矩阵的个数是________。

A. power$(2,n)$　　B. power$(2,n\times n/2)$

C. power$(2,(n\times n+n)/2)$　　D. power$(2,(n\times n-n)/2)$

4. 有一个二维数组 $A[10][5]$，每个数据元素占 1 字节，按行主序保存，且 $A[0][0]$ 的存储地址是 1000，则 $A[i][j]$ 的存储地址是________。

A. $1000+10i+j$　　B. $1000+i+j$　　C. $1000+5i+j$　　D. $1000+10i+5j$

5. 数组通常具有的两种基本操作是________。

A. 查找和修改　　B. 查找和索引　　C. 索引和修改　　D. 建立和删除

6. 将一个 $\boldsymbol{A}[100][100]$ 的三角矩阵以行主序存入一维数组 $B[1][298]$ 中，元素 $a_{66,65}$ 在

数组 B 中的位置 k 等于________。

A. 195　　B. 196　　C. 197　　D. 198

7. 若采用三元组表保存 $m\times n$ 的、有 t 个非 0 元素的稀疏矩阵 $\boldsymbol{A}$，则对矩阵 $\boldsymbol{A}$ 求转置的快速算法最好能够达到的时间复杂度是________。

A. $O(n)$　　B. $O(n+t)$　　C. $O(m\times n)$　　D. $O(m\times n\times t)$

8. 下列选项中，适合采用三元组表存储的是________。

A. 单向链表　　B. 双向链表　　C. 循环队列　　D. 稀疏矩阵

9. 若稀疏矩阵采用三元组表进行存储，那么，除保存非 0 元素的信息以外，还需要保存的是________。

A. 矩阵的行数、列数　　B. 矩阵的非 0 元素数

C. 矩阵的行数和非 0 元素数　　D. 矩阵的行数、列数和非 0 元素数

10. 下列关于非空广义表的叙述中，错误的是________。

A. 广义表的表头一定不为空表　　B. 广义表是一个多层次的线性结构

C. 广义表的表尾总是一个广义表　　D. 广义表中的数据元素有相对次序

11. 下列关于广义表 L 的叙述中，正确的是________。

A. Tail(L)可以为空表　　B. 广义表不能是递归表

C. 广义表 L=()的长度为 1　　D. Head(L)的深度一定为 0

12. 下列关于广义表的基本概念中，错误的是________。

A. 广义表中可包含原子和子表　　B. 空的广义表( )的长度为 0

C. 广义表的表头为一个子表　　D. 可以用广义表表示二叉树

13. 已知广义表 LS=(((a)),((b,(c)),(d,(e,f))),())，LS 的长度是________。

A. 2　　B. 3　　C. 4　　D. 5

14. 已知广义表 LS=(((a)),((b,(c)),(d,(e,f))),())，LS 的深度是________。

A. 2　　B. 3　　C. 4　　D. 5

15. 已知广义表 LS=(((a)),((b,(c)),(d,(e,f))),())，Head(LS)的值是________。

A. ( )　　B. a　　C. (a)　　D. ((a))

16. 已知广义表 LS=(((a)),((b,(c)),(d,(e,f))),())，Tail(LS)的值是________。

A. ( )　　B. (((b,(c)),(d,(e,f))),())

C. ((b,(c)),(d,(e,f)))　　D. (( ))

二、填空题

1. 采用静态方式压缩保存稀疏矩阵的方法是________。

2. 设有一维整型数组 data，计算数组 data 元素数量的表达式是________。

3. 若 $n\times n$ 矩阵 $\boldsymbol{M}$ 是一个对称矩阵，M_{ij}表示 i 行 j 列的元素，则对所有的 i 和 j，M_{ij}和 M_{ji}满足________。

4. 现有广义表 L=((a,b),(()),(a,(b)))，L 中的元素个数是________。

5. 已知广义表 L=(a,(b,(c,d),e))，Head(Tail(L))的结果是________。

6. 已知广义表 L=(a,(b,(c,d),e))，Head(Head(Tail(L)))的结果是________。

7. 在广义表中，取表头元素应采用的基本操作是________。

三、解答题

1. 设有数组 score[u_1][u_2][u_3]，采用列主序方式保存，写出映射函数。

2. 三角矩阵 $\boldsymbol{A}[i][j]$（$0 \leqslant i, j \leqslant n-1$）如下。

$$\boldsymbol{A}=\begin{bmatrix} a_{00} & a_{01} & & & & \\ a_{10} & a_{11} & a_{12} & & & \\ & a_{21} & a_{22} & a_{23} & & \\ & & & & \cdots & a_{n-2,n-1} \\ & & & & a_{n-1,n-2} & a_{n-1,n-1} \end{bmatrix}$$

采用行主序方式仅保存主对角线及两个副对角线中的元素。设元素 $A[i][j]$（$0 \leqslant i, j \leqslant n-1$）保存在 $B[k]$（$0 \leqslant k \leqslant n(n+1)/2-1$）中。给出地址映射函数。

3. 设有 $n \times n$ 对称矩阵 $\boldsymbol{A}$，$a_{ij}=a_{ji}$，如下所示。为了节约存储空间，只保存对角线及对角线以上的元素。将上三角部分中的元素按列主序存放到一个一维数组 B 中。请问：

（1）存放对称矩阵 $\boldsymbol{A}$ 上三角部分的一维数组 B 至少需要有多少个元素？

（2）若在一维数组 B 中从下标为 0 的位置开始存放，则矩阵 $\boldsymbol{A}$ 中的任一元素 a_{ij} 在只保存上三角部分的情形下，应保存于一维数组的哪个下标位置 k？给出 k 的计算公式。

$$\boldsymbol{A}=\begin{bmatrix} a_{00} & a_{01} & \cdots & a_{0,n-1} \\ a_{10} & a_{11} & \cdots & a_{1,n-1} \\ \vdots & \vdots & \ddots & \vdots \\ a_{n-1,0} & a_{n-1,1} & \cdots & a_{n-1,n-1} \end{bmatrix}$$

4. 给出四维数组按行主序存储的地址映射函数。

5. 在“老鼠走迷宫”的计算机模拟实现中，规定了行走时只考虑水平和垂直方向上的 4 个方向（上、下、左、右）。如果行走方向变为 8 个，即除了水平和垂直方向以外，还可以沿斜线行走。具体来说，行走方向有正北、东北、正东、东南、正南、西南、正西、西北。如何定义表示方向的 move 矩阵？

6. 构造一个广义表，要求其表头和表尾相等。

7. 给定模式串 = "abcaabcacb"，计算其特征向量。

8. 给定主串"abcaabaab"及模式串"abaab"，采用 KMP 算法进行模式匹配，计算字符之间的总比较次数。

四、算法设计题

实现算法，对给定的模式串，计算 KMP 算法中特征向量的 next 值。

第五章　树与二叉树

学习目标：

1. 理解树及二叉树的基本概念，掌握二叉树的基本性质。
2. 掌握树及二叉树的存储方式。
3. 能够实现树及二叉树的基本操作与遍历算法。
4. 掌握堆的基本概念及基本操作的实现，理解优先队列的基本概念。
5. 理解递归的概念，能够实现基于二叉树的递归程序。
6. 掌握树、森林与二叉树之间的相互转换。
7. 掌握哈夫曼树及哈夫曼编码的概念，能够构造哈夫曼树并设计哈夫曼编码。

建议学时：10 学时。

教师导读：

1. 树与二叉树是非常重要的概念，要让考生掌握二叉树的概念及性质，掌握二叉树的顺序存储方式和链式存储方式，实现二叉树的基本操作。

2. 要让考生理解层次结构的特点，领会层次结构与线性结构的不同之处，进而了解二叉树遍历的过程。

3. 从二叉树遍历算法的递归实现入手，让考生掌握递归程序的编写方法，针对二叉树的不同问题，能够借鉴遍历的思想实现问题求解。

4. 理解二叉树非递归遍历算法的实现过程，了解栈在其中的作用。

5. 让学生从顺序存储及完全二叉树树形的不同角度，理解堆的概念及堆中部分元素的有序性，掌握堆基本操作的实现过程。

6. 要让考生了解森林与二叉树之间的对应关系，了解起到重要作用的是二叉链表结构。

7. 在学习完本章后，应要求考生完成实习题目 4。

在介绍了线性结构之后，从本章开始，转入对非线性结构的讨论。非线性结构包括树及图两大类。树结构是计算机科学技术中最重要的数据结构之一，它的特点是层次分明，在排序、信息检索和各种系统软件中都有着非常广泛的应用。

本章介绍树的概念及实现，以及与树相关的术语，包括一般意义下的树和应用非常广泛的二叉树，还会介绍堆和优先队列，并详细讨论它们的定义、基本操作、存储方式及实现方法，以及一些重要的应用实例。

第一节　树的基本概念

因为树是一种层次结构，所以它是一种非线性结构，在实际应用中具有广泛的用途。

日常生活中，经常会遇到具有层次关系的示例。例如，一所大学由若干个学院组成，每个学院又分为若干个系，每个系会有数目不等的专业。学校、学院、系及专业就可以被看成一个 4 级层次关系。又如，本书共分 8 章，每章含有数目不等的节，节下面再细分为小节。这个目录结构也可以被看成一个 3 级层次关系。类似的还有文件系统，根目录下包含一些子目录和文件，子目录下再包含子目录和文件，依此类推，这也是一个典型的层次关系。人类社会的家族成员关系也可以被看成层次关系。可以简化家族成员关系，见例 5-1。

【例 5-1】杨氏家族中杨姓家庭成员共有 9 名。老杨有 3 个儿子，分别是杨树、杨森和杨林。杨树的儿子叫杨小树；杨森有一儿一女，分别是杨小松和杨小桃；杨林有两个儿子，分别是杨小中和杨小华。这个家族中部分成员的辈分关系可以用图 5-1 表示。

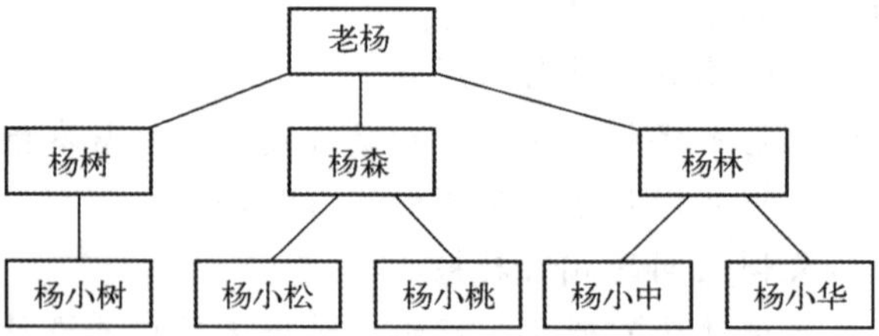

图 5-1　描述杨氏家族部分成员辈分关系的示意图

图 5-1 看起来很像一棵倒置的树，根在最上面，树叶在下面，所以这种层次结构称为树结构，简称为树。

定义 5-1　一棵树（tree）T 是由一个或一个以上的结点组成的有限集，其中有一个特定的结点 R 称为树 T 的根结点。在集合中，除根结点 R 以外，其余的结点可划分为 k（$k\geqslant 0$）个不相交的子集 $T_1,T_2,\cdots,T_k$，其中每个子集都是树，并且其相应的根结点 $R_1,R_2,\cdots,R_k$ 是 R 的子结点，R 称为 R_i（$1\leqslant i\leqslant k$）的父结点，不同的 R_i（$1\leqslant i\leqslant k$）之间互称为兄弟结点。子集 T_i（$1\leqslant i\leqslant k$）称为根 R 的子树（subtree）。

子结点也称为孩子结点或子女结点，父结点也称为双亲结点。

树的定义中规定了树的结点集合至少包含一个结点。只含有一个结点的树是只有根结点的树，也就是单结点树。对于多结点的树，必须有且仅有一个结点是根。结点之间通过边来连接，边也称为分支。包含 n 个结点的树有且仅有 $n-1$ 条边，这是树的重要特性。根结点的各棵子树之间不会有重叠。

定义 5-1 给出的树的定义是递归形式的。如果树是多结点集，则除一个根结点以外，其余的结点还可以划分为 k 个不相交的子集，这些子集中所包含结点的个数是不限的（当然，至少要有一个结点），这些子集仍然要符合树的定义。如此继续下去，子集中元素的个数越来越少，直到某个子集只含有一个元素时，就不能再划分了。例如，在例 5-1 中，杨氏家族中杨姓成员共有 9 名，除老杨作为根结点以外，其余 8 位成员分为 3 组，第一组有两位成员，第二组和第三组各有 3 位成员。第一组构成以杨树为根的一棵树，它是老杨的一棵子树。在这棵子树中，除根结点杨树以外，还有一个成员杨小树，他本身也构成一棵树，这是单结点的树。类似地，第二组成员构成以杨森为根的一棵子树，杨森又有两棵子树，它们都是单结点树。第三组与第二组的结构完全一样，只是结点的名字不同。可以看出，在一棵树中，去掉根结点后的其余结点组成几个不相交的集合，它们分别构成根结点的几棵子树。还可以看出，图 5-1 所示树共有 8 条边。

树是一种层次结构，图 5-1 所用的图示法是表示树时常用的一种方法，也是一种很直观、形象的方法。这种表示法很像自然界中的一棵树，只是根在最上面，从上向下分支。在图示法中，使用矩形框、圆等表示树中的结点，使用线段来表示结点之间的边。

例如，图 5-2 表示一棵含有 A,B,C,D,E,F,G,H,I,J 共 10 个结点的树 T。其中 A 为根结点，{B,E,F}、{C,G}和{D,H,I,J}构成根结点 A 的三棵子树，B、C 和 D 分别是这三棵子树的根。

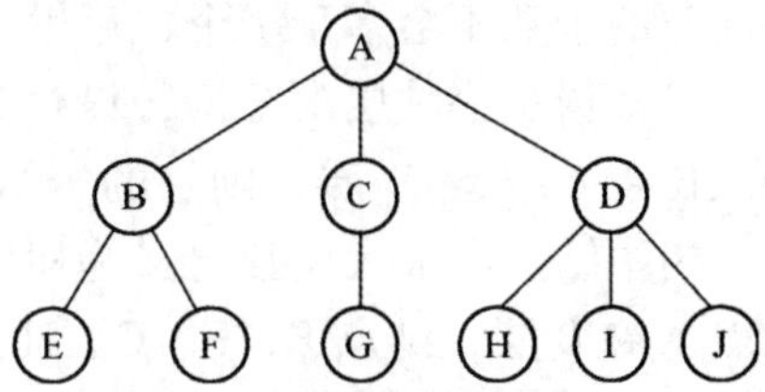

图 5-2　树 T 的图形表示

还可以使用广义表来表示树，这个方法也称为集合表示法，它更接近于树的定义。使用一对括号把树的各个成分括起来，最前面是树的根结点，后面依次是根的各棵子树，中间以逗号分隔，遇到配对的右括号时表示此棵子树结束。使用集合表示法表示树的一般形式如下：

(根结点,(子树 1),(子树 2),…,(子树 n))

图 5-2 所示的树 T 可以表示为：(A,(B,(E),(F)),(C,(G)),(D,(H),(I),(J)))，最外层括号表示这是一棵树，A 是根结点。后面的 3 对二级括号表示根有 3 棵子树。以子树(B,(E),(F))为例，B 是这棵子树的根结点，后面的两对括号是 B 的两棵子树，它们都是单结点的树，依此类推。由于树与子树是嵌套的关系，因此表示形式中的括号之间也是嵌套的。实际上，括号是平衡的。

在资源管理器内使用缩进形式表示文件目录是操作系统的常规做法。目录也是一种树结构，在不便于画图的资源管理器内，这种缩进形式很好地反映了目录的层次关系。这种方法也适用于将树结构按行显示在屏幕上或打印在纸上。

树中每个结点拥有的子树的个数称为结点的度。实际上，结点的度为其子结点的个数。树中结点的度的最大值称为树的度。例如，在图 5-2 所示的树 T 中，结点 A 的子结点是 B、C 和 D，所以 A 的度为 3。类似地，结点 B 的度为 2，结点 C 的度为 1，结点 H 没有子结点，所以度为 0。树 T 的度为 3。

度为 0 的结点称为叶结点，或终端结点。与之相对应的，度不为 0 的结点称为分支结点。如果按照这个标准来划分，则树中包含了分支结点和叶结点。在树 T 中，结点 E、F、G、H、I 和 J 都是叶结点，而结点 A、B、C 和 D 均为分支结点。

对树而言，结点的子结点之间没有次序，如树 T 中，A 的 3 个子结点 B、C 和 D 之间没有次序。如果树中每个结点的子结点之间规定了次序，则树称为有序树。若树 T 表示的是一棵有序树，则 B、C 和 D 分别为 A 的第一个、第二个及第三个子结点。

具有同一父结点的结点是兄弟结点，如树 T 中，结点 B、C、D 互为兄弟结点，结点 H、I、J 也互为兄弟结点，而结点 G 和 H 不是兄弟结点。

从任一结点到根结点之间所经过的所有结点称为该结点的祖先结点，以任一结点为根的子树中的所有结点称为该结点的子孙结点。例如，在树 T 中，结点 H 的祖先结点为 D 和 A，结点 H、I、J 是 D 的子孙结点。

从树的定义可知，树的各结点之间是一种“层次”关系。在线性结构中，除第一个元素和最后一个元素以外，每个元素都有唯一的前驱和唯一的后继。非线性结构不具有这样的特性，如果每个元素都有前驱和后继，则个数可能多于 1 个，当然也可能为 0 个。将线性结构中的前驱和后继概念引申至树中，将某结点的父结点看作它的前驱，将其子结点看作它的后继。除根结点以外，每个结点均只有一个前驱结点，除叶结点以外，每个结点都有若干个后继结点。根的前驱结点个数为 0，叶结点的后继结点个数为 0。也就是说，树中每个元素的前驱的个数不会多于 1 个，后继的个数可以是任意个。

已知树是一种层次结构，设根为 0 层，根的子结点为 1 层，依此类推。一般地，若某个结点位于 i（$i \geqslant 0$）层，则它的子结点位于 $i+1$ 层。

树中结点的最大层数定义为树的深度，最大层数加 1 即为树的高度。例如，在树 T 中，结点 A 在 0 层，结点 E、F、G、H、I、J 在 2 层，树 T 的深度为 2，树 T 的高度为 3。

在树中，从某一结点出发，到达另一个结点所经过的边组成一条路径。路径中所含的边数为路径长度。虽然树的路径定义中并没有限制路径的方向，但路径通常是沿一个方向延伸的，即从某一结点向根的方向延伸，或从某一结点向叶结点的方向延伸。通常，以组成路径的结点序列来表示该条路径。例如，树 T 中（A,B,F）是一条长度为 2 的路径。

m（$m \geqslant 0$）棵互不相交的树构成森林。对树中每个结点来说，其子树的集合即森林。如在树 T 中，将根结点 A 去掉，其三棵子树就构成一个含有三棵树的森林。特别地，森林中各棵树的根是兄弟关系。

第二节　二　叉　树

二叉树是一种非常重要、应用非常广泛的数据结构。二叉树具有很多重要的性质。二叉树的定义及其相关的实现中采用了递归思想，考生在学习二叉树基本知识及算法的同时，也需要熟练掌握编写递归程序的方法。

一、二叉树的定义及重要性质

1. 二叉树的定义

定义 5-2　二叉树（binary tree）是结点（node）的一个有限集合，这个集合或者为空，或者由一个根结点以及两棵互不相交的、分别称为这个根的左子树和右子树的二叉树组成。左子树和右子树的根分别称为此二叉树根结点的左子结点和右子结点。

二叉树的左子树和右子树都可以存在或者为空，不同的存在状态可以组合出 5 种基本形态，即两棵子树均为空或均不为空，或者一棵为空、另一棵不为空，还有空树。这 5 种形态如图 5-3 所示。

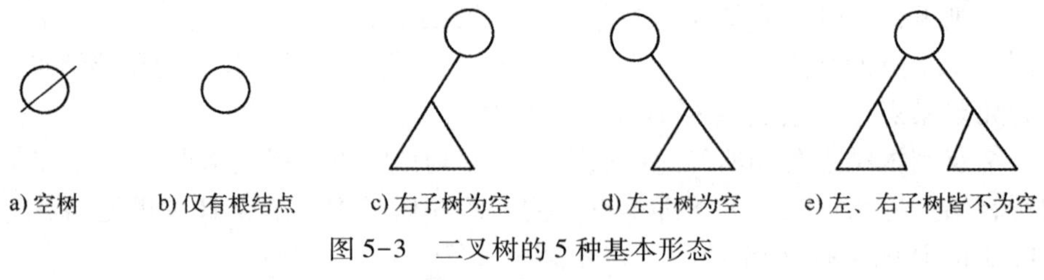

图 5-3　二叉树的 5 种基本形态

二叉树与树有什么关系呢？二叉树允许有空树，而树中至少含有一个结点。从这个方面来看，二叉树并不是树的真子集。除此之外，在概念上，树与二叉树之间也存在差异。对一般的非有序树而言，每个结点的各个子结点之间没有次序，而二叉树中每个结点的子结点都规定了左、右次序。即使是有序树，它与二叉树也略有不同。例如，若有序树中某个结点只有一个子结点，那么这个子结点是其父结点的唯一孩子。但在二叉树中，如果某个结点有一个子结点，那么它可以是其父结点的左子结点，也可以是其右子结点，由此可以对应于两种不同的二叉树树形。例如，图 5-3c 与图 5-3d 是两棵完全不同的二叉树。

【例 5-2】 给出由 3 个结点构成的所有二叉树的树形。

含 3 个结点的不同树形的二叉树共有 5 棵，这 5 棵树的树形如图 5-4 所示。

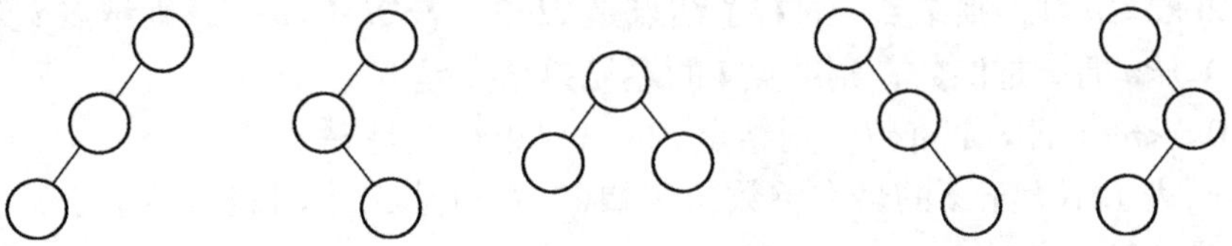

图 5-4　含 3 个结点的不同树形的所有二叉树

实际上，含 n 个结点的不同树形的二叉树共有 $C_n=C_{2n}^n/(n+1)$ 棵。

树中定义的大部分术语仍然可以在二叉树中使用，如结点的度、叶结点、分支结点、结点的层、树的高度等。只是树中任一结点的子结点是按次序命名，而在二叉树中则称为左子结点和右子结点。

若一棵高度为 h 的二叉树有 2^h-1 个结点，则该二叉树称为满二叉树。从形式上来看，满二叉树中除叶结点以外，每个结点都有两个子结点，即除最后一层以外，每一层的结点都是“满”的，所以称为“满”二叉树。满二叉树中的结点要么没有子结点（如所有的叶结点），要么就有两个子结点（如所有的分支结点）。图 5-5a 所示的二叉树是一棵高度为 4 的满二叉树，它有 $2^4-1=15$ 个结点。

现在对满二叉树中的 n 个结点进行连续编号，约定从根结点开始，按层自上而下、同层中由左至右对各结点给出编号 $0,1,2,\cdots,n-1$。在进行这样的编号后，从编号为 0 的结点开始，由连续编号的任意多个结点组成的二叉树称为完全二叉树。显然，满二叉树是完全二叉树的特例。在满二叉树中，所有的叶结点仅出现在最后一层中，而在完全二叉树中，所有的叶结点仅可能出现在树的最下面的一层或两层中，且最后一层的叶结点必须从左至右连续排列。完全二叉树中允许有度为 1 的结点，且最多只能有 1 个，而满二叉树中不存在度为 1 的结点。图 5-5b 所示的二叉树是一棵完全二叉树。

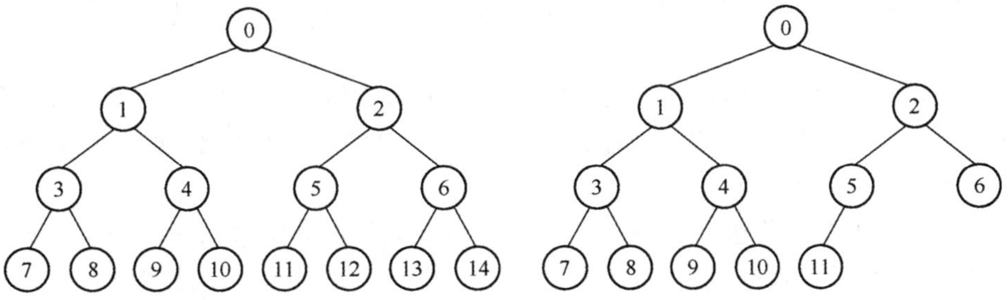

a) 满二叉树　　b) 完全二叉树

图 5-5　满二叉树和完全二叉树

在有些书籍中，将仅由度为 0 及度为 2 的结点组成的二叉树称为满二叉树，也就是说，将不包含度为 1 的结点的二叉树定义为满二叉树。显然，按照第一个定义得到的二叉树符合

第二个定义的条件，但反过来却不总是成立的。本教材采用第一个定义。

对于一棵有 n 个结点的完全二叉树，其任何一个编号为 i 的结点（$0\leqslant i\leqslant n-1$），都有以下结论。

（1）若 $i=0$，则结点 i 是根结点，无父结点；若 $i>0$，则结点 i 的父结点是结点$\lfloor (i-1)/2 \rfloor$。

（2）若 $2i+1\leqslant n-1$，则结点 i 的左子结点是 $2i+1$；若 $2i+1>n-1$，则结点 i 无左子结点。

（3）若 $2i+2\leqslant n-1$，则结点 i 的右子结点是 $2i+2$；若 $2i+2>n-1$，则结点 i 无右子结点。

（4）若 $0<r<n$ 且 r 是偶数，则结点 i 的左兄弟结点是 $r-1$。

（5）若 $0<r<n-1$ 且 r 是奇数，则结点 i 的右兄弟结点是 $r+1$。

注意，$\lfloor x \rfloor$表示不大于 x 的最大整数，例如，$\lfloor 3.5 \rfloor$是 3；$\lceil x \rceil$表示不小于 x 的最小整数，例如，$\lceil 3.5 \rceil$是 4。

2. 二叉树的性质

下面给出二叉树的 4 个重要性质。

性质 1 在二叉树的 i 层上最多有 2^i（$i\geqslant 0$）个结点。

证明：使用数学归纳法证明。

归纳基础：当 $i=0$ 时，二叉树 T 非空，至少有根结点在 0 层，且本层只有根结点，$2^0=1$，结论成立。

归纳假设：设二叉树 T 中 $i-1$ 层最多有 2^{i-1}个结点，考虑 i 层，由于 i 层的结点均为 $i-1$ 层结点的子结点，而二叉树中每个结点最多有两个子结点，故 i 层的结点数最多是 $i-1$ 层结点数的两倍，有 $2\times 2^{i-1}=2^i$个结点。

根据归纳法原理，性质 1 得证。

性质 2 高度为 h 的二叉树最多有 2^h-1 个结点。

证明：根据性质 1，将各层的最大结点数相加，得到

$$\text{二叉树中最多结点数} = \sum_{i=0}^{h-1}(i\ \text{层结点最大数}) = \sum_{i=0}^{h-1} 2^i = 2^h - 1$$

性质 2 得证。

性质 3 对任何非空二叉树 T，设 n_0是叶结点的个数，n_2是度为 2 的结点的个数，则有 $n_0=n_2+1$。

证明：设二叉树 T 中度为 1 的结点的个数为 n_1，则 T 中结点总数 n 为

$$n=n_0+n_1+n_2 \tag{5-1}$$

分析二叉树中的边数，即树中与每个结点相关的分支数。已知除根结点以外，每个结点都通过且仅通过一条边与其父结点相连，所以 n 个结点的二叉树中必含有 $n-1$ 条边，只有根结点没有父结点，且没有向上的边。

从另一个角度来看这些边，它们分别是各个结点向下伸展出来的，其中，度为 2 的结点贡献两条边，度为 1 的结点贡献一条边，度为 0 的结点不贡献边。由此得到

$$n-1=2\times n_2+1\times n_1+0\times n_0 \tag{5-2}$$

将式（5-1）和式（5-2）联立求解，得到

$$n_0=n_2+1 \tag{5-3}$$

这个性质的含义是，二叉树中叶结点的个数仅与度为 2 的结点的个数有关，具体来说，叶结点的个数比度为 2 的结点的个数多 1，而与度为 1 的结点个数无关。仅增加或减少二叉

树中度为 1 的结点，对二叉树中叶结点的个数没有影响。这个性质也称为满二叉树定理。

性质 4 具有 n 个结点的完全二叉树的高度为$\lfloor \log_2 n \rfloor+1$。

证明：设有 n 个结点的完全二叉树的高度为 h，从其 0 层到 $h-2$ 层，结点必然全部排满，根据性质 2 和完全二叉树的定义，可以得到下列不等式

$$2^{h-1}-1<n\leqslant 2^h-1 \tag{5-4}$$

化简后得到

$$2^{h-1}\leqslant n<2^h \tag{5-5}$$

对式（5-5）的各项取对数，得到

$$h-1\leqslant \log_2 n<h \tag{5-6}$$

即有

$$h-1=\lfloor \log_2 n \rfloor$$

或写为

$$h=\lfloor \log_2 n \rfloor+1 \tag{5-7}$$

【例 5-3】 一棵二叉树共有 20 个结点，其中叶结点为 5 个，则度为 1 的结点的个数是（ ）。

A. 11　　B. 9　　C. 6　　D. 4

答案为 A。

在二叉树中，设 n_0是叶结点的个数，n_1是度为 1 的结点的个数，n_2是度为 2 的结点的个数，由性质 3 可知，$n_0=n_2+1$，由题目条件可知 $n_0=5$，则 $n_2=4$，解得 $n_1=20-5-4=11$。

二、二叉树的存储

与线性表类似，二叉树也有两种存储方式，即顺序存储方式和链式存储方式。

1. 顺序存储方式

先看看特殊的完全二叉树的存储方法。根据完全二叉树的定义，除最后一层以外，其余各层都是满的，而且最后一层的结点自左至右紧密排列。所以，可以使用一维数组依次存储树中各层的各个结点。

存储的规则是，各层自上至下、同层间自左至右，将结点依次存入数组从前至后的各个元素中。按照前面使用过的编号方法，编号为 i 的结点存放在数组中下标为 i 的位置。例如，图 5-5b 所示的完全二叉树可以使用具有至少 12 个元素的一维数组存储，存放的结果如图 5-6 所示。

0	1	2	3	4	5	6	7	8	9	10	11

图 5-6　图 5-5b 所示完全二叉树的顺序存储结果

基于这样的存储规则保存的二叉树，可以很方便地在数组中找到二叉树中的相关结点，即若知道二叉树某一结点在数组中的保存位置，则可以计算出其父结点（若存在）和左、右子结点（若存在）在数组中的保存位置。

对于一般的二叉树，顺序存储的思想是，针对二叉树中的每个位置，无论这个位置有没有结点，都在数组中预留保存单元。在采用这种存储方式保存完全二叉树时，既不浪费空间，又便于有关操作的实现。但是，如果使用这样的存储规则保存一般的二叉树，则可能会

出现空间浪费的情况。

如图 5-7a 所示的二叉树 T_1，采用顺序存储时，得到的数组如图 5-7c 所示，为清楚起见，图中标出了数组的下标。可以看出，一般的二叉树采用顺序存储时会占用过多的空间。T_1只含有 5 个结点，它不是完全二叉树。对应于有相同高度和形状的完全二叉树时，应有 13 个结点，即保存 T_1时需要占用 13 个位置。

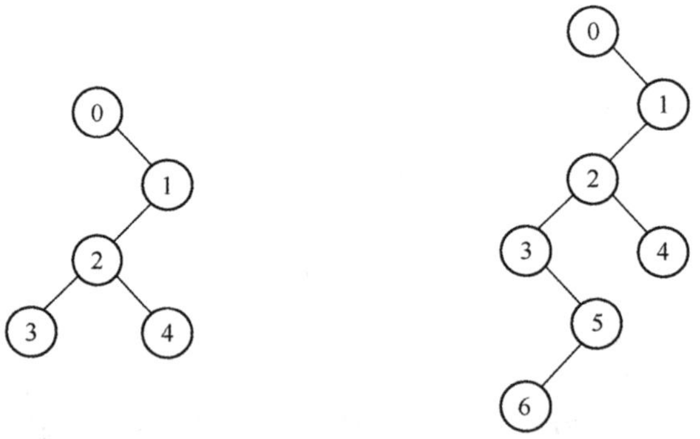

a) 非完全二叉树T_1　　b) 非完全二叉树T_2

0	1	2	3	4	5	6	7	8	9	10	11	12
0		1			2						3	4

c) 非完全二叉树T_1的顺序存储结果

图 5-7　两棵非完全二叉树及 T_1 的顺序存储结果

图 5-7b 所示的二叉树 T_2的树高大于 T_1的树高，存储 T_2所需的数组空间多于 T_1，实际上至少需要 50 个位置，结点 6 保存在下标为 49 的地方。这样的存储方式使得数组中会有很多空闲的位置，空间利用效率不高。因为有这些空元素的存在，当访问数组元素时，程序中需要增加额外的判定代码，这在某种程度上增大了程序处理的时间复杂度。

虽然顺序存储方式的存储效率不高，但原二叉树中各结点的父结点和子结点的存储位置可以通过下标计算出来，访问效率很高，这也正是在数组中强制将元素按位置关系来保存的原因。例如，二叉树 T_1中的结点 2，它的存放位置是 5，则在下标为$\lfloor (5-1)/2 \rfloor=2$ 的地方可以找到它的父结点，即结点 1；在下标 $2\times5+1=11$ 的地方可以找到它的左子结点，即结点 3；在下标 $2\times5+2=12$ 的地方可以找到它的右子结点，即结点 4。因为结点 2 的存储位置是 5，为 $2t+1$，所以在它的右侧（位置 6）应该是其右兄弟结点的存储位置，而位置 6 没有保存任何元素，表明结点 2 没有右兄弟结点。

【例 5-4】 设高度为 k（$k\geqslant1$）的二叉树 T 采用顺序存储结构保存在数组 $B[2^k-1]$ 中，在没有保存 T 中元素的数组位置中，保存一个区别于 T 中元素的特殊标记。B 中保存的特殊标记个数最多为（　）。

A. $k-1$　　B. $2k-1$　　C. 2^k-k-1　　D. 2^k-1

答案为 C。

设二叉树 T 中含有的结点个数为 n，则 B 中保存的特殊标记个数 $X=2^k-1-n$。求出 n 的最小值，可知 X 的最大值。

高度为 k 的二叉树中含有的结点个数最少为 k，即每层只含有一个结点，可知 X 的个数

最多为 2^k-k-1。

由例 5-4 可知，对于某些二叉树，采用顺序存储结构时，会有很多位置没有用于保存二叉树中的结点，看似空间是很浪费的。如果像线性表的顺序存储结构那样，将二叉树中的所有元素都紧密排列在数组中，虽然节省了空间，提高了存储效率，但丢失了元素之间的层次关系，没有办法快速找到一个结点的父结点、子结点等，实现二叉树的某些操作时将困难重重，甚至有些操作完全实现不了。这样的存储方式也就失去了它的意义。

2. 链式存储方式

与二叉树的顺序存储方式相对应的是它的链式存储方式。链式存储结构与二叉树的实际逻辑结构更加吻合，非常适合于表示二叉树。

二叉树的定义规定，每个结点最多有两个子结点，分别是它的左子结点和右子结点。据此，可以这样定义一个结点结构：它含有两个指针域，一个指针用来指向该结点左子结点所在的结点，称为左孩子指针，简称为左指针；另一个指针用来指向该结点右子结点所在的结点，称为右孩子指针，简称为右指针。此外，还定义一个用来保存结点中数据的数据域。所以，每个结点至少包含 3 个域，分别保存数据、左指针和右指针。由于每个结点都含有两个指针域，故这样的链式结构被形象地称为二叉链表结构。回忆一下，在双向链表中，每个结点也含有两个指针域和一个数据域。请考生考虑，使用相同的结点结构构造的双向链表和二叉链表有什么不同？

二叉链表中的结点结构如图 5-8 所示。

左指针域	数据域	右指针域

图 5-8　二叉链表的结点结构

图 5-9a 所示的二叉树 T 使用二叉链表表示时的结果如图 5-9b 所示。

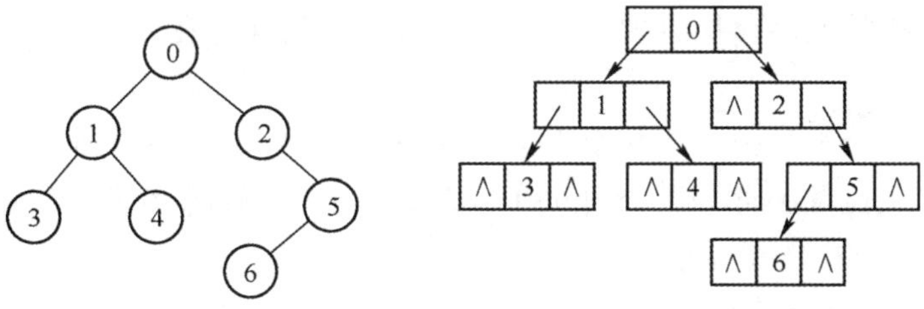

a) 二叉树T　　b) T的二叉链表

图 5-9　二叉树 T 及其二叉链表

二叉链表中结点类的定义及二叉树的定义如下。

```
typedef int ELEMType;
typedef structBNode                    //二叉树结点
{   ELEMType data;                     //数据域
    struct BNode *left, *right;        //指向左子结点、右子结点的指针
}BinTNode;
typedef BinTNode *BTree;               //二叉树
```

BinTNode 包括保存数据的 data 域，类型为用户定义的 ELEMType。每个 BinTNode 还有两个指针，一个指向左子结点，另一个指向右子结点。

在某些特殊的应用中，需要增加一个指向父结点的指针，构成一个三叉链表，以便于向

上搜索。如果将父结点看作前驱，那么增加一个父结点指针类似于在双向链表中增加向前的指针 prev。至于是否增加这个指针，依赖于具体的应用，在有些应用中，父结点指针不是必要的，毕竟增加一个指针的同时也增加了相应的结构性开销。

在二叉树的二叉链表表示中，所有叶结点的两个指针域都是空的。此外，分支结点中也可能有空指针域。那么，二叉链表中到底有多少空指针域呢?

设二叉树中有 n 个结点，每个结点都含有两个指针域，则二叉链表内共有 $2\times n$ 个指针域。已知含有 n 个结点的树中仅含有 $n-1$ 个分支，即只有 $n-1$ 个指针域不为空，则其余的 $n+1$ 个指针域均为空。可以看出，二叉链表中有超过一半的指针域都是空的，这些都是结构性开销。

第三节　二叉树的操作

二叉树的定义是以递归形式给出的，它的操作也可以使用递归方式实现。相比于非递归方式的实现，使用递归方式实现的程序结构清晰、代码行数少、代码容易编写。有些操作的递归方式实现与非递归方式实现的程序编写难度差异不大，但另一些操作的递归实现更容易。

一、二叉树的生成

对二叉树进行操作，必须先创建保存二叉树的二叉链表，所以二叉树的生成是大前提。可以从键盘输入二叉树中各结点的值，同时输入二叉树中结点间的相互关系。更简单的一种方法是，按照二叉树的顺序存储方式，将二叉树各结点值保存在一维数组中，然后建立对应的二叉链表。

当二叉树不是完全二叉树时，数组中会存在空白元素。为了将它们与保存正常值的结点区分开，需要在这些位置保存一个特殊的值：NA。比如，若二叉树的结点中保存的是整型值，则 NA 可以取整型中的最小值。

举例来说，要构造保存图 5-9a 所示二叉树 T 的二叉链表，可以给出如下数组：

```
int a[]={0,1,2,3,4,NA,5,NA,NA,NA,NA,NA,NA,6};
```

使用数组中保存的数据生成二叉链表的递归实现如下。

```
void CreateBinaryTree(int i,int n,int a[],BinTNode *root)
    //二叉链表的创建，递归实现
    //以位置 i 处的结点 root 为出发点，链接其左子结点、右子结点
{
    BinTNode *temp;
    if ((2*i+1)>(n-1)) return;
    if (a[2*i+1]!=NA){
        temp=(BinTNode *)malloc(sizeof(BinTNode));
        temp->data=a[2*i+1];
```

```
            temp->left=NULL;
            temp->right=NULL;
            root->left=temp;
            CreateBinaryTree(2 * i+1,n,a,temp);
        }
        if ((2 * i+2)>(n-1)) return;
        if (a[2 * i+2]!=NA){
            temp=(BTree)malloc(sizeof(BinTNode));
            temp->data=a[2 * i+2];
            temp->left=NULL;
            temp->right=NULL;
            root->right= temp;
            CreateBinaryTree(2 * i+2,n,a,temp);
        }
    }
```

函数 CreateBinaryTree 以递归方式生成二叉链表。调用它的主程序中先创建一个根结点，其中保存数组首元素的值，该结点作为参数传递给函数 CreateBinaryTree。这个结点的位置是下标 0，将这个位置值也作为参数传给函数 CreateBinaryTree。由二叉树顺序存储的特性可知，如果下标 i 处的结点有左子结点，则其应该保存在下标 $2\times i+1$ 处；如果有右子结点，则应该保存在下标 $2\times i+2$ 处。故在函数内，判断数组中位置 $2\times i+1$ 及位置 $2\times i+2$ 处是否保存了元素值。如果确实有值，则分配空间创建结点且保存数组中相应位置的元素值，并让下标 i 处结点的相应指针指向新创建的结点。然后，以 $2\times i+1$ 或 $2\times i+2$ 为参数值，递归调用函数，处理 $2\times i+1$ 或 $2\times i+2$ 位置处结点的左子结点和右子结点。如果数组中数据的存储是正确的，则能正确建立二叉链表。如果位置 $2\times i+1$ 或 $2\times i+2$ 处没有保存元素值，则递归结束。

保存数据的数组 a 及其元素个数 n 也作为函数 CreateBinaryTree 的参数进行传递。如果它们被定义为全局变量，则可以直接使用，而不必作为函数的参数。

在主程序中，声明根结点并初始化的代码如下。

```
BTree root;
root=(BTree)malloc(sizeof(BinTNode));
root->data=a[0];
root->left=NULL;
root->right=NULL;
```

然后，调用函数 CreateBinaryTree。参数 0 是起始位置，代码如下。

```
CreateBinaryTree(0,n,a,root);
```

二、二叉树的遍历

1. 二叉树遍历的递归实现

很多应用是基于二叉树遍历的，遍历是基础。二叉树的遍历是指依次访问二叉树中的每个结点一次且仅访问一次。线性结构中元素之间的先后关系是确定且一对一的，从线性表的表头开始，沿着特定的描述关系，很容易找到它唯一的后继，进而能够访问线性表中的全部元素。所以，对线性表的遍历是轻而易举的事情。而二叉树的前驱、后继关系不是一对一的，二叉树中每个结点都可能有 0 个、1 个或 2 个子结点，对这种非线性结构进行访问需要按照某种约定的方法进行，从而保证不会漏掉对某个结点的访问，当然也不会让结点被多次访问。

由二叉树的定义可知，一棵二叉树由三部分组成：根、左子树和右子树。因此，对非空的二叉树的遍历可以相应地分解为三项“子任务”：

① 访问根结点。

② 遍历左子树（即依相应的规律访问左子树中的全部结点）。

③ 遍历右子树（即依相应的规律访问右子树中的全部结点）。

根结点是一个单一的结点，“访问根结点”这个子任务很容易完成。当左子树或右子树中含有多个结点时，相应的“遍历子树”的子任务又类似于对原二叉树的遍历。根据定义，左子树和右子树仍是二叉树（可以是空二叉树），对它们的遍历任务可以按上述方法继续分解，直到子树为空时，它的遍历任务亦为空，任务完成。可以看出，这个遍历过程具有递归性，自然可想到通过编写递归程序来实现二叉树的遍历。

上述三项任务之间的次序可以组合出 6 种不同的排列。按照先左（子树）后右（子树）的惯例，保留 3 种排列次序。另外 3 种排列次序是先右（子树）后左（子树），分别与前面的 3 种排列一一对应，可以看作它们各自的镜像。

对二叉树进行遍历的 3 种常规算法分别是先序遍历、中序遍历和后序遍历。这 3 种遍历也分别称为先根遍历、中根遍历和后根遍历。这 3 种遍历的过程描述如下。

1）先序遍历算法

若二叉树为空，则返回；否则依次执行以下操作：

① 访问根结点。

② 先序遍历左子树。

③ 先序遍历右子树。

2）中序遍历算法

若二叉树为空，则返回；否则依次执行以下操作：

① 中序遍历左子树。

② 访问根结点。

③ 中序遍历右子树。

3）后序遍历算法

若二叉树为空，则返回；否则依次执行以下操作：

① 后序遍历左子树。

② 后序遍历右子树。

③ 访问根结点。

以 L 表示根的左子树中全部结点的输出序列，以 R 表示根的右子树中全部结点的输出序列，以 V 表示根的输出，则可以简洁地表示这 3 种遍历序列。先序遍历序列是 V,L,R，中序遍历序列是 L,V,R，后序遍历序列是 L,R,V。

概括地说，在这 3 种遍历序列中，根的输出分别位于两棵子树的遍历序列之前、之间及之后。当然，两棵子树的遍历序列仍要遵守所依从的遍历规则。具体来说，在对整棵树进行先序遍历时，其左、右子树的遍历也要按先序遍历规则进行；在对整棵树进行中序遍历时，其左、右子树的遍历也要按中序遍历规则进行；在对整棵树进行后序遍历时，其左、右子树的遍历也要按后序遍历规则进行。

【例 5-5】 以图 5-10 所示的树 T 为例，分析它的遍历过程，给出遍历结果。

为方便起见，以输出一个结点的信息代表对这个结点的访问。

先看二叉树 T 的先序遍历。根据先序遍历的算法描述，首先访问树 T 的根。此时输出 0。接下来应该按先序遍历规则输出 0 的左子树中的全部结点，然后再按先序遍历规则输出 0 的右子树中的全部结点。

对于 0 的左子树的部分，按先根（1）、再左子树（3）、最后右子树（4）的次序进行遍历，遍历的结果是 1,3,4。对于 0 的右子树的部分，遍历根结点 2，因为 2 的左子树为空，故只需要遍历 2 的右子树部分。而对这棵子树的遍历，仍是按先根（5）、再左子树（6）、最后右子树（空）的次序，最后得到的结果是 2,5,6。

由此得到 T 的先序遍历序列为 0,1,3,4,2,5,6。可以看出，根在最前面，后面是左子树中的全部结点，再后面是右子树中的全部结点。

图 5-11 展示了 T 的先序遍历过程。从根结点开始，使用带数字标号的箭头表示对结点的遍历，箭头旁边的标号是遍历次序。使用带空心箭头的弧线或不带数字标号的箭头来示意结点间的回退转移。

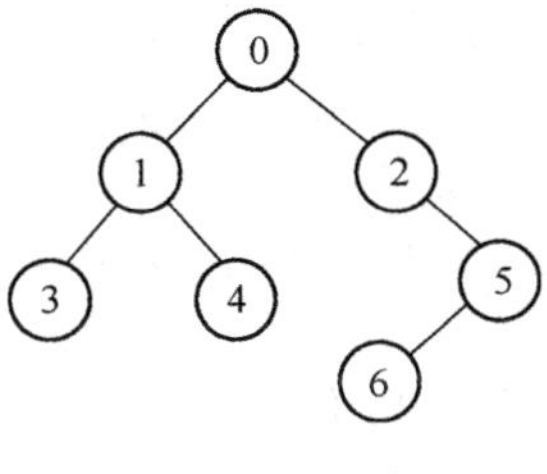

图 5-10　二叉树 T

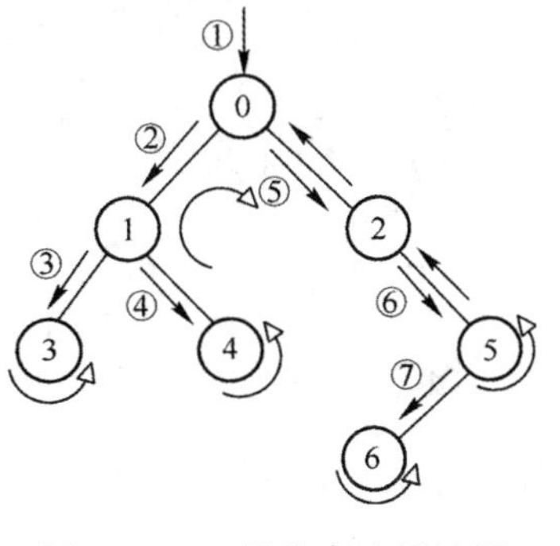

图 5-11　T 的先序遍历过程

再看 T 的中序遍历。按照规则，首先中序遍历根的左子树，然后访问根，最后中序遍历根的右子树。对于左子树的遍历，也是依先左子树（3）、再根（1）、最后右子树（4）的次序进行遍历，得到 3,1,4 的结果。后面输出根 0。对于右子树，因为 2 的左子树为空，所以第一个输出的是根 2，然后是 2 的右子树，输出 6,5。由此，得到的中序遍历结果是3,1,4,0,2,6,5。

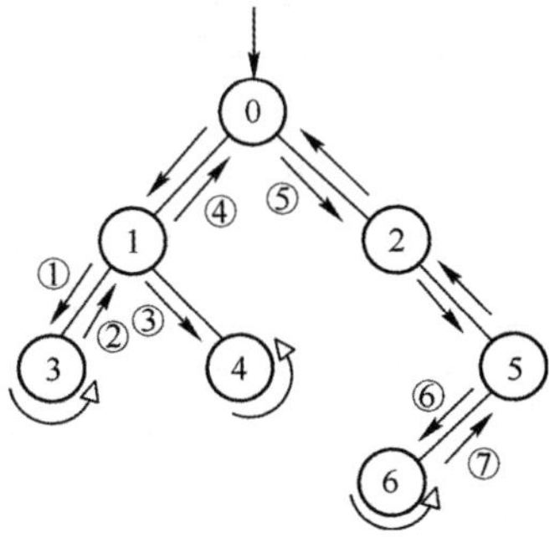

图 5-12　T 的中序遍历过程

图 5-12 展示了 T 的中序遍历过程。依然是从根开始进行遍历，但并不输出根的内容，而是沿左孩子指针一直找到最“左下角”的一个结点。这个“左下角”的意思是指，找到的结点的左孩子指针为空，即再也不能沿左孩子指针向前

“走”了。通常，在画二叉链表时，左孩子指针是向左下方向延伸的，所以这个结点看起来很像树的“左下角”。这个结点是第一个被遍历到的结点。在从根寻找“左下角”的过程中，除“左下角”结点以外，经过的结点均不输出，只是“路过”它们。

可以看出，根结点 0 的前面是左子树中的全部结点，0 的后面是右子树中的全部结点。根在两个子树的“中间”。

T 的后序遍历以先遍历根的左子树、再遍历根的右子树、最后输出根的次序进行。仍是从根开始，在输出根之前要先遍历左子树，与中序遍历类似，要去寻找树的“左下角”并输出。对于结点 1，遍历了它的左子树之后，还需要遍历它的右子树，然后才能输出 1。在从根到结点 3 的“路途”中，已经“路过”一次结点 1 了，遍历结点 3 之后，还要再回到这个结点，这是第二次“路过”它。这两次都不输出它的值。直到它的右子树遍历完毕，第三次到达这个结点时，才输出它。如图 5-13 标出的前 3 个步骤所示。

结点 1 输出完毕，意味着 0 的左子树遍历完毕，应该转到 0 的右子树了。类似地，第二次“路过”结点 0 但不输出。0 的右子树的根是 2，它的左子树为空，所以 2 的前面仅有其右子树中的全部结点。先输出 6，再输出 5，最后输出 2。得到的 T 的后序遍历结果是 3,4,1,6,5,2,0。

【例 5-6】给出如图 5-14 所示二叉树，写出其先序、中序及后序遍历序列。

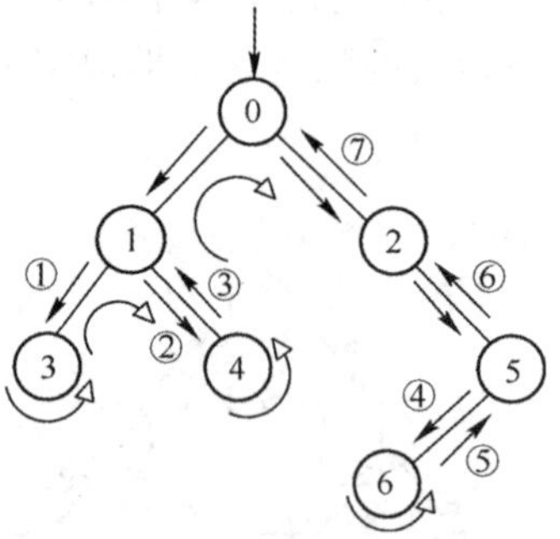

图 5-13　T 的后序遍历过程

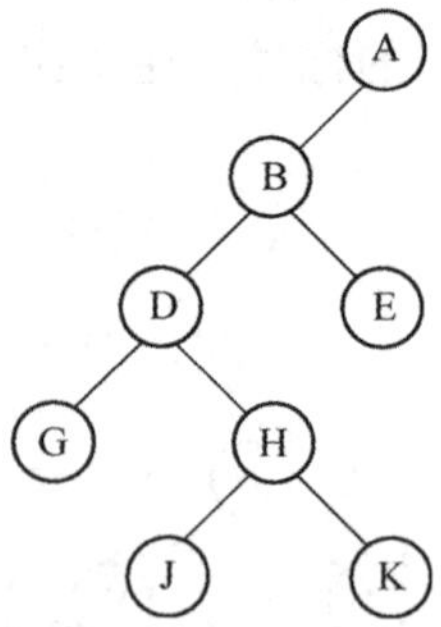

图 5-14　二叉树 T

根据三种遍历策略，得到的二叉树 T 的先序遍历序列为 A,B,D,G,H,J,K,E，中序遍历序列为 G,D,J,H,K,B,E,A，后序遍历序列为 G,J,K,H,D,E,B,A。

可以看出，在二叉树的先序遍历序列中，根在最前面；在二叉树的后序遍历序列中，根在最后面。

很容易采用递归方式实现二叉树的三种遍历算法。二叉树的先序遍历算法如下。

```
void PreorderTraverse(BTree root)      //二叉树先序遍历
{   if (root==NULL) return;
    printf("%d\t",root->data);
    PreorderTraverse(root->left);
    PreorderTraverse(root->right);
}
```

二叉树的中序遍历算法如下。

```
void InorderTraverse(BTree root)       //二叉树中序遍历
{   if (root==NULL) return;
    InorderTraverse(root->left);
    printf("%d\t",root->data);
    InorderTraverse(root->right);
}
```

二叉树的后序遍历算法如下。

```
void PostorderTraverse(BTree root)       //二叉树后序遍历
{   if (root==NULL) return;
    PostorderTraverse(root->left);
    PostorderTraverse(root->right);
    printf("%d\t",root->data);
}
```

在给定二叉树后，按照遍历规则，其先序遍历、中序遍历和后序遍历的序列都是确定的。反过来，如果给定了遍历序列，能不能确定二叉树呢？如果遍历序列是空串，则树是空树。如果遍历序列只含有一个元素，则对应的树只含有一个结点。这两种情况都属于特例。下面针对非特例的情况来讨论，即二叉树中至少含有两个结点。

以先序遍历序列为例，图 5-15 中的两棵二叉树的先序遍历序列相同，都是 1,2,3，但它们的树形是不同的，说明同一个先序遍历序列可能对应于不同的二叉树，即给定某棵二叉树的先序遍历序列，并不能唯一确定该二叉树。

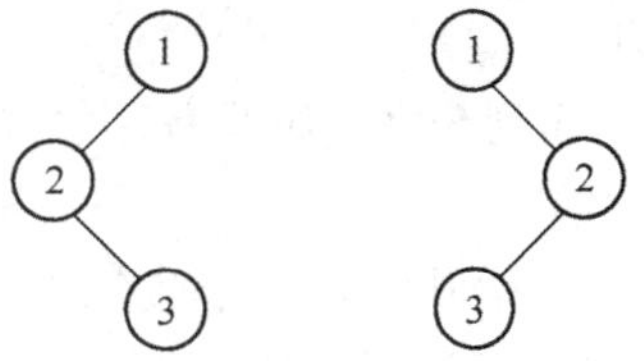

a) 二叉树T_1　　b) 二叉树T_2

图 5-15　两棵二叉树有相同的先序遍历序列

对于中序遍历序列和后序遍历序列，也有这样的结论，即给定某棵二叉树的中序遍历序列或后序遍历序列，均不能唯一确定该二叉树。由此得出结论，仅给出一种遍历序列，无论是先序、中序还是后序遍历序列，均不能唯一确定该二叉树。

给出二叉树的两种遍历序列，是不是能唯一确定二叉树？如果回答这个问题，就要看给定的是二叉树的哪两种遍历序列。如果两种遍历序列中包含中序遍历序列，则答案是肯定的，即先序遍历序列加中序遍历序列，或后序遍历序列加中序遍历序列，均能唯一确定二叉树。但先序遍历序列加后序遍历序列，不能唯一确定二叉树。实际上，图 5-15 中的两棵二叉树的先序遍历序列相同，后序遍历序列也相同，但它们是不同的二叉树。

当给定二叉树包括中序遍历序列在内的两种遍历序列后，如何还原这棵二叉树呢？例 5-7 以先序遍历序列加中序遍历序列为例，给出二叉树的重建过程。

【例 5-7】 设二叉树 T 的先序遍历序列是 A,B,D,G,H,J,K,E，中序遍历序列是 G,D,J,H，K,B,E,A，画出二叉树 T。

由先序遍历序列可知，T 的根是 A。在中序遍历序列中查找 A 的位置，位于 A 前面的是其左子树的中序遍历序列，位于 A 后面的是其右子树的中序遍历序列。从而将原问题的求解（对整棵树的还原）分解为两个更小问题的求解（对两棵子树的还原）。现在的问题是，需要从整棵树的先序遍历序列中抽取出两棵子树的先序遍历序列，从整棵树的中序遍历序列中抽取出两棵子树的中序遍历序列。

对于中序遍历序列，已经得到了两棵子树的中序遍历序列，而且以根为界。根结点前面的部分是左子树的中序遍历序列，后面的部分是右子树的中序遍历序列。

而整棵树的先序遍历序列中也隐藏着左子树的先序遍历序列和右子树的先序遍历序列，它们都在根结点的后面，只是两个序列连在了一起，中间没有明显的分界。从左子树的中序遍历序列中，已经知道了左子树中的结点个数，实际上，结点本身也是知道的。所以，在先序遍历序列中，找到两棵子树遍历序列的分界易如反掌。

剩余要解决的问题和初始问题是一样的，只是问题规模更小了。使用递归处理就可以实现。

观察中序遍历序列，根的后面没有结点，可知 A 的右子树为空，除 A 以外的所有结点都在 A 的左子树中。

再由条件所知，A 的左子树的前序遍历序列是 B,D,G,H,J,K,E，中序遍历序列是 G,D,J,H,K,B,E，可得到该子树的根为 B，B 的右子树中有结点 E，其余的结点在 B 的左子树中。使用递归思想可以将大的问题化解为小的问题，从而可以得到原问题的答案。还原的二叉树 T 如图 5-16 所示。

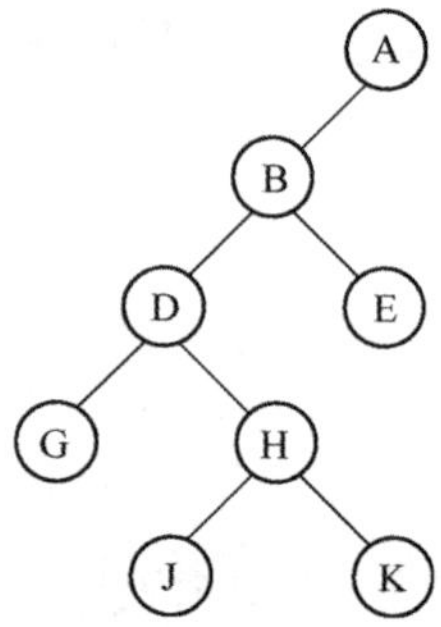

图 5-16　还原的二叉树 T

既然给定包括中序遍列序列在内的两种遍历序列，能唯一确定二叉树，那么，给出二叉树的先序、中序及后序遍历序列，可以证明能够唯一确定二叉树。

【例 5-8】 编写程序，统计以二叉链表表示的二叉树 T 中叶结点的个数。

T 中叶结点的个数等于根左子树中叶结点的个数加上根右子树中叶结点的个数。所以，如果已经通过递归调用得到了两棵子树中叶结点的个数，那么将结果相加即求解。

需要处理的例外情况是，如果树是空树，则返回值 0，表示没有叶结点。空树也是递归出口。

```
int leafNumber(BTree root)
{    if (root==NULL) return 0;
     if (root->left==NULL&&root->right==NULL) return 1;
     return leafNumber(root->left)+leafNumber(root->right);
}
```

【例 5-9】 编写程序，返回二叉树 T 的高度。

仍使用递归的思想编写程序。如果左子树的高度和右子树的高度都已知，则二叉树 T 的高度就可求得，树的高度是两棵子树中较高者的高度再加 1。

递归出口也是空树，空树的高度为 0。

```
int high(BTree root)
{    if (root==NULL) return 0;
     return max(high(root->left),high(root->right))+1;
}
```

除了先序、中序及后序3种典型的遍历方式以外，对二叉树的遍历还有从根开始，按层遍历的方法，称为层序遍历，也称按层遍历。所谓二叉树的层序遍历，即从根结点开始逐层向下遍历，直到最后一层为止。对于同一层的结点，由左至右遍历各结点。同一层中的结点相继被访问，同时，它们之间的相对次序也决定着它们子结点的相对次序，即对于同一层中的结点u和结点v，若先遍历u再遍历v，则对u的子结点的遍历早于对v的子结点的遍历。

【例5-10】给出图5-17所示的二叉树T的层序遍历结果。

按照层序遍历的算法描述，从二叉树的根开始按层访问，先访问最上面一层（即0层）中结点的内容。该层只有根结点，输出1。然后依次访问1的子结点2和3，同层中依先左后右的次序。这一层访问完毕，再继续访问2的子结点和3的子结点。3是叶结点，没有子结点。所以，这一层的访问结果是4和5。接下来访问4的子结点和5的子结点。结点4是叶结点，所以，下一层只访问结点6和7。这样得到的层序遍历结果是：1,2,3,4,5,6,7。

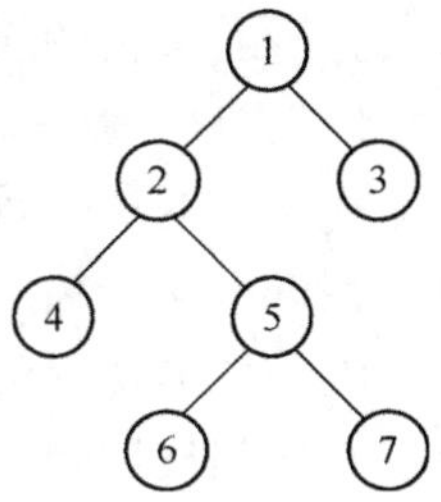

图5-17　二叉树T

在遍历过程中，需要有一个辅助结构来记录当前已经涉及但尚未遍历的结点。例如，在层序遍历二叉树T的过程中，在访问结点2时，要记录它的子结点4和5，但这两个结点的遍历要晚于结点3的遍历。此时，不能直接输出结点4和5，只能暂时保存起来。在访问结点2的兄弟结点（结点3）时，如果它有子结点，则也要暂时保存起来，而且保存在结点5的后面。这正与队列的特性相符，故在实现层序遍历时，使用队列作为辅助结构。

二叉树层序遍历的算法如下。

```
void LevelTraverse(BTree root)                  //二叉树层序遍历
{   BinTNode temp;
    SeqBTreeQueue myq;                          //修改第三章中实现的队列的类型
    initQueue(&myq);                            //初始化队列 myq
    if (root==NULL) return;
    enqueue(&myq,root);                         //根入队
    while (isEmptyQ(&myq)==FALSE){              //队列不空，表明还有结点待遍历
        dequeue(&myq,&temp);
        printf("%d \t",temp.data);
        if (temp.left!=NULL) enqueue(&myq,temp.left);
        if (temp.right!=NULL) enqueue(&myq,temp.right);
    }
}
```

【例5-11】借助于二叉树的遍历过程，对二叉树的结点从1开始进行连续编号，要求每个结点的编号大于其左子结点、右子结点（若存在）的编号，且其左子结点的编号小于其右子结点的编号（若存在），则遍历算法是（　）。

A. 先序遍历　　B. 中序遍历　　C. 后序遍历　　D. 层序遍历

答案为C。

根据题意，二叉树中任一结点v的编号要大于其子结点的编号，这意味着要先遍历子结

点，再遍历结点 v。对于 v 的子结点，先遍历其左子结点，再遍历其右子结点。这个过程与后序遍历是吻合的。

2. 二叉树遍历的非递归实现

仍然将一棵二叉树分为三部分：根、左子树和右子树。在从根开始遍历二叉树时，根的左子树和右子树的遍历不能同时进行，只能先遍历一棵子树，同时保存二叉树中尚未遍历的信息，留待一棵子树处理完毕后再处理。

分析二叉树的遍历过程可知，使用栈来保存相关信息。

1）先序遍历算法

在先序遍历过程中，当遍历到某个结点时，输出该结点的信息并进入其左子树继续遍历。在进入左子树进行处理之前，需要在栈中保存右子树的相关信息，以便当左子树处理完毕，能够根据保存的线索找到右子树的根。所以，栈中保存右子树的根即可。

非递归先序遍历二叉树的实现如下。

```
void PreorderTraverseNonRecursive(BTree root)
{   SeqBTreeStack S;
    BinTNode temp;
    initStack(&S);
    while (1){
      while (root!=NULL){
            printf("%d \t",root->data);
            if (root->right!=NULL) push(&S,root->right);
            root=root->left;
      }
      if (isEmptyS(&S)==TRUE) return;
      else{
            pop(&S,&temp);
            root=&temp;
      }
    }
}
```

2）中序遍历算法

在中序遍历二叉树的过程中，也因为每个结点都可能有两个分支且目前只能进行一个分支的遍历，而需要在栈中保存另一个分支的相关信息。

在中序遍历时，先进行左子树的遍历，然后遍历根，最后遍历右子树。所以，栈中保存根的信息，遍历完左子树后，从栈中找到根，访问根，同时能够容易地找到右子树。

非递归中序遍历二叉树的实现如下。

```
void InorderTraverseNonRecursive(BTree root)
{   SeqBTreeStack S;
    BinTNode temp;
    initStack(&S);
```

```
        while (1){
            while (root!=NULL){
              push(&S,root);
              root=root->left;
            }
            if (isEmptyS(&S)==TRUE) return;
            else{
                pop(&S,&temp);
                printf("%d \t",temp.data);
                root=temp.right;
            }
        }
    }
```

3）后序遍历算法

相比于二叉树的先序遍历过程和中序遍历过程，后序遍历过程的非递归实现要复杂一些。类似于中序遍历过程，在进入左子树遍历之前，需要先保存根的信息。当左子树遍历结束时，从栈中找到根，但此时因为右子树尚未遍历，所以根并不能从栈中弹出，仍需要保存在栈中，只有当右子树也遍历结束后，才能访问根。

栈中保存的结点需要入栈两次、出栈两次。为了能有所区别，二叉树结点入栈时，附带一个标记位 flag。在第一次出栈时，并不访问结点。第二次出栈时才访问它。

为此，将二叉树结点和标记组合在一起，定义新的栈元素的类型，专用于非递归实现二叉树的后序遍历过程。

```
typedef struct SNode                //入栈带标记结点
{    BinTNode   btreeNode;          //二叉树结点
     int flag;                      //标记
}StackTNode;
typedef struct{                     //用于后序遍历的栈
     StackTNode element[maxSize];
     int top;                       //栈顶位置
}SeqBTreeStackforPostT;
```

栈的基本操作与第三章第一节给出的类似，只是参数的类型需要进行相应的修改如下。

```
int clear(SeqBTreeStackforPostT *mys);                     //将栈 mys 清空
int pop(SeqBTreeStackforPostT *mys,StackTNode *x);         //返回栈顶元素
int push(SeqBTreeStackforPostT *mys,StackTNode *x);        //将元素 x 入栈
int initStack(SeqBTreeStackforPostT *mys);                 //初始化栈
int isEmpty(SeqBTreeStackforPostT *mys);                   //如果栈 mys 为空，则返回 1，否则返回 0
int isFull(SeqBTreeStackforPostT *mys);                    //如果栈 mys 为满，则返回 1，否则返回 0
```

非递归后序遍历二叉树的实现如下。

```
void PostorderTraverseNonRecursive(BTree root)
{
    SeqBTreeStackforPostT S;
    StackTNode stacktemp;
    initStack(&S);
    while (1){
        while (root!=NULL){
            stacktemp.btreeNode=*root;
            stacktemp.flag=0;
            push(&S,&stacktemp);
            root=root->left;
        }
        if (isEmpty(&S)==TRUE) return;
        else{
            pop(&S,&stacktemp);
            if (stacktemp.flag==0){
                stacktemp.flag=1;
                push(&S,&stacktemp);
                root=stacktemp.btreeNode.right;
            }
            else{
                printf("%d \t",stacktemp.btreeNode.data);
            }
        }
    }
}
```

三、二叉树的应用

二叉树有很多应用。计算机科学中常用的表达式树就是一个代表性的例子。第三章第三节介绍了表达式的表示方式及后缀表达式的计算，实际上，还可以使用二叉树来表示一个表达式，这样的二叉树称为表达式树。

仍以包含双目运算符的表达式为例。所谓表达式树就是使用一棵二叉树来表示一个表达式，从而将线性表示的代数式非线性化，变成一个树形结构。树具有层次结构，不同的层代表不同的计算次序。

表达式由运算符和操作数组成。假设表达式中包括双目运算符加、减、乘、除（+、-、*、/）和操作数（常量或变量），使用二叉链表表示时，在分支结点中存储运算符，在叶结点中存储操作数。图 5-18 所示的表达式树表示表达式 2*y*(a+3*y)-b。操

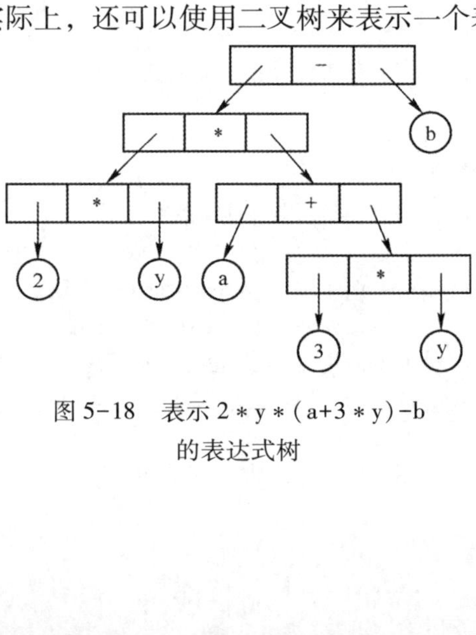

图 5-18　表示 2*y*(a+3*y)-b 的表达式树

作数都在叶结点的位置，运算符都在分支结点的位置。为了更形象化，将运算符与操作数画成两种不同的形状，并且忽略了叶结点中的指针域。

在后缀表达式中，运算符出现的次序决定着其运算的次序。在表达式树中，运算符对应的运算次序一定程度上由运算符所处的层数决定。比如，在从根到叶结点 3 的路径上，包含 4 个运算符，分别是-、*、+和*。在一条路径上，层数深的运算符早于层数浅的运算符进行计算。

以表达式 2*y*(a+3*y)-b 为例，介绍对应于中缀表达式的表达式树的创建过程。

① 根据运算符的优先级对表达式加括号，得到(((2*y)*(a+(3*y)))-b)。

② 去掉最外层括号，得到((2*y)*(a+(3*y)))-b，中间的运算符“-”为根，前后两部分分别是((2*y)*(a+(3*y)))和 b，分别对应于左子树和右子树。

③ 对左子树递归执行步骤②。

④ 对右子树递归执行步骤②。

⑤ 当遇到空串时，递归结束。

实际上，对表达式树进行中序遍历可得到不带括号的中缀表达式。进行先序遍历，可得到前缀表达式。进行后序遍历，可得到后缀表达式。

【例 5-12】 已知算术表达式的中缀形式为 A+B*C-D/E，后缀形式为 ABC*+DE/-，其前缀形式为（　）。

A. -A+B*C/DE　　B. -A+B*CD/E　　C. -+*ABC/DE　　D. -+A*BC/DE

答案为 D。

可以使用表达式的中缀形式与后缀形式还原表达式树，如图 5-19 所示，然后对表达式树进行先序遍历，即可得到表达式的前缀形式。

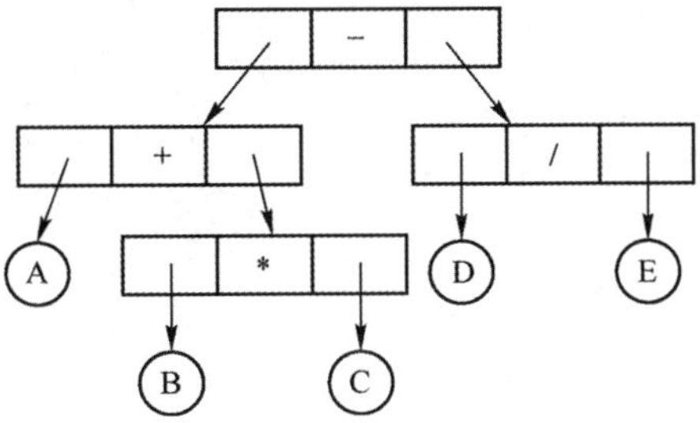

图 5-19　中缀形式为 A+B*C-D/E 的表达式树

第四节　堆及优先队列

堆是一种非常有用的结构，堆中的部分元素之间具有有序性。堆采用数组保存，同时具有层次的特性。借助于堆结构，还可以实现堆排序。

一、堆的定义及其基本操作

定义 5-3　一个数据序列 $a_0, a_1, \cdots, a_{n-1}$，当且仅当满足下列关系时，称之为堆：

$$\begin{cases} a_i \leqslant a_{2i+1} \\ a_i \leqslant a_{2i+2} \end{cases} \text{或} \begin{cases} a_i \geqslant a_{2i+1} \\ a_i \geqslant a_{2i+2} \end{cases} \quad (i=0,1,\cdots,\lfloor (n-2)/2 \rfloor) \tag{5-8}$$

将数据序列 $a_0,a_1,\cdots,a_{n-1}$ 依次保存在一维数组中，将该数组看作一棵二叉树的顺序存储结构，则它对应于一棵完全二叉树。假设堆中的元素是 $a_0,a_1,\cdots,a_7$，对应的完全二叉树如图 5-20 所示。

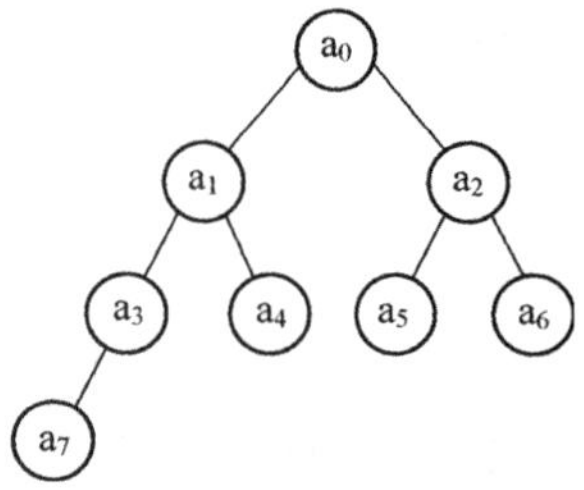

图 5-20　堆对应的完全二叉树

堆定义中要求的数据之间的大小关系，对应在完全二叉树中的直观含义是什么？

根据完全二叉树的定义，a_i 是 a_{2i+1} 和 a_{2i+2} 的父结点，a_{2i+1} 是左子结点，而 a_{2i+2} 是右子结点。堆中所规定的大小关系即二叉树中父、子结点之间的大小关系。式（5-8）中的前一种关系表明，任何一个分支结点的值都不大于它的子结点的值，所以树的根结点的值是全部结点中的最小值。这样的堆称为最小堆或小根堆。式（5-8）中的后一种关系表明，任何一个分支结点的值都不小于它的子结点的值，故树的根结点的值是全部结点中的最大值。这样的堆称为最大堆或大根堆。树的根结点称为堆顶。

堆的定义中还隐含了递归的含义，当用完全二叉树的形式表示堆时，树中的任意一棵子树都可以构成堆，并且保持与原来同样的性质，即最大堆中任何结点的子树仍是最大堆，最小堆中任何结点的子树仍是最小堆。

图 5-21 所示的两棵完全二叉树均满足堆的定义，图 5-21a 是最小堆，堆顶 7 是最小元素，其中以 16 为根的子树也是一个最小堆，16 是这个子堆中的最小元素。而图 5-21b 是最大堆，堆顶 92 是最大元素，其中以 70 为根的子树也是一个最大堆，70 是其中的最大元素。

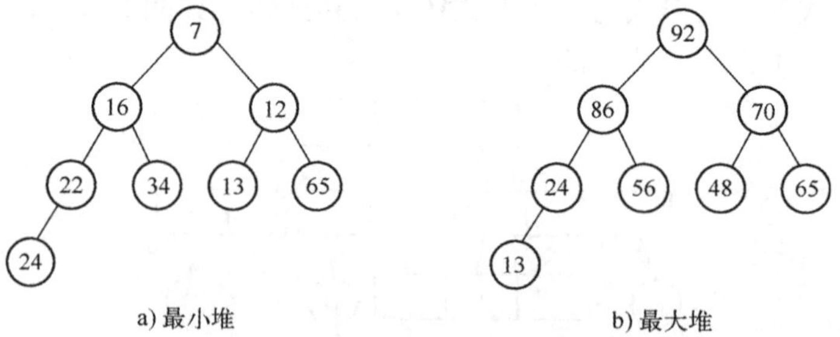

图 5-21　最小堆与最大堆

堆的有序性仅在部分元素之间保持，具体来说，具有祖先和后代关系的元素之间是有序的，即任何一个结点到堆顶的路径上的各结点之间是有序的，如果是最小堆，则是降序的，如果是最大堆，则是升序的。例如，图 5-21a 所示的最小堆中，从 34 到堆顶 7 的路径上含有的 3 个值 34、16、7 呈降序关系，而图 5-21b 所示的最大堆中，从 13 到堆顶 92 的路径上的 4 个值 13、24、86、92 是升序的。堆中各层元素之间未必保持有序性。例如，在图 5-21a 中，第 3 层的元素 24 小于第 2 层的元素 34。

堆的类型定义如下。

```
#define HeapSize 30                  //堆的容量
typedef int ELEMType;                //元素类型
typedef struct Heap{
```

```
    ELEMType heap[HeapSize];        //存放元素的数组
    int n;                          //堆中当前元素个数
};
```

对于堆，除了有通常的判空、判满以外，基本操作主要有创建堆、删除堆顶元素、在堆中插入一个新元素等，定义如下。

```
//Heap(堆的基本操作)
int createHeap(maxHeap *H,ELEMType arr[], int n);  //创建堆
int insertHeap(maxHeap *H, ELEMType x);            //在堆中插入元素 x
int deleteHeap(maxHeap *H, ELEMType *x);           //删除堆顶元素
int isHeapEmpty(maxHeap *H);                       //如果堆为空，则返回 1，否则返回 0
int isHeapFull(maxHeap *H);                        //如果堆为满，则返回 1，否则返回 0
```

其中用到了调整操作，定义如下。

```
void ShiftDown(ELEMType *myarr,int i,int n);  //调整堆
```

以最大堆为例，实现堆上的基本操作，实现如下。

最大堆的类型定义如下。

```
#define HeapSize 30                //堆的容量
typedef int ELEMType;              //元素类型
typedef structmaxHeap{
    ELEMType heap[HeapSize]; //存放元素的数组
    int n;                         //堆中当前元素个数
};
```

先来实现基本的判空、判满操作。

在堆的定义中，堆中元素保存在一维数组 heap 中，同时将当前堆中元素的个数保存在变量 n 中。根据 n 的值，可判定堆是否为空或是否为满。

```
int isHeapEmpty(maxHeap *H)        //如果堆为空，则返回 1，否则返回 0
{
    if (H->n==0) return TRUE;
    else return FALSE;
}
int isHeapFull(maxHeap *H)         //如果堆为满，则返回 1，否则返回 0
{
    if (H->n==HeapSize) return TRUE;
    else return FALSE;
}
```

堆中的初始元素保存在一个数组中，将它创建为一个最大堆是一个逐渐变化的整理过程。

回忆一下，堆有一个重要的特性，即可以将堆看作一棵完全二叉树，而且任何一棵子树仍是堆。那么，将初始数据整理成堆的过程，可以利用递推的办法来实现。先从树的底层的叶结点开始进行整理，将子树整理成堆，逐层向上，将扩大后的子树再整理成堆，直到整棵树整理成堆为止。

叶结点本身已是堆，仅需要处理分支结点。根据完全二叉树的性质及二叉树顺序存储规则，数组后一半（下标从 $(n-1)/2+1$ 到 $n-1$）的数据都是叶结点，前一半（下标从 0 到 $(n-1)/2$）的数据都是分支结点。对分支结点从后向前依次进行处理。先选择最后一个分支结点，将以该结点为根的子树整理成堆。然后处理这个结点的前一个结点，这个结点也是分支结点，将以它为根的子树整理成堆。接下来处理更前一个结点，依此类推，直到处理完树根为止。此时，整棵完全二叉树转化为堆。初始堆建立完毕。

那么，子树的具体整理过程是什么样的呢？先看第一步要整理的子树。一棵子树的高度为 2，最多有 3 个结点。在这 2 或 3 个结点中，选出其中值最大者放到子树的根中。如果这个值原本就在根中，则只进行比较而不用进行数据交换。如果这个值在某个子结点中，则进行比较后还需要进行数据交换。这样，子树变为子堆。

再看所含结点多于 3 个的子树的堆的整理过程。元素整理成新堆，可以称为堆的整理，简称为整堆。假定子树的根是 R，它的左、右两个子结点分别是 Cl 和 Cr。整堆过程是自下而上进行的，当整理到以 R 为根的子树时，以 Cl 或 Cr 为根的子树已经满足堆的性质，它们已经是子堆了，即 Cl 是它这棵子树中的最大值，而 Cr 是它这棵子树中的最大值。要想将以 R 为根的子树整理成堆，堆顶元素必定出自 R、Cl 和 Cr 三者之中。和刚才的过程一样，选择 R、Cl 和 Cr 中的最大者，放到子树的根的位置。这也分两种情况。如果 R 是三者中最大者，则这个过程完毕。否则，将从 Cl 和 Cr 中选出的较大者与 R 进行交换，较大者作为子树的根，而 R 是下一级子树的根。在进行数据交换后，下一级子树的大小有序关系可能被破坏，这导致 R 在这棵子树中可能需要继续进行调整，也就是看 R 是不是仍比它的新子结点都大，只要小于它的子结点，就必须进行互换，直到 R 大于等于它所有的子结点，不再发生互换，或 R 到达叶结点，它没有子结点可以交换为止。

设初始数据保存在数组 arr 中，使用数组 arr 创建最大堆的实现如下。

```
void ShiftDown(ELEMType *arr,int i,int n)
{
    int child;
    for (; i<=(n-1)/2;i=child)
    {  child=i*2+1;
       if ((child!=(n-1))&&(arr[child+1]>arr[child]))
           child++;
       if (arr[i]<arr[child])
           swap(&arr[i],&arr[child]);
    }
}
int createHeap(maxHeap *H,ELEMType arr[],int n)   //创建最大堆
{
```

```
    int i;
    for (i=(n-1)/2;i>=0;i--)
        ShiftDown(arr,i,n);                        //调整为最大堆
    for (i=0;i<n;i++) H->heap[i]=arr[i];           //保存到堆结构中
    H->n=n;
    return TRUE;
}
```

在最大堆中插入新元素 x 时，先将 x 保存在堆中第一个空位置，然后将 x 向上调整到合适的位置。根据堆的有序性，x 与其父结点中的值进行比较，若父结点中的值较大，则插入完成；若父结点中的值较小，则互换两个元素，并继续比较 x 及其新的父结点。这个过程可能是一系列的，直到 x 小于其父结点中的值，或 x 已经调整到堆顶为止。直观地看，就是 x 沿到根的路径一路进行比较或交换，直到满足堆的特性为止。

```
int insertHeap(maxHeap *H,ELEMType x)      //在堆中插入元素 x
{   int curr;
    if (isHeapFull(H)==TRUE) return FALSE;
    H->heap[H->n++]=x;
    curr=H->n-1;
    while (curr>=0 && H->heap[curr]>H->heap[(curr-1)/2]){
        swap(&H->heap[curr],&H->heap[(curr-1)/2]);
        curr=(curr-1)/2;
    }
    return TRUE;
}
```

堆仅支持删除堆顶元素，其他位置的元素不允许删除。在删除堆顶元素后，使用堆中最后位置的元素来顶替堆顶。与插入新元素类似，这个元素可能破坏了堆的有序性，所以还需要进行调整。堆顶与其较大子结点的值相比较，若堆顶值较小，则堆顶与较大子结点的值互换，然后继续将这个结点与其较大子结点中的值相比较，并进行必要的交换。当结点中的值大于其较大子结点中的值，或结点已经是叶结点时，调整过程结束。相关实现如下。

```
int deleteHeap(maxHeap *H, ELEMType *x)//删除堆顶元素
{   if (isHeapEmpty(H)==TRUE) return FALSE;
    *x=H->heap[0];
    H->heap[0]=H->heap[H->n-1];
    H->n--;
    ShiftDown(H->heap,0,H->n);
    return TRUE;
}
```

上述系列算法进行简单的修改后，即可实现最小堆的基本操作。

【例 5-13】 建立最大堆示例。

给定数据：70,13,65,24,56,48,92,86，将其建成最大堆。

先将这些数据依次放到一棵完全二叉树中，如图 5-22a 所示。

排在最后的分支结点是 24，首先调整以它为根的子树。24 只有左子结点 86，且 86 大于 24，故交换两个值。得到的结果如图 5-22b 所示。

下一个要调整的分支结点是 65，以 65 为根的子树的高度也是 2，65 的较大的子结点是 92，92 大于根 65，于是互换两个元素。得到的结果如图 5-22c 所示。

接下来要调整的子树的根是 13，这棵子树的高度为 3。13 的较大的子结点是 86，86 大于 13，所以互换两个元素，得到的结果如图 5-22d 所示。这个调整还没有结束，因为以 13 为根的子树还没有满足堆的性质，继续进行调整，再判断 13 与它的子结点之间的大小关系是否满足堆的定义，不满足时仍需要进行交换，所以 13 与 24 互换，得到的结果如图 5-22e 所示。

接下来是对树根的调整了。根结点是 70，它的两个子结点都比它大，较大的一个是 92，所以互换 70 与 92。在 70 所处的新子树中，它是最大的，不需要继续调整。调整过程结束，得到的最大堆如图 5-22f 所示。

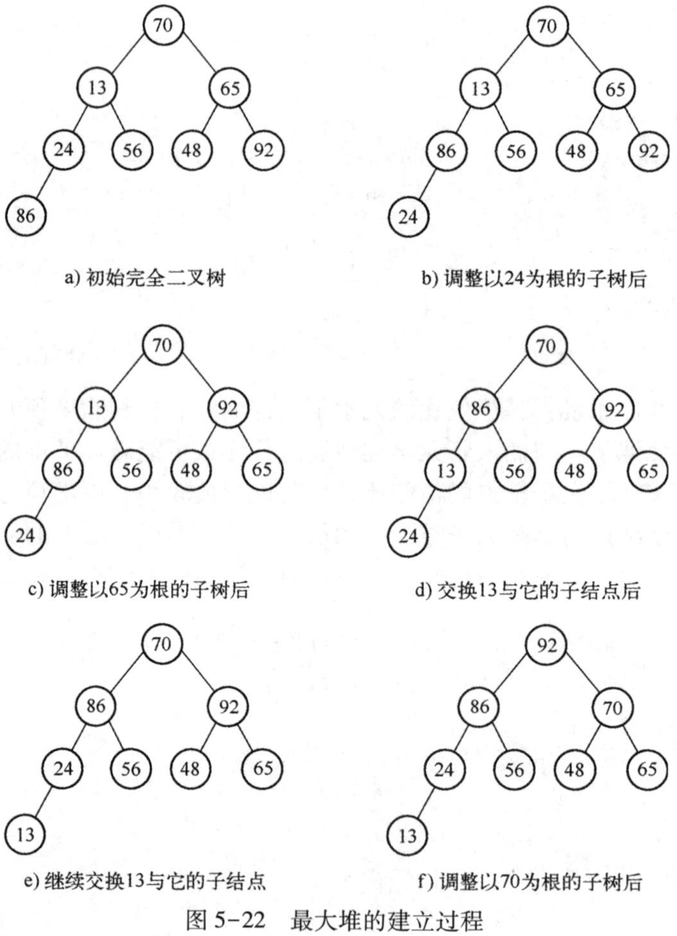

图 5-22　最大堆的建立过程

【例 5-14】 在最大堆中插入新元素示例。

在图 5-22f 所示的最大堆中，插入元素 40。

先将 40 放到完全二叉树的最后位置，如图 5-23a 所示。40 与其父结点相比较，因为 40 大于 24，所以两者互换。交换后，40 小于其父结点的值 86，不需要再交换。由此得到新的最大堆，如图 5-23b 所示。

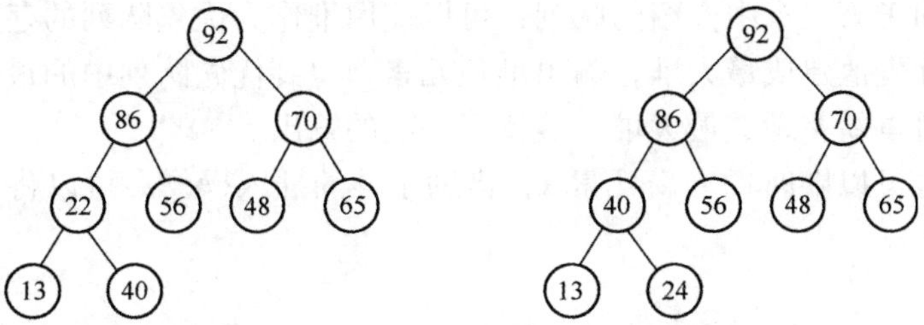

a) 将元素40放到最后位置　　b) 40与24交换

图 5-23　在最大堆中插入新元素

实际上，对于同一组初始数据，调整过程不同，创建的最大堆可能也不同，但堆顶是唯一的。例如，对于例 5-13 中所给的初始数据，采用例 5-14 的方法，各值依次插入到初始为空的最大堆中，得到的结果如图 5-24 所示。

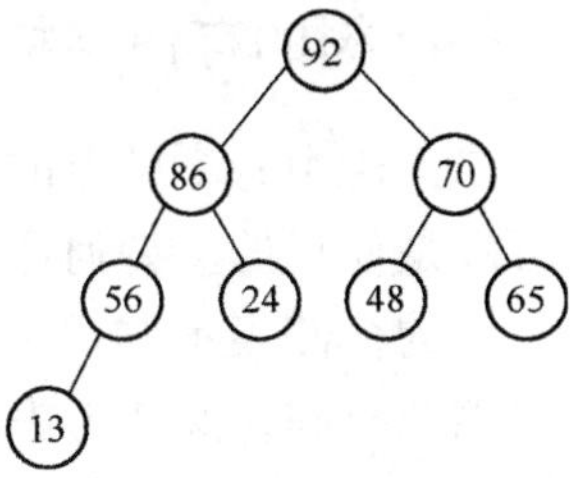

图 5-24　同一组数据得到的另一个最大堆

【**例 5-15**】删除最大堆的堆顶示例。

在图 5-22f 所示的最大堆中，删除堆顶。

删除堆顶 92，此时原堆顶的空位置由数组中最后一个元素填充，结果如图 5-25a 所示。

新放置的元素 13 与其子结点进行比较，较大的子结点是 86，而 13<86，所以需要进行交换，结果如图 5-25b 所示。

将元素 13 与其子结点继续进行比较，两个子结点中的较大者是 56，而 13<56，继续交换，结果如图 5-25c 所示。

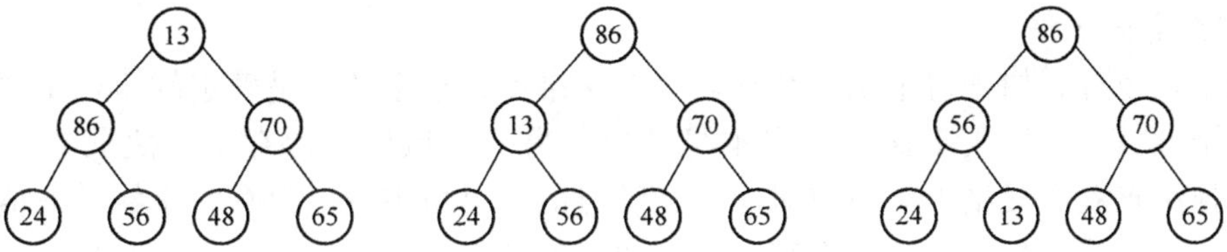

a) 删除堆顶且放置13　　b) 将13与86交换　　c) 将13与56交换

图 5-25　删除最大堆的堆顶后重新整堆的过程

此时，13 已经到达叶结点位置，不再进行调整。此时得到的结果即新的最大堆。

在堆中进行插入时，新元素与祖先结点进行比较及必要的交换，最多是调整到堆顶，即操作的步骤最多与树高成比例，所以时间复杂度为 $O(\log n)$。类似地，删除堆顶元素时，新补充的堆顶值也最多沿一条路径调整到叶结点，最多与树高成比例，所以时间复杂度也为 $O(\log n)$。

二、优先队列

队列具有先进先出的特性，这个特性是与时间相关的，可以看作时间优先的。在一些应用中，各元素本身还被赋予一个优先值，可以用一个非负整数表示优先值。优先值也称为优先权。具有优先值的各元素保存在一个结构中，这个结构称为优先队列。输出时，选择最优先的元素输出。“最优先”取决于优先值的定义，可以是优先值最小，也可以是优先值最大。

优先队列不同于第三章中介绍的队列，可以使用堆作为优先队列的存储结构。将具有优先值的各元素按优先值建成最大堆，输出堆顶元素即得到优先队列中的最优先元素，优先队列中的剩余元素再重新整理成最大堆，等待下一次的输出。

优先队列中也可以随时插入新元素 x，借助于堆的插入操作，可以将 x 调整到优先队列中的合适位置。

第五节 树和森林

当不限定树中每个结点的孩子结点个数时，可以得到一般意义下的树。多棵树组成森林。本节讨论树的存储结构，并讨论树及森林与二叉树之间的转换。不特别指明的话，本节所讨论的树均为有序树。

一、树的存储结构

二叉树中每个结点的孩子结点的个数不超过两个，与此不同，树中每个结点的子结点个数可以是任意的。如何保存树将很有挑战性。

树的存储表示方式，既要方便于树的基本操作，即进行这些操作时不能太麻烦，导致需要很多的时间，又要考虑空间复杂度，即不要浪费过多的空间。

那么，树有哪些基本操作呢？与二叉树的基本操作类似，树也需要遍历其中的所有结点。另外，树中也需要插入或删除结点，以及寻找某个结点的父结点、孩子结点等。

在实际应用中，树的存储表示方法有很多种，下面介绍三种常用的表示法。

1. 父结点表示法

除根结点以外，树中每个结点都只有一个父结点，这个数目是确定的。树中每个结点都至少含两个域，一个域用来保存结点本身的值，另一个域用来保存结点之父结点的相关信息。树的根结点没有父结点，所以对应于父结点的这个域中可以保存一个特殊的值，表示没有父结点。还可以在根结点的这个域中保存树中的结点个数，为了与实际的父结点信息相区别，域中保存的是这个数的相反数。这样的表示法称为父结点表示法，有时也称为父指针表示法或双亲表示法。

父结点表示法可以使用顺序存储方式，即使用一个一维数组保存一棵树，数组的每个单元都对应于树中的一个结点，它含有两个域，其中 data 域用来保存结点的相关信息，parent 域保存父结点在数组中的下标，根结点的 parent 域为负数，表示没有父结点。对于图 5-26a 所示的树 T，其对应的顺序存储结构如图 5-26b 所示。

在这种表示法中，求某个结点的父结点是非常容易的。例如，现在要求结点 e 的父结点。在图 5-26b 所示的数组中，找到 data 域为 e 的元素，它的 parent 域的值为 1，则数组下标为 1 的位置保存的就是它的父结点，即父结点为 b。

求树的根也很方便。数组中 parent 域的值为负数的元素即树的根结点。

在父结点表示法中，查找某个结点的所有子结点要麻烦一些，这通常需要遍历数组中的

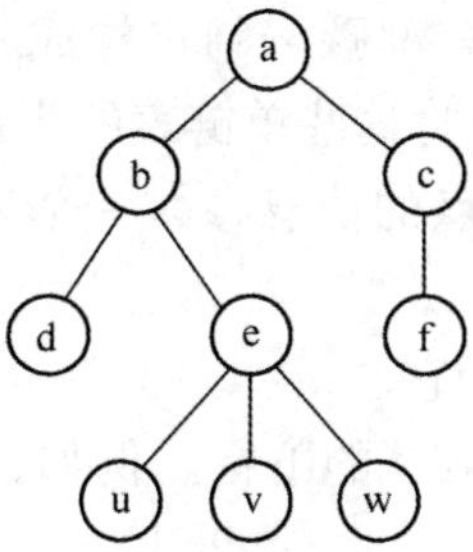

a) 一棵树T

下标	0	1	2	3	4	5	6	7	8
data	a	b	c	d	e	f	u	v	w
parent	-9	0	0	1	1	2	4	4	4

b) 使用父结点表示法表示的树T

图 5-26　树 T 及其父结点表示

所有元素。例如，要查找结点 e 的所有子结点，先在数组中查找结点 e 所在的位置，得知它存储在下标为 4 的地方，然后在数组中从前向后查找，找出 parent 域的值等于 4 的所有元素，它们都是 e 的子结点，即 e 的子结点有 3 个，分别是 u、v 和 w。

使用一个数组也可以表示多棵树。如图 5-27a 所示的树 T_1 和图 5-27b 所示的树 T_2，采用父结点表示法表示时，如图 5-27c 所示。

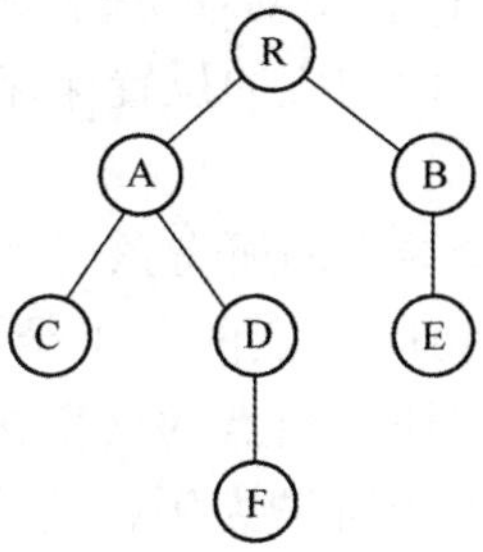

a) 树T_1

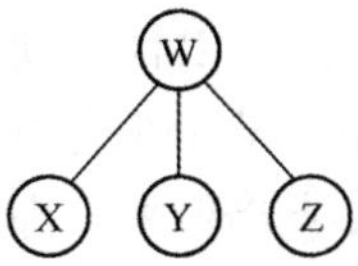

b) 树T_2

下标	0	1	2	3	4	5	6	7	8	9	10
data	R	A	B	C	D	E	F	W	X	Y	Z
parent	-7	0	0	1	1	2	4	-4	7	7	7

c) 使用父结点表示法表示的树T_1和T_2

图 5-27　两棵树及其父结点表示

2. 孩子结点表示法

父结点表示法中保存的是父结点的相关信息，不方便寻找孩子结点的信息，为此提出孩子结点表示法，其中保存的是孩子结点的相关信息。

在二叉树中，每个结点的孩子结点不会多于两个，所以二叉链表中只需要为孩子结点预留两个指针域。但对于树来说，树中每个结点的孩子结点的个数是任意的，当不能确定具体的个数时，就不能像二叉链表那样，为每个结点预留保存指向其孩子结点指针的域。

如果能确定树中孩子结点的最大个数，如 m，则可以构造一个 m 叉链表来保存树。每个结点，除保存自身信息以外，还有 m 个指针域，分别指向其孩子结点。如果一个结点的孩子结点个数是 k，则结点中有 k 个非空指针域和 $m-k$ 个空指针域。

在使用 m 叉链表保存含 n 个结点的树时，树中有 $m\times n$ 个指针域，其中非空指针域有 $n-1$ 个，空指针域有 $m\times n-n+1$ 个。当 n 确定时，m 越大，空指针域的个数越多。

还可以使用链表来保存结点的所有孩子结点。每个结点的全部孩子结点构成一个单链表，若树中含有 n 个结点，则会得到 n 个单链表。为方便操作，将这些单链表的头指针保存在一个一维数组中，数组的元素含有两个域，一个域 data 是结点的信息，另一个域 link 是指针。

仍以图 5-26a 所示的树 T 为例，采用孩子结点表示法来表示它。

先将树中所有的结点保存在一维数组中，每个结点都对应唯一的下标。例如，结点 a、b、c 的下标分别是 0、1、2。

在树中，根结点 a 有两个孩子结点，分别是结点 b 和 c。创建含两个结点的单链表，链表结点中的数据部分分别是 1 和 2，也就是结点 b 和 c 在数组中的下标。在数组下标 0 的单元中，link 域保存指向这个单链表表头的指针。

其他单链表的创建情况与此类似。例如，结点 d 和 e 是结点 b 的孩子结点，创建一个含两个结点的单链表，表结点中的数据分别是 3 和 4（分别代表结点 d 和 e），头指针保存在下标为 1 的 link 域中。又如，结点 d 是叶结点，没有孩子结点，所以下标 3 的 link 域中保存一个空指针，表示这个结点没有孩子结点。孩子结点表示法的结果如图 5-28 所示。

从图 5-28 可以看出，结点的孩子结点数目不同，所对应的链表长度也不同。孩子结点个数多，则链表也长。如果没有孩子结点，则数组中相应的位置保存一个空指针，代表一个空链表。

在孩子结点表示法中，可以很方便地查找某个结点的所有孩子结点，但查找某个结点的父结点就不太方便了。当在某个应用中，既需要访问结点的孩子结点，也需要访问父结点时，可以将这两种表示法结合起来，即在数组中添加父结点的信息，形成父结点-孩子结点表示法，从而实现所需的功能。仍以图 5-26a 所示的树 T 为例，其父结点-孩子结点表示法的结果如图 5-29 表示。

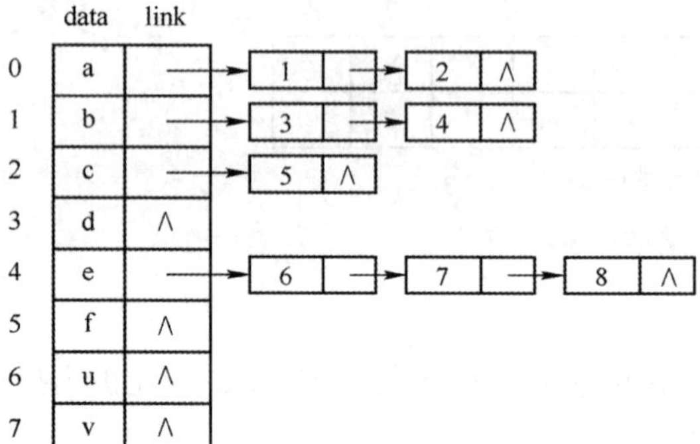

图 5-28 使用孩子结点表示法表示树 T

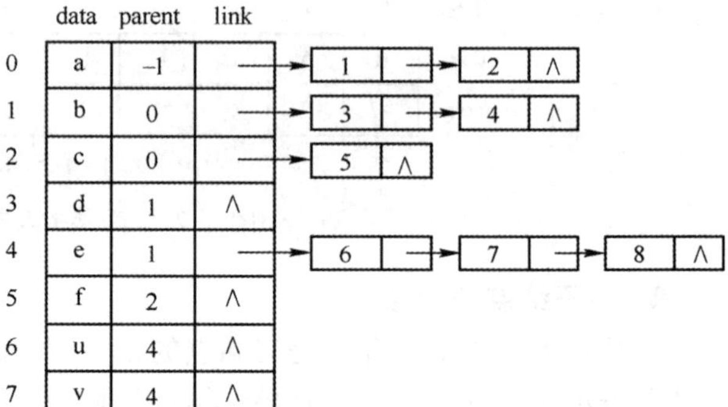

图 5-29 使用父结点-孩子结点表示法表示树 T

3. 孩子-兄弟表示法

树中每个结点的孩子结点个数不定，给树的表示带来了一定的难度。但树中也有个数固定的信息。例如，每个结点的第一个孩子结点（如果有的话）只能有一个，每个结点的下一个兄弟结点（如果有的话）也只能有一个。可以借用这些信息来表示树，使用的是与二叉链表类似的一种结构。

为树中的每个结点定义一个存储结点，其中有左、右两个指针域，左指针域指向这个结点的第一个孩子结点，右指针域指向这个结点的下一个兄弟结点。由于每个结点都含有两个指针域，故它很像是用来表示二叉树的二叉链表结构。树的这种表示法又称为二叉链表表示法，即以二叉链表的形式作为树的存储结构，这个二叉链表也称为孩子-兄弟链表。

虽然它的结构类似于二叉链表的结构，但表中两个指针域的含义与二叉链表中两个指针域的含义是不相同的。另外，树中各个孩子结点是没有次序的，为了方便起见，在使用这种方式存储树时，将孩子结点排好次序，人为规定哪个孩子结点是第一个，哪个孩子结点是第二个，依此类推。因为规定了孩子结点的次序，所以任何结点的下一个兄弟结点也不会再有歧义了。

如图 5-26a 所示的树 T，它的孩子-兄弟表示法如图 5-30 所示。

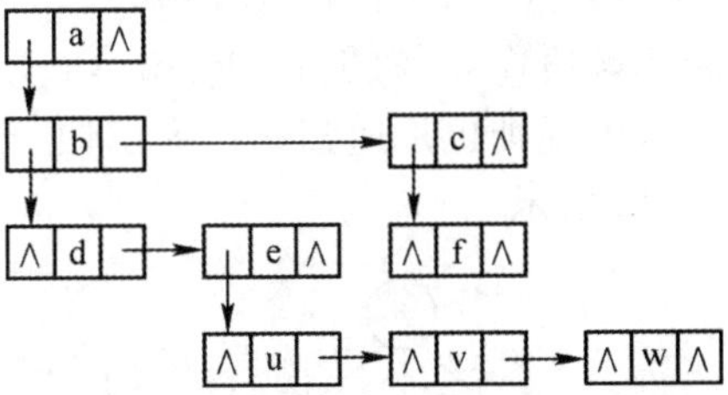

图 5-30　使用孩子-兄弟表示法表示树 T

按照图 5-30 所示的次序，根结点 a 有两个孩子结点，规定结点 b 是它的第一个孩子结点，则结点 c 为结点 b 的下一个兄弟结点。

因为根结点是没有兄弟结点的，所以根结点的右指针域总是空的。在这种表示法中，求任一结点的所有孩子结点也很方便。首先从该结点的左指针域中找到它的第一个孩子结点，然后从第一个孩子结点的右指针域中找到第二个孩子结点，再从第二个孩子结点的右指针域中找到第三个孩子结点，依此类推，直到某孩子结点的右指针域为空时停止，这表明它没有下一个兄弟结点了，由此找到了全部孩子结点。例如，从图 5-30 中可以查找结点 e 的 3 个孩子结点，从结点 e 的左指针找到结点 u，从结点 u 的右指针找到结点 v，从结点 v 的右指针找到结点 w，结点 w 的右指针为空，表示查找结束。

想象一下，将图 5-30 沿顺时针方向旋转 45°，得到的图很像二叉链表的形式，故此得名。

二、树、森林与二叉树的转换

前面已经看到，树和二叉树都可以用二叉链表作为存储结构。同一个二叉链表，若按树的存储含义来解释，则可以还原为树；若按二叉树的存储含义来解释，则可以还原为二叉树。正是因为这一点，可以在树与二叉树之间建立一种对应关系，这种对应关系的基础就是二叉链表。

首先用树的孩子-兄弟表示法将树表示为一个二叉链表，然后将这个二叉链表解释成一棵二叉树，这就建立了树与二叉树的对应关系。例如，对于图 5-30 所示的二叉链表，可以解释为图 5-31 所示的二叉树，它是与图 5-26a 所示树对应的二叉树。

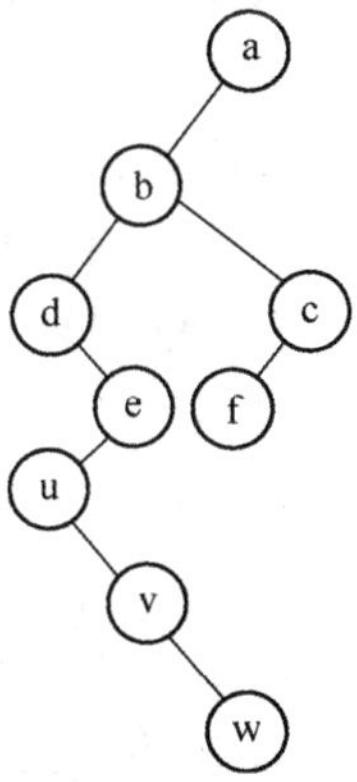

图 5-31　对应于图 5-26a 所示树 T 的二叉树

从图 5-31 中可以看出，一棵树所对应的二叉树的根结点没有右子树。某个结点的所有孩子结点在树中处在同一层，但在对应的二叉树表示中将分属于相邻的不同层中，且越靠右的孩子结点所处的层越深。

多棵树组成的森林也可以转换为一棵二叉树。第一棵树的转换规则与单棵树的转换规则相同，第二棵树的根被看作第一棵树的根结点的右兄弟结点，第三棵树的根被看作第二棵树的根结点的右兄弟结点，依此类推。

可以得到下列森林（包括单棵的树）与二叉树的转换对应规则。

规则 1：将森林转换成二叉树。

设 $F=\{T_1,T_2,\cdots,T_m\}$ 是森林，可按如下规则将森林 F 转换为一棵二叉树 $B=(root,B_L,B_R)$。

（1）若 F 为空（$m=0$），则 B 为空树。

（2）若 F 非空（$m>0$），则森林中 T_1 的根作为二叉树 B 的根 root；T_1 中各子树组成的森林 $F_1=\{T_{11},T_{12},\cdots,T_{1s}\}$ 转换成的二叉树作为 B 的左子树 B_L；森林 $F'=\{T_2,T_3,\cdots,T_m\}$ 转换成的二叉树作为 B 的右子树 B_R。

这个规则也是递归的，为了便于理解，使用一个具体例子来解释。森林及其转换结果如图 5-32 所示。

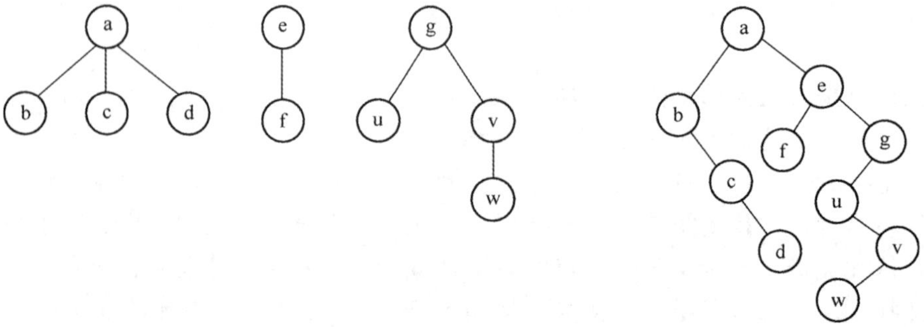

a) 三棵树组成的森林F　　b) 对应于森林F的二叉树

图 5-32　森林与二叉树的转换示例

根据规则 1，F 的第一棵树的根结点 a 为二叉树的根结点，a 的三棵子树组成的森林为 $F_1=\{\{b\},\{c\},\{d\}\}$，将 F_1 按同样的转换规则转换成 a 的左子树。第一棵树的根结点 b 成为子树的根结点，其余两棵树成为它的右子树。所以 c 是 b 的右孩子结点，d 是 c 的右孩子结点。第一棵树转换完毕。

接下来看森林中另外两棵树。包含剩余这两棵树的森林也按同样的规则进行转换，它们组成的二叉树成为 a 的右子树。第一棵树的根结点是 e，它成为 a 的右孩子结点。而 e 的各子树（实际上只有一棵）转换后得到的二叉树（结点 f 构成的单结点二叉树）是 e 的左子树。以 g 为根的树转换后得到的二叉树是 e 的右子树。按照这个过程继续下去，各森林中所含树的棵数越来越少，为空时就可以结束转换过程。

规则 2：将二叉树还原为森林。

设 $B=(root,B_L,B_R)$ 是一棵二叉树，则可按如下规则转换成森林 $F=\{T_1,T_2,\cdots,T_m\}$。

（1）若 B 为空，则 F 为空。

（2）若 B 非空，则 B 的根 root 作为 F 中第一棵树 T_1 的根；B 的左子树 B_L 还原得到的森林作为 T_1 的各子树；B 的右子树 B_R 还原得到的森林作为 F 中的 $T_2,T_3,\cdots,T_m$。

按照规则 2，分析将图 5-32b 所示的二叉树还原为图 5-32a 所示的森林的过程。首先，将二叉树的根结点 a 作为第一棵树 T_1 的根结点；然后，将 a 的左子树按同样规则转换为 T_1

的三棵子树｛b｝、｛c｝和｛d｝；最后，将根结点 a 的右子树按照同样的规则还原为森林的另外两棵树 T_2和 T_3。

可以断言，按规则 1 将森林转换成的二叉树，一定能按规则 2 还原为原来的森林。有了这种规律作为保证，就可以将对森林（包括单棵树）的操作转变为在转换后的二叉树上的操作，必要时，再将此二叉树还原为森林。

【例 5-16】 已知由 4 棵树组成的森林 F，各棵树中所含的结点个数依次是 2、3、4、5，则在 F 对应的二叉树 T 中，根的右子树中结点的个数是（　）。

A. 4　　B. 12　　C. 13　　D. 14

答案为 B。

根据转换规则，森林 F 中后 3 棵树转换为 T 的右子树，相应的结点个数 = 3+4+5 = 12。

【例 5-17】 给出树 T，如图 5-33 所示，试画出其对应的二叉树 BT，并分别给出二叉树 BT 的先序、中序和后序遍历序列。

将树 T 转换为二叉树 BT，如图 5-34 所示。

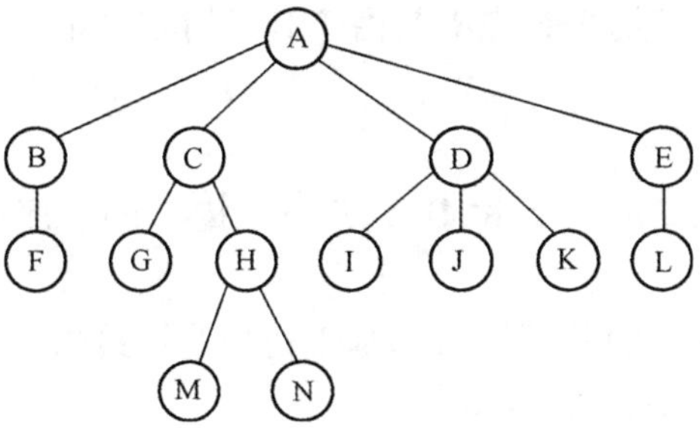

图 5-33　树 T

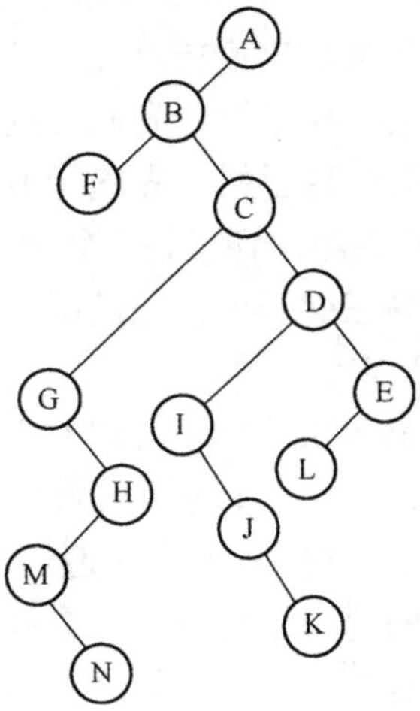

图 5-34　对应于树 T 的二叉树 BT

得到的二叉树 BT 的先序遍历序列是 A,B,F,C,G,H,M,N,D,I,J,K,E,L，中序遍历序列是 F,B,G,M,N,H,C,I,J,K,D,L,E,A，后序遍历序列是 F,N,M,H,G,K,J,I,L,E,D,C,B,A。

实际上，树和森林的遍历序列与其对应的二叉树的遍历序列是有一定关系的。

三、树和森林的遍历

在有些应用中，需要对树或森林中的所有结点进行处理，这时需要对树或森林进行遍历。森林是由一棵棵树组成的，对森林的遍历过程即按照某种策略依次对各棵树进行遍历的过程。它们的遍历策略只存在数量上的差别。先讨论树的遍历策略。

与二叉树的先序、中序和后序遍历策略类似，树的遍历策略有两种：一是先序遍历，也称为先根遍历或前序遍历；二是后序遍历，也称为后根遍历。

（1）先序（根）遍历：先访问树的根结点，再依次先序遍历根结点的各棵子树。

（2）后序（根）遍历：若树的根结点有子树，则首先后序遍历各棵子树，然后访问根结点；否则（根结点无子树），只访问根结点。

在先序遍历中，根结点在各棵子树遍历之前被遍历。在后序遍历中，根结点在各棵子树遍历之后被遍历。

【例 5-18】对图 5-33 所示的树 T 进行先序遍历和后序遍历，并给出遍历结果。

在先序遍历树时，先输出根结点 A，然后输出 A 的 4 棵子树的先序遍历序列。

遍历第一棵子树：得到根结点 B 及 B 的子树 F，结果是 B,F。

遍历第二棵子树：得到根结点 C、子树 1 的结果和子树 2 的结果。子树 1 的结果是 G。在子树 2 中，得到根结点 H，以及 H 的子树 1 的结果 M 和子树 2 的结果 N。得到结果：C,G,H,M,N。

遍历第三棵子树：得到根结点 D 和三棵子树的结果，每棵子树都只含一个结点。结果是 D,I,J,K。

第四棵子树很简单，遍历结果是 E,L。

综上所述，树 T 的先序遍历结果是：A,B,F,C,G,H,M,N,D,I,J,K,E,L。

结合例 5-17 的结果可知，树 T 的先序遍历结果与对应的二叉树 BT 的先序遍历序列相同。

再看 T 的后序遍历。先后序遍历 A 的 4 棵子树，最后访问 A。

遍历第一棵子树：先遍历其子树，再遍历根结点 B。结果是 F，B。

遍历第二棵子树：先遍历其两棵子树，再遍历根结点 C。遍历 C 的第一棵子树，得到 G。遍历 C 的第二棵子树，得到 M,N,H。结果是 G,M,N,H,C。

遍历第三棵子树：先遍历其三棵子树，再遍历根结点 D。由于其子树都是单结点树，故得到 I,J,K,D。

遍历第四棵子树：得到 L,E。

综上，T 的后序遍历结果是 F,B,G,M,N,H,C,I,J,K,D,L,E,A。树 T 的后序遍历结果与对应的二叉树 BT 的中序遍历序列相同。

将树的遍历策略应用于森林，可以得到森林的遍历策略。基于树的遍历策略，森林的遍历策略也有两种，一是先序遍历森林，二是后序遍历森林。

森林的先序遍历过程是，按照树的排列次序，先序遍历各棵树。森林的后序遍历过程是，按照树的排列次序，后序遍历各棵树。

可以看出，在森林的遍历序列中，各棵树中的结点不会混杂在一起。

【例 5-19】分别对图 5-32a 所示的森林 F 进行先序遍历和后序遍历，并给出遍历结果。

先看先序遍历。森林 F 共有 3 棵树，分别先序遍历 3 棵树的结果即对森林 F 的先序遍历结果。

按照树的先序遍历策略，森林 F 的第一棵树的先序遍历结果是 a,b,c,d，第二棵树的先序遍历结果是 e,f，第三棵树的先序遍历结果是 g,u,v,w。由此得到对森林 F 进行先序遍历的结果：a,b,c,d,e,f,g,u,v,w。

再看后序遍历。按照树的后序遍历策略，森林 F 的第一棵树的后序遍历结果是 b,c,d,a，第二棵树的后序遍历结果是 f,e，第三棵树的后序遍历结果是 u,w,v,g。由此得到对森林 F 进行后序遍历的结果：b,c,d,a,f,e,u,w,v,g。

可以验证，图 5-32b 所示的二叉树的先序遍历序列和中序遍历序列与本例中得到的两个遍历序列分别相同。

设森林 F 对应的二叉树为 T，而 F 的后序遍历结果与 T 的中序遍历结果相同，所以，在有些教材中，也将森林的后序遍历称为树的中序遍历。

第六节　哈夫曼树及哈夫曼编码

本节介绍哈夫曼树及哈夫曼编码，基于这种编码方法可以实现简单的文件压缩算法。

一、编码

使用二叉树不仅可以表示一个表达式，还可以表示字符集中各字符的编码。

日常使用的字符，包括自然语言中的字符和程序设计时用到的字符，在计算机内部需要表示为二进制串，所以需要在字符与二进制串之间建立一一对应的关系，即对字符进行编码。编码是信息从一种形式或格式转换为另一种形式或格式的过程。转换前的文本称为原文，转换后的文本称为译文。字符编码有不同的体系，比如，ASCII 编码和 Unicode 编码都是计算机内使用的编码体系。日常生活中也会使用编码，比如电报码。具体来说，ASCII 编码的字符集包括英文字母、数字、标点符号和一些控制字符，使用 8 位二进制表示一个符号。Unicode 编码的字符集不但包含 ASCII 编码的字符集，而且包含一些自然语言使用的字符，如汉字等，使用 16 位二进制表示一个字符。电报码使用 4 位十进制数表示一个汉字。这些都属于定长编码，也就是所有字符的编码长度都相等。表示编码的数字可以是二进制的，也可以是十进制的。

定长编码在处理时算法简单，效率高，在编码长度确定之后，译文的长度完全取决于原文的长度。比如，当用 m 位二进制表示一个字符时，若原文含有 n 个字符，则译文的二进制位数是 $n\times m$。在信息的存储和传输过程中，为追求高效率，人们希望表示信息的译文总长度越短越好。定长编码机制显然做不到这一点。

自然语言中各字符出现的频度是不一样的，可以借助这个特性来设计不等长编码方案，即变长编码方案，目的是得到尽可能短的译文。在译文缩短后，后续的操作将更有效率。采用不等长编码的原则是使要处理的文本中出现次数较多的字符采用较短的编码。

以二进制编码为例。可以这样设计编码方案，将字符集中的字符按其使用频率从高到低进行排序，将编码按其长度从短到长进行排序，并将这两个序列进行一一对应。

不失一般性，以含 6 个字符的字符集 S = {a,b,c,d,e,f} 为例，各字符的使用频率从高到低排列，给出长度最短的 6 个二进制编码：{0,1,00,01,10,11}。字符的使用频率定义为该字符的权值。字符集与编码集中的元素一一对应，得到编码方案。这个方案看似可行，但译码时会存在二义性。比如，对应于原文 abcdd 的译文是 01000101。根据编码方案，这个结果是确定的。但给定译文 01000101，能够还原的原文却不是确定的。除 abcdd 以外，daaadd、dcdd 也是对应于 01000101 的原文。也就是说，同一个译文会对应于多个原文。这样的编码方案在实际中是不可用的。一个编码方案能够实用，必须满足前缀特性。

在一个编码方案中，任何一个字符的编码都不是该方案中任何其他字符编码的前缀，这样的编码称为具有前缀特性。正是因为编码方案具有前缀特性，才能够保证译码过程的正确性和唯一性。

可以验证，前面给出的字符集 S 的编码方案不具有前缀特性，字符 a 的编码 0 是字符 c

和 d 的前缀。所以，在译文中遇到 0 时，既可以将它还原为字符 a，也可以将它和后面遇到的 0 一起还原为字符 c，或和后面遇到的 1 一起还原为字符 d。从而产生了二义性。

可以使用二叉树来表示一个编码方案。在二叉树的分支上标注 0 或 1，从根结点到某结点的路径上，各分支标注的 0 或 1 组成一个编码。通常，左分支标注 0，右分支标注 1；也可以反过来。以字符集 S 及其编码为例，对应的二叉树如图 5-35 所示。

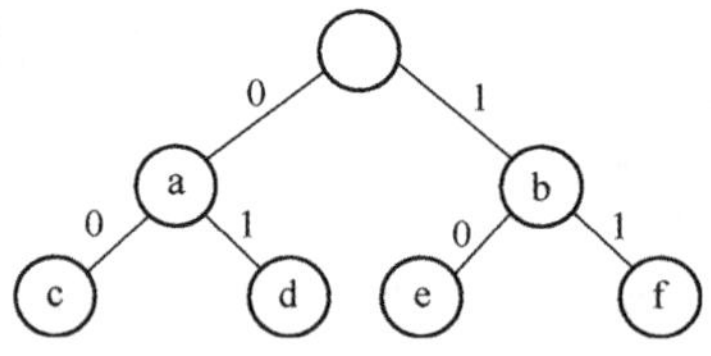

图 5-35　对应于集合 S 的编码树

从图 5-35 可以看出，从根结点到某结点的路径上所标注的 0、1 串正好对应于该结点的编码。比如，从根结点到结点 a 的路径上所标注的 0 代表字符 a 的编码，从根结点到结点 d 的路径上所标注的 01 代表字符 d 的编码。

在使用二叉树表示编码方案时，很容易验证编码方案是否具有前缀特性。图 5-35 所示的编码树所代表的编码方案显然不满足前缀特性，因为从根结点到叶结点的路径上，遇到了多于一个的字符。由此可知，如果一个编码方案满足前缀特性，那么在对应的编码树中，字符只能出现在叶结点中。这个特性很容易判断。

在二叉树中，层越高，编码越短。这表明，如果字符 1 出现的频度比字符 2 高，则在编码树中，字符 1 的层数不应大于字符 2 的层数。这为设计编码方案提供了一个思路。

二、哈夫曼树

在给定字符集及各字符的权值后，如何设计具有前缀特性的编码方案呢？哈夫曼给出一种对字符集进行编码的一般性规则。首先构造一棵哈夫曼（Huffman）树，然后给出各字符的哈夫曼编码。哈夫曼编码不仅满足前缀特性，还能保证在满足前缀特性的前提下，得到的译文是最短的。

在二叉树中，叶结点的带权路径长度定义为叶结点的权值和其到根结点的路径长度之积。二叉树的外部带权路径长度就是树中所有叶结点的带权路径长度之和。二叉树的外部带权路径长度记为 WPL，有：

$$\mathrm{WPL} = \sum_{k=1}^{n} w_k l_k \tag{5-9}$$

其中，n 为叶结点个数，w_k为第 k 个叶结点的权值，l_k为第 k 个叶结点的路径长度。

可以证明，哈夫曼树的 WPL 是最小的，即哈夫曼树是带权路径长度最短的树，因此它又称为最优二叉树。相关的证明可参考其他书籍。

【例 5-20】 计算图 5-36 中 4 棵二叉树的 WPL。其中，叶结点左侧标注的是其权值。

先看图 5-36a 所示的二叉树，其 WPL=30×1+25×2+12×3+6×3=134。其他 3 棵树的计算过程类似。4 棵二叉树的 WPL 分别为 134、195、139 和 146。图 5-36a 所示二叉树的 WPL 最小。可以验证，这是使用这个权值集合能够构造的具有最小 WPL 的二叉树。

仔细观察图 5-36 中的 4 棵二叉树，树中叶结点的权值集合是相同的。也就是说，如果有一个含 4 个字符的字符集，各字符出现的频度分别是 6、12、25、30，那么可以构造不同的均满足前缀特性的编码树，各编码树的 WPL 可能不同。现在的任务是构造具有最小 WPL 且满足前缀特性的编码树。

设有 n 个权值$\{w_1, w_2, \cdots, w_n\}$，构造具有 n 个叶结点的二叉树，每个叶结点带有一个权

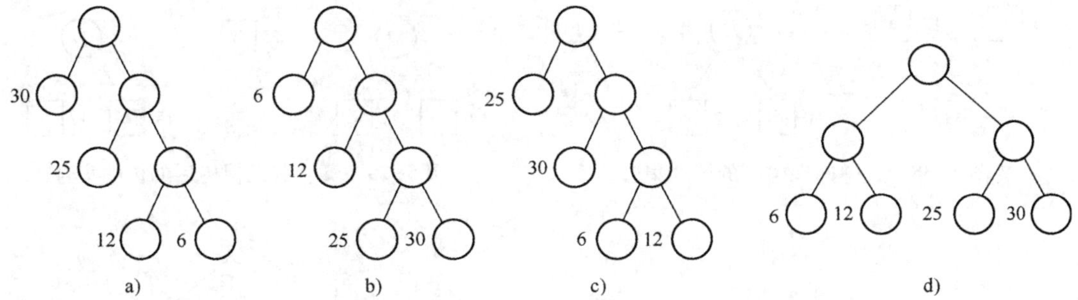

图 5-36　使用相同的权值集合构造的 4 棵二叉树

值 w_i。在所有这样的二叉树中，WPL 最小的一棵二叉树称为哈夫曼树。图 5-36a 所示二叉树就是一棵哈夫曼树。

构造哈夫曼树的算法是由哈夫曼首先提出的，所以又称为哈夫曼算法。算法步骤如下。

（1）根据给定的 n 个权值 $\{w_1, w_2, \cdots, w_n\}$（$n \geqslant 2$），构造含 n 棵二叉树的集合 $F=\{T_1, T_2, \cdots, T_n\}$，其中每棵二叉树 T_i（$1 \leqslant i \leqslant n$）只有一个根结点，它带有权值 w_i（$i=1,2,\cdots,n$）。

（2）在 F 中选出两棵根结点权值最小（如果有相等的权值，则可任意选择）的二叉树，将它们分别作为左、右子树，新增加一个根结点，从而构造一棵新的二叉树，新二叉树中根结点的权值为其左、右子树的根结点的权值之和。然后从 F 中删去选出的这两棵树，加入这棵新构造的树。

（3）重复步骤（2），直到 F 中只有一棵树为止，这棵树就是哈夫曼树。

在构造哈夫曼树，选出的具有最小权值的两棵二叉树组成一棵更大的二叉树时，谁是左子树、谁是右子树可以是随意的。这意味着，对于同一个权值集，哈夫曼算法构造的哈夫曼树不是唯一的。虽然树形不同，但它们的 WPL 相同。在选择树时，从权值相等的两棵树中选择一棵，也可以随意，选择的结果也不影响树的 WPL。

【例 5-21】 已知字符集 $S=\{a,b,c,d,e\}$，对应的权值为 $\{17,25,12,6,14\}$，试构造哈夫曼树，并计算其 WPL。

在叶结点中，将所给权值列在结点左侧；在分支结点中，将权值写在结点内。

初始时，5 个权值分别对应 5 棵单结点的树，并按权值从小到大排序，叶结点表示为方形结点，如图 5-37 所示。

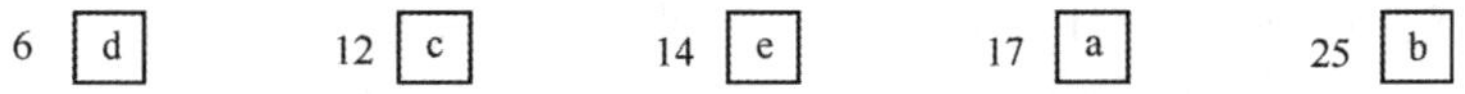

图 5-37　构造哈夫曼树的初始步骤

选择权值最小和次小的两棵树进行合并，新增加的根结点表示为圆形结点。新树的根结点的权值是 18，选择权值小的树作为左子树，权值大的树作为右子树。当然，左子树和右子树可以互换。将选中的两棵树删除，添加新合并的树，仍按权值从小到大排序。合并两棵树后的树的集合如图 5-38 所示。

继续选择权值最小和次小的两棵树进行合并。新树的根结点的权值是 31。将选中的两棵树删除，增加新合并的树。又合并两棵树后的树的集合如图 5-39 所示。

现在，还剩余 3 棵树。继续这个过程。最后两步合并的结果分别如图 5-40 和图 5-41 所示。

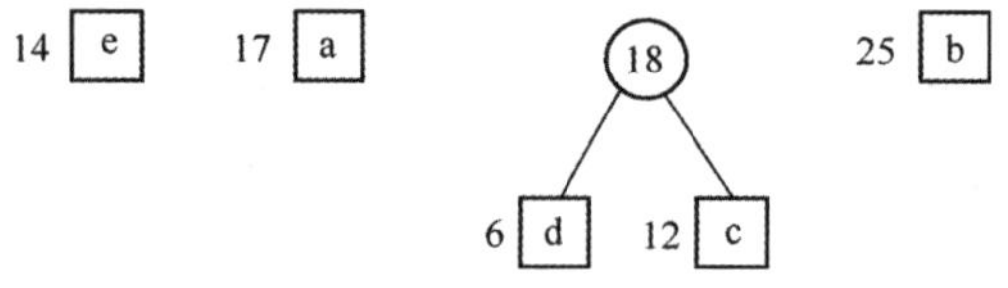

图 5-38　合并两棵树后的树的集合

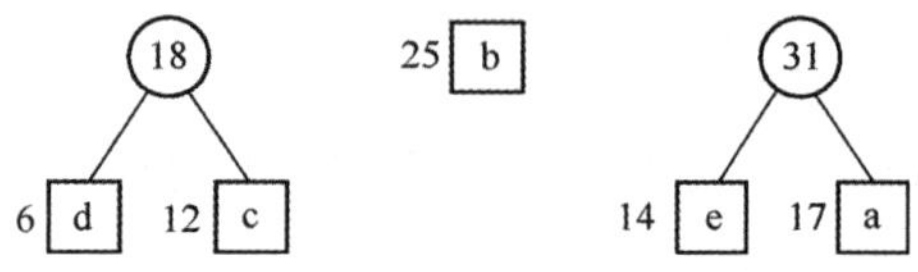

图 5-39　又合并两棵树后的树的集合

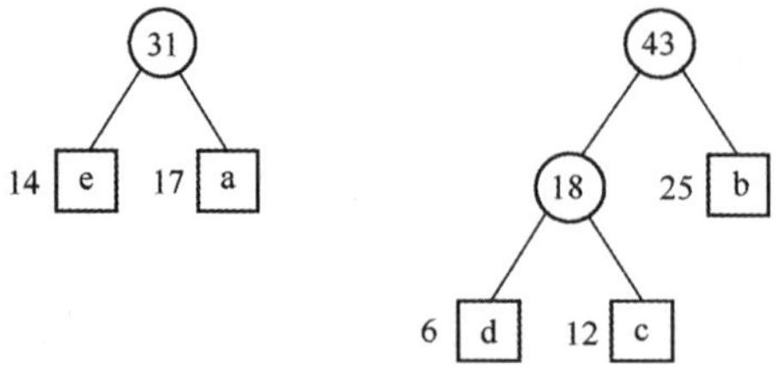

图 5-40　再合并两棵树后的树的集合

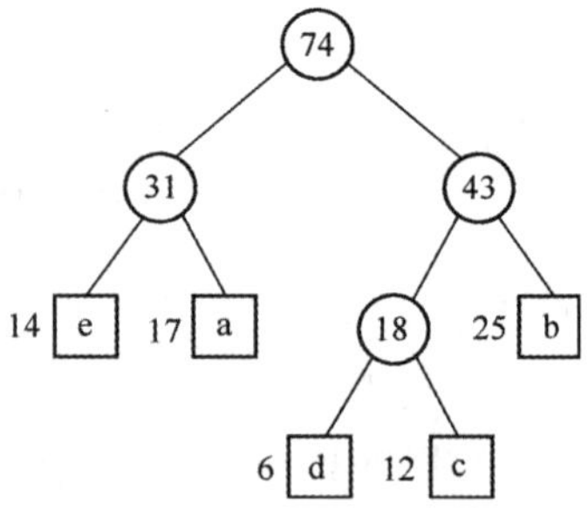

图 5-41　得到的哈夫曼树

WPL＝14×2+17×2+6×3+12×3+25×2＝166。

可以看到，由哈夫曼算法得到的哈夫曼树中没有度为 1 的结点，这是因为每次合并时都选择了两棵树分别作为左子树和右子树。初始时，如果给定的权值个数为 n，则哈夫曼树的构建过程需要 $n-1$ 步。在得到的哈夫曼树中，叶结点个数为 n，分支结点个数为 $n-1$，结点总数为 $2n-1$。

可以验证，哈夫曼树任一分支结点的左子树和右子树进行交换并不会改变哈夫曼树的 WPL 的值，即对相同权值集合构造的不同哈夫曼树的 WPL 是相同的。

三、哈夫曼编码

在哈夫曼树中，对于所有的分支结点，其左分支标为 0，右分支标为 1。在这样标记以后，将从根结点到叶结点的路径上标记的 0 和 1 依次收集起来，可以得到叶结点对应字符的具体编码，这就是哈夫曼编码。

【例 5-22】 求出例 5-21 所给字符集 S 中各字符的编码。

根据字符集 S，得到图 5-41 所示的哈夫曼树，在哈夫曼树中添加 0、1 标记，如图 5-42 所示。

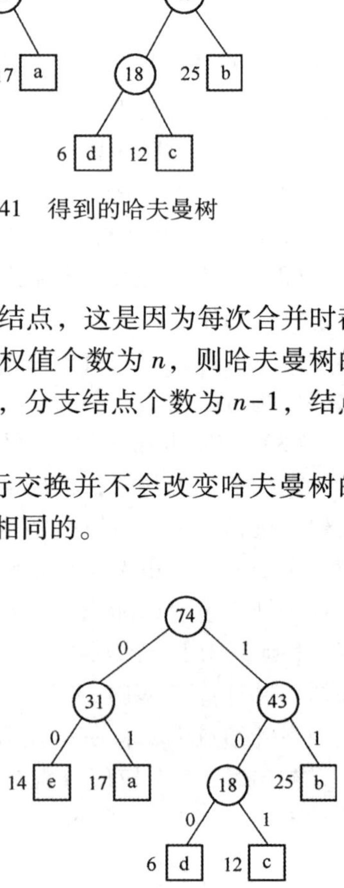

图 5-42　加标记后的哈夫曼树

字符集 S 中各字符的编码见表 5-1。

表 5-1　字符集 S 中各字符的哈夫曼编码

字　符	a	b	c	d	e
哈夫曼编码	01	11	101	100	00

哈夫曼树的结果不是唯一的，甚至对同一棵哈夫曼树，将左分支标记为 1、右分支标记为 0 也是合理的，所以哈夫曼编码也不是唯一的。对于图 5-42 所示的哈夫曼树，如果将 0、1 互换，则得到字符集 S 中各字符的另一种哈夫曼编码，见表 5-2。

表 5-2　字符集 S 中各字符的另一种哈夫曼编码

字　符	a	b	c	d	e
哈夫曼编码	10	00	010	011	11

哈夫曼树的 WPL 及根结点中的权值有什么实际含义呢？

以字符集 S 为例，各字符的权值是其出现的频度。当这个权值解释为字符出现的次数时，即在原文中，a、b、c、d、e 分别出现了 17、25、12、6、14 次，则原文中总的字符数=17+25+12+6+14=74，这即根结点中的权值。

原文总字符数是 74，那么译文的总位数是多少呢？表示字符 a 时使用 2 位，a 出现了 17 次，即译文中需要使用 17×2=34 位 0 或 1 来表示全部的 a。34 即叶结点 a 的带权路径长度。如果将原文中的 74 个符号（5 种字符）表示为 0、1 串，则需要 17×2+25×2+12×3+6×3+14×2=166 位，这即哈夫曼树的 WPL 的值。

编码的带权平均码长=译文总位数/原文字符总数=166/74 ≈2. 24。

通常来讲，当字符集中各字符的权值差异较大时，使用变长编码得到的带权平均码长会比使用定长编码得到的码长短。但这个结论并不总是成立的，比如，对于只含有两个字符的字符集 S，无论是定长编码还是变长编码，平均码长都是 1。

在哈夫曼树上进行译码很简单。译码的策略是：从前向后逐位扫描编码的每一位，根据编码的值，找到从哈夫曼树的根结点到叶结点的路径。从根开始，如果编码的当前位是 0，则沿左分支到下一层，否则沿右分支到下一层。继续看编码的下一位，并决定下一步的走向。当到达树中的叶结点时，叶结点中所保存的数据值就是对应于刚刚扫描过的这几位编码的字符。继续这个过程，扫描剩余编码位，根据各编码位的情况，寻找从根结点到叶结点的一条路径，并输出叶结点中保存的相应字符，完成又一个字符的译码。当全部的二进制编码扫描完毕时，译码过程即告结束。

【例 5-23】 对于表 5-1 中给定的字符集编码方案，已知译文是 110010101111000011，其原文是什么？

从哈夫曼树的根结点开始，根据编码的各位决定选择的分支，前两位是 11，故得到字符 b。接下来，00 对应于字符 e。依此类推，最终得到的原文是 becabdeb。

哈夫曼树是一棵特殊的二叉树，其中没有度为 1 的结点。在扫描二进制编码时，无论遇到的是 0 还是 1，都可以保证从当前结点进入到下一层，除非到达了叶结点。如果到达叶结点，则表明完成了一个字符的译码。

内容小结

树是一种层次结构，适合用来表示具有层次关系的数据。本章介绍了树的基本概念及常用的几种表示方法，着重介绍了二叉树的概念、性质及两种不同的实现方式，针对二叉树的链式存储方式，给出了二叉树遍历算法的递归实现及非递归实现。

本章还介绍了堆和优先队列的概念，实现了堆的基本操作。

在此基础上，本章介绍了树、森林与二叉树之间的关系，给出了树、森林与二叉树进行相互转换的规则，介绍了树、森林的遍历算法。本章最后介绍了二叉树的一个重要应用实例，即哈夫曼树及哈夫曼编码。

习 题

一、单项选择题

1. 下列关于二叉树的叙述中，正确的是________。

A. 二叉树的度为 2　　B. 二叉树的度可以小于 2

C. 二叉树中至少有一个结点的度为 2　　D. 二叉树中任何一个结点的度都为 2

2. 下列存储形式中，不是树的存储形式的是________。

A. 父结点表示法　　B. 孩子结点表示法

C. 孩子-兄弟表示法　　D. 顺序存储表示法

3. 下列关于二叉树的叙述中，正确的是________。

Ⅰ. 只有一个结点的二叉树的度为 0

Ⅱ. 二叉树的度为 2

Ⅲ. 二叉树的左、右子树可任意交换

Ⅳ. 深度为 K 的完全二叉树的结点个数小于或等于深度相同的满二叉树

A. Ⅰ、Ⅳ　　B. Ⅱ、Ⅳ　　C. Ⅰ、Ⅱ、Ⅲ　　D. Ⅱ、Ⅲ、Ⅳ

4. 一棵二叉树共有 20 个结点，其中度为 1 的结点的个数是 7，则叶结点个数是________。

A. 4　　B. 7　　C. 9　　D. 13

5. 在深度为 5 的二叉树中，结点个数最多是________。

A. 10　　B. 16　　C. 31　　D. 32

6. 对含 n 个结点的完全二叉树从上到下且从左至右进行 1 至 n 的编号，根结点的编号为 1，则对树中任意结点，若其编号为 i 则正确的是________。

A. 若 $2i \geqslant n$，则结点 i 无左子结点

B. 若 $2i+1 \geqslant n$，则结点 i 无右子结点

C. 若 i 为偶数，则 i 是其父结点的左子结点

D. 若 i 为奇数，则 i 是其父结点的右子结点

7. 在采用顺序存储方式保存一棵二叉树时，根结点保存在数组的 $A[0]$ 中，若编号为 i 的结点有右子结点，则该子结点的下标为________。

A. $2i-1$　　B. $2i$　　C. $2i+1$　　D. $2i+2$

8. 在一棵非空二叉树的中序遍历序列中，根结点的右边________。

A. 只有左子树上的所有结点　　B. 只有右子树上的所有结点

C. 只有左子树上的部分结点　　D. 只有右子树上的部分结点

9. 若一棵满二叉树有 m 个叶结点、n 个结点，其高度为 h，则下列关系式中正确的是________。

A. $h+m==2n$　　B. $n==h+m$　　C. $m==h-1$　　D. $n==2^h-1$

10. 若一棵二叉树的高度为 h，所有结点的度为 0 或 2，则这棵二叉树的结点数最少为________。

A. $h+1$　　B. 2^h-1　　C. 2^h　　D. 2^h+1

11. 设 n、m 为二叉树 T 中的两个结点，在中序遍历序列中，n 出现在 m 之前的条件是

________。

A. n 在 m 左侧　B. n 在 m 右侧　C. n 是 m 的子孙结点　D. n 是 m 的祖先结点

12. 由 3 个结点可以构造出的不同形态的二叉树的数量是________。

A. 3 个　B. 4 个　C. 5 个　D. 6 个

13. 下列 4 个序列中，能构成最大堆的是________。

A. 75,65,30,15,25,45,20,10　B. 75,65,45,10,30,25,20,15

C. 75,45,65,30,15,25,20,10　D. 75,45,65,10,25,30,20,15

14. 在 13 题得到的最大堆中删除堆顶后，得到的最大堆是________。

A. 65,30,15,25,45,20,10　B. 65,45,25,30,15,10,20

C. 65,45,30,15,25,20,10　D. 65,45,10,25,30,20,15

15. 在 13 题得到的最大堆中插入新元素 55 后，得到的最大堆是________。

A. 75,55,65,45,15,25,20,10,30　B. 75,65,55,45,10,30,25,20,15

C. 75,55,45,65,30,15,25,20,10　D. 75,45,65,55,10,25,30,20,15

16. 与树的后序遍历序列相同的是对应二叉树的________。

A. 先序遍历序列　B. 中序遍历序列

C. 后序遍历序列　D. 按层遍历序列

17. 设森林 F 中有 3 棵树，第一棵、第二棵和第三棵树的结点个数分别为 M1、M2 与 M3（M1、M2 和 M3 皆大于 0）。与森林 F 对应的二叉树的根结点的右子树上的结点个数是________。

A. M1　B. M1+M2　C. M3　D. M2+M3

18. 若一棵非空二叉树的先序遍历序列与后序遍历序列正好互为逆序序列，则该二叉树的形状应为________。

A. 从树的根结点开始，左、右子树相互对称

B. 所有非叶结点只有向左的一个分支

C. 所有非叶结点只有向右的一个分支

D. 所有非叶结点都是度为 1 的结点

19. 设给定权值总数为 n，用它构造的哈夫曼树的结点总数为________。

A. 不确定　B. $2n-1$　C. $2n$　D. $2n+1$

20. 下列编码集中，不具有前缀特性的是________。

A. {0,10,110,1111}　B. {00,10,011,110,111}

C. {00,010,0110,1000}　D. {11,10,001,101,0001}

21. 若一棵哈夫曼树共有 215 个结点，则树中编码的字符个数是________。

A. 107　B. 108　C. 215　D. 214

二、填空题

1. 具有 18 个结点的完全二叉树的高度是________。

2. 已知完全二叉树的第 5 层（根在第 0 层）有 8 个叶结点，则整个二叉树的结点个数最多是________。

3. 已知一棵二叉树的先序遍历结果为 A,B,C,D,E,F，中序遍历结果为 C,B,A,E,D,F，则其后序遍历结果为________。

4. 二叉树的先序遍历结果是 E,F,H,I,G,J,K，中序遍历结果是 H,F,I,E,J,K,G，该二叉树的根结点的右子树的根结点是________。

5. 若一棵二叉树具有 10 个度为 2 的结点，5 个度为 1 的结点，则度为 0 的结点个数是________。

6. 设树 T 的度为 4，其中度为 1、2、3 和 4 的结点的个数分别为 4、2、1 与 1，则 T 中的叶结点个数为________。

7. 与算术表达式 a+b＊(c+d/e)对应的后缀表达式为________。

8. 设森林 F 对应的二叉树为 B，它有 m 个结点，B 的根结点为 p，p 的右子树的结点个数为 n，则森林 F 中第一棵树的结点个数是________。

9. 已知二叉树的后序遍历序列为 D,G,E,B,F,C,A，中序遍历序列为 D,B,G,E,A,C,F，则其先序遍历序列是________。

10. 对于任意一棵二叉树，若它有 n_0个叶结点，n_2个度为 2 的结点，则 n_0 =________。

11. 如果深度为 k 的二叉树为满二叉树，则树中结点的个数是________。

12. 若用二叉链表存储二叉树，则含有 n 个结点的二叉树中的空指针个数为________。

13. 设有含 n 个结点的完全二叉树，如果对结点按照自上到下、从左到右的次序从 1 开始进行连续的编号，则第 i（$2 \leqslant i \leqslant n$）个结点的父结点的编号为________。

14. 设有含 n 个结点的完全二叉树，如果对结点按照自上到下、从左到右的次序从 1 开始进行连续的编号，则第 i（$2 \leqslant i \leqslant n$）个结点有左子结点的条件是________。

15. 假设用孩子-兄弟表示法存储一个森林，则对森林进行的先序遍历等同于对其孩子-兄弟链表进行的________。

16. 假设用孩子-兄弟表示法存储一个森林，则森林进行的后序遍历等同于对其孩子-兄弟链表进行的________。

三、解答题

1. 请使用一棵树表示你所在学校的院系结构。

2. 当使用一棵树描述本章目录（如第五章、节）时，请回答下列问题：

（1）树中共有多少个结点？

（2）每个结点的度分别是多少？

（3）树的深度是多少？

3. 有 4 个结点的二叉树共有多少种不同的树形？分别画出。

4. 若某棵树有 n_1 个度为 1 的结点、n_2个度为 2 的结点……n_m个度为 m 的结点，则这棵树共有多少个叶结点？给出推导过程。

5. 使用同样结构的结点构造的双向链表和二叉链表有什么不同？

6. 分别给出图 5-43 所示二叉树的先序、中序、后序遍历序列。

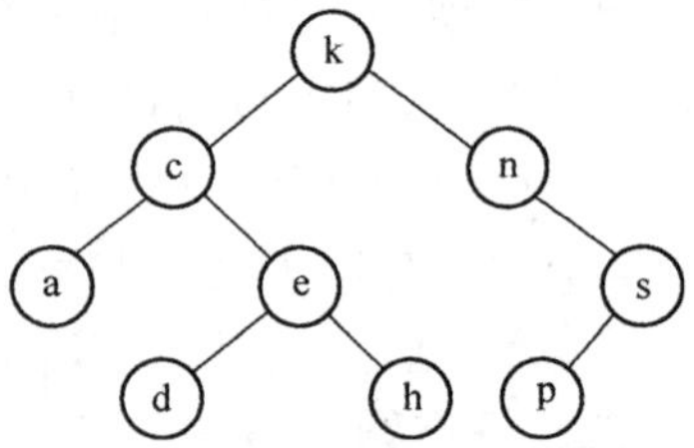

图 5-43　解答题 6 的图

7. 将图 5-43 所示的二叉树还原为森林。

8. 树的集合表示法能直接用来表示二叉树吗？若不能，则修改集合表示法，使之能表示二叉树，以图 5-43 所示的二叉树为例，给出其集合表示。

9. 现有一棵二叉树，其先序遍历序列是 A,B,C,D,E,F,G,H,I，中序遍历序列是 B,C,A,E,D,G,H,F,I，画出该二叉树。

10. 给定一组权值：15,22,14,6,7,5,7，构造一棵哈夫曼树，并计算树的外部带权路径长度。

11. 假设字符 a、b、c、d、e、f 在某文本中出现的频率分别为 0.07、0.09、0.12、0.22、0.23、0.27，求这些字符的哈夫曼编码。

12. 画出算术表达式((a+b)+c*(d+e)+f)*(g+h)的表达式树。

13. 已知一棵二叉树 T，请回答下列问题：

（1）如果知道 T 的先序遍历序列和层序遍历序列，是否可以唯一还原 T？为什么？

（2）如果知道 T 的中序遍历序列和层序遍历序列，是否可以唯一还原 T？为什么？

14. 将图 5-27 所示的两棵树合并为一棵树，令 W 为 R 的第三个孩子结点，给出保存该树的存储结构。

四、算法阅读题

1. 二叉链表中结点类的定义及二叉树的定义如下。

```
typedef int ELEMType;
typedef struct BNode                //二叉树结点
{   ELEMType data;                  //数据域
    struct BNode *left, *right;     //指向左孩子结点、右孩子结点的指针
}BinTNode;
typedef BinTNode *BTree;            //二叉树
```

以下程序实现了二叉树的若干基本操作，请在空白处填上适当内容以将算法补充完整。

（1）返回二叉树的高度。

```
int high(BTree root)
{
    int i,j;
    if ( (1) ) return 0;
    i= (2) ;
    j= (3) ;
    if (i>=j) return i+1;
    else return j+1;
}
```

（2）返回二叉树中度为 1 的结点个数。

```
int oneDNodeNumber(BTree root)
{
    if (root==NULL) (1) ;
    if (( (2) )||(root->left!=NULL && root->right==NULL))
    return (3) ;
    else return oneDNodeNumber(root->left)+oneDNodeNumber(root->right);
}
```

2. 二叉链表中结点类的定义及二叉树的定义如下。

```
typedef int ELEMType;
typedef struct BNode                    //二叉树结点
{   ELEMType data;                      //数据域
    struct BNode * left, * right;       //指向左孩子结点、右孩子结点的指针
} BinTNode;
typedef BinTNode * BTree;               //二叉树
```

说明 change 函数的功能。

```
void change(BTree root) {
    BinTNode * temp;
    if (root==NULL) return;
    change(root->left);
    change(root->right);
    temp=root->left;
    root->left=root->right;
    root->right=temp;
    return;
}
```

3. 函数 CountLeave 的功能是计算二叉树中叶结点的数量，请在空白处填上适当内容以将算法补充完整。

```
typedef struct BiTNode
{
    ElemType data;
    struct BiTNode    * lchild, * rchild;
} * BiTree;                          //二叉树中结点定义
int CountLeave( BiTree T )           //返回值为二叉树 T 中叶结点的个数
{
    if (!T)  return  (1) ;
    if (T->lchild==NULL && T->rchild==NULL)
        return  (2) ;
    else
        return  (3) ;
}
```

五、算法设计题

1. 设二叉树以二叉链表的形式存储，试设计算法，返回二叉树中度为 2 的结点的个数。

2. 设二叉树以二叉链表的形式存储，每个结点的数据域中存放一个整数。试设计算法，求二叉树中所有结点内保存的整数之和。

3. 将二叉树中每层的结点个数定义为该层的宽度，各层中最大的宽度定义为二叉树的宽度。设二叉树以二叉链表的形式存储，试设计算法，返回二叉树的宽度。

第六章　图　结　构

学习目标：

1. 理解图的定义和相关的基本概念。
2. 掌握图的顺序存储结构和链式存储结构。
3. 掌握图的基本操作的实现。
4. 掌握并实现图的深度优先和广度优先搜索算法，理解图的连通性及连通分量概念。
5. 理解图的生成树概念，掌握求图最小代价生成树的两个算法。
6. 理解有向无环图的概念，掌握图的拓扑排序算法，掌握关键路径的求解过程。
7. 理解最短路径概念，掌握迪杰斯特拉算法和弗洛伊德算法的求解过程。
8. 了解各算法的时间复杂度。

建议学时：13 学时。

教师导读：

1. 有些概念在树和图中都出现了，其含义有的相同，有的不同。既要讲明它们的联系，也要指明它们的区别。比如，边（分支）在树中没有强调方向，但在图中，既有有向边，也有无向边，边上还可能带有权值。

2. 图的两种存储方式涉及数组及链表的概念，在两种存储方式下实现图的基本操作时，既可以借助前面的代码，也可以从零开始实现。

3. 图中有很多经典算法，要求考生重点掌握。

4. 在学习完本章后，应要求考生完成实习题目 5。

图结构（简称为图）是一种重要的数据结构，它的应用领域十分广泛，常用于通信网络描述分析、电路分析、项目规划、控制论、城市交通等，甚至还会应用于一些社会科学领域。

本章将介绍图的概念，定义图的基本操作，并讨论图的主要存储方式及在顺序存储方式下图的基本操作的实现。同时，本章还将介绍图的一些经典问题，给出相应的算法。

第一节　图的基本概念与基本操作

与树结构一样，图结构也是非线性结构。图中的结点可以与许多其他结点相连接，并且没有像树中那样的父子关系。在线性结构中，元素之间的关系可以看成一对一的。在树结构中，元素之间的关系可以看成一对多的。在图结构中，元素之间的关系可以看成多对多的。图结构比树的层次结构又复杂一些，它没有像树根那样的一个特殊结点。树可以看成图的简单特例。

一、图的基本概念

图（graph）由顶点和边组成，一般地，用 $G=(V,E)$ 来表示，其中 V 表示顶点（vertex）

集，是一个有限非空集合；E 表示边（edge）集，E 中的每条边都是 V 中某一对顶点的连接。当顶点分别是 u 和 v 时，连接这两个顶点的边可以表示为一个二元组(u,v)，有时也将边称为顶点的偶对。图中任意两个不同顶点之间允许有边，但不能超过一条。

在图 G=(V,E)中，顶点的总数记为|V|，边的总数记为|E|。如果图中边的数目较少（相对于顶点数来说），则图称为稀疏图；反之，边数较多的图称为密集图或稠密图。至于边数多到多少是密集图或少到多少是稀疏图，并没有严格的界定。当图中边数的数量级不高于顶点数的数量级时，就可以认为图是稀疏图。

在有些情况下，可以限定图中边(u,v)的方向，既可以从 u 指向 v，也可以从 v 指向 u。当图中的边限定为从一个顶点指向另一个顶点时，称为有向边，或称为弧（arc）。不限定方向的边称为无向边。实际上，一条无向边可以看成两条方向相反的有向边。组成有向边的顶点二元组是有序的，而组成无向边的顶点二元组是无序的。例如，有向边(u,v)表示从顶点 u 指向顶点 v 的边，弧的方向是从 u 指向 v，u 称为弧尾（tail），v 称为弧头（head）。对于有向边，(u,v)与(v,u)不同。而无向边(u,v)既可以表示从顶点 u 指向顶点 v，也可以表示从顶点 v 指向顶点 u。对于无向边，(u,v)与(v,u)是等价的。

含有有向边的图称为有向图（directed graph，或简写为 digraph）。如果图中的边都是无向边，则图称为无向图（undirected graph，或简写为 undigraph）。如果一个图中既含有有向边，又含有无向边，则可以将其中所有的无向边表示为一对方向相反的有向边。所以，提到有向图，则表明其中所含的边全部都是有向边。

若无向图 G 中含有边(u,v)，则 u 和 v 互为邻接（adjacent）点。边(u,v)称为与顶点 u 和 v 相关联（incident），也可以说边(u,v)依附于顶点 u 和 v。对于有向图中的有向边(u,v)，称顶点 v 是顶点 u 的邻接点，具体来说，顶点 u 邻接到顶点 v，或顶点 v 邻接自顶点 u。

在有些应用中，为了表明图中边的某些特性，往往给边赋予一个非负的数值，这个非负数值称为边的权（weight），相应的图称为带权图（weighted graph）或加权图，有些教材称之为网（network）。在实际应用中，权值可以根据需要自行定义其代表的意义。

为了明确表示图中的所有顶点，可以让各顶点带有标号，这样的图称为标号图（labeled graph）。本章讨论的图大多是标号图，标号可以作为顶点的名称。

通常，以带标号或不带标号的圆表示图中的顶点，以直线或弧线表示图中的边，箭头表示有向边的方向，从弧尾指向弧头。对于带权图，权值通常写在边的旁边。一般地，所画的图是一个逻辑图，边或弧只表示两个顶点之间是否存在邻接关系，其长短并不代表权值的大小。

【例 6-1】图 6-1 中给出了 3 个图的示例。

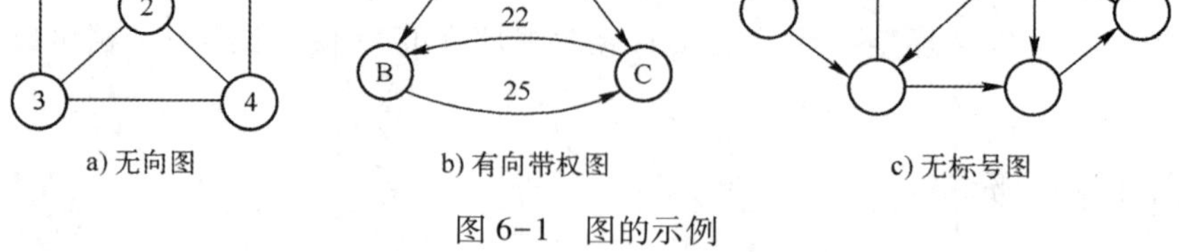

a) 无向图　b) 有向带权图　c) 无标号图

图 6-1　图的示例

图 6-1a 是一个含 5 个顶点、6 条边的无向图。顶点集 V={0,1,2,3,4}，边集 E={(0,2),(0,3),(1,4),(2,3),(2,4),(3,4)}。图 6-1b 是一个含 3 个顶点、4 条弧的有向图，且是带权图，弧的权值均为正整数，顶点集 V={A,B,C}，弧集 E={(A,B,12),(A,C,3),(B,C,25),(C,B,22)}。这两个图都是标号图。图 6-1c 是一个含 6 个顶点、9 条弧的有向图，这是一个无标号图，也不是带权图。

再看图 6-1a 中顶点与边的关系，顶点 2 分别与顶点 0、顶点 3、顶点 4 互为邻接点，但与顶点 1 不是邻接点。边(0,2)与顶点 0 及顶点 2 相关联，边(1,4)与顶点 1 及顶点 4 相关联。其他关系不再赘述。

在图 6-1b 所示的有向图中，顶点 B 及顶点 C 之间存在两条弧，分别是(B,C)和(C,B)。弧(B,C)的弧尾是顶点 B，弧头是顶点 C。弧(C,B)的弧尾是 C，弧头是 B。与无向图不同，有向图中顶点相同、但方向相反的两条弧是两条不同的有向边。例如图 6-1b 中的(B,C)和(C,B)，它们的权值分别是 25 和 22。在实际中，这样的情况有很多，如两个海拔不同的城市之间相互输水的成本可能不同。

图中两个顶点之间的边不能有重复，也就是说，无向图中两个顶点之间最多只能有一条边，有向图中两个顶点之间最多有两条方向相反的弧。图中不包含(i,i)形式的边，即没有顶点自身到自身的边。

在无向图中，与顶点 v 相关联的边的数目称为顶点的度（degree）。在有向图中，顶点的度分为出度和入度。以某顶点为弧头的弧称为该顶点的入边，入边的数目称为该顶点的入度；以某顶点为弧尾的弧称为该顶点的出边，出边的数目称为该顶点的出度。一个顶点的出度与入度之和称为该顶点的度。在图 6-1a 所示的图中，顶点 2 的度为 3，而在图 6-1b 所示的图中，顶点 B 的入度为 2，出度为 1，其度为 3。

在有 n 个顶点的无向图中，其边数最多可达 $n(n-1)/2$；而在有向图中，由于边具有方向性，因此可能的最大边数比无向图多一倍，含 n 个顶点的有向图的边数最多为 $n(n-1)$。包含所有可能边的图称为完全图（complete graph）。

【例 6-2】 完全图示例。

含 4 个顶点的无向完全图和含 3 个顶点的有向完全图如图 6-2 所示。在完全图中，各顶点的度均达到最大。在图 6-2a 中，所有顶点的度均为 3。在图 6-2b 中，每个顶点的入度和出度也达到最大，都为 2，顶点的度是入度与出度之和，为 4。

假设无向图 G=(V,E)中含有 n 个顶点，e 条边，每个顶点的度为 $d_i(0 \leqslant i \leqslant n-1)$，则下列关系式成立

$$e = \frac{1}{2}\sum_{i=0}^{n-1} d_i \qquad (6\text{-}1)$$

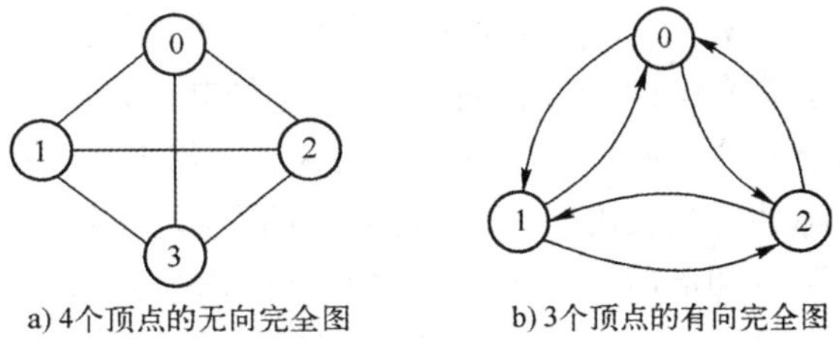

a) 4个顶点的无向完全图　　b) 3个顶点的有向完全图

图 6-2　完全图示例

例如，图 6-1a 中 5 个顶点的度分别为 2、1、3、3、3，图中含有的边总数

$$e = \frac{1}{2}\sum_{i=0}^{4} d_i = \frac{1}{2}(2+1+3+3+3) = 6$$

式（6-1）对有向图也成立，如图 6-1b 中 3 个顶点的度分别为 2、3、3，图中含有的边总数

$$e = \frac{1}{2}\sum_{i=0}^{2} d_i = \frac{1}{2}(2+3+3) = 4$$

所有顶点的出度之和$=\sum_{i=0}^{2}$ 顶点 i 的出度$=2+1+1=4$。所有顶点的入度之和$=\sum_{i=0}^{2}$ 顶点 i 的入度$=0+2+2=4$。可以验证，有向图中所有顶点的出度之和与入度之和相等，并且等于图中所含的边数。

若两个图 $G=(V,E)$ 和 $G'=(V',E')$ 满足条件：$V'\subseteq V$，$E'\subseteq E$，且 E' 中边依附的顶点均属于 V'，则称 G' 为 G 的子图（subgraph）。实际上，一个图 G 的子图是指由图 G 中选出其顶点集的一个子集 V_s 以及仅与 V_s 中顶点相关联的一些边所构成的图。

【例 6-3】 子图示例。

找出图 6-3 中有子图关系的图。

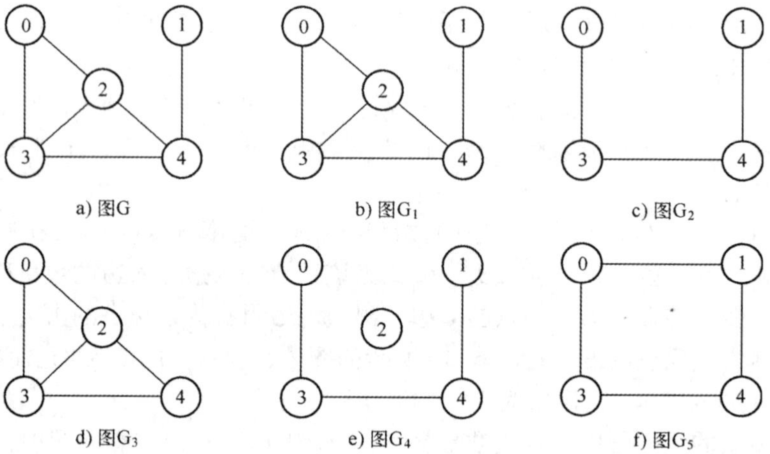

图 6-3　子图示例

在图 6-3 中，对于图 G，图 G_1、G_2、G_3 和 G_4 都是它的子图；特别地，图 G_1 与图 G 完全一样，它也是图 G 的子图，即图本身也是它自身的子图；同时，图 G_2 是图 G_4 的子图。而图 G_5 不是图 G 的子图，因为边(0,1)并不是图 G 中的一条边。从本例中可知，一个图的子图可能有多个。

在图 $G=(V,E)$ 中，如果$(v_{i0},v_{i1}),(v_{i1},v_{i2}),\cdots,(v_{im-2},v_{im-1})$都是 E 中的边，则顶点序列$(v_{i0},v_{i1},\cdots,v_{im-1})$称为从顶点 v_{i0} 到顶点 v_{im-1} 的路径（path）。若图 G 是有向图，则路径也要求是有向的，且有向边必须是方向一致的，即有向路径$(v_{i0},v_{i1},\cdots,v_{im-1})$是由 E 中的弧$(v_{i0},v_{i1}),(v_{i1},v_{i2}),\cdots,(v_{im-2},v_{im-1})$组成的。路径$(v_{i0},v_{i1},\cdots,v_{im-1})$中包含的边或弧的数目 m 称为路径长度。如果路径上各顶点均不同，则称此路径为简单路径（simple path）。第一个顶点和最后一个顶点相同的路径称为回路（cycle），也称为环。如果一个回路中除第一个顶点和最后一个顶点以外，其余顶点均不相同，则称为简单回路（simple cycle）或简单环。不带回路的图称为无环图。不带回路的有向图称为有向无环图（Directed Acyclic Graph，DAG）。

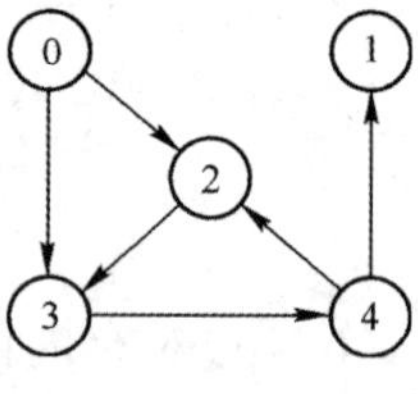

图 6-4　路径示例

【例 6-4】 路径示例（见图 6-4）。

由图 6-4 可知，从顶点 0 到顶点 3，再到顶点 4，最后到顶点 1，构成一条有向简单路径(0,3,4,1)，路径长度为 3；从顶点 2 到顶点 3，再到顶点 4，最后回到顶点 2，构成一个简单有向回路(2,3,4,2)。对于从顶点 2 到顶点 0，再到顶点 3，虽然其中均有边相连，但由于边的方向不一致，所以不能构成有向路径。

对于无向图 G，如果顶点 u 和顶点 v 之间有路径，则称这两个顶点是连通的；如果无向图 G 中任意一个顶点到其他任意顶点都至少存在一条路径，也就是说，图中任意两个顶点都是连通的，则称图 G 为连通图（connected graph）。无向图中的极大连通子图称为连通分量（connected component）。例如，在图 6-3 中，图 G_4是一个含有两个连通分量的非连通图，其他 5 个都是连通图，连通分量个数为 1。

在有向图 G 中，如果每对顶点 u 与 v 之间均有从 u 到 v 的有向路径，则称 G 为强连通图（strongly connected graph），有向图的最大强连通子图称为强连通分量；如果对于每对顶点 u 和 v，存在顶点序列 $v_{i0},v_{i1},\cdots,v_{im-1}$，这里 $u=v_{i0}$，$v=v_{im-1}$，并且$(v_{ij},v_{ij+1})\in E$ 或$(v_{ij+1},v_{ij})\in E(0\leqslant j\leqslant m-2)$，则称图 G 为弱连通图（weakly connected graph）。图 6-5a 是一个强连通图；而图 6-5b 是一个弱连通图，从顶点 0 到顶点 1 没有有向路径。

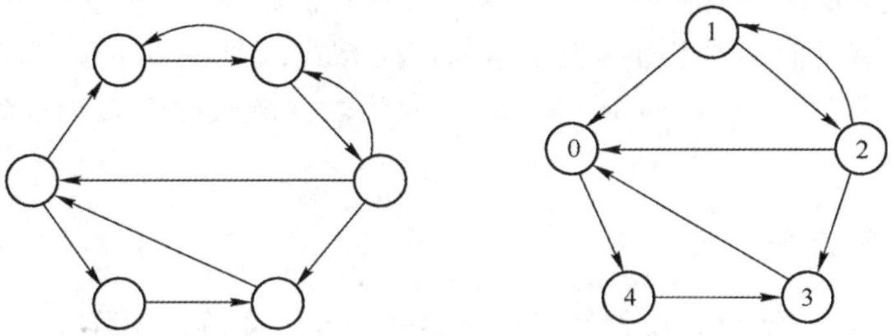

a) 强连通图　　b) 弱连通图

图 6-5　有向连通图

【例 6-5】设无向图 G 含有 10 个顶点和 6 条边，则 G 中连通分量的个数最多可能是多少？最少可能是多少？

要让 G 中连通分量最多，可以让某些顶点与尽可能多的边相关联，且这些顶点组成尽可能少的连通分量。6 条边可以让 4 个顶点组成完全图，其余的 6 个顶点均为孤立顶点，则 G 含有 7 个连通分量。

二、图的基本操作

图的定义加上对它的操作组成图的抽象数据类型（ADT）的定义，表示为 MGraph。图的基本操作中有对顶点的操作及对边的操作，具体如下。

```
int CreateGraph(MGraph *g)                          //创建图
void PrintGraph(MGraph g)                           //输出图信息
WType GetWeight(MGraph g,VType u,VType v)           //返回边(u,v)的权值
VType FirstNeighbor(MGraph g, VType u)              //返回顶点 u 的第一个邻接点
VType NextNeighbor(MGraph g,VType u,VType w)        //返回顶点 u 排在邻接点 w 后的下一个邻接点
int getNumVertices(MGraph g)                        //返回图的顶点数
int getNumEdges(MGraph g)                           //返回图的边数
```

VType 表示顶点类型，MEdge 表示边的类型。在图的基本操作中，常常需要找到与一个顶点相关联的边，因此定义方法 FirstNeighbor( ) 和 NextNeighbor( )，通过这两个方法，可以

找到一个顶点的所有邻接点，即找到相关联的所有边。

顶点使用单字符表示，保存在顶点表 verticesList[MaxVtxNum] 中，使用两个辅助方法，在顶点字符与顶点表下标之间进行转换。

```
int VerToNum( MGraph g, VType u)        //返回顶点 u 在顶点表 verticesList 中的下标值
VType NumToVer( MGraph g, int i)        //返回顶点表 verticesList 中下标 i 对应的顶点
```

第二节　图的存储结构

图的结构较复杂，相关的信息包括顶点和边等，边即顶点之间的关系。要保存图的信息，首先需要保存这些内容。从图的存储结构中，能够获取图中所有顶点的信息，同时，该存储结构能够反映顶点之间的相互关系。另外，在图的基本操作中，需要能够方便地得到图中的顶点数和边数，需要查找某个顶点的邻接点等，所以图的存储结构要方便这些操作的实现。

与其他数据类型类似，图也有两类基本的存储方式，即顺序存储结构及链式存储结构。顺序存储结构以邻接矩阵（adjacency matrix）为代表，链式存储结构以邻接表（adjacency list）为代表。

一、顺序存储结构

设图 G=(V,E)，|V|=n，图的邻接矩阵是一个 $n\times n$ 矩阵，矩阵元素表示图中各顶点之间的邻接关系。邻接矩阵也称为相邻矩阵。设各顶点为 $v_0,v_1,\cdots,v_{n-1}$，如果从 v_i 到 v_j 存在一条边，则邻接矩阵中位于 i 行 j 列的元素值为 1，否则值为 0。这样的一个矩阵可以表示图中所有顶点之间的邻接关系。邻接矩阵的存储空间与顶点个数有关，为 $O(|\mathrm{V}|^2)$。如果还需要保存图中各顶点的信息，则可用一维数组来保存。

定义邻接矩阵如下，它是一个二维数组：

$$A[i][j]=\begin{cases}1 & 若<v_i,v_j>\in E,\quad 0\leqslant i,j\leqslant n-1\\0 & 若<v_i,v_j>\notin E,\quad 0\leqslant i,j\leqslant n-1\end{cases}\tag{6-2}$$

对于带权图，可以修改邻接矩阵的定义。如果图中从 v_i 到 v_j 存在一条边，则邻接矩阵中位于 i 行 j 列的元素值为边 (v_i,v_j) 的权 w_{ij}，否则值为∞，这里∞表示计算机中可表示的一个最大数。修改定义式（6-2），得到式（6-3）：

$$A[i][j]=\begin{cases}w_{ij} & 若<v_i,v_j>\in E,\quad 0\leqslant i,j\leqslant n-1\\\infty & 若<v_i,v_j>\notin E,\quad 0\leqslant i,j\leqslant n-1\end{cases}\tag{6-3}$$

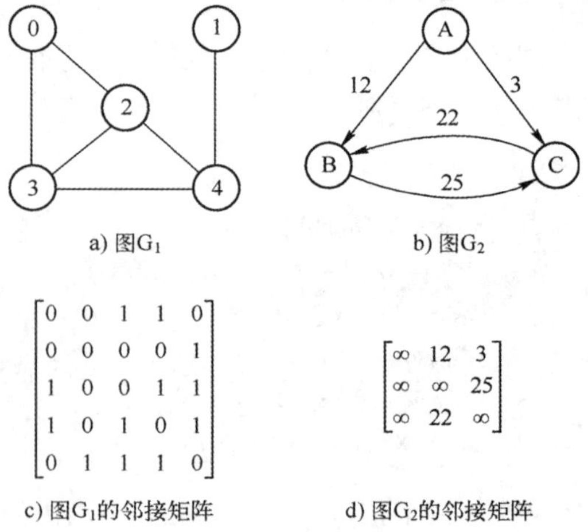

图 6-6　图及其邻接矩阵

【例 6-6】 邻接矩阵示例。

对于无向图 G_1 和有向带权图 G_2，分别给出其邻接矩阵，如图 6-6 所示。

从邻接矩阵的定义可知，如果图中含有边 (v_i,v_j)，则 $A[i][j]$ 为 1 或者 w_{ij}。在无向图中，由于边没有方向性，因此，当边 (v_i,v_j) 存在

时，边(v_j,v_i)也必定存在，即$A[i][j]$和$A[j][i]$同为1或w_{ij}；而如果边(v_i,v_j)不存在，则边(v_j,v_i)也不存在，即$A[i][j]$和$A[j][i]$同为0或∞。这些表明，邻接矩阵是一个对称矩阵。图6-6c所示的邻接矩阵是对称矩阵。有向图的邻接矩阵不能保证对称性，因为有向图中有向边(v_i,v_j)与(v_j,v_i)是两条不同的弧，不能保证同时存在或同时不存在，因此不能保证$A[i][j]$与$A[j][i]$的值相等。图6-6d所示的邻接矩阵不是对称矩阵。

【例6-7】 若无向图G中含有n个顶点和e条边，则它的邻接矩阵中0的个数是多少？

根据图的邻接矩阵的定义，因为图G中含有n个顶点，所以邻接矩阵中元素个数为n^2。无向图的邻接矩阵是对称矩阵，对于G中的任一条边(v_i,v_j)，在邻接矩阵中都会对应两个1，即$A[i][j]$和$A[j][i]$均为1。所以，图G的邻接矩阵中有$2e$个1，0的个数为n^2-2e。

当图G含有n个顶点时，一般地，其邻接矩阵需要n^2个存储位置。考虑到无向图的邻接矩阵的对称性，当使用数组存储对称矩阵时，可以只存储其下三角（或上三角）部分的元素。同时，图中不含有(i,i)形式的边，所以邻接矩阵的对角线元素全为0或∞，也不需要存储。因而无向图的存储空间可以压缩到$n(n-1)/2$个存储位置。

在用邻接矩阵表示图时，可以很容易地判定图中任意两个顶点之间是否存在边（或弧）。具体来说，若矩阵元素$A[i][j]$为1或w_{ij}，就表示从v_i到v_j有一条边（或弧），否则从v_i到v_j没有边（或弧）存在。

借助于邻接矩阵，也很容易得到图中各顶点的度。对于无向图G，邻接矩阵i行或i列中非0元素的个数即顶点v_i的度。对于有向图G，邻接矩阵i行中非0（也不等于∞）元素的个数为顶点v_i的出度，而i列中非0（也不等于∞）元素的个数为顶点v_i的入度，i行非0（也不等于∞）元素的个数加上i列非0（也不等于∞）元素的个数为顶点v_i的度。

设用邻接矩阵表示有n个顶点的图G，在计算G中有多少条边时，需要检查矩阵中的所有元素，因此时间复杂度为$O(n^2)$。另外，其存储空间仅与图G中的顶点数有关，而与边数无关，即$O(n^2)$。因此，当图中边的数目远远小于n^2，也就是邻接矩阵为稀疏矩阵时，检查图中边的数目的时间复杂度及存储邻接矩阵的空间复杂度都将有极大的浪费。为解决这个问题，可以采用另外一种存储结构，即邻接表。

二、链式存储结构

链式存储结构包括邻接表和逆邻接表。

邻接表是图的动态存储表示方法，它使用单链表存储图中顶点的邻接点，每个顶点的所有邻接点存储在一个单链表中。为了便于管理，使用一个数组保存这些单链表的表头，根据数组下标就可以快速找到相应的单链表。实际上，这种表示方法是动态表示法与静态表示法的结合，因为它既使用了链表结构，也使用了数组结构。

设图$G=(V,E)$，则G的邻接表由一个一维数组和$n=|V|$个链表组成，一维数组包含n个元素，每个元素都包含表示顶点信息的域和一个指针域。与顶点$v_i(0\leqslant i\leqslant n-1)$相邻接的所有顶点组成一个单链表，其头指针保存在一维数组下标为i的元素的指针域中。单链表的每个结点都有两个域，一个是顶点域，存储邻接顶点在数组中的下标；另一个是指针域，指向下一个邻接顶点，单链表最后一个结点的指针域为空。因为该单链表的每个结点中保存的是顶点v_i的邻接点，所以有些教材中将该表称为邻接点表；而顶点v_i与邻接点构成图中的一条边，所以有些教材中将该表称为边链表。

邻接点表的表结点的结构如下。

顶点下标	指针

对于带权图，可以扩展邻接点表的结构，在邻接点表的每个表结点中都增加一个域，用来存储两个顶点间这条边的权。其表结点的结构如下。

顶点下标	权值	指针

对于有向图，如果将所有有向弧的方向转向，则得到的新图的邻接表称为原图的逆邻接表。

【例 6-8】 邻接表和逆邻接表示例。

对于无向图 G_1，给出其邻接表；对于有向带权图 G_2，分别给出其邻接表和逆邻接表，如图 6-7 所示。

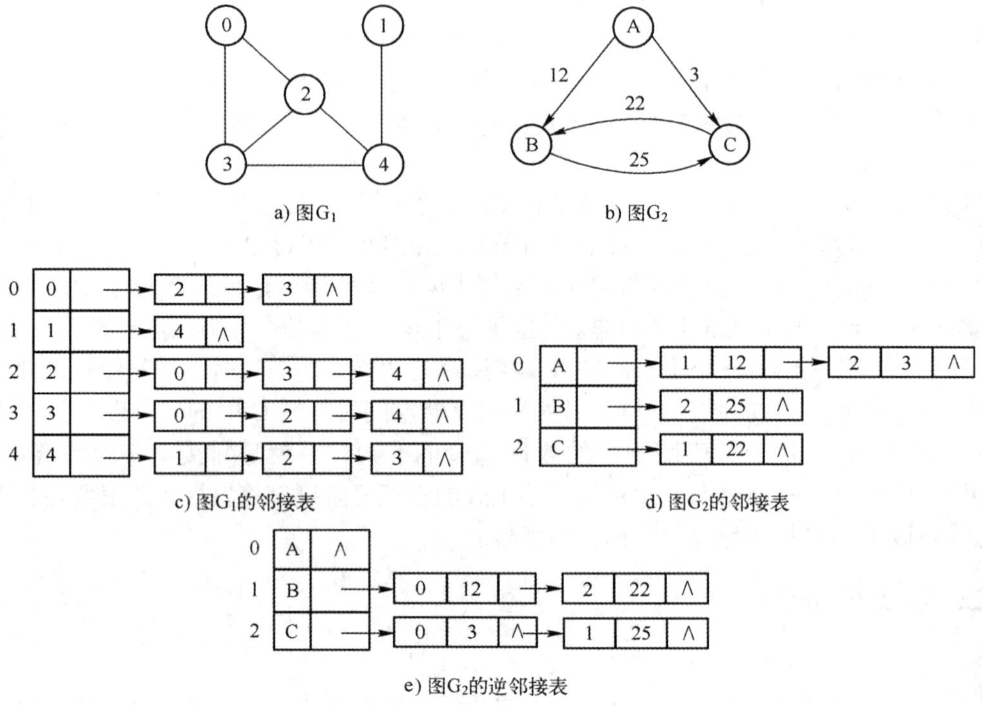

图 6-7　图及其邻接表（和逆邻接表）

对于无向图，使用邻接表可以很方便地求出顶点的度，数组下标为 i 的元素指向的单链表中结点的个数即顶点 v_i的度。

图 G_1共有 6 条边，由图 6-7c 可知，对应的邻接表内共有 12 个表结点，为边数的两倍。对于每条边(v_i,v_j)，v_i结点出现在 v_j对应的单链表中，同时 v_j结点又出现在 v_i对应的单链表中，即每条边的信息都出现在这条边所关联的两个顶点所对应的单链表中。

对于有向图，数组下标为 i 的元素指向的单链表中结点的个数为顶点 v_i的出度；如果要计算顶点 v_i的入度，则需要遍历邻接表中所有的 n 个单链表，找出顶点为 v_i的结点个数，这个过程比计算顶点的出度要费时一些。比如，在图 6-7d 中，顶点 A 指向的单链表中含有两个表结点，说明顶点 A 的出度是 2。所有的表结点中都没有出现下标 0，出现两个下标 1 和两个下标 2，说明顶点 A 的入度是 0，而顶点 B 的入度是 2，顶点 C 的入度也是 2。表结点的个数是 4，说明有向图中含有 4 条有向边。

使用逆邻接表求顶点入度的过程，类似于在邻接表中求顶点出度的过程，非常方便。仍以求图 G_2 各顶点的入度为例。在图 6-7e 所示的逆邻接表中，顶点 A、顶点 B 和顶点 C 对应的邻接点表的长度分别是 0、2、2，所以顶点 A、顶点 B 和顶点 C 的入度分别是 0、2、2，这与通过图 6-7d 计算的结果是一样的。

从例 6-8 可以看出，在用邻接表表示有 n 个顶点和 e 条边的无向图时，需要一个由 n 个元素组成的顺序表（表头结点表）和由总共 $2e$ 个结点组成的 n 个单链表。而在表示有 n 个顶点、e 条弧的有向图时，需要一个由 n 个元素组成的顺序表和由总共 e 个结点组成的 n 个单链表。邻接表的空间复杂度为 $O(n+e)$。当图中边的数目远远小于顶点的数目时，邻接表所需的存储空间要比邻接矩阵的少。

在使用邻接表存储方式时，判定两个顶点间是否存在边的操作将比使用邻接矩阵费时，因为此时需要遍历邻接表中的一个单链表。例如，如果要判定图中从 v_i 到 v_j 是否存在边，则要在数组第 i 个元素所含的指针指向的单链表（即第 i 个单链表）中查找是否存在含 v_j 的结点，如果存在，则表示有边存在，否则，表示没有边存在。

当图中顶点个数经常变化时，为便于顶点的插入和删除，也可以将图的全部顶点保存在一个单链表中，而不是一维数组中。单链表中的结点结构如下。

顶点信息	指向下一顶点的指针	指向邻接点表的指针

相应地，邻接表的表结点的结构也要做相应的修改。将原来的“顶点下标”改为一个指针，指向在单链表中保存该顶点的相应结点。例如，对于图 6-7b 所示的图 G_2，采用单链表保存图的顶点信息的邻接表如图 6-8 所示。

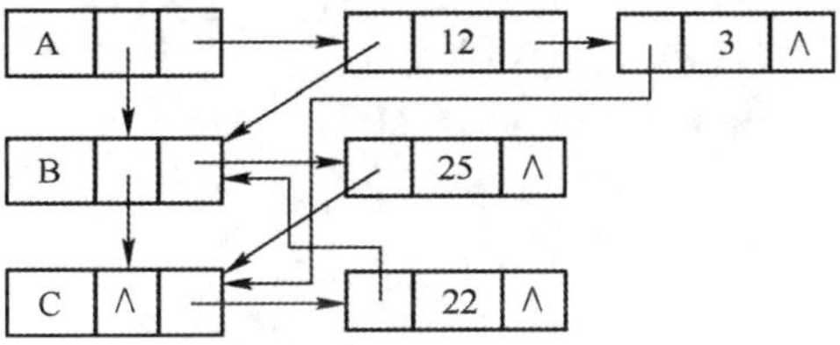

图 6-8　图 6-7b 中 G_2 的邻接表

第三节　图的基本操作的实现

本节给出邻接矩阵存储结构下图的基本操作的实现。图的定义如下。

```
#define MaxVtxNum 10            //最大顶点个数
#define MaxEdgesNum 30          //最大边数
#define NA MinInterger          //MinInterger 表示最小整数
#define NB MaxInterger          //MaxInterger 表示最大整数
typedef char VType;             //顶点数据类型
typedef int WType;              //边上权值类型
```

```
typedef struct{                                 //边数据类型
    VType u,v;
}MEdge;
typedef struct {                                //邻接矩阵表示
    VType verticesList[MaxVtxNum];              //顶点表
    WType AdjMatrix[MaxVtxNum][MaxVtxNum];      //邻接矩阵
    int numVertices,numEdges;                   //当前顶点个数与边数
}MGraph;
```

顶点保存在顶点表 verticesList 中，这是一维数组，最大容量是 MaxVtxNum，图中实际的顶点个数使用 numVertices 来记录。AdjMatrix 是邻接矩阵，保存的是顶点间的边。统计矩阵中相应元素的个数可以得知边数。但因为可能会频繁地获取边数，故为了程序中处理方便，使用 numEdges 记录图中的当前边数。

需要经常查询顶点表，根据相应的条件获取相应的信息。例如，给定顶点 u，返回 u 在顶点表 verticesList 中的下标值，或返回顶点表 verticesList 中下标 *i* 处保存的顶点。相应的查询操作实现如下。

```
int VerToNum(MGraph g,VType u){          //返回顶点 u 在顶点表 verticesList 中的下标值
    int i=0;
    while (g.verticesList[i]!=u&&i<getNumVertices(g)) i++;
    if (i!=getNumVertices(g))return i;
    return -1;
}
VType NumToVer(MGraph g,int i){          //返回顶点表 verticesList 中下标 i 对应的顶点
    if (i>=0&&i<getNumVertices(g)) return g.verticesList[i];
    return '#';
}
```

程序中还需要查询边的权值，实现如下。

```
WType GetWeight(MGraph g,VType u,VType v){      //返回边(u,v)的权值
    int i,j;
    i=VerToNum(g,u);
    j=VerToNum(g,v);
    if (i!=-1&&j!=-1) return g.AdjMatrix[i][j];
    else return NB;
}
```

要实现图的操作，需要先建立一个图，从键盘输入相关的信息。图可以是无向图，也可以是有向图。创建无向图的程序实现如下。

```
void CreateGraph(MGraph *g){             //创建无向图
    int i,j,k,w;
    VType u,v,temp;
```

```
    printf("请输入图的顶点数及边数:");
    scanf("%d %d", &g->numVertices, &g->numEdges);
    printf("请输入图的顶点信息\n");
    scanf("%c", &temp);
    for (i=0;i<getNumVertices( *g);i++)
        scanf("%c", &g->verticesList[i]);
    for (i=0;i<getNumVertices( *g);i++)
        for (j=0;j<getNumVertices( *g);j++)
            g->AdjMatrix[i][j]=0;
    printf("请输入图的边信息,顶点 1 顶点 2:\n");
    for (k=0;k<getNumEdges( *g);k++){
        scanf("%c",&temp);
        scanf("%c %c",&u,&v);
        i=VerToNum( *g,u);
        j=VerToNum( *g,v);
        if (i!=-1 && j!=-1){
            g->AdjMatrix[i][j]=1;
            g->AdjMatrix[j][i]=1;          //创建有向图时无此语句
        }
    }
    return;
}
```

例如，图 6-7a 所示的图 G_1 含有 5 个顶点、6 条边，顶点名依次是 0、1、2、3 和 4，6 条边依次是(0,2)、(0,3)、(2,3)、(1,4)、(2,4)和(3,4)，则执行 CreateGraph()时输入的信息如下：

```
5 6
01234
0 2
0 3
2 3
1 4
2 4
3 4
```

创建带权有向图的程序实现如下。

```
int CreateGraph1(MGraph *g){                    //创建带权有向图
    int i,j,k,w;
    VType u,v,temp;
    printf("请输入图的顶点数及边数:");
    scanf("%d %d",&g->numVertices,&g->numEdges);
```

```
    printf("请输入图的顶点信息\n");
    scanf("%c",&temp);
    for (i=0;i<getNumVertices( *g);i++)
        scanf("%c",&g->verticesList[i]);
    for (i=0;i<getNumVertices( *g);i++)
        for (j=0;j<getNumVertices( *g);j++)
            g->AdjMatrix[i][j]=NB;          //NB 表示带权有向图中的特殊值,表示无穷大
    printf("请输入图的边信息,顶点 1 顶点 2 权值:\n");
    for (k=0;k<getNumEdges( *g);k++){
        scanf("%c",&temp);
        scanf("%c %c %d",&u,&v,&w); //创建带权有向图时要多读入一个表示权值的参数
        i=VerToNum( *g,u);
        j=VerToNum( *g,v);
        if (i!=-1&&j!=-1){
            g->AdjMatrix[i][j]=w;
            //创建带权无向图时还需要加:g->AdjMatrix[j][i]=w;
        }
    }
}
```

输出图的信息，以验证图构建函数的正确性。相关程序实现如下。

```
void PrintGraph(MGraph g){            //输出图信息
    int i,j;
    printf("图的顶点:");
    for (i=0;i<getNumVertices(g);i++)printf("%c ",g.verticesList[i]);
    printf("\n");
    printf("图的边:\n");
    for (i=0;i<getNumVertices(g);i++)
        for (j=0;j<getNumVertices(g);j++)
            if (g.AdjMatrix[i][j]!=NB)
            printf("%c %c %d\n",NumToVer(g,i),NumToVer(g,j), g.AdjMatrix[i][j]);
    printf("图的邻接矩阵:\n");
    for (i=0;i<getNumVertices(g);i++){
        for (j=0;j<getNumVertices(g);j++)
            printf("%d ",g.AdjMatrix[i][j]);
        printf("\n");
    }
}
```

找到某顶点的第一个邻接点，然后继续查找这个邻接点的下一个邻接点，从而能够找到所有的邻接点。相关程序实现如下。

```
VType FirstNeighbor(MGraph g,VType u){                //返回顶点 u 的第一个邻接点
    int i=0,j;
    i=VerToNum(g,u);
    if (i!=-1){
        for (j=0;j<getNumVertices(g);j++)
            if (g.AdjMatrix[i][j]!=NB) return g.verticesList[j];
            //顺序检测顶点 u 所在行，寻找第一个邻接点
    }
    return '#';
}
VType NextNeighbor(MGraph g,VType u,VType w){    //返回顶点 u 的排在邻接点 w 后的邻接点
    int i=0,j=0,col;
    i=VerToNum(g,u);
    j=VerToNum(g,w);
    if (i!=-1&&j!=-1){
        for (col=j+1;col<getNumVertices(g);col++)
            if (g.AdjMatrix[i][col]!=NB) return g.verticesList[col];
                                                  //在 i 行顺序寻找下一个邻接点
    }
    return '#';
}
```

获取顶点个数及边数的程序实现如下。

```
int getNumVertices(MGraph g){
    return g.numVertices;
}
int getNumEdges(MGraph g){
    return g.numEdges;
}
```

第四节　图的搜索

图已经被应用于很多领域，使用图解决实际问题的一个著名实例是 18 世纪数学家欧拉（Euler）解决了经典的哥尼斯堡七桥问题。

哥尼斯堡（今俄罗斯加里宁格勒）是欧洲的一座名城，是哲学家康德和数学家希尔伯特的故乡。

小城内，Pregel 河贯穿其中，河中心有两个小岛，有七座桥把两个小岛与河的两岸连接起来。一天又一天，这七座桥上走过无数的人，在桥上，可以听到悠扬的钟声。

当时，城中的人热衷于做一件事，即从自己的家中出发，找出一条经过所有的桥且每座桥只经过一次，最终回到家中的路线。可是一天天过去了，全城竟然没有一人能够找到这样

的路线。在消息传遍全欧洲之后，大数学家们也解不出这个难题。这就是著名的哥尼斯堡七桥问题。

使用抽象的图来表示哥尼斯堡的七座桥与陆地，如图 6-9a 所示，其中的 A、B、C、D 分别表示四块陆地。将七座桥连同陆地简化为如图 6-9b 所示的一个图，图中的顶点表示原来的陆地，七座桥分别表示为图中的 7 条边。因为没有限制走路的人经过七座桥的方向和次序，所以图中的边均为无向边。哥尼斯堡七桥问题可以描述为：从图中的任何一个顶点出发，能否走过图中的所有边，然后回到起始点，并且每条边只经过一次。

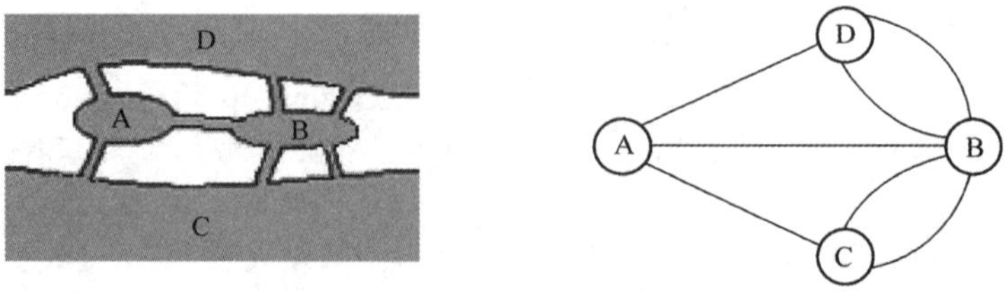

a) 哥尼斯堡的七桥　　b) 七座桥的逻辑结构

图 6-9　哥尼斯堡七桥问题

欧拉将此问题归结为图形的一笔画问题，即能否从某一点开始用一笔画出这个图形，最后回到原点，而不重复？欧拉在 1736 年发表图论方面的第一篇论文，解决了这个著名的哥尼斯堡七桥问题。

日常生活中的很多实际问题也可以归结为图的问题，例如，邮差要将信件送达多个目的地，每个目的地只需要到达一次，并且必须到达一次，他需要选择一条路径，这条路径可以覆盖所有目的地，且所走的路途总长度最短。

这两个例子有类似的地方。七桥问题是要走过每座桥，即要经过图中的每条边，而邮差问题是要经过每个目的地，即要经过图中的每个顶点。它们都属于遍历问题，前者是边的遍历，后者是顶点的遍历。本节所说的图的搜索是指顶点的遍历，即访问图中所有的顶点一次且仅访问一次。

定义 6-1　给定一个连通图 G=(V,E)，从图中的某个顶点出发，经过一定的路线，访问图中的所有顶点，使每个顶点被访问且只访问一次，这一过程称为图的搜索（traversal）。

图的搜索过程类似于树的遍历过程，即从一个顶点出发，沿着边访问下一个顶点。图的搜索也有不同于树遍历的地方，表现在以下三个方面。首先，树的遍历一般都从根结点开始，而图的搜索可以从图中任一顶点出发。其次，对于图，任何两个顶点之间都可能存在边，因此图中可能包含回路。从一个顶点出发，在访问若干顶点之后，可能又回到了前面已访问过的顶点，这是重复访问的问题，需要有一个机制来防止对顶点的重复访问。第三，由于图可能是不连通的，因此，从一个顶点出发，可能永远到达不了图的另一部分（另一连通分量）中的顶点，这样还必须从另一连通分量开始继续遍历。

为了解决重复访问及图的不连通这两个问题，在遍历图的顶点时，对每个顶点增加一个访问标志，标明该结点是否被访问过。可以使用一维数组 visited 记录图顶点的访问标志，数组元素的个数等于图中顶点的个数。初始时，所有顶点的访问标志置为 UNVISITED 或 0，当访问过后，顶点的访问标志置为 VISITED 或 1。在遍历时，检查图中所有的顶点，如果它的标志是 UNVISITED，则输出相关信息，进行相应的处理，同时将访问标志置为 VISITED。

否则，跳过该顶点，继续对下一顶点的访问。有了这个数组，既能防止对顶点的重复访问，也不会漏掉哪个顶点。

与树的遍历类似，图的搜索也需要依据某种规则进行，不会漏掉某个顶点或多次访问一个顶点，同时还能保证算法的有效性。遍历的方式主要有两种，分别是深度优先搜索（Depth First Search，DFS）及广度优先搜索（Breadth First Search，BFS）。

一、深度优先搜索

深度优先搜索类似于树的先序遍历，遍历过程如下。

（1）选择图中任意指定的顶点作为起始顶点，将其设为当前顶点。

（2）访问当前顶点 v，输出关于 v 的信息。

（3）将 v 的访问标志置为 VISITED。

（4）如果 v 的邻接点中存在未被访问的顶点 w，则将 w 设为当前顶点，转到（2）继续；否则转到（5）。

（5）回退到最近被访问过的且仍有未被访问邻接点的顶点 u，转到（4）继续；在不能回退时，转到（6）。

（6）如果所有顶点均已访问，则遍历结束，否则，选择未被访问的另一个顶点作为起始顶点，继续上述过程。

退出遍历过程时有两种可能的情况，一种情况是，在退出时，图中所有的顶点都被访问过，这表明图是连通图；另一种情况是，在退出时，图中还有未被访问的顶点，这表明从起始顶点开始，找不到可以到达那里的路径，也就是说，图是不连通的。遍历过的这些顶点都在同一个连通分量上，未被遍历的顶点都处在其他的连通分量上。这时，只能再从新的未被访问过的顶点出发，重复这个过程，遍历另一个连通分量上的各个顶点。当图中存在未被访问的顶点时，继续这个过程，直到图中的所有顶点都被访问过为止。每次退出时，都得到一个连通分量。

直观地看，深度优先搜索即从起始顶点开始，沿着一条路径尽可能地向前搜索，在不能再向前时（这个顶点的所有邻接点都已被访问过），就往回退，回退过程也称为回溯。回溯时沿着与访问次序相反的顺序，当回溯到仍有未被访问的邻接点的一个顶点时，把这个点当成起始顶点，再找一条路径以继续向前搜索，这个过程类似刚才的过程。因此，图的深度优先搜索过程是一个递归过程。

回溯时，需要回退到当前顶点之前被访问的顶点，因此需要记录顶点的访问顺序，以便回溯的时候能够正确地找到前一个顶点。从深度优先搜索的过程可知，顶点的访问顺序与回溯的顺序刚好相反，即“后进先出”顺序，因此，在实际操作时，选择栈来保存访问顶点的顺序信息。

【例 6-9】 深度优先搜索示例。

设有无向图 G，如图 6-10a 所示，图 G 的邻接表如图 6-10b 所示，从顶点 v_0 开始，进行深度优先搜索。

从 v_0 开始，访问 v_0，根据邻接表找到 v_0 的第一个邻接点 v_1，访问 v_1；继续从 v_1 开始，寻找 v_1 的邻接点，v_1 的邻接点有 v_0、v_3 和 v_4，找到未曾访问过的邻接点 v_3 并访问之。重复这样的过程。在依次访问 v_0、v_1、v_3、v_7、v_4 后，由于 v_4 的所有邻接点均已被访问过，因此，

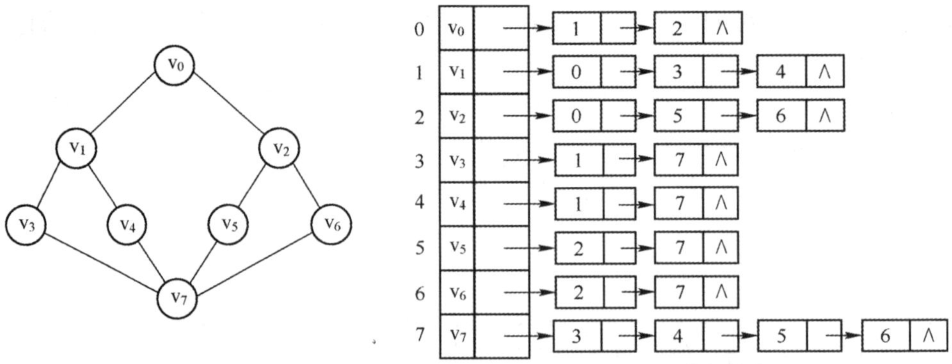

a) 无向图G　　b) 图G的邻接表

图 6-10　图的深度优先搜索示例

退回到 v_4的前一个顶点 v_7，寻找 v_7的下一个未曾被访问的邻接点 v_5；从 v_5开始，继续这个过程。接下来访问的顶点依次为 v_5、v_2、v_6。到此，所有的顶点都被访问过。图 6-10a 的深度优先搜索访问序列为：$v_0, v_1, v_3, v_7, v_4, v_5, v_2, v_6$。

在深度优先搜索过程中，系统中使用一个栈来记录顶点访问顺序。当访问某个顶点时，将该顶点入栈，当回退时，将顶点从栈顶弹出，新的栈顶就是要回退到的顶点。使用栈很容易找到回退的位置。在上述深度优先搜索过程中，栈的变化情况如图 6-11 所示。

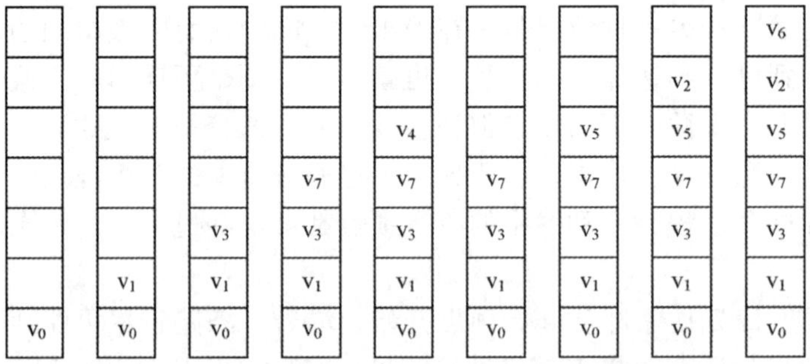

图 6-11　深度优先搜索过程中栈的变化情况

当访问完 v_6后，依次出栈，最终栈为空。

在对图进行深度优先搜索时，需要借助图的存储结构找到当前顶点的未曾被访问的邻接点，如求解例 6-9 时，在邻接表中可以找到某个顶点的所有邻接点，并借助于访问标志数组确定下一个要访问的顶点。

如果邻接表中邻接点的存储顺序改变了，则寻找的下一个未曾被访问的顶点也将有所变化。这表明，图的深度优先搜索过程在某种程度上将依赖于邻接表的存储次序及邻接点的选择算法，遍历的顺序可能有多个结果。另外，选择的初始顶点不同，遍历的结果也不同。

例如，$v_0, v_1, v_4, v_7, v_5, v_2, v_6, v_3$也是图 6-10a 从 v_0开始的深度优先搜索结果。$v_1, v_0, v_2, v_5, v_7, v_3, v_4, v_6$是从 v_1开始的一种深度优先搜索结果。

图的深度优先搜索算法如下。

```
void DFS(MGraph g){                          //图的深度优先搜索
    int number,i;
    int visited[MaxVtxNum];                  //定义 visited[]
    number=getNumVertices(g);
    for (i=0;i<number;i++)                   //初始化 visited[]
        visited[i]=0;
    for (i=0;i<number;i++)
        if (visited[i]==0)
            DFS1(g,NumToVer(g,i),visited);
}
void DFS1(MGraph g,VType v,int *visited){
    VType w;
    printf("%c ",v);                         //访问顶点 v
    visited[VerToNum(g,v)]=1;                //将 visited[v]置为 1,表示已经访问过
    w=FirstNeighbor(g,v);                    //取 v 的第一个邻接点 w
    while (w!='#'){
        if (!visited[VerToNum(g,w)])         //若顶点 w 还未曾被访问
            DFS1(g,w,visited);               //递归调用
        w=NextNeighbor(g,v,w);               //取下一个邻接点
    }
}
```

实现的遍历算法包含两个方法：DFS(MGraph g)和 DFS1(MGraph g,VType v,int *visited)。在 DFS 方法中，进行初始准备，设置访问标志。而 DFS1 方法将实际遍历图中各顶点，并且递归调用。visited[ ]的初始设置不能放在 DFS1 方法中，否则，在反复调用时，会改变已得到的访问标志。

当图是连通图时，使用 DFS 算法从某个顶点出发，可以访问到图中的所有顶点。如果图不连通，则一次调用 DFS 方法不能访问图中的全部顶点，只能访问初始顶点所在的连通分量中的所有顶点。在从 DFS 方法退出后，需要再从图中其他未曾被访问的顶点开始，继续深度优先搜索过程以访问其他连通分量上的顶点。因此，在 DFS 方法中使用一个循环来调用 DFS1 方法。如果某个顶点已被访问过，则不需要再从它开始进行深度优先搜索。实际上，当图的边集非空时，循环体的执行次数严格少于图中的结点数。

【例 6-10】 利用 DFS 得到连通分量示例。

图 6-12a 是一个包含三个连通分量的非连通图 G，图 G 的邻接表如图 6-12b 所示，使用深度优先搜索策略求出图 G 的所有连通分量。

根据图 G 的邻接表，对图 6-12a 进行深度优先搜索，三次调用 DFS 函数，选择每次的起始顶点分别是 v_1、v_5 和 v_7，得到 3 个访问序列，对应于 3 个连通分量：$\{v_1,v_2,v_3,v_4\}$、$\{v_5,v_6\}$ 和 $\{v_7,v_8,v_9,v_{10}\}$。

在深度优先搜索图的算法中，用到两个主要操作，一个是寻找某顶点的第一个邻接点，另一个是寻找这个顶点的下一个邻接点。此外，遍历过程中访问顶点的操作可以通过编写方法 visit(v)来完成，函数 DFS 中使用 printf 语句来替代。在遍历算法中，时间主要用在以上

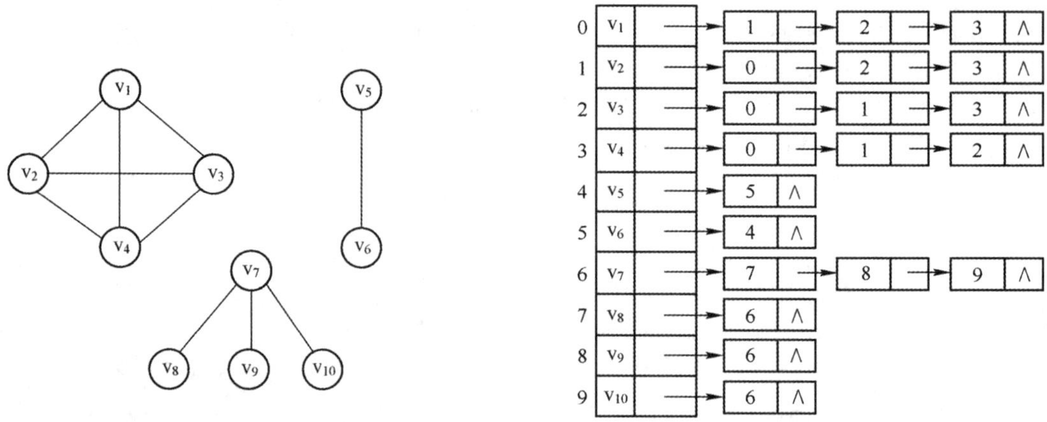

a) 有三个连通分量的图G　　　　b) 图G的邻接表

图 6-12　求无向图 G 的连通分量示例

三部分操作上，因为访问顶点的操作因应用的不同而不同，所以仅讨论前两种操作所花费的时间，以此作为深度优先搜索图的时间代价。

深度优先搜索图的时间代价因存储结构不同而有所不同。当将邻接矩阵（即二维数组）作为图的存储结构时，查找与每个顶点相关联的边的操作，需要遍历邻接矩阵中某一行的信息，时间复杂度为 $O(|V|)$，而对图中每个顶点，最多只调用一次 DFS( )，则遍历所有顶点的时间复杂度为 $O(|V|^2)$，其中 $|V|$ 是图中顶点的个数；当将邻接表作为存储结构时，邻接表各单链表中的所有结点共有 $2\times|E|$ 个，这里，$|E|$ 是图中的边数。这样，遍历边的时间复杂度为 $O(|E|)$。遍历每个顶点的次数最多为 1，深度优先搜索的时间复杂度为 $O(|V|+|E|)$。

二、广度优先搜索

广度优先搜索是遍历图的另一种常用方法，又称为宽度优先搜索，它类似于树的层序遍历。广度优先搜索从图中任意指定的起始顶点 v 开始，访问顶点 v；然后访问与 v 相邻接的所有尚未被访问过的顶点，之后再依次访问与这些新近被访问过的那些顶点相邻接的尚未被访问过的顶点。继续这个过程，直到图中所有的顶点均被访问过为止。

广度优先搜索的过程如下。

（1）选择图中指定的顶点 v 作为起始顶点，将其入队列，且将其访问标志置为 VISITED。

（2）队列为空时，转到（5）；队列不为空时，出队列，设出队列的顶点为 w。

（3）输出 w 的相关信息。

（4）找到与顶点 w 相邻接的且访问标志不是 VISITED 的顶点序列 $w_1,w_2,\cdots,w_k$，依次入队列，转到（2）。

（5）如果所有顶点均已被访问，则遍历结束，否则，选择未被访问的一个顶点作为起始顶点，继续上述过程。

在广度优先搜索过程中，使用一个队列作为辅助存储结构，顶点是一批批加入队列的。加入队列的次序也就是被遍历的次序。如果顶点 v 早于顶点 w 被访问，则访问顶点 v 的邻接点，也会早于访问顶点 w 的邻接点。既是 v 的邻接点也是 w 的邻接点的顶点除外。

与深度优先搜索类似，如果图是不连通的，则这个过程也不能访问图中的全部顶点，而只能遍历图中某个连通分量中的所有顶点。当广度优先搜索结束时，需要选择另外一个连通分量中的顶点作为起始顶点，开始新的广度优先搜索。

【例 6-11】 广度优先搜索示例。

仍以图 6-10a 为例，它的邻接表如图 6-10b 所示，从顶点 v_0开始，对图进行广度优先搜索。

从顶点 v_0开始，入队列且给 v_0打标记，出队列，访问它；由其邻接表得知，v_0的邻接点为 v_1、v_2，将这两个顶点依次入队列并打标记；然后出队列，得到顶点 v_1，访问它。v_1的邻接点有 v_0、v_3和 v_4，而 v_0已经打了标记，因此只将它的未标记的邻接点依次入队列，此时，队列中的顶点有 v_2、v_3、v_4；再出队列，得到的顶点是 v_2，访问它，将它的所有未标记的邻接点依次入队列且打标记，此时队列中增加两个新顶点 v_5和 v_6；继续这个过程；当队列中剩下 v_4、v_5、v_6、v_7时，出队列且访问 v_4，它没有未标记的邻接点了，所以不再需要入队列，v_5、v_6、v_7的情况与此类似。当访问完 v_7后，队列为空，图中的所有顶点也全部访问完毕。得到的广度优先搜索的顶点序列为：$v_0,v_1,v_2,v_3,v_4,v_5,v_6,v_7$。

从本例可以看出，在广度优先搜索过程中，先入队列的顶点将先被访问，某顶点的各邻接顶点入队列的顺序依赖于它在图的邻接表中的次序及相应的选择算法，因此，与深度优先搜索一样，广度优先搜索序列可能不唯一，但当邻接表及入队列算法确定后，这个顺序就确定了。$v_0,v_2,v_1,v_6,v_5,v_4,v_3,v_7$也是图 6-10a 的一种广度优先搜索序列，当然，使用的邻接表不同于图 6-10b。选择不同的起始顶点，广度优先搜索的序列也会有变化，如 $v_1,v_0,v_3,v_4,v_2,v_7,v_5,v_6$是从 v_1开始的一种广度优先搜索序列。

图的广度优先搜索算法如下所示。

```
void BFS(MGraph g,VType v)                          //图的广度优先搜索
{     int number,i;
      SeqQueue q;                                   //创建队列 q
      VType w;
      int visited[MaxVtxNum];                       //定义 visited[]
      initQueue(&q);                                //初始化队列 q
      number=getNumVertices(g);
      for (i=0;i<number;i++) visited[i]=0;          //初始化 visited[]
      printf("%c ",v);                              //访问顶点 v
      visited[VerToNum(g,v)]=1;                     //表示 v 已经被访问过
      enqueue(&q,v);                                //将顶点 v 入队列
      while (!isEmpty(q)){                          //若 q 不为空
           dequeue(&q,&v);                          //出队列
           w=FirstNeighbor(g,v);                    //取 v 的第一个邻接点 w
           while (w!='#'){
                if (!visited[VerToNum(g,w)]){
                     printf("%c ",w);               //访问顶点 w
```

```
                visited[VerToNum(g,w)]=1;          //表示 w 已经被访问过
                enqueue(&q,w);                     //将 w 入队列
            }
            w=NextNeighbor(g,v,w);                 //取下一个邻接点
        }
    }
}
```

直观地看，从一个顶点开始，广度优先搜索图的过程即由近及远，依次访问和该顶点有路径相通且路径长度为 1、2……的顶点的过程。

广度优先搜索算法由二重循环实现，当队列不为空时，反复执行外层 while 循环，最多执行$|V|$次，这里 V 是图的顶点集合。内层循环中的主要操作是顶点入队列及寻找下一个邻接点。图中每个顶点入队列一次且出队列一次，因此内层 while 循环最多执行$|V|$次。当用邻接矩阵表示图时，检查每个顶点的所有邻接点的时间复杂度为 $O(|V|)$，总的时间复杂度为 $O(|V|^2)$。当用邻接表表示图时，对于一个顶点，要将其邻接点入队列。入队列操作最多要进行 $2\times|E|$次判断，入队列$|E|$个。广度优先搜索算法的时间复杂度为 $O(|V|+|E|)$。

第五节　图的生成树与图的最小代价生成树

在无向连通图中，任何顶点都可以有到达图中其他任何顶点的路径，这正是连通图的连通性所保证的。甚至，从一个顶点到达另一个顶点的路径可能不止一条，从而构成回路。在有些情况下，需要在多条冗余的路径中去掉回路中的边。更进一步地，当边具有权值时，还需要有选择地选出满足条件的边。这就涉及生成树及最小代价生成树问题。本节讨论无向图的生成树概念及求最小代价生成树的两个经典算法。

一、图的生成树

某公司要在一个小区内铺设电缆，要求电缆能通达每幢楼，以保证各楼之间都能传递电信号。楼与楼之间的距离不等，铺设所费工时可能不同，铺设电缆的成本也可能各不相同。如何设计电缆铺设方案以使总成本最低呢？

可以用顶点表示各个楼，边表示楼之间的电缆，权表示两幢楼之间的电缆铺设成本。要保证各楼之间都能传递电信号，这个图必须是连通的，也就是说，从任何一幢楼到其他任何楼必然有路径存在。显然，任何两幢楼之间只需要一条路径就可以保证电信号的传递。要使总成本最低，两幢楼之间存在两条或两条以上的路径是多余的。比如，如果两幢楼之间存在两条路径，那么这两条路径必然构成回路。显然，去掉回路中的任何一条边，仍能保证图的连通性，总成本也随之降低。

设 $G=(V,E)$是一个连通的无向图，包含图中全部顶点的极小连通子图称为图的生成树。极小连通子图是指含有图中所有顶点并使图仍保持连通性的最小子图。由生成树的定义可以看出，生成树中包含两个要素，一个是要包含图中的全部顶点，另一个是在保证图连通的前提下所含的边数最少。

如何得到连通图的生成树呢？实际上，借助于本章第四节介绍的图的搜索算法，可以得

到连通图的生成树。

从连通图中任一顶点出发，按照深度优先搜索策略或广度优先搜索策略，可以访问到图中的全部顶点。在遍历的过程中，所经过的边集设为 T(G)，没有经过的边集设为 B(G)。T(G)即构成 G 的一棵生成树。

进行深度优先搜索时得到的生成树称为深度优先生成树，进行广度优先搜索时得到的生成树称为广度优先生成树。我们已经知道，在进行遍历时，可能会得到不同的顶点序列，那么经过的边可能是不一样的，表明图的生成树也可能是不唯一的。进一步地，即使是同一个图的深度优先生成树，也可能不是唯一的。对于广度优先生成树，也有同样的结论。

使含 n 个顶点的无向图连通的最少边数是 $n-1$，所以生成树中所含的边数必定是 $n-1$。边数少于这个值，图肯定是不连通的；边数多于这个值，则必定存在回路，也满足不了边数最少这个条件。也就是说，若在生成树中任意增加一条 B(G)中的边，则必然形成回路。而从生成树中去掉任何一条边，都破坏了图的连通性。

【例 6-12】仍以图 6-10a 为例，求其生成树。

在对图 6-10a 所示的无向图从顶点 v_0开始进行深度优先搜索，并得到遍历序列 $v_0, v_1, v_3, v_7, v_4, v_5, v_2, v_6$时，经过的边组成如图 6-13a 所示的深度优先生成树。在得到遍历序列 $v_0, v_1, v_4, v_7, v_5, v_2, v_6, v_3$时，经过的边组成如图 6-13b 所示的深度优先生成树。

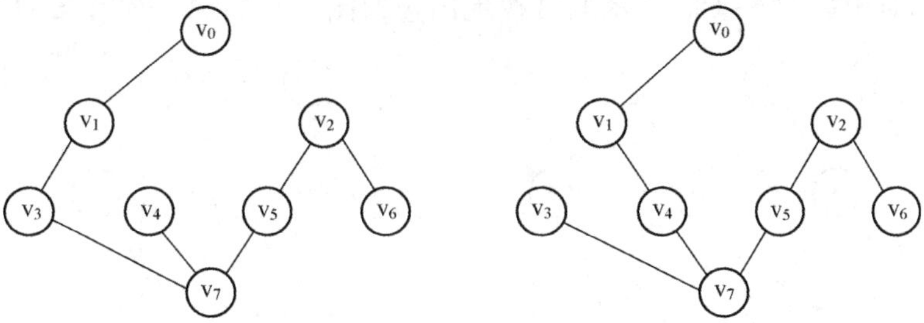

a) 深度优先生成树1　　b) 深度优先生成树2

图 6-13　图 6-10a 对应的两棵深度优先生成树

在对图 6-10a 所示的无向图从顶点 v_0开始进行广度优先搜索，并得到遍历序列 $v_0, v_1, v_2, v_3, v_4, v_5, v_6, v_7$时，经过的边组成如图 6-14 所示的一棵广度优先生成树。

如果一个图中含有回路，则图的生成树并不唯一。这是因为遍历图时选择的起始点不同，遍历的策略不同，因此遍历所经过的边就可能不同，故而产生包含不同边的生成树。

对于不连通的无向图，从任意顶点出发，一次调用 DFS 或 BFS 算法不能访问到图的所有顶点，只能得到连通分量的生成树。一个图的所有连通分量的生成树组成图的生成森林。

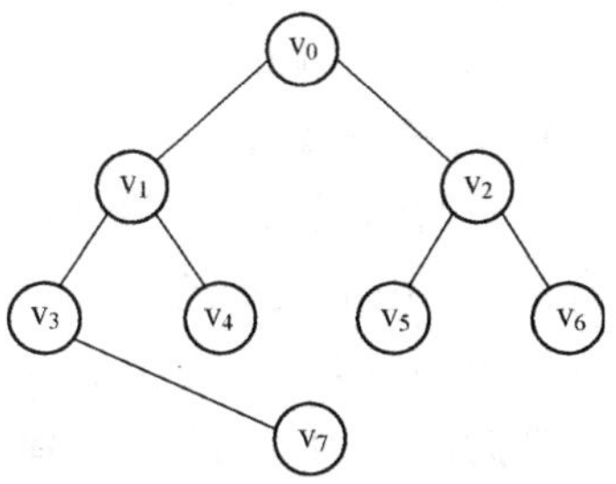

图 6-14　图 6-10a 对应的一棵广度优先生成树

二、图的最小代价生成树

带权图的每条边上都有一个非负的权值，各边的权值可能不全相等，而现在又知道一个连通图的生成树可能有多棵。虽然生成树所包含的边数是一样的，但对于生成树中所有边的权值之和，可能会因选择的边不同而导致结果不等。其中权值之和最小的那棵生成树具有特殊意义。将边的权值之和最小的生成树称为最小代价生成树（Minimum-cost Spanning Tree，MST），简称为最小生成树。

给定一个带权无向连通图 G，则 MST 是一个包括 G 的所有顶点及其边子集的图，边的子集满足下列条件：

（1）这个子集中所有边的权值之和为所有满足条件的子集中最小的。

（2）子集中的边能够保证图是连通的。

最小生成树问题在实际中很有意义。比如，铺设电缆的问题实际上可以转化为求图的最小生成树问题。

含有 n 个顶点的连通图 G 的最小生成树有下列性质：

（1）它含有图 G 中所有的 n 个顶点。

（2）它没有回路，因为从构成回路的各边中去掉一条边，仍能保证其连通性，而所得的权值总和可以进一步减少。

（3）它含有的边数为 $n-1$。

（4）去掉最小生成树中的一条边，换上不在最小生成树中的另外一条边，在仍要求图连通的前提下，所得的权值总和都不会小于原最小生成树的权值总和。

【例 6-13】 对于如图 6-15a 所示的带权无向连通图，它的 MST 如图 6-15b 所示。

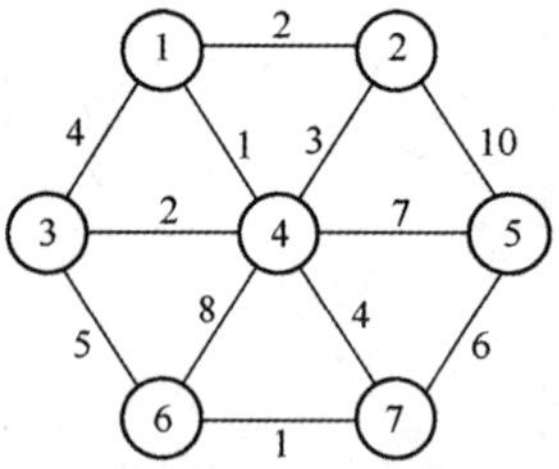

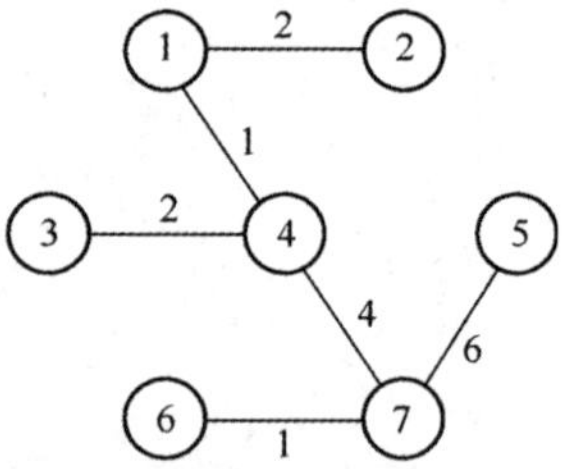

图 6-15　带权无向连通图及其 MST

求带权无向连通图的最小生成树有两个经典的算法，分别是普里姆（Prim）算法和克鲁斯卡尔（Kruskal）算法。

1. 普里姆算法

普里姆给出的一个算法可以构造图的最小生成树。该算法先定义一棵树 T 和一个顶点集合 U，T 用来表示已得到的构成最小生成树的边，初始时为空，结束时将包含求得的最小生成树中的所有边。U 表示到目前为止 T 所涉及的顶点，初始时只含有初始顶点，初始顶点可以选为图中的任何顶点，结束时应包含图中的所有顶点。

普里姆算法从图中任选的初始顶点开始，不断地将符合条件的边并入目标集合 T 中，同时将边所依附的顶点并入 U 中，直到 U 含有图中的所有顶点为止。每一步选择一条边并入 T，同时 U 中增加一个顶点。算法共需 $n-1$ 步。

那么，如何选择进入 T 中的边呢？将与 U 中任何顶点关联的所有边按权值进行排序，选择权最小的边，设为(v,w)，此时 $v \in U$。如果 $w \notin U$，则(v,w)就是被选中的进入 T 中的边，w 加入到集合 U 中；否则，这条边依附的两个顶点都在集合 U 中，舍弃该边，选择下一条满足条件的权最小的边。在这个过程中，每次满足条件时选择一条边、一个顶点，分别加入 T 和 U 中。

普里姆算法的具体过程如下。

设连通的带权图 G=(V,E)，V 是顶点的集合，E 是边的集合。

（1）初始化。设 T 是图 G 的最小生成树的边集合，U 是最小生成树的顶点集合，由顶点 v_1开始，初始时，T=ϕ，U=$\{v_1\}$。

（2）在所有 $u\in$U，$v\in$V−U 的边$(u,v)\in$E 中，选择一条权最小的边(u_i,v_j)，将 v_j并入 U 中，将边(u_i,v_j)并入 T 中。

（3）重复步骤（2），直到 U=V 为止。

在该算法的实现步骤（2）中，需要从众多的边中选择满足条件的边。若 V−U 中的一个顶点与 U 中的多个顶点间均有边，则只需要让其中权最小的边参与选择，即在步骤（2）中选择权最小的边时，参与选择的边数最多为|V−U|。为此，设置一个辅助数组 closedge [vtxnum]，用它来记录一个顶点在 U 中，而另一个顶点在 V−U 中的具有最小权的边。数组的每个元素都有两个域，分别是 vex 和 lowcost，其中 vex 存储该边依附在 U 中的顶点，lowcost 存储该边的权。

【例 6-14】 对于如图 6-16a 所示的带权无向图 G，它的 MST 如图 6-16b 所示。图 6-17 是最小生成树的构造过程，其中数组 closedge 的变化情况见表 6-1。

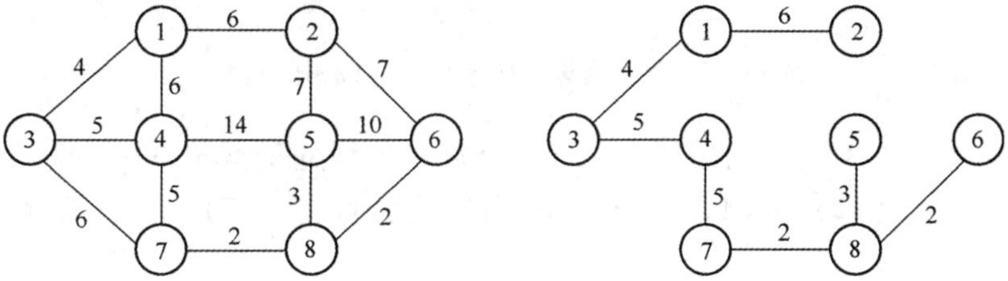

a) 一个带权无向图G　　b) 图G的MST

图 6-16　一个带权无向图及其 MST

表 6-1　普里姆算法中 closedge 数组中各分量的值

closedge \ V	2	3	4	5	6	7	8	U	V−U
vex lowcost	1 6	1 4	1 6					{1}	{2,3,4,5,6,7,8}
vex lowcost	1 6		3 5			3 6		{1,3}	{2,4,5,6,7,8}
vex lowcost	1 6			4 14		4 5		{1,3,4}	{2,5,6,7,8}
vex lowcost	1 6			4 14			7 2	{1,3,4,7}	{2,5,6,8}
vex lowcost	1 6			8 3	8 2			{1,3,4,7,8}	{2,5,6}
vex lowcost	1 6			8 3				{1,3,4,6,7,8}	{2,5}
vex lowcost	1 6							{1,3,4,5,6,7,8}	{2}
vex lowcost								{1,2,3,4,5,6,7,8}	Φ

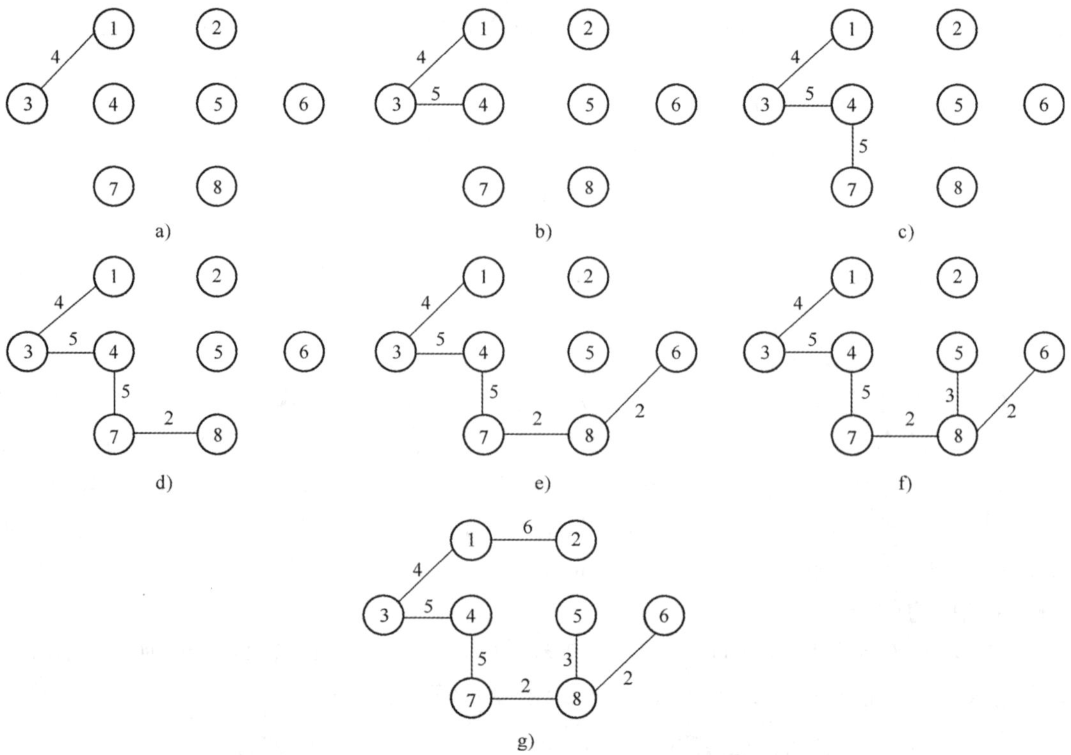

图 6-17　普里姆算法构造最小生成树的过程

第一步，选择顶点 1 作为初始顶点，其两个端点分别处于 U 和 V-U 两个集合的边只有 3 条，分别是(1,2)、(1,3)和(1,4)，选择其中权最小的边(1,3)，见表 6-1 中第一行。将顶点 3 加入 U 中。

第二步，其两个端点分别处于 U 和 V-U 两个集合的边有 4 条，分别是(1,2)、(1,4)、(3,4)和(3,7)。对于顶点 4，它与 U 中两个顶点都有边相连，按照选择权值最小的原则，只需要保留一条，选择边(3,4)，而不必保留(1,4)。这样，在表 6-1 中，只记录 3 条边的信息，见表中第二行。此时，选中的顶点是顶点 4，将它加入 U 中。现在，U 中含有顶点 1、顶点 3 和顶点 4。

第三步，对顶点 7 的处理类似于前面对顶点 4 的处理，也只需要保留一条边，即(4,7)。此时，有 3 条候选边，分别是(1,2)、(4,5)和(4,7)，选中的顶点是顶点 7，加入 U 中。

第四步，对于顶点 2、顶点 5 和顶点 8，候选边分别是(1,2)、(4,5)、(7,8)，选中的顶点是顶点 8，加入 U 中。

第五步，对于顶点 2、顶点 5 和顶点 6，候选边分别是(1,2)、(5,8)和(6,8)，选中的顶点是顶点 6，加入 U 中。

第六步，对于顶点 2 和顶点 5，候选边分别是(1,2)和(5,8)，选中的顶点是顶点 5，加入 U 中。

最后一步，选中顶点 2。到此为止，得到最小生成树。

按照所选的次序，构成最小生成树的边依次是(1,3)、(3,4)、(4,7)、(7,8)、(6,8)、(5,8)和(1,2)，最小生成树所含边的权值总和为 27，可以验证，这是权值总和最小的一棵生成树。

普里姆算法是贪心算法的一个实例，每次选出一条连接 U 中顶点及 V-U 中顶点的具有最小权值的边，并逐步生成最小生成树。

最小生成树的类型如下。

```
typedef struct MSTEdgeNode{                    //带权边
    VType ver1,ver2;                           //边的两个端点
    WType key;                                 //边上的权值
}MSTEN;
typedef struct MinSpanTree{                    //最小生成树
    MSTEN edgeArray[MaxVtxNum];                //MST 中边的数组
}MinST;
```

算法中使用的辅助数组 closedge 的类型定义如下。

```
typedef struct {
    VType vex;          //某顶点与已构造好的部分生成树的顶点之间权值最小的顶点
    int lowcost;        //某顶点与已构造好的部分生成树的顶点之间的最小权值
}ClosEdge;              //普里姆算法求最小生成树时的辅助数组
```

算法实现如下。

```
int Prim(MGraph g,int u,ClosEdge closedge[],MinST *T)
{
    /* 从顶点 u 开始构造图 g 的最小生成树，计算过程体现在辅助数组 closedge 中，最小生成
树保存在 T 中 */
    int i,j,w,k,count=0;
    int n=g.numVertices;                        //结点个数
    T->totalcost=0;
    for (i=0;i<n;i++)                           //辅助数组初始化
        if (i!=u){
            closedge[i].vex=NumToVer(g,u);
            closedge[i].lowcost=g.AdjMatrix[u][i];
        }
    closedge[u].lowcost=0;                      //初始时，U={u}
    for (i=0;i<n-1;i++){                        //选择其余的 n-1 个顶点
        w=NB;
        for (j=0;j<n;j++)                       //在辅助数组 closedge 中选择权值最小的顶点
            if (closedge[j].lowcost!=0 && closedge[j].lowcost<w){
                w=closedge[j].lowcost;
                k=j;
            }                                   //找到生成树的下一个顶点 k
        closedge[k].lowcost=0;                  //第 k 个顶点并入集合 U
        T->edgeArray[count].ver1=NumToVer(g,k);
```

```
            T->edgeArray[count].ver2=closedge[k].vex;
            T->edgeArray[count].key=w;
            T->totalcost+=w;
            count++;
            for (j=0;j<n;j++)                //在新顶点 k 并入 U 后，修改辅助数组
                if (g.AdjMatrix[k][j]<closedge[j].lowcost){
                    closedge[j].vex=NumToVer(g,k);
                    closedge[j].lowcost=g.AdjMatrix[k][j];
                }
        }
        for (i=0;i<n-1;i++)
            printf("%c %c %d\n",T->edgeArray[i].ver1, T->edgeArray[i].ver2,T->edgeArray[i].key);
        printf("MST = %d\n",T->totalcost);
        return T->totalcost;
    }
```

在主函数中，定义如下变量，然后调用 Prim 函数，选择图 g 的第一个顶点作为初始顶点。

```
    MinST T;
    ClosEdge closedge[ MaxVtxNum ];
    int u=0;
    Prim(g,u,closedge,&T);
```

对于含 $n=|V|$个顶点的图，普里姆算法共进行 $n-1$ 轮的选边操作，每轮选边时，从最多 $n-1$ 条边里选中权值最小的边。算法的时间复杂度为 $O(|V|^2)$。当图是一个边稠密的图时，适合使用普里姆算法来求图的最小生成树。

2. 克鲁斯卡尔算法

克鲁斯卡尔算法是构造图的最小生成树的另一种经典算法。

初始时，将图中的所有边按权值不减的顺序排列，并将图中的所有顶点加入生成树中，但不包含任何的边。此时，生成树是只有顶点而没有任何边的非连通图，这些顶点分别自成一个连通分量，连通分量的个数 $n=|V|$。循环做以下事情：从边集中选择并删去权值最小的边，如果这条边所依附的两个顶点分别在生成树的两个连通分量上，则将这条边添加到生成树中，并令边所依附的两个顶点所在的两个连通分量合并成一个，生成树中连通分量的个数减 1；如果这条边所依附的两个顶点在同一个连通分量上，则舍弃这条边。重复这个过程。当生成树中含有$|V|-1$ 条边时，循环结束。此时，原来的$|V|$个连通分量最终合并成一个。

设 T 是无向连通图 G=(V,E)的最小生成树，T 的顶点集合为 V，边集为 E_1，构造最小生成树的克鲁斯卡尔算法的步骤如下。

（1）初始化。设 E_1的初值：$E_1=\Phi$，T 中只含有图中的所有顶点，顶点个数为 $n=|V|$。

（2）当 E_1中边数小于 $n-1$ 时，重复执行下面的步骤：

① 在图 G 的边集 E 中选择权值最小的边(u,v)，并从 E 中删除它。

② 如果 u 和 v 分别属于 T 中不同的连通分量，则将边(u,v)加入 E_1 中，否则丢掉该边，选择 E 中的下一条权值最小的边。

在克鲁斯卡尔算法中，每次只选取权值最小的边，可以将这些边先排序，并保存在一个线性表中，组成一个有序表。每次从有序表中找到排在第一个的边，并进行处理。

初始时，T 中保存的是 n 个顶点，可以看作 n 个单结点的树构成的森林。在算法执行过程中，T 中每增加一条边，都会使两棵树合并为一棵。当构造过程结束时，T 中只剩下一棵树，这就是所求的最小生成树。

对于稀疏图，其边数远小于 $|V|^2$，此时适合采用克鲁斯卡尔算法求图的 MST。

【例 6-15】 仍以例 6-14 中使用的带权无向连通图为例，使用克鲁斯卡尔算法求它的最小生成树，具体过程如图 6-18 所示。

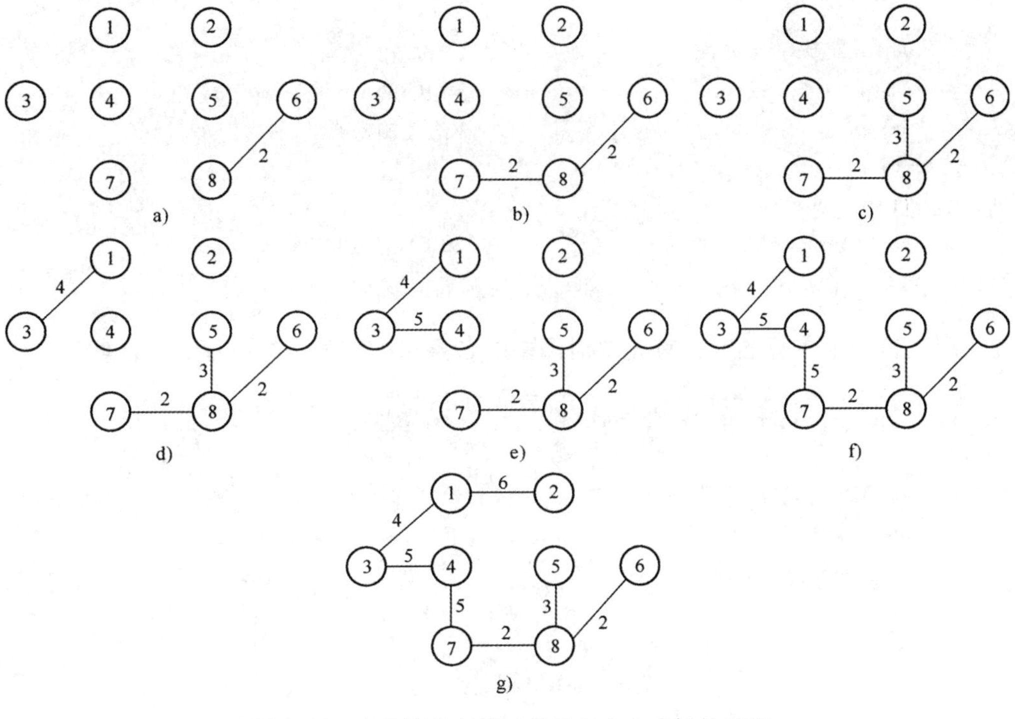

图 6-18　克鲁斯卡尔算法构造最小生成树的过程

图 6-16a 所示的图中有 13 条边，先将各边按权值从小到大排序，列在表 6-2 中。

表 6-2　图 6-16a 所示图中的全部边

边	权　值	边	权　值
(6,8)	2	(1,2)	6
(7,8)	2	(3,7)	6
(5,8)	3	(2,5)	7
(1,3)	4	(2,6)	7
(3,4)	5	(5,6)	10
(4,7)	5	(4,5)	14
(1,4)	6		

依次选择权值最小的边，并判断边所依附的两个顶点是否在同一个连通分量上。显然，前两条边必定会被选中，因为它们是权值最小的两条边，且不会属于同一个连通分量。

接下来看第三条边(5,8)，它的两个顶点也不在同一个连通分量上，所以被选中。按照同样的原则，在后面三步中，依次被选中的边是(1,3)、(3,4)和(4,7)。

第七条边是(1,4)，它的两个顶点已经属于同一个连通分量，所以舍弃。接下来，选中边(1,2)，由此得到最小生成树。

可以看出，因为权值相同的边的排列次序可以对换，所以选择时可能会得到不同的选择结果。但无论如何，最小生成树的权值是一定的。

为了不破坏原图的存储结构，使用一个临时数组保存各条边。数组元素的类型和最小生成树的类型如下。

```
typedef struct MSTEdgeNode{                    //带权边
    VType ver1,ver2;                           //边的两个端点
    WType key;                                 //边上的权值
}MSTEN;
typedef struct MinSpanTree{                    //最小生成树
    MSTEN edgeArray[MaxVtxNum];                //MST中边的数组
}MinST;
```

在实现克鲁斯卡尔算法时，首先要对图中的各条边按权值进行排序，算法实现如下。

```
void edgeSort(MGraph g,MSTEN edge[])              //边排序
{   int i,j,k=0;
    MSTEN temp;
    int v=getNumVertices(g);                      //得到图中的边数
    for (i=0;i<v;i++)                             //获取各条边的信息
        for (j=i+1;j<v;j++)
            if (g.AdjMatrix[i][j]!=NB){
                edge[k].ver1=NumToVer(g,i);
                edge[k].ver2=NumToVer(g,j);
                edge[k].key=g.AdjMatrix[i][j];
                k++;
            }
    for (i=1;i<k;i++){                            //排序
        for (j=i;edge[j].key<edge[j-1].key && j>0;j--){
            temp=edge[j-1];
            edge[j-1]=edge[j];
            edge[j]=temp;
        }
    }
    return;
}
```

在算法中，需要根据权值依次挑选权值最小的边，因为边数组 edge 中已经按权值从小到大排序，所以依次进行遍历，挑选满足条件的边即可。

设当前的边是 edge[i]，如果边的两个顶点不在同一个连通分量上，则该边将被选中。为了表示顶点所属的连通分量，使用另一个临时数组 flag。初始时，每个顶点都自成连通分量，相应的元素值设置为顶点的编号。对于当前边 edge[i]，使用函数 VerToNum 可以获取它的两个端点，代码如下。

```
end1=VerToNum(g,edge[i].ver1);
end2=VerToNum(g,edge[i].ver2);
```

然后根据 flag 数组中的信息，判断它们是否属于同一个连通分量。如果不属于同一个连通分量，则将边 edge[i]添加到 MST 中，同时，边的两个端点合并为一个连通分量，即修改 flag 数组中的值。

克鲁斯卡尔算法的程序实现如下。

```
void Kruskal(MGraph g,MinST *T)                    //利用克鲁斯卡尔算法求 MST
{
    int i,n,temp;
    int k=0,k1=0;
    MSTEN *edge;                                    //保存边的临时数组
    int *flag,end1,end2;                            //用于标识连通分量
    int edgecount=g.numEdges;                       //实际的边数
    n=getNumVertices(g);                            //实际的顶点数
    edge=(MSTEN *)malloc(edgecount*sizeof(MSTEN));
    flag=(int *)malloc(n*sizeof(int));
    for (i=0;i<n;i++) flag[i]=i;                    //初始时，各顶点自成连通分量
    edgeSort(g,edge);                               //边排序
    k=0;                                            //记录选中的边数，需要选择足够的 n-1 条边
    T->totalcost=0;
    for (i=0;i<edgecount;i++,k<n-1){
        end1=VerToNum(g,edge[i].ver1);
        end2=VerToNum(g,edge[i].ver2);
        if (flag[end1]!=flag[end2]){                //当前边的两个顶点不在同一连通分量上
            T->edgeArray[k].ver1=edge[i].ver1;      //选中该边
            T->edgeArray[k].ver2=edge[i].ver2;
            T->edgeArray[k].key=edge[i].key;
            T->totalcost+=T->edgeArray[k].key;
            k++;
            temp=flag[end2];                        //合并连通分量
            for (k1=0;k1<n;k1++)
                if (flag[k1]==temp) flag[k1]=flag[end1];
        }
    }
```

```
        for (i=0;i<k;i++)
            printf("%c %c %d\n",T->edgeArray[i].ver1, T->edgeArray[i].ver2,T->edgeArray[i]
    .key);
        printf("MST = %d\n",T->totalcost);
        free(edge);
        free(flag);
    }
```

在主函数中，调用语句如下。

```
    Kruskal(g,&T);
```

在克鲁斯卡尔算法中，从|E|条边中选出权值最小的边(u,v)，并检测 u 和 v 是不是在同一连通分量上，时间复杂度为 $O(|E|\log|E|)$。所以，克鲁斯卡尔算法适合求稀疏图的最小生成树。

第六节　有向无环图及其应用

一些实际的问题可以表示为有向无环图。例如，用有向无环图描述一个工程中各个子工程之间的关系，还可以表示含有公共子表达式的表达式等。有向无环图可用来表示有先后关系的事件集合。本节介绍有向无环图的概念及其两个应用，一个是图的拓扑排序，另一个是图的关键路径。

一、有向无环图

图中不存在回路的有向图称为有向无环图，简称为 DAG 图。前面已经介绍过，可以使用二叉树表示一个表达式，这样的二叉树称为表达式树。实际上，也可以使用有向图来表示表达式。例如，图 6-19 是一个有向图，由于它具有层次关系（没有回路），因此也可以被看成一棵有向树；它表示的是算术表达式((a+b)×c+((a+b)+e)×(e+g))×((a+b)×c)。

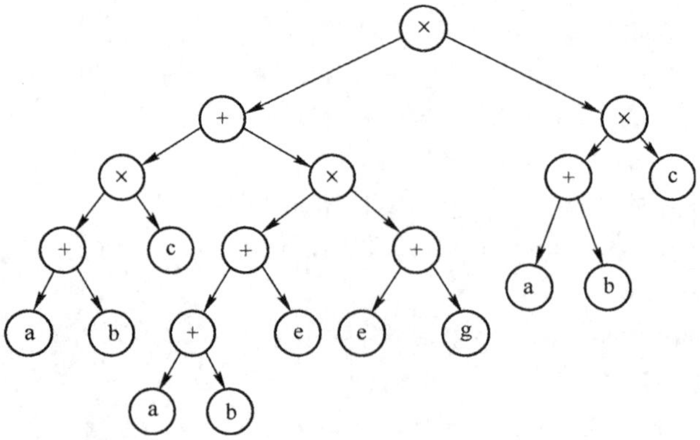

图 6-19　用有向图表示算术表达式

这个表达式中有很多重复的部分，如有三个(a+b)、两个(a+b)×c 等，这些称为公共子表达式。在进行实际存储时，这些公共部分没有必要重复存储。对于重复内容，只需要存储一个版本，在其他使用的地方仅保存一个引用，这个引用指向所保存的内容。在使用时，通过引用就可以找到实际的内容。将图 6-19 进行修改，去掉重复部分，得到图 6-20，它是一个有向无环图。

从图 6-20 中可以看出，表达式中相同的子表达式在图中只画了一次，避免了在有向树中的重复出现，方便了某些操作的实现和执行。

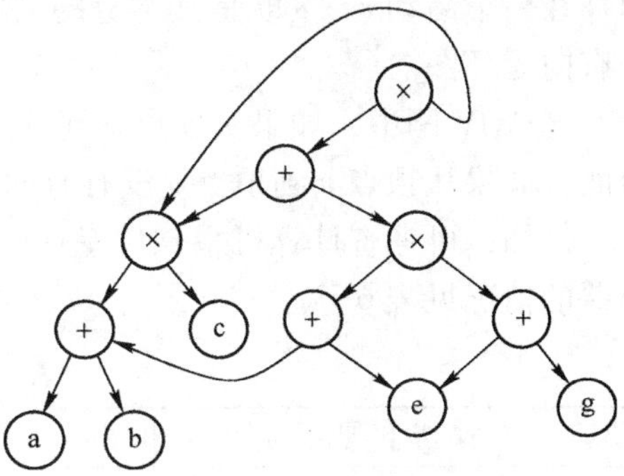

图 6-20　用有向无环图表示算术表达式

二、拓扑排序

1. 拓扑排序简介

有向无环图 G=(V,E)的拓扑序列是 G 中顶点的一个线性序列，并且满足以下关系：对于图 G 中的所有顶点 v 和 w，如果(v,w)∈E，则在线性序列中，v 排在 w 之前。求有向无环图拓扑序列的过程称为拓扑排序。

由拓扑序列的定义可以看出，如果有向图中存在回路，则不能给出图的拓扑序列。因此，本节仅对有向无环图进行讨论。

拓扑排序有其实际的应用背景。例如，可以用有向无环图表示一个工程，图中用顶点表示工程中的各个子任务，顶点之间的边表示任务之间的先后顺序。若两个任务之间存在先后关系，则在这两个任务对应的顶点之间连接一条弧。具有先后关系的任务必须按照约定决定执行的次序，在完成了先导任务之后，才能开始后继任务；而有些任务之间没有按直接或间接方式约定任何的先后关系，这样的两个任务的执行顺序可以是任意的。在实际应用中，经常需要在不违反原来先后次序的前提下，列出所有任务之间的先后顺序，这就是拓扑排序的过程。

在大学里，可以应用拓扑排序来安排课程的选修次序。把这些课程看作有向图的一个个顶点，如果课程 A 是课程 B 的先导课，则画一条从 A 指向 B 的有向边，表示必须先修完课程 A 才能选修课程 B。这样，这些课程连同它们之间的先后关系组成一个有向图。对这个图进行拓扑排序，可以得到选修课程的顺序，从而了解选修一门课程之前应该先掌握哪些知识。

在工程管理中，有些大的工程往往分解成若干个子工程，这些子工程被称为活动(activity)。当所有的活动都完成时，整个工程即告结束。有些活动可以并行进行，而有些活动必须在另外一些活动完成后才能开始。如何安排这些活动？哪个活动可以开始？哪个活动必须等待？类似这样的问题，都要用到拓扑排序。

在有向图中，以顶点表示活动，有向边表示活动之间的优先关系，这样的有向图称为顶点表示活动的网络（activity on vertex network），简称为 AOV 网。在 AOV 网中，若从顶点 v_i 到 v_j 有一条有向路径，则称 v_i 是 v_j 的前驱，v_j 是 v_i 的后继；若(v_i,v_j)是 AOV 网中的一条弧，则称 v_i 是 v_j 的直接前驱，v_j 是 v_i 的直接后继。如果 v_i 是 v_j 的前驱或直接前驱，则 v_i 活动必须在 v_j 活动开始之前结束，即 v_j 活动必须在 v_i 活动结束之后才能开始。

在 AOV 网中，不允许出现回路，如果有回路，则表示某个活动是以自己为先决条件的，即存在一个活动 v_i，v_i既是其本身的前驱，又是其后继，这显然是矛盾的。因此，AOV 网必是有向无环图。

在 AOV 网中，如果从顶点 v_i到顶点 v_j存在有向路径，则在拓扑序列中，v_i必定排在 v_j的前面；如果从顶点 v_i到顶点 v_j没有有向路径，则在拓扑序列中，v_i与 v_j的先后次序可以任意。

例如，可考查计算机系软件专业学生的 5 门课程之间的关系。课程代号、课程名称及先导课的情况见表 6-3。

表 6-3　课程之间的关系

课 程 代 号	课 程 名 称	先　导　课
C_1	高等数学	无
C_2	程序设计基础	无
C_3	数据结构	C_2
C_4	编译原理	C_3
C_5	算法分析	C_1、C_2

以顶点表示课程，弧尾对应的课程是弧头对应课程的先导课。表 6-3 中课程之间的关系可以用图 6-21 表示。

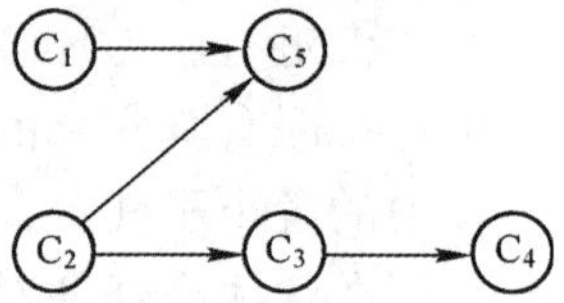

图 6-21　各门课程的选修顺序

没有先导课的课程没有入边，如 C_1和 C_2，它们可以最先被选修；而有先导课的课程都有入边，必须在学完其先导课程之后才能选修，如 C_3必须在学完 C_2之后再学，C_5必须在学完 C_1和 C_2之后再学；没有先后关系的课程，其选修的先后次序任意，如 C_5和 C_4，可以先选修 C_5，也可以先选修 C_4。上述 5 门课程排成的拓扑序列为 C_1,C_2,C_3,C_4,C_5，还可以排列成 C_1,C_2,C_5,C_3,C_4。

由于 C_3与 C_5、C_4与 C_5之间没有先后次序约定，因此可以先选修 C_3，再选修 C_5（如第一种排序），也可以先选修 C_5，再选修 C_3（如第二种排序）。可见，AOV 网的拓扑序列可能并不是唯一的。

2. 基于广度优先搜索策略实现拓扑排序

基于广度优先搜索策略，可以对 AOV 网进行拓扑排序。

拓扑排序遵循的原则是，在拓扑序列中，每个顶点都必须排在它的后继顶点之前。那么排在最前面的顶点一定不能是其他任何顶点的后继。而有向图中一个顶点的直接前驱数即顶点的入度，可以使用一个一维数组来记录各个顶点的入度。如果一个顶点不是其他任何顶点的后继，就意味着该顶点的入度为 0。初始化时，数组中填入各顶点的入度，可以将入度看作一个顶点的约束条件个数。例如，入度为 2，表明它有两个直接前驱顶点；入度为 3，表明它有 3 个直接前驱顶点。每当从图中输出一个顶点时，表明该顶点的所有直接后继顶点均少了一个约束，即入度减 1。

基于广度优先搜索策略求 AOV 网的拓扑序列的步骤如下。

（1）初始化：记录 AOV 网中所有顶点的入度。

（2）选择一个没有前驱（入度为 0）的顶点，输出之。

(3) 从图中删除该顶点和以它为尾的所有的弧，即将输出顶点的所有直接后继顶点的入度减 1，然后转（2）。

步骤（2）、(3) 重复执行，每输出一个顶点，就修改入度数组，然后选择满足条件的顶点输出，再修改数组，直至输出全部顶点，或者还没有输出全部顶点，但已找不到没有直接前驱的顶点（即入度为 0 的顶点）为止，第一种情况表示拓扑排序已经完成，第二种情况表明原有向图中含有回路。

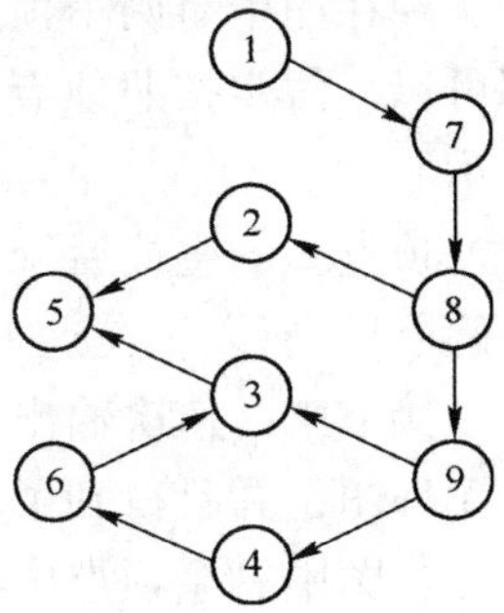

图 6-22　AOV 网

【例 6-16】求图 6-22 所示 AOV 网的拓扑序列。

在拓扑排序过程中，始终寻找入度为 0 的顶点，并输出之。为得到拓扑排序结果，先建立图中各顶点的入度表，见表 6-4。

表 6-4　图 6-22 所示图中各顶点的入度

顶　点	入　度	顶　点	入　度
1	0	6	1
2	1	7	1
3	2	8	1
4	1	9	1
5	2		

初始时，图中入度为 0 的顶点是顶点 1，输出后，将它的直接后继顶点的入度减 1，即顶点 7 的入度由 1 变为 0。图中余下 8 个顶点，如图 6-23a 所示。

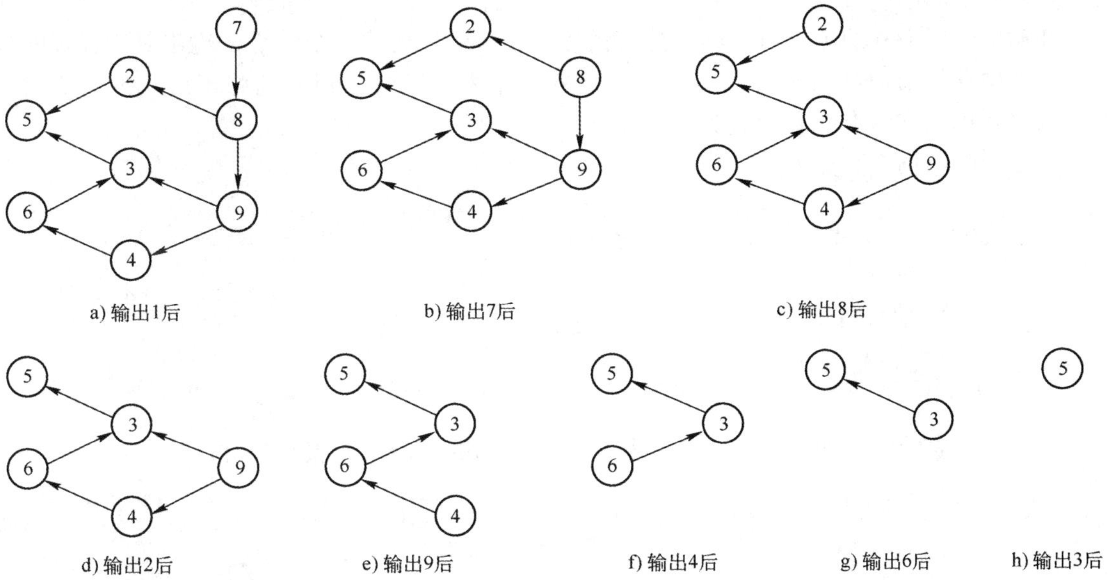

图 6-23　拓扑排序过程

此时，图中入度为 0 的顶点是顶点 7，输出 7，再将它的直接后继顶点的入度减 1，则顶点 8 的入度也由 1 变为 0。图中剩余 7 个顶点，如图 6-23b 所示。

继续输出顶点 8，并将它的两个后继顶点的入度均减 1，则顶点 2 和顶点 9 的入度均由 1

变为0。现在的图中剩余6个顶点，如图6-23c所示。

现在图中有两个顶点的入度均为0，分别是顶点2和顶点9。下一步选择哪个顶点输出都可以。假定按照顶点编号从小至大的顺序选择，则输出顶点2。输出后的图如图6-23d所示。

顶点2的直接后继顶点是顶点5，它有两个约束条件，输出顶点2后，顶点5的入度由2变为1。所以，在这一步的选择中，只能选择顶点9。输出9。得到的图如图6-23e所示。

接下来，依次输出顶点4、6、3、5。此时图中的顶点全部输出完毕，表明图是一个有向无环图，并且得到了它的拓扑序列：1,7,8,2,9,4,6,3,5。

当图中剩余顶点中存在多个入度为0的顶点时，说明这几个顶点之间并不存在先后关系，因此在拓扑排序时可以有多种选择。拓扑排序可能有多种结果，如对于图6-22，正确的拓扑序列还可以是：1,7,8,9,2,4,6,3,5。此外，1,7,8,9,4,2,6,3,5和1,7,8,9,4,6,2,3,5也是正确的拓扑序列。

在进行拓扑排序时，每当选择一个入度为0的顶点并输出后，都需要根据图的存储结构修改图的入度表，并再次选择下一个入度为0的顶点并输出。通常情况下，选择入度为0的顶点，需要遍历入度表，逐点筛选。

观察表6-4，在入度表中，那些入度为0的顶点的“入度”域的值都是0，所以可以用这个域在入度表中建立一个静态链表，专门将入度为0的顶点链接起来，方便后面的选择。

在初始建立入度表时，将入度为0的顶点逐一插入到这个静态链表中。在入度表建立完成时，静态链表的初始化也会完成。当同时有多个入度为0的顶点时，拓扑排序并不强制输出其中的哪一个，所以，在将满足要求的顶点插入静态链表时，可以插入在表头位置，这样的插入效率最高。

在输出入度为0的顶点时，即从静态链表的表头位置删除一个结点，输出其中保存的顶点。在根据存储结构寻找输出顶点的邻接点并修正入度表时，若遇到修正后入度为0的顶点，则将其插入到静态链表的表头。

入度表的结构定义如下。

```
typedef struct{
    VType ver;
    int indeg;
}IndegreeV;
Indegree VindegreeTable[MaxVtxNum];
```

建立入度表的实现如下，其中first是入度为0的静态链表的表头指针。

```
int CreateIndegrTable(MGraph g,IndegreeV *indegreeTable,int *first){
    int i,j;
    for (i=0;i<g.numVertices;i++){
        indegreeTable[i].indeg=0;
        indegreeTable[i].ver=g.verticesList[i];
        for (j=0;j<g.numVertices;j++)
            indegreeTable[i].indeg+=g.AdjMatrix[j][i];
```

```
    }
    *first=-1;
    for (j=0;j<g.numVertices;j++){
        if (indegreeTable[j].indeg==0){
            indegreeTable[j].indeg= *first;
            *first=j;
        }
    }
    return TRUE;
}
```

基于入度表的拓扑排序算法实现如下。

```
void Topo(MGraph g,IndegreeV  *indegreeTable,int first)
{    int i,temp;
    while (first!=-1){
        printf("%c ",g.verticesList[first]);
        temp=first;
        first=indegreeTable[first].indeg;
        for (i=0;i<g.numVertices;i++){
            if (g.AdjMatrix[temp][i]>0){
                indegreeTable[i].indeg--;
                if (indegreeTable[i].indeg==0){
                    indegreeTable[i].indeg=first;
                    first=i;
                }
            }
        }
    }
}
```

3. 基于深度优先搜索策略实现拓扑排序

在对图进行深度优先搜索时，改变顶点输出的条件，不是在遇到一个顶点时即刻输出顶点，而是等到该顶点的所有邻接点都输出后才输出该顶点，将得到的顶点序列逆序，即可得到图的拓扑排序。

修改本章第四节中实现的 DFS 算法，基于深度优先搜索策略实现的拓扑排序如下。

```
void TopoDFS(MGraph g)
{
    int number,i;
    int visited[MaxVtxNum];                //定义 visited[]
    number=getNumVertices(g);
    for (i=0;i<number;i++)                 //初始化 visited[]
```

```
        visited[ i ] = 0;
    for (i = 0;i<number;i++)              //输出 visited[ ]
        printf( " %d " ,visited[ i ]) ;
    printf( " \n" ) ;
    for (i = 0;i<number;i++)
        if (visited[ i ] = = 0)
            TopoDFS1( g,NumToVer( g,i) ,visited) ;
}
void TopoDFS1( MGraph g,VType v,int  * visited)
{     VType w;
    visited[ VerToNum( g,v) ] = 1;          //将 visited[ v]置为 1, 表示已经访问过
    w = FirstNeighbor( g,v) ;              //取 v 的第一个邻接点 w
    while (w! = '#')
    {
        if ( !visited[ VerToNum( g,w) ] )   //若顶点 w 还未被访问
            TopoDFS1( g,w,visited) ;       //递归调用
        w = NextNeighbor( g,v,w) ;         //取下一个邻接点
    }
    printf( " %c " ,v) ;                   //访问顶点 v
}
```

在输出的序列逆置后，得到拓扑序列。

三、关键路径

可以使用带权有向图表示一个含多个活动的工程。在这样的图中，用顶点表示事件，用弧表示活动，边上的权值表示活动持续的时间，这样组成的网称为以边表示活动的网，简称为 AOE 网。在 AOE 网中，通常只有一个入度为 0 的点和一个出度为 0 的点，这是因为一个工程只有一个开始点和一个完成点。入度为 0 的点称为起始点或源点，出度为 0 的点称为结束点或汇点。一个工程中的某些子活动是可以并行进行的；从源点到汇点的最长路径的长度，即该路径上所有活动持续时间之和，也就是完成整个工程所需的最少时间。将从源点到汇点具有最大长度的路径称为关键路径。关键路径上的所有活动称为关键活动。求关键路径是带权有向无环图的一个重要应用。

例如，图 6-24 表示一个含有 8 个活动的工程，其中顶点 1 是源点，顶点 6 是汇点。假设图中活动的持续时间的单位是天，则活动 a_1需要 3 天完成，活动 a_2需要 2 天完成，活动 a_3需要 2 天完成，等等。在从顶点 1 到顶点 6 的所有路径中，路径长度最大为 8，表明这项工程至少需要 8 天才能完成。

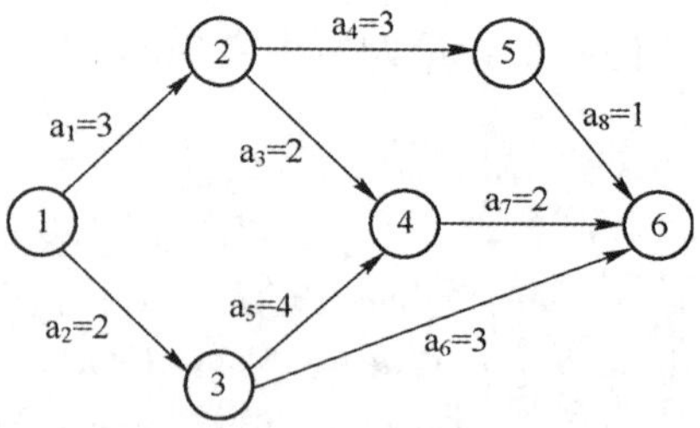

图 6-24　表示工程的 AOE 网

在 AOE 网中，从源点 v_1到任意顶点 v_i的最长路径长度称为事件 v_i的最早开始时间。这个时间决定了所有以 v_i为尾的弧所表示的活动的最早开始时间。另外，在不推迟整个工程完成的前提下，活动 a_i最迟必须开

始进行的时间称作活动 a_i 的最迟开始时间。

用 $e(i)$ 表示活动 a_i 的最早开始时间，$l(i)$ 表示其最迟开始时间。两者之差 $l(i)-e(i)$ 表示完成活动 a_i 的时间余量。a_i 的实际开始时间可以在 $e(i)\sim l(i)$ 之间任意调整，而丝毫不会影响整个工程的完成时间。把 $l(i)=e(i)$ 的活动称作关键活动，即关键活动的最早开始时间和最迟开始时间相等，它们没有时间余量。显然，关键路径上的所有活动都是关键活动，关键活动的推延将直接导致整个工程的推延，而提前完成非关键活动并不能加快整个工程的进度。

由以上分析可知，辨别关键活动就是要找 $e(i)=l(i)$ 的活动。为了求得 AOE 网中活动的 $e(i)$ 和 $l(i)$，先求出事件的最早开始时间 $ve(j)$ 和最迟开始时间 $vl(j)$。

设活动 a_i 由弧 (j,k) 表示，其持续时间记为 $dut(j,k)$，事件的最早开始时间为 $ve(j)$，最迟开始时间为 $vl(j)$，则有如下关系：

- $e(i)=ve(j)$
- $l(i)=vl(k)-dut(j,k)$

求 $ve(j)$ 和 $vl(j)$ 时将采用递推方法，分两步进行：

（1）从 $ve(1)=0$ 开始向前递推

$$ve(j)=\max\{ve(i)+dut(i,j)\} \qquad (i,j)\in T, 2\leqslant j\leqslant n$$

其中，T 是所有以顶点 j 为头的弧的集合。

（2）从 $vl(n)=ve(n)$ 起向后递推

$$vl(i)=\min\{vl(j)-dut(i,j)\} \qquad (i,j)\in S, 1\leqslant i\leqslant n-1$$

其中，S 是所有以顶点 i 为尾的弧的集合。

计算 ve 时，从事件 1 开始向前递推；计算 vl 时，从最后一个事件开始向后递推。这两个递推公式的计算必须分别在拓扑排序和逆拓扑排序的前提下进行。也就是说，在事件 v_j 的所有直接前驱的最早开始时间都确定下来之后，才能求得事件 v_j 的最早开始时间 $ve(j)$；同样，在事件 v_j 的所有直接后继的最迟开始时间求得之后，才能确定 v_j 的最迟开始时间。求逆拓扑排序的过程与求拓扑排序的过程类似：检查所有出度为 0 的顶点，输出之并删除所有以这些点为头的弧，重复这个过程，直到结束。如果已经得到了拓扑序列，那么将这个序列倒排，即可得到逆拓扑序列。

由此得到以下求关键路径的算法。

（1）输入 e 条弧 (j,k)，建立 AOE 网的存储结构。

（2）从源点 v_1 出发，令 $ve(1)=0$，按拓扑序列求其余各顶点（事件）的最早发生时间 $ve(i)\,(2\leqslant i\leqslant n)$。如果得到的拓扑序列中顶点个数小于 AOE 网中顶点数 n，则说明网中存在环，不能求关键路径，算法终止；否则执行步骤（3）。

（3）从汇点 v_n 出发，令 $vl(n)=ve(n)$，按逆拓扑序列求其余各顶点（事件）的最迟发生时间 $vl(i)\,(n-1\geqslant i\geqslant 1)$。

（4）根据各顶点（事件）的 ve 和 vl 值，求每条弧 s（活动）的最早开始时间 $e(s)$ 和最迟开始时间 $l(s)$。若某条弧（活动）满足条件 $e(s)=l(s)$，则为关键活动。

【例 6-17】求图 6-24 所示工程的关键路径，列出关键活动。

根据求关键路径的算法，要先求出图 6-24 的拓扑序列，结果是 1,2,3,4,5,6。根据拓扑序列，求出图中各事件的最早开始时间，然后再按逆拓扑序列的次序，求出各事件的最迟开始时间。

先看源点，即时刻 1。通常，整个工程应尽早完成，所以源点的最早开始时间为 0。再看时刻 2，它只有一个入边(1,2)，所以时刻 1 的最早开始时间加上入边表示的活动 a_1 的持续时间 3，即为时刻 2 的最早开始时间。同样，可以求出时刻 3 的最早开始时间为 2。

再看时刻 4。它有两条入边，表明到时刻 4 时，活动 a_1 和 a_3 已经完成，且 a_2 和 a_5 也已经完成。也就是到达时刻 2 后，再用两天时间完成 a_3，到达时刻 3 时，再用 4 天时间完成 a_5。时刻 2 的最早开始时间加上 2 天是一条分支所用的时间，时刻 3 的最早开始时间加上 4 天是另一条分支所用的时间。两者取最大值，得 6，即时刻 4 的最早开始时间为 6。

时刻 5 的最早开始时间等于时刻 2 的最早开始时间加上 a_4 的持续时间，为 6。计算时刻 6 的最早开始时间类似于计算时刻 4 的最早开始时间。将时刻 6 的 3 个直接前驱结点的最早开始时间分别加上各自入边对应活动的持续时间，在 3 个结果中取最大值，得到 8，即为时刻 6 的最早开始时间，也是关键路径的长度，即完成整个工程所需的时间。

各事件的最早开始时间结果见表 6-5 第二列。

现在按逆拓扑序列计算各事件的最迟开始时间。时刻 6 的最迟开始时间即它的最早开始时间，为 8。时刻 5 的最迟开始时间是其直接后继结点的最迟开始时间减去 a_8 的持续时间，为 7。同样，得到的时刻 4 的最迟开始时间是 6。再看时刻 3，因为它有两条出边，所以从两个后继结点分别计算得到的值中取最小值，得到 2。时刻 2 的计算是类似的，得到的最迟开始时间为 4。源点的最迟开始时间为 0。各事件最迟开始时间的计算结果见表 6-5 第三列。

表 6-5　各事件的最早开始时间及最迟开始时间

事　件	ve	vl
1	0	0
2	3	4
3	2	2
4	6	6
5	6	7
6	8	8

根据事件的最早开始时间及最迟开始时间，可计算各活动的最早开始时间及最迟开始时间。

先看活动 a_1 和 a_2，它们都是以时刻 1 为弧尾的，所以，它们的最早开始时间都是 0。活动 a_3 和 a_4 的最早开始时间与时刻 2 的最早开始时间相同，都是 3。其他活动的最早开始时间的计算过程与上面类似。各活动的最早开始时间见表 6-6 第二列。

再计算各活动的最迟开始时间。活动 a_8 需要 1 天时间完成，所以它的最迟开始时间是 7。类似地，a_7 和 a_6 各需要 2 天与 1 天的完成时间，所以最迟开始时间分别是 6 和 5。

a_5 需要 4 天的完成时间，而时刻 4 的最迟开始时间是 6，所以 a_5 的最迟开始时间是 2。类似地，a_4 的最迟开始时间是 4，a_3 的最迟开始时间是 4。时刻 2 的最迟开始时间是 4，a_1 的最迟开始时间是 1。时刻 3 的最迟开始时间是 2，a_2 的最迟开始时间是 0。各活动的最迟开始时间的计算结果见表 6-6 第三列。

表 6-6　各活动的最早开始时间及最迟开始时间

活　动	最早开始时间 e	最迟开始时间 l	时间余量 l-e
a_1	0	1	1
a_2	0	0	0
a_3	3	4	1
a_4	3	4	1
a_5	2	2	0
a_6	2	5	3
a_7	6	6	0
a_8	6	7	1

再计算各活动的时间余量 l-e，计算结果见表 6-6 第四列。时间余量为 0 的活动即关键活动，这些活动是 a_2、a_5和 a_7。相应地，关键路径是 1,3,4,6，路径长度是 8。

【例 6-18】图 6-25 所示的 AOE 网表示一项包含 8 个活动的工程。通过同时加快若干活动的进度，可以缩短整个工程的工期。下列选项中，加快其进度就可以缩短工程工期的是（　）。

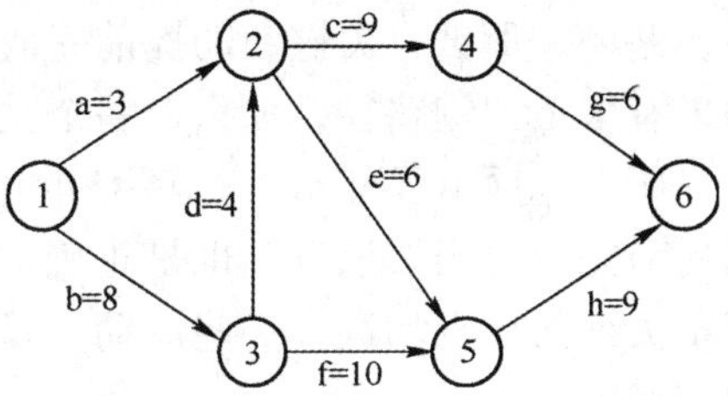

图 6-25　含 8 个活动的 AOE 网

A. c 和 e　　B. d 和 c　　C. f 和 d　　D. f 和 h

答案为 C。

先计算关键路径，结果见表 6-7。

表 6-7　例 6-18 中各活动的最早开始时间及最迟开始时间

活　动	最早开始时间 e	最迟开始时间 l	时间余量 l-e
a	0	9	9
b	0	0	0
c	12	12	0
d	8	8	0
e	12	12	0
f	8	8	0
g	21	21	0
h	18	18	0

由表 6-7 可知，共有三条关键路径，路径上的三组关键活动分别是 b,f,g、b,d,c,g 和 b,d,e,h，路径长度是 27。关键活动有 b,c,d,e,f,g,h。活动 a 不是关键活动。

三条关键路径的开头部分是重合的，后面的部分不完全相同。如果提前完成重合部分的关键活动，则能使三条关键路径均缩短。具体来说，如果提前完成活动 b，则整个工程的工期会缩短。但所给的 4 个选项中，没有这样的答案。

如果提前完成后面部分的关键活动，则必须同时缩短三条路径的长度才能满足要求，即每条路径上选择一个活动。选项中仅给出了两个活动，则一定至少有一个活动是在两条关键路径上的。提前完成关键活动 f，会缩短关键路径 b,f,g 的长度。提前完成关键活动 d，会缩短关键路径 b,d,c,g 和 b,d,e,h 的长度。

【例 6-19】 下列关于 AOE 网的叙述中，错误的是（　）。

A. 关键活动不按期完成就会影响整个工程的完成时间

B. 任何一个关键活动提前完成，那么整个工程将会提前完成

C. 所有的关键活动提前完成，那么整个工程将会提前完成

D. 某些关键活动提前完成，那么整个工程将会提前完成

答案为 B。

整个工程的完成时间既取决于关键活动的完成时间，也取决于非关键活动的完成时间。如果关键活动拖期了，则关键路径的长度一定增加，所以选项 A 是正确的。如果关键活动提前完成了，是不是会让整个工程提前完成呢？这要看关键路径的组成情况。如果只有一条关键路径，那么，关键活动提前完成一定会使关键路径的长度缩短，工程可以提前完成。但如果有多条关键路径，那么，一个关键活动提前完成，不一定能让所有关键路径的长度都缩短，所以选项 B 不正确。选项 C 的正确性显而易见。在选项 D 中，没有指明哪些关键活动已提前完成，当然该选项也是正确的，可以像选项 C 那样选择所有的关键活动，也可以在每条关键路径上均选择一些活动，只需要保证所有关键路径的长度均缩短，整个工程势必提前完成。

第七节　最 短 路 径

在研究交通网络时，有时需要了解甲地和乙地之间是否有路可通？在有多条路可通的情况下，走哪条路最好？“最好”的评判标准可以不同，有时是指路程最短，有时是指花费最少，有时可以指所用时间最少，等等。无论如何，它们都可以表示为一个数值，相应的问题使用一个带权图来表示，每条边上有相应的权值。

一般地，可以用图中的顶点表示地点，带权的边表示两地之间的距离等一些具有实际意义的量。对于带权图，修改路径长度概念：两个顶点之间的路径长度定义为两顶点间路径上各边的权值之和。路径的开始顶点称为源点，目的顶点称为终点。

给定图中的两个顶点 A 和 B，它们之间可能存在多条路径，每条路径都有相应的路径长度，其中长度最短的那条路径称为两个顶点之间的最短路径。此时，A 即源点，B 即终点。

1. 单源最短路径

将求从某个源点到图中其他各顶点的最短路径的问题称为单源最短路径（single-source shortest path）问题，即已知图 $G=(V,E)$，找出从某个给定源点 $s\in V$ 到 V 中其他任一顶点的最短路径。

图中任意两个顶点之间并不一定有边存在，为符合实际情况，如果两个顶点之间没有边相连，则权值记为∞，程序中可以使用一个计算机能表示的最大值来代表∞。为简化问题，规定所有边上的权值均为非负值。

两个指定顶点之间的最短路径可能有边直接相连，也可能要经过其他顶点。可以肯定，这样的最短路径一定不包含回路，因为如果路径中包含回路，则去掉回路后可以得到长度更短的路径。

在实际应用中，很可能只需要知道一对顶点（如 s 与 e）之间的最短路径，但它的求解难度与单源最短路径的求解难度相当，因此本节先讨论单源最短路径问题。

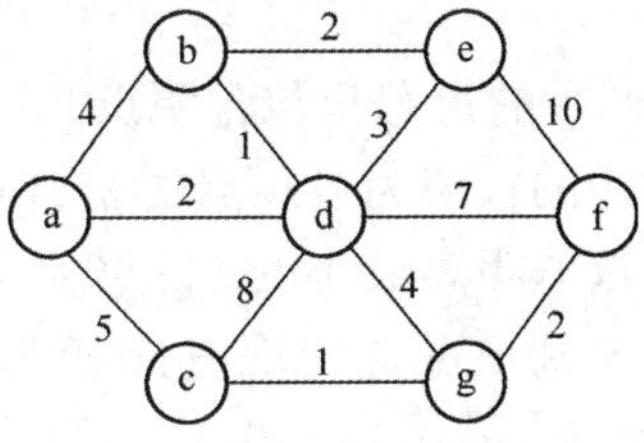

图 6-26　无向带权图

【例 6-20】 给定如图 6-26 所示的一个无向带权图，其源点为 a，从源点到其他任何顶点的最短路径见表 6-8。

表 6-8　从源点 a 到其他各顶点的最短路径

终　点	最短路径	路径长度
b	(a,d,b)	3
c	(a,c)	5
d	(a,d)	2
e	(a,d,e)	5
f	(a,d,g,f)	8
g	(a,d,g)	6

求带权图单源最短路径的算法称为迪杰斯特拉（Dijkstra）算法，它按照路径长度不减的次序产生最短路径，也就是生成的各条路径的长度越来越长。

Dijkstra 算法的基本思想是：把图中的所有顶点分成两个集合，令 S 表示已求出最短路径的顶点集合，其余尚未确定最短路径的顶点组成另一个集合 V-S。初始时，S 中仅含有源点。按最短路径长度不减的次序逐个把第二个集合 V-S 中的顶点加入到 S 中，不断扩大已求出最短路径的顶点集合，直到从源点出发可以到达的所有顶点都在 S 中为止。

给图中每个顶点定义一个距离，分两种情况：S 集合中顶点具有的距离就是从源点到此顶点的最短路径长度；集合 V-S 中顶点具有的距离是从源点到此顶点且路径中仅包括 S 中的顶点为中间顶点的最短路径的长度。当有 V-S 中的顶点加入 S 时，对 S 中已有顶点的距离没有影响，而有可能使 V-S 中顶点的距离变小。对于 V-S 中的所有顶点，如果距离确实变小了，则以变化后的值替代原来的值；如果距离没有变小，则保持原值不变。

循环进行上述过程，每次从 V-S 集合中选中一个顶点加入到 S 中，必要时，修正 V-S 集合中顶点的距离，直到所有顶点都加入到 S 中为止。选择加入 S 中的顶点的规则是：以目前 V-S 中距离最小的顶点为选中的目标。根据定义，S 中顶点的距离即已求出的最短路径的长度。当 S 包含了除初始顶点以外的所有可达顶点时，Dijkstra 算法结束。

在求最短路径的过程中，总保持从源点到 S 中各顶点的距离都不大于从源点到 V-S 中任何顶点的距离。也就是说，从源点到 V-S 中任何一个顶点的距离都大于从源点到 S 中任何一个顶点的最短路径长度。在每次循环时，选取 V-S 中距离最小的一个顶点加入 S 就可以保证这一点。

设图 G=(V,E)，源点为 v_0，引入辅助数组 dist，它的每个分量 dist[i]表示对应于顶点 i 的距离，这个距离的含义如前所述。dist 的初值为：

$$\text{dist}[i]=\begin{cases}\text{弧上的权值} & \text{若从源点到 } v_i \text{ 有弧}\\ \infty & \text{其他情况}\end{cases}$$

S 的初态只包含源点 v_0，dist[0]=0。其余所有顶点都在 V-S 中，v_0到 V-S 中各顶点 v_i 的边的权值为各顶点的距离 dist[i]。接下来，循环进行下列操作：每次从 V-S 集合的顶点中选取距离最小的一个顶点 v_i加入到 S 中，并对 V-S 中剩余各顶点的距离重新计算，若源点 v_0到顶点 v_k的现有路径长度 dist[k]大于加进中间点 v_i后的路径（v_0,v_i,v_k）长度，即 dist[k]>dist[i]+边(v_i,v_k)的权值，则令 dist[k]=dist[i]+边(v_i,v_k)的权值。反复进行上述运算，直到再也没有可加入到 S 中的顶点为止。

Dijkstra 算法的步骤如下。

（1）初始化：

① 设用带权的邻接矩阵 cost 表示带权有向图 G =（V,E）。

② cost[i][j]为弧(v_i,v_j)上的权值（若弧(v_i,v_j)不存在，则该值为∞，一般地，取计算机中能表示的最大值）。

③ S 为已找到从源点 v_0出发的最短路径的终点集合，其初态只含有源点 v_0。

④ 从 v_0出发到图中其余各顶点 v_i的距离为：dist[i]=cost[v_0][v_i]($v_i \in$ V)。

（2）选择 v_j，使得 dist[j]=min{dist[i] | $v_i \in$ V-S}，v_j即当前求得的一条从 v_0出发的最短路径的终点。令 S=S∪{v_j}。

（3）修改从 v_0出发到集合 V-S 中任一顶点 v_k可达的最短路径长度。如果 dist[j]+cost[j][k]<dist[k]，则 dist[k]=dist[j]+cost[j][k]。

（4）重复执行步骤（2）、（3），直到再也没有可加入到 S 中的顶点为止。

下面仍以图 6-26 为例，介绍最短路径的求解过程。

图 6-26 对应的带权邻接矩阵 **cost** 为：

$$\mathbf{cost}=\begin{bmatrix}\infty & 4 & 5 & 2 & \infty & \infty & \infty\\ 4 & \infty & \infty & 1 & 2 & \infty & \infty\\ 5 & \infty & \infty & 8 & \infty & \infty & 1\\ 2 & 1 & 8 & \infty & 3 & 7 & 4\\ \infty & 2 & \infty & 3 & \infty & 10 & \infty\\ \infty & \infty & \infty & 7 & 10 & \infty & 2\\ \infty & \infty & 1 & 4 & \infty & 2 & \infty\end{bmatrix}$$

初始时，S 中仅含有源点 a，各顶点的距离等于 cost 中第一行的值：dist[1]=4,dist[2]=5,dist[3]=2，相应的路径即从 a 到 b、c、d 的边见表 6-9 第二列。

选择其中 dist 值最小的顶点，d 被选中。将 d 加入到 S 中，这意味着从 a 到 d 的最短路径已经生成，即 a→d，长度为 2。

重新计算从 a 到其余各顶点可达的当前长度最短的路径。注意，在计算时，在到达目标顶点之前，路径仅能经过 S 中的顶点。例如，在到 c 的路径中，除目标顶点 c 以外，仅能包含顶点 a 和 d。在选中 d 加入 S 之前，到 c 的路径长度是 5。在 d 加入 S 后，到 c 的路径并没有缩短，仍为 5。再看到 b 的路径，原来的长度是 4，现在多了一条从 a 到 d，再到 b 的路径，长度是 3，所以到 b 的当前最短路径的信息需要修改，路径为（a→d→b），长度为 3。类似地，到 e 的路径从原来的不可达变为可达，路径为（a→d→e），长度为 5。到 f 的路径为 a→d→f，长度为 9，到 g 的路径为 a→d→g，长度为 6，见表 6-9 第三列。从得到的新路径值（表 6-6 第三列）中选择最小长度值的路径，此时选中的顶点为 b，将其加入到 S 中。从 a 到 b 的最短路径已经生成，即 a→d→b，路径长度为 3。

再次重新计算从 a 到其余各顶点{c,e,f,g}的路径长度。实际上，到顶点 c、e、f、g 的路径均没有变化，见表 6-9 第四列。选择最小长度值的路径，此时选中的顶点为 c，将其加入到 S 中。从 a 到 c 的最短路径已经生成，即 a→c，路径长度为 5。注意，此时有两条路径的长度是一样的，选择哪条都是可以的。

再次重新计算从 a 到其余各顶点{e,f,g}的路径长度。到顶点 e、f、g 的路径仍没有变化，见表 6-9 第五列。接下来，选中顶点 e，将其加入到 S 中。从 a 到 e 的最短路径已经生成，即 a→d→e，路径长度为 5。

继续这个过程，直到结束为止。

在求最短路径的过程中，dist 值的变化过程及所求的最短路径见表 6-9。

表 6-9　求最短路径过程中 dist 值的变化过程和所求的最短路径

终点	从 a 到其余各顶点的 dist 值和最短路径					
b	4 (a,b)	3 (a,d,b)				
c	5 (a,c)	5 (a,c)	5 (a,c)			
d	2 (a,d)					
e	∞	5 (a,d,e)	5 (a,d,e)	5 (a,d,e)		
f	∞	9 (a,d,f)	9 (a,d,f)	9 (a,d,f)	9 (a,d,f)	8 (a,d,g,f)
g	∞	6 (a,d,g)	6 (a,d,g)	6 (a,d,g)	6 (a,d,g)	
v_j	d	b	c	e	g	f
S	ad	adb	adbc	adbce	adbceg	adbcegf

除初始化部分以外，Dijkstra 算法的主要操作包括从 V-S 中挑选一个顶点加入到 S 中，然后需要修改 V-S 中剩余顶点的距离，该算法总的时间复杂度为 $O(|V|^2)$。

2. 所有顶点间的最短路径

在 Dijkstra 算法中，将源点设为图中的不同顶点，算法执行|V|次，可以得到图中任意两点间的最短路径。还有一个更简洁的算法可以求得所有顶点间的最短路径，这个算法称为弗洛伊德（Floyd）算法。

考虑图中从顶点 v_i 到顶点 v_j 的一条最短路径，中间经过或不经过一些顶点。如果最短路径不经过任何中间顶点，则这条最短路径就是从 v_i 到 v_j 的边。反之，假设中间经过顶点 k，则 v_i 到 v_j 的最短路径分为从 v_i 到 v_k 及从 v_k 到 v_j 的两段，并且这两段分别都是相应顶点间的最短路径，否则可以用更短的路径来分别替代它们，从而组成从 v_i 到 v_j 的更短的路径。显然，从 v_i 到 v_j 的最短路径不包含回路，否则可以去掉回路，找到一条更短的路径。

设图 G 中顶点序列为 $v_1,v_2,\cdots,v_n$，带权邻接矩阵为 $\boldsymbol{A}$，$A[i][j]$中保存从 v_i 到 v_j 的边的权值，仍设权值为非负值。现在限制最短路径所经过中间顶点的编号。初始时，规定最短路径中间不允许经过任何顶点，则从 v_i 到 v_j 的路径就是从 v_i 到 v_j 的边，其路径长度为 $A[i][j]$。现在允许最短路径中间经过编号不大于 v_1 的顶点，如果从 v_i 到 v_j 有最短路径，则最短路径只有以下两种可能：

（1）从 v_i 到 v_j 的原有最短路径，即从 v_i 到 v_j 的边，$A[i][j]$为路径长度。

（2）从 v_i 到 v_1 的路径加上从 v_1 到 v_j 的路径，$A[i][v_1]+A[v_1][j]$为路径长度。

判断上述两值，取较小者作为新的 $A[i][j]$值，此时 $\boldsymbol{A}$ 中保存的是允许经过 v_1 后顶点之间最短路径的长度。为了与原来的 $\boldsymbol{A}$ 相区别，修正值后的矩阵标记为 $\boldsymbol{A}^{(1)}$，初始的带权邻接矩阵可以表示为 $\boldsymbol{A}^{(0)}$。

这样，增加 v_1 中间顶点后，有可能缩短从任意顶点 v_i 到任意顶点 v_j 的最短路径长度。继续这个过程，再允许增加编号不大于 v_2 的顶点作为中间顶点，然后再来判定从 v_i 到 v_j 的最短路径。

一般地，若已得到 $A^{(k-1)}[i][j]$，即从顶点 v_i 到顶点 v_j 的中间顶点序号不大于 v_{k-1} 的最短路径的长度，现在增加中间顶点 v_k，这样，中间顶点可以是 v_1 到 v_k 中的任何顶点。分析从 v_i 到 v_j 的最短路径，有以下两种可能。

（1）不经过 v_k 点的路径，即保存在 $A^{(k-1)}[i][j]$中的原有路径。

（2）经过 v_k 点的路径。路径分为两段，即从 v_i 到 v_k 的最短路径和从 v_k 到 v_j 的最短路径。因为这条路径允许经过的中间顶点序号不大于 v_k，所以从 v_i 到 v_k 的最短路径和从 v_k 到 v_j 的最短路径所经过的中间顶点序号不会大于 v_{k-1}，这两条最短路径的长度分别为 $A^{(k-1)}[i][k]$和 $A^{(k-1)}[k][j]$，两者之和为从顶点 v_i 到顶点 v_j 的中间顶点序号不大于 v_k 的最短路径的长度。

比较上述两种情况，取较小者作为从顶点 v_i 到顶点 v_j 的中间顶点序号不大于 v_k 的最短路径的长度，记作 $A^{(k)}[i][j]$，即由 $\boldsymbol{A}^{(k-1)}$ 可以得到 $\boldsymbol{A}^{(k)}$。

设已得到 $\boldsymbol{A}^{(n)}$，按照定义，$A^{(n)}[i][j]$中保存的是从 v_i 到 v_j 中间允许经过的顶点序号不大于 v_n 的最短路径长度，由于图中所含顶点集合为$\{v_1,v_2,\cdots,v_n\}$，不存在大于 v_n 的顶点，也就是说，$A^{(n)}[i][j]$中保存的是从 v_i 到 v_j 中间允许经过任意顶点的最短路径的长度，这就是要求的每对顶点之间的最短路径。

由此得到 Floyd 算法如下。

定义 $A^{(k-1)}[i][j]$表示从顶点 v_i 到顶点 v_j 的中间顶点序号不大于 v_{k-1} 的最短路径的长度，$A^{(0)}[i][j]$即 $\mathrm{cost}[i][j]$。从 $A^{(0)}[i][j]$出发，逐次计算从顶点 v_i 到顶点 v_j 的中间顶点序号不大于 $k(1\leqslant k\leqslant n)$的最短路径的长度，即在 $\boldsymbol{A}^{(k-1)}$ 的基础上计算 $\boldsymbol{A}^{(k)}$，递推地产生一个矩阵序列：$\boldsymbol{A}^{(0)},\boldsymbol{A}^{(1)},\cdots,\boldsymbol{A}^{(k)},\cdots,\boldsymbol{A}^{(n)}$，$A^{(n)}[i][j]$表示从顶点 v_i 到 v_j 的最短路径的长度。

设目前已求出 $A^{(k-1)}[i][j]$，求 $A^{(k)}[i][j]$时分以下两种情况。

（1）如果从顶点 v_i 到 v_j 的最短路径不经过顶点 v_k，则由 $A^{(k)}[i][j]$的定义可知，从 v_i 到 v_j 的中间顶点序号不大于 k 的最短路径的长度就是 $A^{(k-1)}[i][j]$，即 $A^{(k)}[i][j]=A^{(k-1)}[i][j]$。

（2）如果从顶点 v_i 到 v_j 的最短路径经过顶点 v_k，则由 v_i 到 v_k 和由 v_k 到 v_j 两条路径组成从 v_i 到 v_j 的路径。由于 $A^{(k-1)}[i][k]$和 $A^{(k-1)}[k][j]$分别代表从 v_i 到 v_k 与从 v_k 到 v_j 的中间顶点序

号不大于 v_{k-1} 的最短路径的长度，则 $A^{(k)}[i][j]=A^{(k-1)}[i][k]+A^{(k-1)}[k][j]$。由此得到 $A^{(k)}[i][j]$的迭代计算公式：

$$\begin{cases} A^{(0)}[i][j]=\text{cost}[i][j] \\ A^{(k)}[i][j]=\min\{A^{(k-1)}[i][j],A^{(k-1)}[i][k]+A^{(k-1)}[k][j]\} \quad 1\leqslant k\leqslant n \end{cases}$$

最后得到的 $A^{(n)}[i][j]$就是从顶点 v_i到 v_j的最短路径的长度。

【例 6-21】 仍以图 6-26 所示的无向带权图为例，利用 Floyd 算法求所有顶点间的最短路径。

图 6-26 对应的带权邻接矩阵 **cost** 如下。

$$\textbf{cost}=\begin{bmatrix} \infty & 4 & 5 & 2 & \infty & \infty & \infty \\ 4 & \infty & \infty & 1 & 2 & \infty & \infty \\ 5 & \infty & \infty & 8 & \infty & \infty & 1 \\ 2 & 1 & 8 & \infty & 3 & 7 & 4 \\ \infty & 2 & \infty & 3 & \infty & 10 & \infty \\ \infty & \infty & \infty & 7 & 10 & \infty & 2 \\ \infty & \infty & 1 & 4 & \infty & 2 & \infty \end{bmatrix}$$

Floyd 算法中的核心部分是一个三重循环。例如，对于 MGraph g，循环如下。

```
int i,j,k,n=g->numVertices;
for (k=0;k<n;k++)
    for (i=0;i<n;i++)
        for (j=0;j<n;j++)
            if (g->AdjMatrix[i][k]+g->AdjMatrix[k][j]<g->AdjMatrix[i][j])
                g->AdjMatrix[i][j]=g->AdjMatrix[i][k]+g->AdjMatrix[k][j];
```

计算后得到的矩阵结果如下。

$$\textbf{cost}=\begin{bmatrix} 4 & 3 & 5 & 2 & 5 & 8 & 6 \\ 3 & 2 & 6 & 1 & 2 & 7 & 5 \\ 5 & 6 & 2 & 5 & 8 & 3 & 1 \\ 2 & 1 & 5 & 2 & 3 & 6 & 4 \\ 5 & 2 & 8 & 3 & 4 & 9 & 7 \\ 8 & 7 & 3 & 6 & 9 & 4 & 2 \\ 6 & 5 & 1 & 4 & 7 & 2 & 2 \end{bmatrix}$$

矩阵第一行是顶点 a 到其余各顶点的最短路径的长度，这个结果与 Dijkstra 算法计算的结果一致。矩阵第二行是顶点 b 到其余各顶点的最短路径的长度，例如，从顶点 b 到顶点 c 的最短路径的长度为 6，路径是 b,d,g,c。矩阵第三行至第七行分别对应顶点 c、d、e、f、g 到其余各顶点的最短路径的长度。

内容小结

图是非常重要的非线性结构。本章介绍了图的基本概念，给出了邻接矩阵、邻接表及逆邻接表的存储结构，实现了邻接矩阵下的各种基本操作。

本章着重介绍了图的几个经典问题，包括图的搜索、有向无环图的应用、生成树及最短路径问题。对于图的搜索问题，介绍了深度优先搜索算法及广度优先搜索算法。对于有向无环图，介绍了相关的概念、拓扑排序及关键路径的算法，实现了基于深度优先搜索策略和广度优先搜索策略的拓扑排序算法。对于生成树问题，介绍了求最小生成树的普里姆算法和克鲁斯卡尔算法。对于最短路径问题，介绍了迪杰斯特拉算法和弗洛伊德算法。本章还对各个算法的效率进行了简单分析。

习　　题

一、单项选择题

1. 设无向图的顶点个数为 n，则该图所含的边数最多是________。

A. $n-1$　　B. $n(n-1)/2$　　C. $n(n+1)/2$　　D. n^2

2. 在含 n 个顶点的连通无向图中，边数至少是________。

A. $n-1$　　B. n　　C. $n+1$　　D. $n\log n$

3. 下列叙述中，错误的是________。

A. 图的深度优先搜索是一个递归过程

B. 图的深度优先搜索不适用于有向图

C. 深度优先搜索和广度优先搜索是图搜索的两种基本算法

D. 图的搜索是指，从给定的顶点出发，每一个顶点仅被访问一次

4. 无向图 G=(V,E)，其中：V={a,b,c,d,e,f}，E={(a,b),(a,e),(a,c),(b,e),(c,f),(f,d),(e,d)}，对该图进行深度优先搜索，得到的顶点序列是________。

A. a,b,e,c,d,f　　B. a,c,f,e,b,d　　C. a,e,b,c,f,d　　D. a,e,d,f,c,b

5. 已知有向图 G=(V,E)，其中 V={v_1,v_2,v_3,v_4,v_5,v_6,v_7}，E={(v_1,v_2),(v_1,v_3),(v_1,v_4),(v_2,v_5),(v_3,v_5),(v_3,v_6),(v_4,v_6),(v_5,v_7),(v_6,v_7)}，G 的拓扑序列是________。

A. v_1,v_3,v_4,v_6,v_2,v_5,v_7　　B. v_1,v_3,v_2,v_6,v_4,v_5,v_7

C. v_1,v_3,v_4,v_5,v_2,v_6,v_7　　D. v_1,v_2,v_5,v_3,v_4,v_6,v_7

6. 在有向图 G 的拓扑排序中，若顶点 v_i在顶点 v_j之前，则下列情形中不可能出现的是________。

A. G 中有弧(v_i,v_j)　　B. G 中有一条从 v_i到 v_j的路径

C. G 中没有弧(v_i,v_j)　　D. G 中有一条从 v_j到 v_i的路径

二、解答题

1. 带权图中的权值可以表示什么含义？举例说明。

2. 分别给出图 6-27a、图 6-27b 的邻接矩阵和邻接表。

3. 求图 6-27a 各顶点的度，以及图 6-27b 各顶点的入度和出度。
4. 给出图 6-27a 的几个不同的子图。
5. 给出图 6-28 所示带权 G 的邻接矩阵和邻接表。

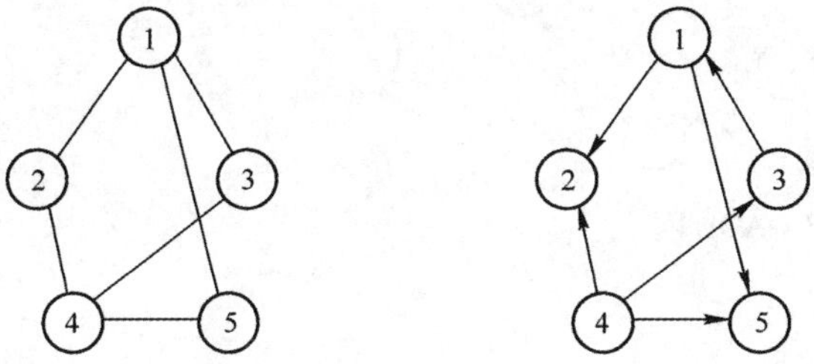

a) 无向图　　b) 有向图

图 6-27　一个无向图和一个有向图

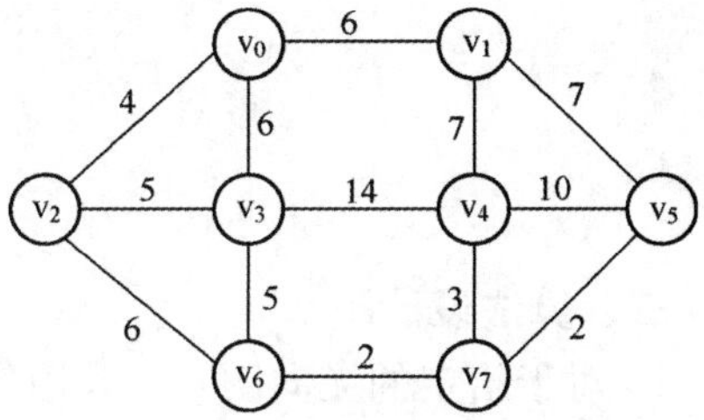

图 6-28　带权图 G

6. 对于图 6-29，从顶点 1 开始进行深度优先搜索，试给出 5 种不同的遍历序列。
7. 对于图 6-29，从顶点 1 开始进行广度优先搜索，试给出 5 种不同的遍历序列。
8. 对于图 6-29，给出它的几棵不同的深度优先生成树。
9. 对于图 6-29，给出它的几棵不同的广度优先生成树。
10. 对于图 6-30，使用普里姆算法求最小生成树。

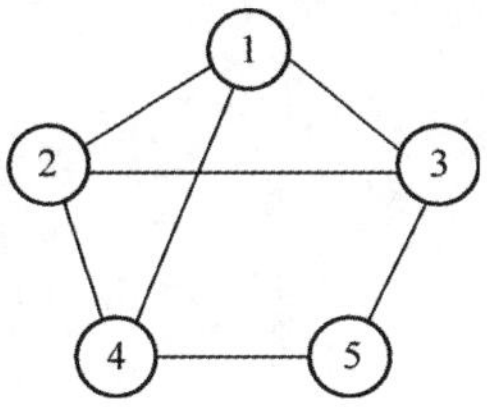

图 6-29　无向图

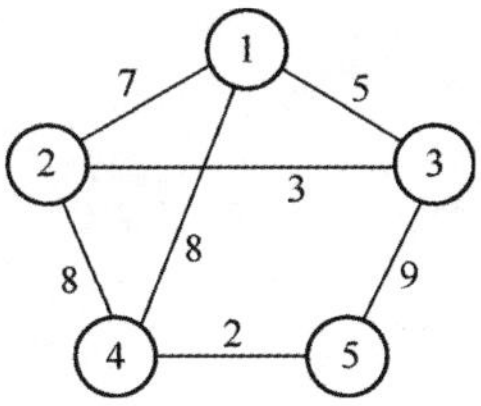

图 6-30　带权无向图

11. 对于图 6-30，使用克鲁斯卡尔算法求最小生成树。
12. 试写出图 6-31 所示有向无环图的 6 种不同的拓扑排序。
13. 求图 6-32 中从顶点 1 到其余各顶点的最短路径的长度。

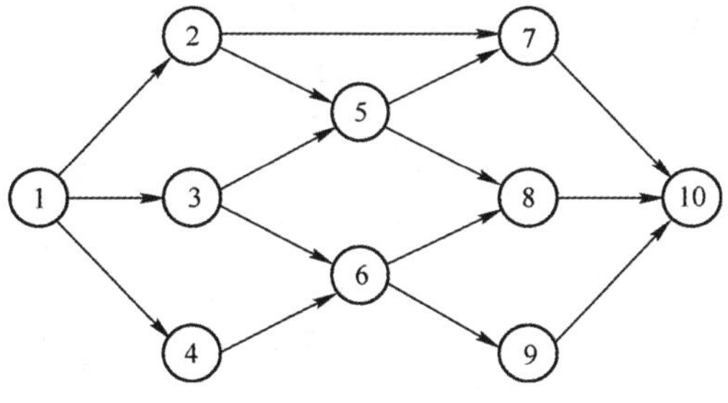

图 6-31　一个有向无环图

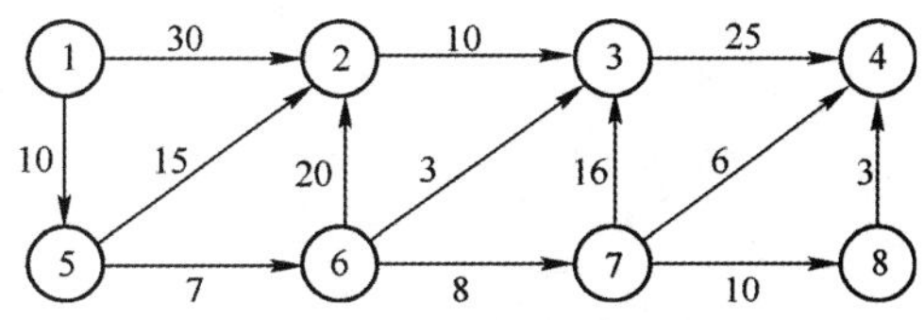

图 6-32　一个带权有向图

14. 求图 6-33 所示 AOE 网中各事件的最早开始时间和最迟开始时间。

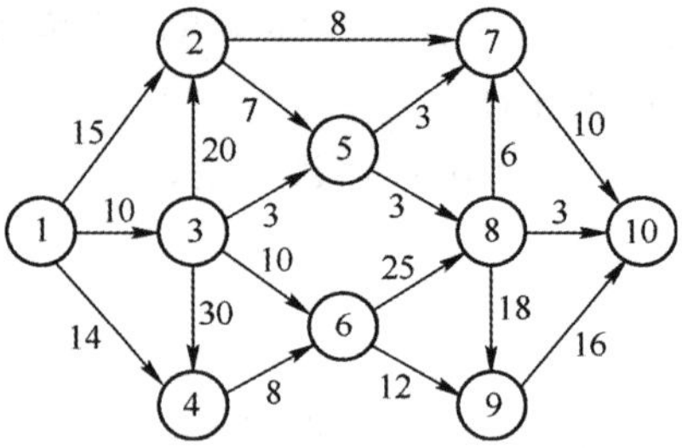

图 6-33　AOE 网

三、算法设计题

1. 对于给定的无向图 G，采用邻接矩阵存储，试设计算法 int getD(MGraph g, VType u)，返回顶点 u 的度。

2. 对于给定的无向图 G，采用邻接矩阵存储，试设计算法 isPath(MGraph g, VType * path)，判定给定的顶点序列 path 是否是图中的路径。

第七章　内部排序

学习目标：

1. 理解排序的基本概念。
2. 掌握各种排序方法及其特点。
3. 掌握各种排序算法的实现过程，能够对其进行稳定性及复杂度分析。
4. 能够对各种排序方法进行比较，理解各排序方法的使用条件。

建议学时： 8 学时。

教师导读：

1. 排序是非常基本且重要的概念。要让考生理解大部分排序方法的关键操作有比较和交换，进而理解排序算法的复杂度的分析过程。
2. 要让考生理解各排序算法的特点，理解排序过程中影响排序结果的关键步骤。例如，插入排序过程中已有序子段和待排序子段的变化情况；希尔排序如何借助插入排序的特点完成排序；基数排序中没有关键字之间的比较等。
3. 要让考生理解不同排序算法之间的异同点。
4. 在学习完本章后，应要求考生完成实习题目 6。

当数据的排列有序时，可以提高某些操作的效率。例如，查找学生的学号，进而可以很方便地知道学生的姓名，因为班级中学生通常是按学号排好序的。又如，在一本英语字典中查找某个单词也是很快的，因为字典中的单词是按照字典序排好序的。

有研究数据表明，排序与查找是计算机内部频繁进行的操作，目前已经出现了很多经典的排序算法。在数据结构中，排序的概念与日常生活中使用的含义是一样的，就是将数据按照某种标准来排定次序，或为升序，或为降序。

本章将介绍排序的概念，详细介绍几类常用的排序方法，包括：插入排序、交换排序、选择排序、归并排序和分配排序等。同时分析各排序方法的效率，说明它们各自的适用条件，并对它们进行简单的比较。

不失一般性，本章假定数据存放在数组中，所有排序方法都是对数组中保存的数据进行的。

第一节　排序的基本概念

实际应用中常常需要对一组记录按照规定的次序进行排列，这是计算机程序中的一种重要操作，称为排序。待排序的每个记录内有一个或多个特殊的域，用来存放该记录的关键字。它的类型必须是可比较的，如字符型或数值型。对于字符型数据，一般按其对应的 ASCII 码的顺序排列，而数值型数据可按数值的大小顺序排列。记录的排列次序实际上是由这个关键字的排列次序决定的。

定义 7-1 给定一组记录 $r_1, r_2, \cdots, r_n$，其关键字分别为 $k_1, k_2, \cdots, k_n$，将这些记录排成顺序为 $r_{s1}, r_{s2}, \cdots, r_{sn}$ 的序列 S，满足条件 $k_{s1} \leqslant k_{s2} \leqslant \cdots \leqslant k_{sn}$ 或 $k_{s1} \geqslant k_{s2} \geqslant \cdots \geqslant k_{sn}$，此过程称为排序（sorting）。换句话说，排序就是要重排一组记录，使其关键字域的值具有非递减或非递增的顺序。

经过排序的数据，若关键字值依从小到大的顺序排列，则称为升序；若依从大到小的顺序排列，则称为降序。如果不特别指明，本章所讨论的排序算法将数据按升序排列。

对不同类型的关键字而言，"大"和"小"的含义可能不一样。例如，对于数值型关键字，可按一般意义的"大"和"小"来理解；对于字符型关键字，往往按其对应的 ASCII 码来定义大小次序。在排序算法中，关键字也称为排序码。

在有些应用中，一个记录内可能含有不止一个关键字，而且这种情况往往更常见。此时，把能唯一标识记录的关键字称为主关键字，其余的称为次关键字。一般情况下，主关键字值不允许重复，因为若关键字相等，则不能根据关键字唯一识别出记录。而次关键字值可以有相同的值。上述定义中的关键字 k_i 可以是记录的主关键字，也可以是记录的次关键字，甚至可以是若干数据项的组合。在待排序的记录中，如果按主关键字排序，则记录的任何一个无序序列经排序后得到的结果都是唯一的；如果按次关键字排序，由于允许有多个记录具有相同的关键字值，则得到的排序结果可能不是唯一的。

计算机中存放待排序数据的存储介质不完全一样。存储介质可以分为内存和外存两大类。当待排序的数据量不大，全部数据都可以放入内存，排序操作也完全在内存中进行时，相应的排序称为内部排序或内排序（internal sorting）。因为内排序不涉及内、外存数据交换的问题，所以排序速度较快。

当待排序的数据量大，全部数据不能同时放在内存中，需要借助外存完成排序过程时，相应的排序称为外部排序或外排序（external sorting）。在外排序中，排序的具体操作在内存中完成，且仅能对部分数据进行。排序过程中需要多次分批在内存、外存之间进行数据交换，从而完成全部数据的排序任务。数据交换所占用的时间远多于内存中完成排序所花费的时间。一般来讲，外排序除了要检查是否能得到正确的结果以外，更注重的是减少数据内、外存交换次数。

定义 7-2 具有相等关键字的两个记录 R_1 和 R_2，在排序之前，R_1 位于 R_2 之前，在排序之后，R_1 仍然位于 R_2 之前，即排序并没有改变具有相等关键字值的两个记录的相对次序，这样的排序方法称为稳定的（stable）。反之，如果排序方法不能保证具有相等关键字值的两个记录的相对次序在排序前后不被改变，则称排序方法是不稳定的。

当两个记录中关键字的大小次序与记录的相对次序不一致时，称两个记录是逆序的（inversion）。实际上，排序就是不断地调整逆序数据对的过程。

为简单起见，在本章的讨论中，只关心关键字值，而忽略记录中除关键字以外的其他域的值。不失一般性，将待排序的数据存放在一维数组中。待排序的数组定义为 data，数组中元素的类型是 ELEMType，数组中实际的元素个数为 currentNum。数组及元素个数定义为记录 myRcd。在实际应用中，可以使用具体的类型来替代 ELEMType，如对整数进行排序时，可以使用 int 来替代。

相关的类型定义如下。

```
#define maxSize 30                    //最大记录数
#define TRUE 1
```

```
#define FALSE 0
typedef int ELEMType;                    //元素类型
typedef struct{
    ELEMType data[maxSize];              //数组
    int currentNum;                      //元素个数
}myRcd;
```

为数组分配的空间大小可以根据需要而定，如使用整型变量 maxSize 来表示数组的最大容量，即在数组中可以保存的最多个数。数组中实际保存的元素个数 currentNum 需要满足：currentNum≤maxSize，待排序的数据存放在 myRcd. data[0]~myRcd. data[currentNum-1]中。

排序是一项常用的操作。对于内排序算法，主要衡量排序算法的时间复杂度和空间复杂度，看它在各种情况下运行时的时间开销和空间开销。

排序算法中的主要操作包括关键字的比较及记录的交换，交换意味着数据的移动。所以，在时间开销上，主要统计执行这两项操作所花费时间的多少。

另外，数据的初始排列次序不同，进行比较及移动的次数可能也会不同。在所有情况中，执行次数最少的情形的时间复杂度称为最优时间复杂度，执行次数最多的情形的时间复杂度称为最差时间复杂度，平均情况下的执行次数称为平均时间复杂度。在不引起歧义的情况下，排序算法的时间复杂度是指其平均时间复杂度。

而对于空间，原始数据存放在数组中，这对每种排序算法都是一样的。排序过程中可能需要使用除这个数组以外的其他空间，这就是排序算法的空间开销。

为叙述方便，排序算法的描述中仅关注待排序数据记录的关键字，而忽略记录中的其他内容。有时以关键字作为其所属记录的代表，将其称为元素。

第二节　插入排序

插入排序（insertion sort）是一类很常用、很简单的排序方法，它用到的一个基本操作是将一个待排序的元素插入到一个已有序的子序列中，从而形成一个更长的子序列。

插入排序算法的一般策略是：初始时，表中第一个元素自然有序，它形成有序子序列。从第二个元素开始，将该元素插入到前面的有序子序列中，形成含两个元素的新有序子序列。接下来处理第三个元素，将其插入到前面长度为 2 的有序子序列中，形成含 3 个元素的有序子序列。继续这个过程，直到最后一个元素插入到前面含 n-1 个元素的有序子序列中，由此得到含有全部元素的有序序列。

将待排序元素插入到有序子序列中的操作，涉及插入位置。根据查找这个位置的方式不同，插入排序又分为直接插入排序和折半插入排序。本书只介绍直接插入排序。插入排序经过改进后，得到希尔排序。

一、直接插入排序

参与排序的 n 个数据均保存在数组 A 中。A 的前面部分（S 部分）是已有序的子序列，后面部分（U 部分）是待排序的部分。初始时 S 部分中仅含有一个元素 e，U 部分中含有除 e 以外的其他 n-1 个元素。每进行一趟排序，S 部分增加一个元素，相应地，U 部分减少一个元素。在 $n-1$ 趟排序后，S 部分中包含全部的 n 个元素，而 U 部分变为空。排序结束。

假设现在要进行第 $i(1\leqslant i\leqslant n-1)$ 趟排序。在该趟排序前，$A[0]\sim A[i-1]$ 中的元素已有序，要处理的元素是 $A[i]$，在该趟排序后，$A[0]\sim A[i]$ 中的元素有序。一言以蔽之，第 i 趟直接插入排序就是将 $A[i]$ 插入到有序子序列 $A[0]\sim A[i-1]$ 中。这个插入过程非常简单。将 $A[i]$ 看作当前元素，并将它与前面的元素进行比较，如果两者呈逆序，则交换两者。当前元素前移一个位置，继续与它前面的元素进行比较，必要时进行交换。在当前元素大于等于它前面的元素，或当前元素已经到达 $A[0]$ 时，这个过程结束。

【例 7-1】 直接插入排序示例。

使用直接插入排序方法，对数据序列 42,68,35,1,70,25,79,59,63,65 进行排序。

用下画线表示已排好序的有序子序列，后面是待排序的序列。在每趟排序时，选择待排序序列的第一个元素作为本趟排序的待处理元素。

初始时，第一个记录 42 是已排好序的有序子序列。第一趟排序处理 68。68 大于 42，所以不需要进行交换，满足当前元素大于等于它前面元素的条件，该趟排序过程结束，形成含两个记录的有序子序列 42,68。

第二趟排序将 35 插入到有序子序列 42,68 中，目标是形成含 3 个记录的有序子序列 35,42,68。相应的过程是：35 小于它前面的元素 68，所以两个元素交换。此时 35 前面的数据是 42，继续交换，此时 35 已经到达 $A[0]$，该趟排序过程结束。在第三趟排序时，要将 1 插入到前面的有序子序列中，因为 1 小于有序子序列中的所有元素，所以它与每一个元素进行交换。这个过程持续到最后一个记录 65 插入到适当位置中为止。整个排序过程如图 7-1 所示。

i=1:	42 68 35 1 70 25 79 59 63 65
i=2:	42 68 35 1 70 25 79 59 63 65
i=3:	35 42 68 1 70 25 79 59 63 65
i=4:	1 35 42 68 70 25 79 59 63 65
i=5:	1 35 42 68 70 25 79 59 63 65
i=6:	1 25 35 42 68 70 79 59 63 65
i=7:	1 25 35 42 68 70 79 59 63 65
i=8:	1 25 35 42 59 68 70 79 63 65
i=9:	1 25 35 42 59 63 68 70 79 65
结果:	1 25 35 42 59 63 65 68 70 79

图 7-1　直接插入排序的排序过程

直接插入排序的实现如下。

```
int insertSort( myRcd * myarr)
{   int i,j;
    for (i=1;i<myarr->currentNum;i++){
        if (myarr->data[i]<myarr->data[i-1]){
            for (j=i;myarr->data[j]<myarr->data[j-1] && j>0;j--){
                swap(&myarr->data[j],&myarr->data[j-1]);
            }
        }
    }
    return TRUE;
}
```

在直接插入排序的每趟扫描中，当待排序元素不再向前移动时，有序子序列中它前面的元素（如果有的话）必定小于等于它，而它后面的元素（如果有的话）必定大于它。如果当前元素与它前面的元素值相等，则不需要交换。所以直接插入排序可以保证具有相等关键字值的两个元素在排序前后的相对次序保持不变，即直接插入排序是稳定的。

当待排序元素与它前面的元素进行交换时，需要进行 1 次比较操作和 3 次元素移动操作。在统计时间复杂度时，元素的交换与移动可以看成等价的指标，不失一般性，可以只统计元素交换的次数。另外，待排序元素的最后一次操作是比较操作，即当它大于等于前面的元素时，不再需要与前面的元素进行交换。因此，在每趟排序中，比较的次数比交换的次数多 1。

如果待排序记录要前移的位置较多，则可以采用另外一种策略以减少数据移动次数。将待排序元素保存到临时变量 temp 中，然后将有序子序列中大于 temp 的元素依次后移，后移完毕再将 temp 中保存的值放回数组里面移动元素后出现的空位置中。实现如下。

```
int insertSort1(myRcd  * myarr)
{    int i,j,temp;
     for (i=1;i<myarr->currentNum;i++){
          temp=myarr->data[i];
          j=i-1;
          while (myarr->data[j]>temp && j>=0)
            myarr->data[j+1]=myarr->data[j--];      //后移
          myarr->data[j+1]=temp;
     }
     return TRUE;
}
```

除原来的数据所占用的数组空间以外，直接插入排序仅需要临时工作单元，所以它的空间复杂度为 $O(1)$。从时间角度来看，它的主要操作是进行两个关键字的大小比较和必要的元素移动，元素移动的次数与关键字原来的次序有关。当待排序序列中记录按关键字非递减有序排列时，要插入的记录只需要和前一位置的记录进行比较，并且不发生交换，总的交换次数为 0。这是直接插入排序算法能够达到的最优情况。在对 n 个元素进行排序时，总的比较次数为

$$\sum_{i=1}^{n-1} i = n - 1$$

即时间复杂度为 $O(n)$。当待排序记录按关键字递减排列时，因为是逆序排列，所以每个待插入元素都需要移动到有序子序列的最前面，待插入的元素需要和有序子序列中的所有元素相比较，比较的次数最多，n 个元素排序时的比较次数为

$$\sum_{i=1}^{n-1} i = \frac{n(n-1)}{2}$$

相应地，有序子序列中的所有记录都需要向后平移一个位置，此时元素移动的次数也最多。这是直接插入排序算法能够达到的最差情况，即时间复杂度为 $O(n^2)$。

在平均情况下，待排序元素只和有序子序列中约一半的元素相比较，有序子序列中要移动的元素个数也约为一半，此时的时间代价为前述最差情况的一半，即时间复杂度也为 $O(n^2)$。

直接插入排序非常简单，但是效率不高。即使大部分数据都已插入到有序子序列中，仍有可能因新插入的数据最小而让有序子序列中的所有数据都再次被移动。另外，插入排序中

所有的移动都只在相邻单元中进行，如果一个元素要插入到与它相隔 m 个位置的单元中，就需要移动 m 次。当数组中待排序数量 n 很大时，这些移动所花费的时间将会非常多。

在每趟直接插入排序中，当前元素边比较、边移动，找到本趟插入位置。可以采用第八章介绍的折半查找方法直接找到插入位置，然后进行元素交换，得到折半插入排序。

二、希尔排序

希尔（shell）排序又称缩小增量排序（diminishing increment sort），它是插入排序的一种改进，由 Donald L. Shell 于 1959 年提出。它采用了一个很巧妙的技巧，因此在时间复杂度上比直接插入排序要好。

直接插入排序在两种情况下性能较好，一种情况是当数据序列基本有序时，另一种情况是当数据量 n 很小时。希尔排序就是利用了直接插入排序的这两个特点，先把长数据段划分成短数据段，对短数据段进行直接插入排序（利用的是数据量少的特性），再将这些短数据段逐渐扩成基本有序的长数据段，并对长数据段进行直接插入排序（利用的是数据基本有序的特性），直到所有数据都处于同一数据段，并排好序为止。

那么如何将全部数据划分为短数据段呢？又如何合并所有这些短数据段？

划分数据段是按照一定的间隔数进行的，将相距等间隔数的元素放在同一个数据段内。例如，间隔数为 3 时，所有数组下标等于 $3i$（$i \geqslant 0$）的元素都分在第一个数据段中，所有下标等于 $3i+1$（$i \geqslant 0$）的元素都分在第二个数据段中，所有下标等于 $3i+2$（$i \geqslant 0$）的元素都分在第三个数据段中。一般，在间隔数为 k（$k \geqslant 1$）时，全部数据会分成 k 个数据段。

在采用这样的机制划分数据段后，合并过程会变得易如反掌。

下面来看希尔排序的过程。

首先划分数据段。初始时，数据不能保证是基本有序的，应该划分为较短的数据段，也就是说，数据段内所含的数据较少，而数据段数比较多。第一次应该选择一个较大的 k 值，将全部的数据分成 k 个组。

当数据段划分完毕后，每一个数据段可看成一个组，在组内进行直接插入排序。数据划分为 k 个组的话，需要对这 k 个组分别进行各自的插入排序。这些插入排序的过程可以调整各组内呈逆序的数据对，排序的结果是减少了原数据中的逆序对数量，即提高了数据的有序性。

依同样的机制，将全部数据划分为更长的数据段，数据段内的数据个数增多，段数减少，也就是选择一个比前一次更小的 k 值。同样地，在各组内分别进行直接插入排序，使得各组内的数据有序。

继续这个过程。重新划分组，并在组内进行直接插入排序。当然，划分的组不应该再和上一次的划分一样，因为各组内已经不存在呈逆序的数据对了。

从选一个 k 值开始，对数据进行分组，并在各组内进行插入排序，到各组内的排序结束，这个过程称为一趟希尔排序过程。在每一趟希尔排序中，所选择的 k 值都是不同的。从刚才的分析中知道，k 值应该越来越小。k 称为间隔，也称为增量。所以希尔排序也称为缩小增量排序。最后一趟排序的 k 值为 1，也就是全部元素都在同一个组内，对所有元素进行直接插入排序。此时排序过程结束。

在希尔排序中，增量序列 d_i 的取法有很多种，比如：

① 取 $d_0=m$，$d_{i+1}=\lfloor d_i/2 \rfloor$

② 取 $d_0=m$，$d_{i+1}=\lfloor (d_i+1)/2 \rfloor$

③ 取 $d_0=m$，$d_{i+1}=\lfloor (d_i-1)/3 \rfloor$

④ 取 $d_0=m$，$d_{i+1}=\lfloor (d_i-1)/2 \rfloor$

在③中，若 $m=121$，则相应的增量序列为：40,13,4,1。在④中，若 $m=63$，则相应的增量序列为：31,15,7,3,1。

【例 7-2】有一组记录，相应的关键字序列为：

42,68,35,1,70,25,79,59,63,65,26,80,17,36

采用希尔排序法对它进行排序，增量序列为 5，3，1。

初始时数据为：42,68,35,1,70,25,79,59,63,65,26,80,17,36，增量为 5，数据分为 5 组，同一组数据列在同一行中，仅对同组内的数据进行排序，5 个组内的排序共同组成第一趟排序。各组内的排序结果放在原始数据的后面，用斜体表示。

d=5	42	*25*				25	*26*				26	*42*				第一组
		68	*68*				79	*79*				80	*80*			第二组
			35	*17*				59	*35*				17	*59*		第三组
				1	*1*				63	*36*				36	*63*	第四组
					70	*65*				65	*70*					第五组

第一趟排序的结果是：25,68,17,1,65,26,79,35,36,70,42,80,59,63。

接下来，增量为 3，数据分为 3 组，3 个组内的排序共同组成第二趟排序。

d=3	25	*1*		1	*25*		79	*59*		70	*70*		59	*79*		第一组
		68	*35*		65	*42*		35	*63*		42	*65*		63	*68*	第二组
			17	*17*		26	*26*		36	*36*		80	*80*			第三组

第二趟排序的结果是：1,35,17,25,42,26,59,63,36,70,65,80,79,68。

最后一趟使用增量 1，数据均在同一组内。这是第三趟排序。排序后，得到的最终排序结果是：1,17,25,26,35,36,42,59,63,65,68,70,79,80。

从例 7-2 中可以看出，每一趟排序都试图让关键字更接近于它的最终位置，这样，在最后一趟排序开始之前，数据都非常接近各自的最终位置，所以最后一趟排序是在基本有序的数据序列上进行的，能很快地得到结果。

【例 7-3】在用希尔排序方法对一个数据序列进行排序时，若第一趟排序结果为 9,1,4,13,7,8,20,23,15，则该趟排序采用的增量（间隔）可能是（　）。

A. 2　　B. 3　　C. 4　　D. 5

答案为 B。使用排除法来分析。

在希尔排序中，将相隔增量整数倍的关键字组成一组，并使用直接插入排序在组内进行排序。一趟排序后，各组内关键字已有序。

若增量为 2，则两个组内的关键字序列分别是 9,4,7,20,15 和 1,13,8,23。显然，两个组内关键字均无序。

若增量为 4，则 4 个组内的关键字序列分别是 9,7,15、1,8、4,20 和 13,23，第一组无序。

若增量为 5，则 5 个组内的关键字序列分别是 9，8、1，20、4，23、13，15 和 7，第一组无序。

以上分析排除了选项 A、C 和 D。下面验证选项 B 是否符合要求。

若增量为 3，则 3 个组内的关键字序列分别是 9,13,20、1,7,23 和 4,8,15。3 个组内的关键字均有序。

实际上，排序中用到的增量序列的取法很有讲究。如果增量序列取 2 的幂次，如增量序列为 8,4,2,1，虽然计算增量时简单，但在前一趟扫描中互相比较过的两个关键字，在后一趟扫描中还会遇到，从而又比较一次，显然这些比较操作是多余的。一般地，增量之间最好不是倍数关系，其目的是每一趟扫描都会尽可能地让没有同过组的记录分在一组内，即让没有互相比较过的两个关键字相互比较，从而能够得到更多的有序信息。

有研究建议，增量最好都取奇数；也有研究表明，使用形如 2^k-1 或 2^k+1 的增量比较好；其他的还有自然序列 $(2^k-(-1)^k)/3$、$(3^k-1)/2$ 等。尽管如此，目前对增量的选择还没有一个很成熟的结论，也没有找到一个增量序列可以适用于任何情况，即不同情况需要使用不同的增量序列。如果增量序列递减得比较慢，则每趟扫描中进行的比较和移动操作将会较少，但扫描的趟数将较多。反之，如果增量序列递减得很快，则意味着扫描的趟数较少，但每趟中比较和移动的操作将较多。注意，最后一趟的增量一定是 1。

希尔排序算法如下。

```
void ShellSort(myRcd *myarr,int d[],int t)        //希尔排序
{    ///进行 t 趟希尔排序,d[0]≤currentNum,d[0]>d[1]>…>d[t],d[t]=1
    int k=0,gap=d[k];
    while (k<t){
        insertSortforShell(myarr,gap);
        k++;
        gap=d[k];
    }
}
```

在实现希尔排序时，每趟扫描都对每组数据进行直接插入排序，可以借用前面的直接插入排序算法，但需要修改两个地方：其一是数据的起始位置可能不是数组的第一个元素，根据不同的分组情况，各组的起始位置依次是数组最前面的几个元素；另一个要修改的地方是，进行比较及交换的两个记录不再是相邻记录，而是间隔为增量的两个记录。

在直接插入排序算法 insertSort(myRcd *myarr)的基础上进行修改，实现如下。

```
int insertSortforShell(myRcd *myarr,int gap)
{    int i,j;
    for (i=gap;i<myarr->currentNum;i++){
        if (myarr->data[i]<myarr->data[i-gap]){
            for (j=i;myarr->data[j]<myarr->data[j-gap] && j-gap>=0;j=j-gap){
                swap(&myarr->data[j],&myarr->data[j-gap]);
```

```
                }
            }
        }
        printf("d=%d:\t",gap);
        display( *myarr,0);
        return TRUE;
    }
```

针对前面实现的第二个直接插入排序算法 insertSort1(myRcd *myarr)，也给出了用于希尔排序的修改版，实现如下。

```
    void insertSortforShell1(myRcd *myarr,int gap)      //以 gap 为步长进行直接插入排序
    {   int tmp,i,j;
        for (i=gap;i<myarr->currentNum;i++){
            j=i;
            tmp=myarr->data[i];
            while (j>=gap &&tmp<myarr->data[j-gap]){
                myarr->data[j]=myarr->data[j-gap];
                j-=gap;
            }
            myarr->data[j]=tmp;
            printf("d=%d:\t",gap);
            display( *myarr,0);
        }
    }
```

在希尔排序中，数据移动的“步幅”较大，确实改善了直接插入排序的效率，但也使算法丢失了稳定性，即希尔排序算法不是稳定的。希尔排序的效率分析是一个复杂的问题，到目前为止仍在研究中。

第三节　交换排序

交换排序算法是另一类常用、重要的排序方法，其基本思想是：在待排序的序列中，找到逆序的两个关键字，直接交换它们；重复这个过程，直到该序列中不再出现逆序的关键字时为止。本节介绍两种常用的交换排序：起泡排序和快速排序。

一、起泡排序

起泡排序（bubble sort）也称为冒泡排序，该算法非常简单，通常也会在程序设计语言类的课程中介绍。

参与排序的 n 个数据均保存在数组 A 中，起泡排序算法的一般策略是：扫描整个数组，依次比较相邻的两个元素，如果它们是逆序的，则交换它们，然后去查看后面的相邻元素。持续地进行这个过程，直到所有元素都有序时为止。

从前至后扫描一遍数组的执行结果是将原始数据中的最大值“起泡”到数组的最后位置，这也正是它的最终位置。这样的过程称为一趟起泡排序。当完成第一趟起泡排序后，选出了最大值，它不需要再参与后续的排序过程。所以后面的排序只需要对前面剩余的元素进行。在第二趟扫描后，可以不去考虑最后两个元素，依此类推。当数组中只剩余一个元素待排序时，这个元素自然有序，排序过程结束。每趟起泡排序都会将一个元素移动到它的最终位置，剩余元素越来越少，在执行了若干步之后，算法一定会结束。一般地，对含有 n 个元素的数组进行起泡排序，需要进行 $n-1$ 趟起泡排序过程。

【例 7-4】采用起泡排序对一组记录进行排序，相应的关键字序列为：

42,68,35,1,70,25,79,59,63,65

用下画线表示已到达最终位置的元素。初始时，当前位置在下标 0，当前位置的元素 42 与其后继元素 68 进行比较，维持现状，不进行交换。当前位置前进到下标 1，元素 68 与后继 35 进行比较并交换。当前位置前进到下标 2，元素 68 与其后继 1 进行比较并交换。当前位置前进到下标 3，元素 68 与后继 70 进行比较，但不交换。当前位置前进到下标 4，元素 70 与后继 25 进行比较并交换。当前位置前进到下标 5，元素 70 与后继 79 进行比较，但不交换。当前位置前进到下标 6。之后元素 79 分别与 3 个后继进行比较并交换。在这一趟排序后，最大元素 79 位于最后位置，即下标 9 处。

第二趟排序仍从下标 0 开始。因为最后一个位置已经是最大元素，不需要再进行比较，所以结束的位置是下标 8 处。这一趟将次大元素 70 调整到倒数第二个位置，即下标 8 处。

i=1: 42 35 1 68 25 70 59 63 65 79
i=2: 35 1 42 25 68 59 63 65 70 79
i=3: 1 35 25 42 59 63 65 68 70 79
i=4: 1 25 35 42 59 63 65 68 70 79
i=5: 1 25 35 42 59 63 65 68 70 79
i=6: 1 25 35 42 59 63 65 68 70 79
i=7: 1 25 35 42 59 63 65 68 70 79
i=8: 1 25 35 42 59 63 65 68 70 79
i=9: 1 25 35 42 59 63 65 68 70 79

图 7-2　起泡排序过程（从前向后扫描）

后几趟的排序过程类似。完整的过程如图 7-2 所示。

选取并调整本趟最大值的起泡排序的算法如下。

```
int bubbleSortMAX(myRcd * myarr)      //将最大值放到最后面
{   int i,j;
    for (i=0;i<myarr->currentNum-1;i++){
        for (j=0;j<myarr->currentNum-i-1;j++){
            if (myarr->data[j]>myarr->data[j+1]){
                swap(&myarr->data[j],&myarr->data[j+1]);
            }
        }
    }
    return TRUE;
}
```

例 7-4 所示的每一趟起泡排序都是从数组的最前面开始，比较相邻的两个元素，将较大值放到较小值的后面。其结果是将本趟排序中的最大值调整到相应的位置。实际上，起泡排序也可以从数组的最后面开始，比较相邻的两个元素，将较小值放到较大值的前面。这样的处理结果是将本趟排序中的最小值调整到相应的位置。

仍以例 7-4 中的数据为例，从后向前扫描的排序过程如图 7-3 所示。

42, 68, 35, 1, 70, 25, 79, 59, 63, 65

i=1: 1 42 68 35 25 70 59 79 63 65

i=2: 1 25 42 68 35 59 70 63 79 65

i=3: 1 25 35 42 68 59 63 70 65 79

i=4: 1 25 35 42 59 68 63 65 70 79

i=5: 1 25 35 42 59 63 68 65 70 79

i=6: 1 25 35 42 59 63 65 68 70 79

i=7: 1 25 35 42 59 63 65 68 70 79

i=8: 1 25 35 42 59 63 65 68 70 79

i=9: 1 25 35 42 59 63 65 68 70 79

图 7-3　起泡排序过程（从后向前扫描）

选取并调整本趟最小值的起泡排序的算法如下。

```
int bubbleSortMIN(myRcd * myarr)          //将最小值放到最前面
{   int i,j;
    for (i=myarr->currentNum-1;i>0;i--){
        for (j=myarr->currentNum-1;j>myarr->currentNum-i-1;j--){
            if (myarr->data[j]<myarr->data[j-1]){
                swap(&myarr->data[j],&myarr->data[j-1]);
            }
        }
    }
    return TRUE;
}
```

以第一趟起泡排序为例来说明排序过程。从数组的最后面（即下标 9 处）开始，比较当前元素 65 和它的前驱 63，65>63，不做交换。然后当前位置位于下标 8，比较当前元素 63 和其前驱 59，也不进行交换。接下来比较当前元素 59 和其前驱 79，59<79，进行交换。此刻，最后面的 4 个元素依次是 59、79、63 和 65。当前位置在下标 6，仍是元素 59，比较 59 与其前驱 25，不进行交换。然后比较 25 与 70，进行交换。此刻，最后面的 6 个元素依次是 25、70、59、79、63 和 65。后面的排序过程是：25 与 1 进行比较且不交换，1 与 35 进行比较且交换、1 与 68 进行比较且交换、1 与 42 进行比较且交换。这趟排序的结果是，1 交换到了最前面的位置。

起泡排序算法共进行 $n-1$ 趟扫描。在每一趟扫描中，从前向后（或从后向前）交换逆序的数据记录。例如，在例 7-4 中，共有 10 个初始数据，需要进行 9 趟扫描。

【例 7-5】 若用起泡排序方法对序列 10,14,26,29,41,52 进行降序排序，则需要进行比较操作的次数是（　）。

A. 3　　B. 10　　C. 15　　D. 25

答案为 C。

数据元素个数 $n=6$，进行比较的次数是 $n\times(n-1)/2=6\times5/2=15$。

实际上，在某一趟扫描中，如果不发生数据交换，则表示已不存在逆序记录，那么后续的每趟扫描也不会再交换任何记录。在如图 7-2 所示的排序过程中，当 $i=4$ 时，数组中保存的已经是有序序列了，后面的几趟扫描都没有发生数据交换，这几趟扫描完全可以不进行。也就是说，起泡排序趟数可能少于 $n-1$ 次。

可以修改算法，使用一个变量来记录一趟扫描中是否有数据交换。当发现没有数据交换时，起泡排序可以立即结束。

对算法进行如下修改：设置一个变量 flag，用它来标识一趟排序过程中是否有记录交换。在每趟排序之前，flag 的值为 0，每次交换记录之后，flag 的值修改为 1。在每趟排序之后，判别 flag 的值，若为 1，则继续下一趟排序；若为 0，则表明该趟没有交换任何记录，意味着再没有逆序的记录存在，排序结束。

在算法实现时，还可以记录每趟排序时进行交换的记录的最后位置，这个位置就是下趟排序中要比较的关键字的最后位置。如果一趟扫描要处理的记录范围内，最后几个记录已经有序，则这样处理后可以减少后面这些有序关键字之间的无效比较次数。可以使用变量 right 来记录这个位置，初值为$n-1$。

仍以例 7-4 中的数据为例，从前向后扫描，改进的排序过程如图 7-4 所示。

	42, 68, 35, 1, 70, 25, 79, 59, 63, 65	right=9
i=1:	42 35 1 68 25 70 59 63 65 79	right=8
i=2:	35 1 42 25 68 59 63 65 70 79	right=7
i=3:	1 35 25 42 59 63 65 68 70 79	right=6
i=4:	1 25 35 42 59 63 65 68 70 79	right=1
i=5:	1 25 35 42 59 63 65 68 70 79	

图 7-4 改进的起泡排序过程

在进行第一趟扫描时，元素 79 经过 3 次比较与交换后，到达最后面的位置，right 的值为 8，即下一趟扫描的结束位置是 8。在第二趟扫描中，元素 70 也经过 3 次比较与交换，最后到达下标为 8 的位置，right 的值为 7，即下一趟扫描要进行到 65 所在的位置。在第三趟扫描中，元素 68 交换到下标为 7 的位置，right 的值是 6。此时，right 之后的所有元素，即最后面的 3 个元素，已经处于最终的排序位置。在第四趟扫描中，元素 35 与 25 进行了比较，并进行了交换。此时 right 的值是 1，也就是位置 2 及之后的所有值都已经有序。在第五趟扫描中，没有交换任何记录，flag 的值为 0，排序结束。

改进的起泡排序算法如下。

```
int bubbleSortMAXFLAG(myRcd *myarr)              //改进的起泡排序——设置界限
{   int i,j;
    int flag=1;                                  //flag=1 标志在本趟扫描过程发生过元素交换
    int right=myarr->currentNum-1;
    int temp=myarr->currentNum-1;
    for (i=0;i<myarr->currentNum-1 && flag;i++){
        flag=0;
        right=temp;
        for (j=0;j<right;j++){
            if (myarr->data[j]>myarr->data[j+1]){
                flag=1;
                swap(&myarr->data[j],&myarr->data[j+1]);
                temp=j;
            }
```

```
            }
        }
        return TRUE;
    }
```

外层循环控制扫描的趟数，当一趟扫描中没有数据交换时，flag 的值变为 0，循环立即结束。在内层循环中，由循环变量 j 控制本趟扫描中数据比较的范围。从最前面的元素开始，一直到 right 所标记的位置结束。使用变量 temp 记录做数据交换的下标值。然后，将这一趟扫描中记录的最后一个 temp 值作为下一趟扫描的右边界。

在基本起泡排序算法中，数据比较的次数是确定的，第一趟要比较 $n-1$ 次，第二趟要比较 $n-2$ 次……第 i 趟要比较 $n-i$ 次，总的比较次数为 $n\times(n-1)/2$。因此，起泡排序在最优、最差及平均情况下的比较次数是相同的，时间复杂度均为 $O(n^2)$。

在数据记录比较之后，根据一个结点与它前面结点关键字的大小，可能发生数据交换，也可能不发生交换。在最差情况下，每次比较之后都要发生数据交换，则交换次数也为 $n\times(n-1)/2$。在最优情况下，只进行记录比较而不发生交换。在平均情况下，记录交换的次数约为最差情况下交换次数的一半。

对于改进的起泡排序算法，当初始数据已有序时，出现最优情况，仅需要一趟扫描即能完成排序任务，时间复杂度为 $O(n)$。

在起泡排序中，始终是相邻元素之间进行比较及交换，排序方法是稳定的。

二、快速排序

本章讨论的直接插入排序和起泡排序都比较简单，算法容易实现，但它们的效率不高，平均时间复杂度都为 $O(n^2)$。

快速排序（quick sort）算法正如它的名称一样，是目前为止所发现的最快速的排序算法之一。它是由 C. A. R. Hoare 在 1962 年提出的。

快速排序算法基于分治思想。分治思想是指，对一个大的难解问题，将其分解为几个小的问题，如果这些小问题仍不能求解，则再继续将它们分解为更小的问题，依此类推，逐步缩减问题尺度。直到问题变为可解时，一一解决。然后将小问题的解整合起来，从而得到原问题的求解结果。正所谓“大而化小，分而治之”。

快速排序算法将一个含多数据的大数据段的排序问题，分解为两个或一个含更少数据的小数据段的排序问题，小的数据段又继续分解为更小的数据段，分解过程依此类推。这样的分解过程称为划分。每次划分，都会得到比原来的数据段更小的数据段，经过多次划分后，总会得到只含一个数据的数据段，而这样的数据段自然有序。再将这些有序的小数据段组合起来成为有序的大数据段，从而得到初始数据的排序结果。

在快速排序中，需要解决两个主要问题。一个是如何将一个大数据段划分为小数据段，另一个是有序的小数据段如何组合为大数据段，并保证大数据段仍是有序的。

快速排序从初始数据中选择一个元素，用它作为基准元素，称为枢轴（pivot）。将初始数据中所有小于枢轴的数据分在一个组内，设为组 1；将所有大于枢轴的数据分在另一个组内，设为组 2。这就是快速排序划分数据段的机制。从分组过程可以看出，组 1 中的所有数据全部都小于组 2 中的所有数据，这个性质称为整体有序。

为简单起见，假设初始数据各不相同，则划分过程中，不会出现与枢轴相等的数据。实际上，若划分时有数据等于枢轴，则该数据可以放置在组 1 或组 2 的任一个中。

考虑整体有序的两个子段，因为一个子段中的所有数据值都小于另一个子段中的所有数据值，所以在任何一个子段中进行排序不会影响到另一个子段中的数据。也就是说，两个子段可以独立进行排序。如果组 1、组 2 内各数据都已经有序，则按组 1、枢轴、组 2 这样的次序将数据排列起来，就可以得到原始数据的有序序列。也就是说，将两个有序的小数据段分放在枢轴的前后，关键字值较小的一组放在前面，关键字值较大的一组放在后面，就会得到更长的有序数据段。这就是快速排序的合并机制。

快速排序的枢轴也称为划分元素，虽然它的选择不影响排序的结果，但直接影响快速排序的执行效率。如果每次枢轴都能把数据划分为数量上大致相等的两部分，则会出现最好的情形。如果枢轴选择得不好，可能导致划分的两部分数据的个数相差很大，最极端的情况是，组 1 或组 2 是空的，不含任何元素，而除枢轴以外的其他元素全部都在另外一个组内。这种情况下执行效率是最低的，当然算法仍能得到正确的排序结果。

每次的划分都能保证组 1 与组 2 之间数据的整体有序。只要组 1 内的数据小于枢轴，组 2 内的数据大于枢轴即可，组 1 和组 2 内各数据元素的次序并不重要。之后，分别对组 1 和组 2 内的数据进行递归处理。为简单起见，可以选择第一个元素当作枢轴，并将它与最后一个元素交换，然后对前面的元素进行处理。

下面来看看具体的划分过程。

首先定义两个变量：left 和 right，用它们来记录数组下标。初始时，left 从最左位置开始向右依次扫描，找到第一个大于枢轴的元素，并停在这个位置。接下来，right 从最右位置开始向左依次扫描，找到第一个小于枢轴的元素，也停在相应的位置。此时交换 left 和 right 所指向的元素。可以看出，交换后数组中位于 left 及左侧的元素都是小于枢轴的元素，位于 right 及右侧的元素都是大于枢轴的元素，而 left 到 right 之间的元素都是待筛选的元素。继续这个过程，筛选并处理从 left 到 right 之间的元素。left 从左向右，继续查找大于枢轴的元素。然后 right 从右向左，继续查找小于枢轴的元素。在找到这样一对元素后，交换它们。这样的交换到什么时候结束呢？很显然，当 left>right 时，就结束了。

结束时，两个下标之间满足的关系是：right+1=left。left 所指的位置是大于枢轴的所有元素中的第一个位置，而 right 所指的位置是小于枢轴的所有元素的最后一个位置。

按照快速排序的分治思想，枢轴应该放回这两段数据的中间。最初，枢轴被放在了最后一个位置，故可以将大于枢轴的数据段中的第一个元素与枢轴进行交换，也就是将 left 位置的元素与枢轴互换。

到这里，完成了一趟划分过程。假定枢轴位于数组的第 k 个位置，下标小于 k 的位置上的元素值均小于枢轴，下标大于 k 的位置上的元素值均大于枢轴。在对两个子段内的数据进行排序时，任何一个记录都不会越过枢轴从一个子段转到另一个子段中。因此，枢轴所在的这个位置就是它排序后的最终位置。接下来，继续将这个机制分别应用于枢轴左、右两侧的数据段，将这两个数据段划分为更小的数据段，直到数据段中只含有一个元素时，它自然有序。这个问题可以递归解决。

【例 7-6】划分示例一。

仍以例 7-4 中的数据为例，一趟划分的过程如下。

初始数据：42 68 35 1 70 25 79 59 63 65

选择第一个元素作为枢轴并将枢轴放到最后的位置：

pivot：42　　　　65 68 35 1 70 25 79 59 63 42

此时，left 对应于 65，right 对应于 63，数据序列如下。

```
65   68   35   1   70   25   79   59   63   42
↑                                       ↑
left                                    right
```

接下来，从 left 开始向右寻找大于枢轴的元素，停在 65 处。然后从 right 开始向左寻找小于枢轴的元素，停在 25 处。

```
65   68   35   1   70   25   79   59   63   42
↑                       ↑
left                    right
```

当找到这样一对元素后，进行交换。交换后，得到的数据序列如下。

```
25   68   35   1   70   65   79   59   63   42
↑                       ↑
left                    right
```

继续这个过程，从 left 开始向右寻找大于枢轴的元素，停在 68 处，然后从 right 开始向左寻找小于枢轴的元素，停在 1 处，数据序列如下。

```
25   68   35   1    70   65   79   59   63   42
     ↑         ↑
     left      right
```

再交换由 left 和 right 指向的这两个元素，得到的数据序列如下。

```
25   1    35   68   70   65   79   59   63   42
     ↑         ↑
     left      right
```

第三次寻找的结果如下。

```
25   1    35    68   70   65   79   59   63   42
          ↑     ↑
          right left
```

left 停在 68 处，而 right 停在 35 处。此时，right<left，这两个元素不做交换，同时这一趟扫描也结束。剩下的工作是将枢轴归位，要放到两段整体有序子段的中间。为此，将枢轴与后面一段的第一个元素，即 68，进行交换，结果如下。

```
25   1    35    42   70   65   79   59   63   68
          ↑     ↑
          right left
```

此时，一趟划分完成。得到的结果具有如下性质：

① 枢轴 42 在最终的位置上；

② 枢轴前面的元素均小于枢轴；

③ 枢轴后面的元素均大于枢轴。

接下来，对枢轴前、后两个子段递归执行上述操作，最终能得到排序结果。

划分算法如下。

```
int partition(myRcd  * myarr,int mostleft,int mostright)                    //对调划分
{
    int left,right;
    ELEMType pivot;
    if (mostleft<mostright) {
        pivot=myarr->data[mostleft];                                        //将第一个元素选为枢轴
        swap(&myarr->data[mostleft],&myarr->data[mostright]);  //将枢轴放到最后位置
        left=mostleft;                                                      //left 从左向右找
        right=mostright-1;                                                  //right 从右向左找
        while(left<=right) {                            //循环查找，从左向右找大于枢轴的元素，
                                                        //从右向左找小于枢轴的元素
            while (myarr->data[left]<=pivot && left<=mostright-1) {
                left++;
            }
            //从左向右找到第一个大于枢轴的记录
            while (myarr->data[right]>=pivot && right>=mostleft) {
                right--;
            }
            //从右向左找到第一个小于枢轴的记录
            if (left<right)                                                 //交换刚找到的两个元素
                swap(&myarr->data[left],&myarr->data[right]);
        }
        swap(&myarr->data[mostright],&myarr->data[left]);       //将枢轴放到正确的位置
    }
    return left;
}
```

快速排序算法如下。

```
void QuickPass(myRcd  * myarr,int left,int right)               //递归实现
{
    int k;
    if (left<right) {
        k=partition(myarr,left,right);
        QuickPass(myarr,left,k-1);                              //递归快速排序枢轴左侧的数据记录
        QuickPass(myarr,k+1,right);                             //递归快速排序枢轴右侧的数据记录
    }
```

```
    }
    void QuickSort(myRcd  * myarr)
    {       QuickPass(myarr,0,myarr->currentNum-1);
    }
```

【例 7-7】 对 7 个关键字进行快速排序，最好情况下需要比较多少次？最坏情况下需要比较多少次？

快速排序的最好情况是指在进行划分时，枢轴左、右两边的两个子序列的长度相等或接近相等，而最坏情况是指两个子序列的长度相差最大（其中一个长度为 0）。因此，对于 7 个关键字，最好情况是：第一趟排序，枢轴左、右两边的两个子序列的长度各为 3，需要进行 6 次比较；第二趟排序再将两个长度为 3 的子序列进一步划分，得到 4 个长度为 1 的子序列，需要进行 2×2＝4 次比较。所以总的比较次数是 10。最坏情况是：第一趟排序，枢轴左、右两边的两个子序列的长度分别为 0 和 6，比较了 6 次；第二趟排序再将长度为 6 的子序列进一步划分，得到的两个子序列的长度分别为 0 和 5，比较了 5 次；第三趟、第四趟、第五趟及第六趟排序分别进行了 4 次、3 次、2 次及 1 次比较，所以，总的比较次数为 6+5+4+3+2+1＝21。

划分还可以有其他的实现过程，见例 7-8。

【例 7-8】 划分示例二。

仍以例 7-4 中的数据为例，另一种划分的过程如下。

初始数据：42 68 35 1 70 25 79 59 63 65

初始时，left＝0，right＝9。选择第一个元素作为枢轴，保存到临时变量 pivot 中。枢轴所在的位置 left 腾空了，可用来保存其他的值。

从 right 开始，向左寻找小于枢轴的第一个元素，找到后将该元素保存到位置 left 中。现在位置 right 腾空了。从 left 开始向右寻找大于枢轴的第一个元素，找到后保存到位置 right 中。继续这个过程，将找到的小于枢轴的元素放到 left 中，大于枢轴的元素放到 right 中。在此过程中，left 和 right 相向移动。当它们交错时，过程停止。最后将枢轴放回腾出的空位置中。这个划分过程如图 7-5 所示。

划分完成。相应的实现程序如下。

```
int partition1(myRcd  * myarr,int mostleft,int mostright)          //转移划分
{
    int left=mostleft,right=mostright,flag=0;
    ELEMType pivot;
    if (mostleft<mostright){
        pivot=myarr->data[mostleft];          //将第一个元素选为枢轴
        while(left<=right){                   //循环查找左边大于枢轴、右边小于枢轴的元素
            while (myarr->data[right]>=pivot && right>mostleft){
                right--;
                flag=0;
            }
            // 找到右边第一个小于枢轴的记录
```

```
            if (left<right) myarr->data[left++]=myarr->data[right];
            while (myarr->data[left]<=pivot && left<mostright){
                left++;
                flag=1;
            }
            // 找到左边第一个大于枢轴的记录
            if (left<right) myarr->data[right--]=myarr->data[left];
        }
        if (flag==1) myarr->data[right]=pivot;
        else myarr->data[left]=pivot;
    }
    return right;
}
```

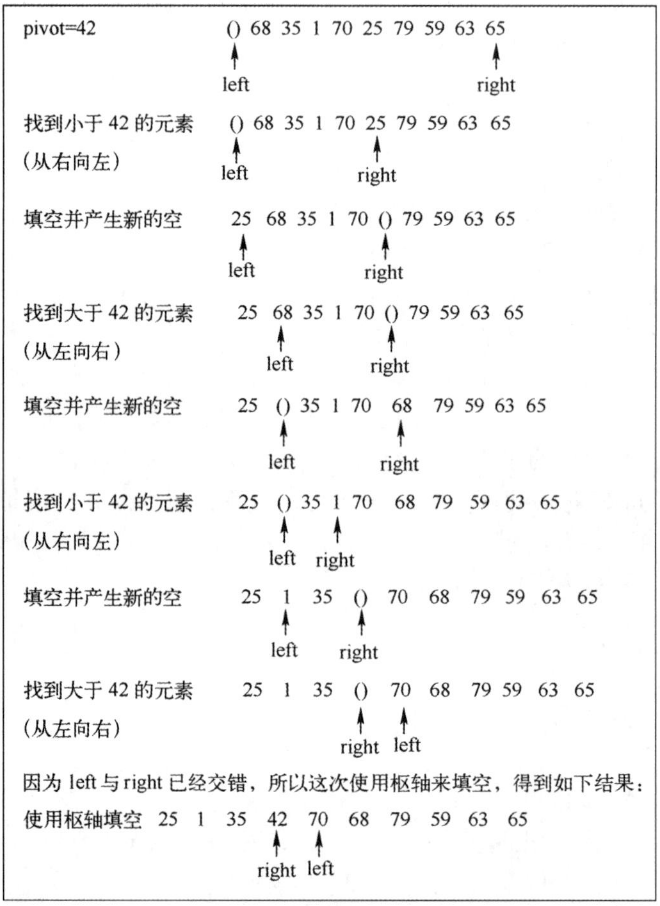

图 7-5 快速排序的另一种划分过程

下面分析快速排序的时间复杂度。如果每次都能把数组划分成元素个数大致相等的两个子段，则快速排序能达到最优情况。在每个子段内对数组扫描一遍，每一次划分中，对所有子段的扫描长度之和不超过原数组的长。由于每次都对半划分，因此数据的划分过程类似于一棵较平衡的二叉树。当数据元素个数为 n 时，二叉树的层数近似为 $\log n$，也就是需要进行 $\log n$ 趟的划分，而每趟划分后要扫描的数据个数不会多于 n，这样总的时间复杂度为 $O(n\log n)$。

与之相对的是每次划分都不平衡，不能将数组分为元素个数大致相等的两个子段，而是出现另一种极端现象，即一个子段极大（含 $n-1$ 个元素），另一个子段极小（含 0 个元素）。这样的情况是快速排序的最差情况。在这种情况下，因为每次只能划分出一个枢轴，需要对数组进行 $n-1$ 趟扫描，而第 i 趟要扫描 $n-i$ 个元素，所以总的时间复杂度为 $O(n^2)$。

平均情况介于最优与最差之间，在理想状态下，时间复杂度为 $O(n\log n)$。

导致快速排序效率不高的主要原因是划分时选择的枢轴不好。如果选择的枢轴是待排序序列中的最小值（或最大值），则必然会使快速排序出现最差情形。例如，在选第一个元素为枢轴时，如果数据序列是有序的，反而会让排序花费更多时间。避免这个问题的一种办法是，在最左位置元素、中间位置元素及最右位置元素中选择中间值作为枢轴，划分后，两个部分都不会为空，每个部分中最少含有一个元素。枢轴的这种选择方法称为三元取中方法。

另外，当 n 值很小时，快速排序的优越性并不突出。实际应用中采取的措施是，当数据项数目非常少时，使用直接插入排序来替代快速排序。

快速排序不是稳定的排序方法。例如，对初始数据 $42,68,75,20_1,20_2$（20_1 和 20_2 指包含两个 20，以下标来区分）进行快速排序，采用例 7-6 所示的划分方法，选择 42 作为枢轴来进行一趟划分。将枢轴 42 与 20_2 相交换，并将前 4 个元素分组，再将枢轴放置到位，得到的划分结果是 $20_2,20_1,42,68,75$。两个 20 的相对位置发生了变化，表明快速排序不是稳定的。

本节中给出的快速排序程序是递归实现的。我们已经知道，递归函数在执行时需要使用系统内部的栈。在函数调用时，会占用系统资源，即有隐性的系统开销。在调用完毕并返回时，也需要系统做很多额外的工作。可以使用非递归方法代替递归实现，一般来讲，非递归的快速排序算法在执行时要优于递归的快速排序算法。

无论是递归方式实现还是非递归方式实现，快速排序都需要一个栈作为辅助空间，故最坏情况下的空间复杂度为 $O(n)$。

第四节　选 择 排 序

选择排序（selection sort）算法重复地选择特定值，然后将其放到最终位置，从而完成一组值的排序，即对于数组中的每个位置，算法选出应该处在每个位置的值，并将它们一次性地放置到位。

根据扫描数组的方式及放置元素的位置的不同，可以得到两种选择排序方法，分别是简单选择排序和堆排序。在不引起歧义的情况下，简单选择排序也称为选择排序。本节分别介绍这两种方法。

一、简单选择排序

顾名思义，在简单选择排序（simple selection sort）中，元素选择的过程比较简单。它从数组的最前面扫描到最后面，通过不断比较，记录最小值的位置，并将最小值与第一个元素进行交换。这是第一趟简单选择排序过程。

除最小值以外，剩余的元素全部参与第二趟简单选择排序过程，即从数组的第二个位置到最后位置的元素都参与第二趟排序。对于本趟排序，数组的第二个位置保存的是参与排序的最小元素。仍使用这样的扫描机制，从参与本趟排序的第一个元素扫描到最后一个元素，记录的最小值与本趟第一个元素互换。实际上，本次扫描得到的这个最小值是全部原始数据中的次小值，所处的最终位置也是全部元素中的第二个位置。依此类推。

在第一趟扫描时，从全部 n 个元素中找到最小值，并将其放到数组的第一个位置；在第二趟扫描时，从剩余的 $n-1$ 个元素中找到最小值，并将其放到数组的第二个位置。一般地，在第 k（$k\geqslant1$）趟扫描时，从 $n-k+1$ 个元素中找到最小值，并将其放到数组的第 k 个位置。直到只剩余一个元素时，不需要再做任何处理，排序过程结束。

每次扫描时都能从待排序的元素范围内选出一个关键字值最小的记录放置到适当的位置，当待排序记录个数有限时，简单选择排序可以在有限步内完成。

如何选择最小值？又如何记录它的位置呢？很简单，可以只使用一个临时变量记录最小值所处的数组下标，知道数组下标，也就知道了最小值是多少。在扫描开始时，这个下标值是本趟扫描区间最前面的位置。然后依次用后面的元素和这个元素进行比较，如果发现有更小的元素，则更新这个下标值，让它修正为新的下标值。

还可以使用两个临时变量，一个变量用来记录下标值，另一个变量用来记录该下标位置的元素值。虽然多用了一个变量，但每次进行比较时，数组下标的计算量减少了。在找到最小元素后，更新的工作相应地也要多一步，既需要更新用来记录下标的变量，也需要更新用来记录元素值的变量。

简单选择排序的算法如下。

```
void SmpSelSort (myRcd * myarr)                          //简单选择排序
{   int i,j,k;
    for (i=0;i<myarr->currentNum-1;i++) {                //选择第 i 个记录
      k=i;
      for (j=i+1;j<myarr->currentNum-1;j++)              //找最小值
        if (myarr->data[j]<myarr->data[k])
          k=j;
        if (k!=i)
          swap(&myarr->data[i],&myarr->data[k]);      //找到的最小值与第 i 个记录相交换
    }
}
```

简单选择排序算法使用一个双重循环，内层循环负责在剩余的元素中找出关键字值最小的记录，并记下其位置；外层循环将找到的最小关键字值记录调整到适当的位置。

【例 7-9】 简单选择排序示例一。

给定一组数据：42 68 35 26 70 25 79 59 63 65，简单选择排序的执行过程如图 7-6 所示。

在简单选择排序中，每趟排序记录最小关键字所处的位置，然后让它与最终的目标位置元素进行交换。对于有 n 个数据的序列，它共需 $n-1$ 趟排序。在每趟排序中，只有将所有剩余元素的关键字都扫描一次，才能找到有最小关键字的记录，比较操作次数较多；而将找

初始数据：	42 68 35 26 70 25 79 59 63 65
i=1:	25 68 35 26 70 42 79 59 63 65
i=2:	25 26 35 68 70 42 79 59 63 65
i=3:	25 26 35 68 70 42 79 59 63 65
i=4:	25 26 35 42 70 68 79 59 63 65
i=5:	25 26 35 42 59 68 79 70 63 65
i=6:	25 26 35 42 59 63 79 70 68 65
i=7:	25 26 35 42 59 63 65 70 68 79
i=8:	25 26 35 42 59 63 65 68 70 79
i=9:	25 26 35 42 59 63 65 68 70 79

图 7-6　简单选择排序示例

到的记录移动到最终位置最多只需要 3 次移动操作。总体来说，简单选择排序的时间复杂度为 $O(n^2)$。

【例 7-10】 简单选择排序示例二。

对于由 a、b、c、d、e、f 和 g 这 7 个符号任意组成的序列，如果采用简单选择排序算法进行排序，那么，在最好和最坏情况下，分别需要进行多少次的比较操作和交换操作?

对于简单选择排序，其比较次数与待排序序列的初始状态无关。所以，无论这 7 个关键字如何排列，比较次数均为 6+5+…+1=21。排序过程中的交换次数则与初始状态有关。若初始序列有序，则交换次数为 0，这是最好情况。若初始序列逆序，则交换次数为 6，这是最坏情况。

可以看出，虽然简单选择排序的比较次数并不比插入排序少，但每趟排序最多只需要进行一次数据交换，交换次数明显少于插入排序。

另外，因为简单选择排序中发生了不相邻关键字之间的交换，所以它是不稳定的。

二、堆排序

堆排序（heap sort）也是选择排序，它借助于堆的结构，在选择最大值元素或最小值元素时，不需要进行全部元素的顺序查找，比简单选择排序的效率要高。

回顾第五章的内容，堆中的元素存储在一个数组中，同时也可以将堆对应为一棵完全二叉树。假设堆中的元素是 $a_0, a_1, \cdots, a_7$，依二叉树的顺序存储规则，对应的完全二叉树如图 7-7 所示。

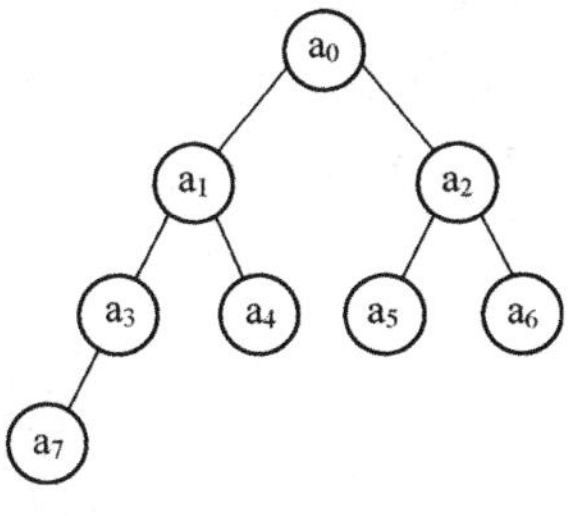

图 7-7　堆对应的完全二叉树

可以利用堆的特性对数据进行排序。不失一般性，以最大堆为例。最大堆的堆顶元素是全部数据中的最大值，输出这个值。再将剩余元素整理成新的最大堆，此时，堆顶元素是剩余元素中的最大值，再输出这个值。继续这个过程，每次输出堆顶元素，并将剩余元素重新整理成新堆。直到输出全部数据，没有剩余元素时为止。这就是堆排序的过程。每次输出堆顶并将剩余元素重新整理成新堆的过程即一趟堆排序过程。

从堆排序过程中可以看出，每趟排序中，都会选出剩余元素中的最大值并输出，实际上就是选出最大值并输出到最终位置。所以堆排序也是选择排序的一种。

堆排序需要解决的问题有这样几个：第一个是如何将数据排列成堆的形式，这称为初始堆的建立，简称为建堆；第二个是输出堆顶元素后，剩余元素如何再整理成新堆，这是堆的整理过程，简称为整堆；第三个是输出的元素放在什么地方。

第五章第四节中实现了建初始堆的算法，第一个问题迎刃而解。同时，该节还实现了删除堆顶元素的算法，所以整堆问题也解决了。在删除堆顶元素后，堆中元素个数减 1，最后一个位置正好用来放置刚删除的堆顶元素，所以第三个问题也解决了。故在堆排序中，不需要为依次输出的各个堆顶元素再分配存储空间，它们可以借用堆空出的位置，从后向前依次排放，即最大值放在最后位置，次大值放在倒数第二个位置，依此类推，最小值放在第一个位置。由此看来，使用最大堆得到的排序结果是升序的。类似地，使用最小堆得到的排序结果是降序的。

【例 7-11】 建最大堆示例。

设有数据序列：44,97,76,29,13,7,50,9,20，将它们建成最大堆，给出最后得到的堆的结果。

建成的最大堆如图 7-8 所示。

当初始最大堆建立后，堆顶即数据中的最大值，可以输出它。根据前面的分析知道，输出的堆顶元素放到堆的最后面的位置，如在例 7-11 所示的最大堆中，堆顶元素 97 输出后，将放置在 20 目前所在的位置。实际上，就是将堆顶与最后一个元素进行互换。20 交换到树根位置后，因为它并没有大于它的所有孩子结点，即得到的这个新结构不再满足最大堆的性质，所以需要进行整堆过程。

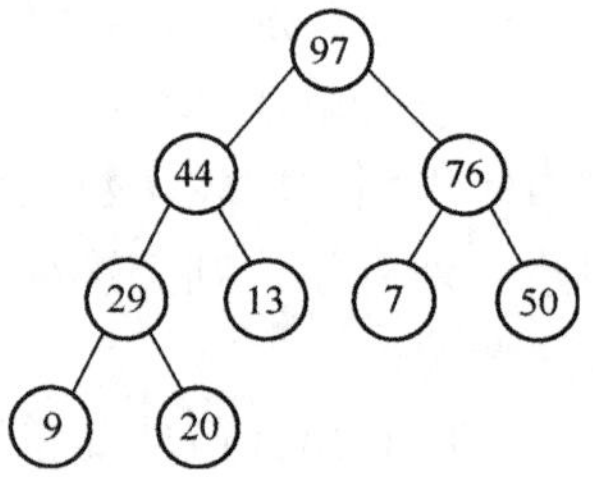

图 7-8　建成的最大堆

此时，最后一个元素是原来的堆顶，它只是暂时存放在这个位置的元素，剩余元素个数减 1。在输出堆顶后，原堆顶的子树没有变化，依然保持堆的特性，只有新的树根可能不再满足堆的特性。所以只需要对树根进行调整就可以了。这个过程实际上类似于建立初始堆时各分支结点调整的最后一步。

【例 7-12】 整堆示例。

基于例 7-11 得到的初始最大堆，输出堆顶 97，给出调整后的新堆。

将初始堆的堆顶元素 97 输出到数组的最后一个位置，交换后的完全二叉树如图 7-9a 所示。新的树根 20 小于其孩子结点的值，将它与其较大的孩子结点进行互换，76 调整到树根中。而 20 仍需要继续向下调整，又与 50 互换。此时，20 已是叶结点，不需要再进行调整。此时得到新的堆，如图 7-9b 所示。

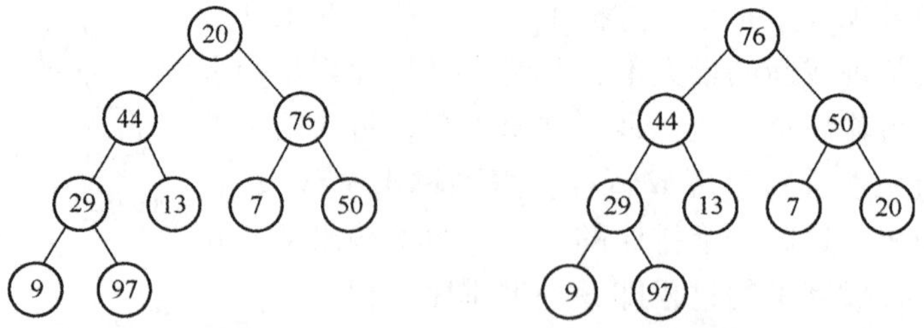

a) 输出97到最后位置　　b) 输出堆顶后调整的新堆

图 7-9　输出一个元素后调整新堆

在将最大值输出到数组最后一个位置后，这个位置不再算作堆的位置。实际上，堆中剩余元素的个数减 1，堆在数组中占用的元素个数也减 1。若原数据元素个数为 n，则一趟堆排序后，元素个数剩余 $n-1$，已有序的数据个数为 1，元素个数总和仍是 n。

继续这个过程，将堆顶值输出到堆空间的最后位置，调整剩余元素构成新的堆。在进行 $n-1$ 趟后，得到升序排序的数据序列。

堆的调整算法如下。

```
void ShiftDown (myRcd * myarr,int i,int n)          //堆的调整算法
{   int child;
    for (;i<=(n-1)/2;i=child){
      child=i * 2+1;
      if ((child!=(n-1))&&(myarr->data[child+1]>myarr->data[child]))
        child++;
      if (myarr->data[i]<myarr->data[child])
        swap(&myarr->data[i],&myarr->data[child]);
    }
}
```

堆的排序算法如下。

```
void HeapSort (myRcd * myarr)                 //堆的排序算法
{   int i;
    for (i=(myarr->currentNum/2-1);i>=0;i--)
      ShiftDown (myarr,i,myarr->currentNum);
    for (i=myarr->currentNum-1;i>=1;i--){
      swap (&myarr->data[0],&myarr->data[i]);
      ShiftDown (myarr,0,i);
    }
}
```

在算法 HeapSort 中，第一个循环将建立初始堆；第二个循环将堆顶元素放到数组的最后，并再次调用 ShiftDown 函数进行整堆。排序输出的结果仍在原数组中。对最小堆进行排序后，数组中关键字将从大到小排列。

【例 7-13】 堆排序示例。

给定无序序列：46,20,17,40,52，使用堆排序对其进行降序排序。

如果要进行降序排序，则应该将初始数据建成最小堆。建立最小堆的过程如图 7-10 所示。降序排序的过程如图 7-11 所示。

【例 7-14】 下列关键字序列能构成一个堆的是（　）。

A. 90,31,53,23,16,48　　　　B. 90,48,31,53,16,23

C. 16,53,23,90,31,48　　　　D. 16,31,23,90,53,48

答案为 A 和 D。

给出对应于题目所给 4 个选项的 4 棵完全二叉树，如图 7-12 所示。

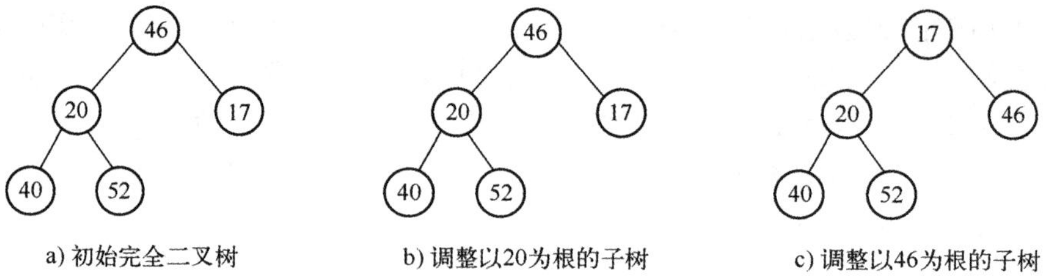

图 7-10　建立最小堆的过程

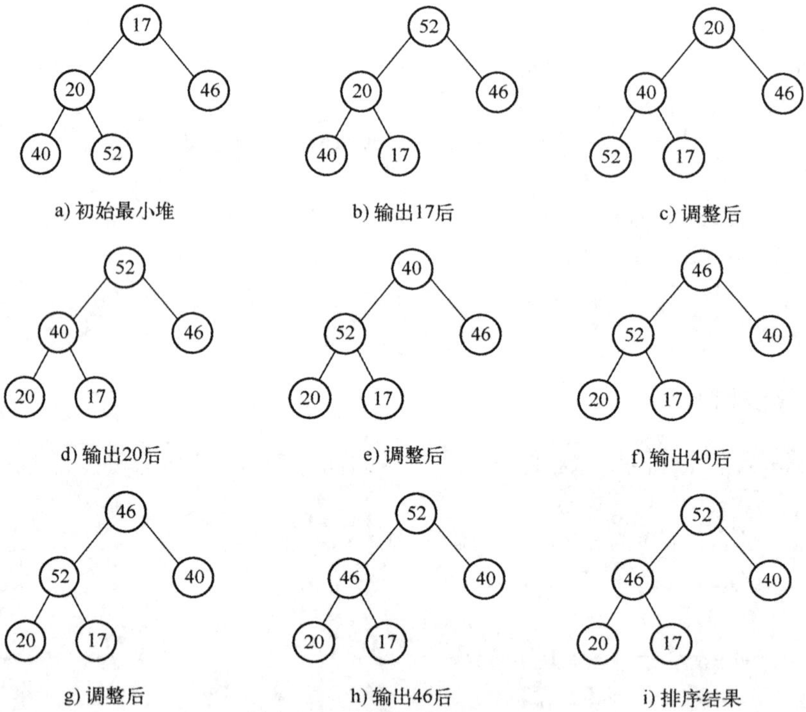

图 7-11　降序排序的过程

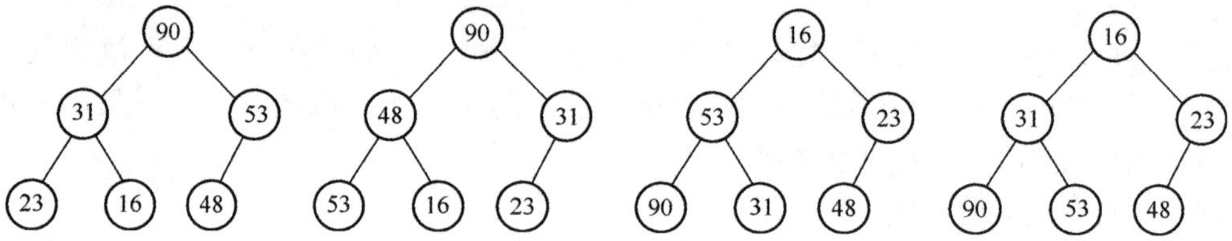

图 7-12　4 棵完全二叉树

可以看出，在选项 A 对应的完全二叉树中，每个元素都大于其所有孩子结点，故它是一个堆，且是大根堆。在选项 D 对应的完全二叉树中，每个元素都小于其所有孩子结点，所以它也是一个堆，且是小根堆。

在选项 B 中，元素 48 小于其父结点的元素 90，也小于其左子结点的元素 53。在选项 C 中，元素 53 大于其父结点的元素 16，也大于其右子结点的元素 31。所以它们都不是堆。

【例 7-15】已知最小堆为 8,15,10,21,34,16,12，删除关键字 8 并将它放置到数组的最后位置，之后进行整堆，在此过程中，关键字之间的比较次数是（　）。

A. 1　　B. 2　　C. 3　　D. 4

答案为 C。

题目中所给的最小堆如图 7-13 所示。

在删除关键字 8 之后，将它与元素 12 互换，12 会被调整到堆顶。在这一步中，没有进行关键字之间的比较。12 的两个孩子结点相比较（第一次），较小者为 10，12 与较小的孩子结点相比较（第二次），因为 12 大于 10，故两者交换，10 成为堆顶。12 再与其孩子结点 16 进行比较（第三次），不需要交换。堆调整完毕。

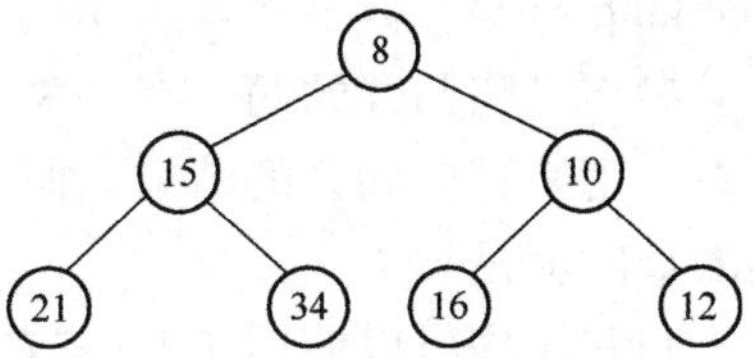

图 7-13　初始最小堆

对于堆结构，不仅支持删除堆顶元素，也支持元素的插入。新元素先放置在堆结构的最后，然后进行整堆。

【例 7-16】 已知元素序列 25,13,10,12,8 是最大堆（大根堆），在序列尾部插入新元素 18，将其再调整为最大堆。

给出的最大堆如图 7-14 所示。要在堆中插入新元素，需要将新元素放置在完全二叉树的第一个空闲位置，结果如图 7-15 所示。

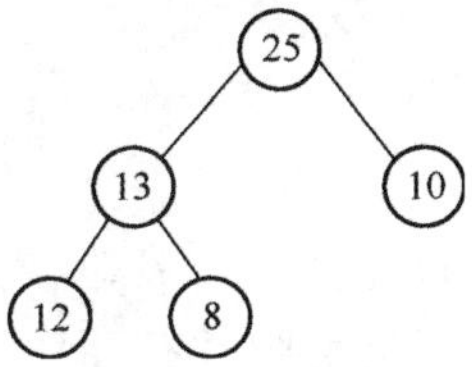

图 7-14　最大堆

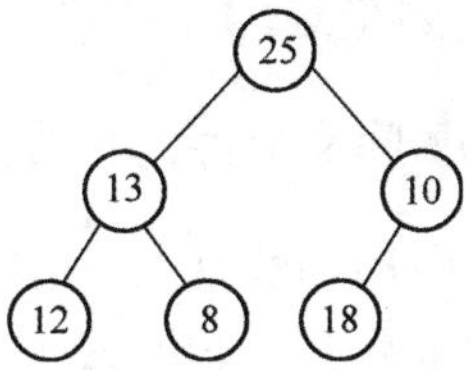

图 7-15　放置新元素 18

新元素的插入破坏了堆的特性，需要进行整堆。此时，新元素 18 与其父结点相比较。如果新元素小于父结点，则插入完毕，得到新的最大堆。否则，新元素与其父结点交换，然后再与新的父结点进行比较，可能的话，进行必要的交换。直到它小于父结点，或交换到树根，成为新的堆顶。插入完毕。

具体来说，18 与父结点 10 进行比较（第一次），18 大于 10，故进行交换，结果如图 7-16 所示。18 继续与新的父结点（25）进行比较（第二次），18 小于 25，故不进行交换。得到了新的最大堆，如图 7-17 所示。

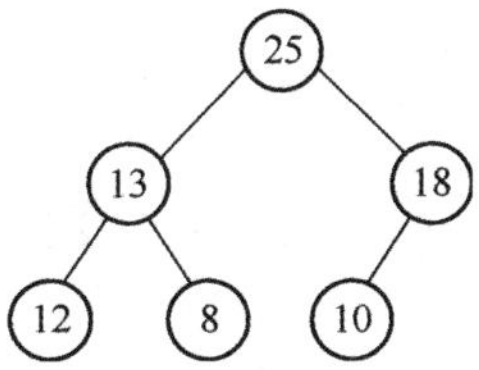

图 7-16　交换 18 与其父结点后

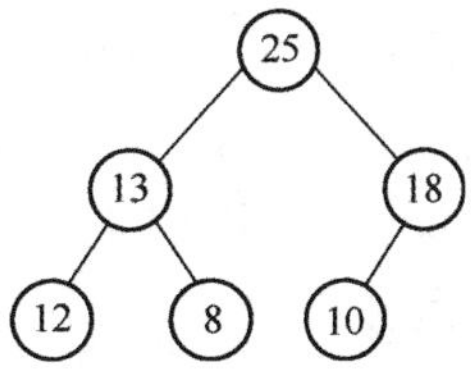

图 7-17　插入 18 后的新的最大堆

堆排序的最佳、平均及最差时间复杂度均为 $O(n\log n)$。堆排序不受初始数据有序性的影响，因此，在选择一种任何情况下都要求时间复杂度较好的排序方法时，堆排序可以是候选方法。

第五节 归并排序

归并（merge）是指将若干个有序序列合并为一个有序序列的操作，也称为合并。若参与合并的序列的个数为 2，则称为二路归并。借助于归并操作完成的排序就是归并排序（merging sort）。归并排序采用的是二路归并操作。

参与二路归并的两个有序序列的长度可以相同，也可以不同。归并操作还需要一个辅助数组，用来存储归并的结果。假设参与归并的两个有序序列的长度分别为 n 和 m，则辅助数组的长度就是 $n+m$。

归并排序可以使用非递归方式实现，也可以使用递归方式实现。

从数组头开始，依次扫描各数据，将单个数据两两合并为长度为 2 的有序子段。再从数组头开始，依次扫描各有序子段，将长度为 2 的有序子段两两合并为长度为 4 的有序子段。这个过程持续进行到所有数据都在一个有序序列中时为止。在此过程中，可能会出现长度不足 2 的幂次的有序子段。长度不影响合并的结果，也不影响排序的结果。这是非递归实现方式。

也可以将待排序数据等分为两个子段并分别进行排序，然后对两个有序序列进行二路归并操作，从而得到最终的排序结果。这属于递归方式实现。

一、两个有序序列的合并操作

二路归并排序中用到的基本操作就是两个有序序列的合并。一般地，有序序列也称为有序段，有些教材中也称其为归并段或顺串。归并排序就是反复归并有序序列的过程。先介绍两个有序序列的归并操作。

设在数组 A 中依次保存两个递增有序序列，它们的数据元素分别是 $a_1,a_2,\cdots,a_m$ 和 $b_1,b_2,\cdots,b_n$。使用两个变量 i 和 j 分别指示两个序列当前元素的下标，初始时均指向各自的第一个元素，即 $i=0$，$j=m$。使用数组 B 保存合并后的数据，使用变量 k 表示对应的下标，初始时为 0。

归并过程如下。比较 $A[i]$ 和 $A[j]$，若 $A[i]<A[j]$，则 $B[k]=A[i]$，然后 i 和 k 均加 1；否则，$B[k]=A[j]$，然后 j 和 k 均加 1。持续这个过程，直到 $i=m$ 或 $j=m+n$ 时，表示有一个有序序列的元素已经全部保存到 B 中。接下来，将另一个序列中全部的剩余元素依次保存到 B 中。归并完毕。

在两个非空有序序列进行归并时，必定有一个序列先变为空，而不可能两个同时为空。

【例 7-17】 两个有序序列的归并示例。

数组 A 中依次保存了两个有序序列：13,22,41,53 和 1,5,30,46，将它们归并为一个有序序列，结果保存到数组 B 中。归并过程如图 7-18 所示。

在归并过程中，每一次均从两个有序序列之一向结果序列中复制一个记录。若两个已知序列中元素个数总共为 n，则归并过程中总共需要复制 n 个记录，它的时间复杂度为 $O(n)$。同时，在归并过程中，还需要与待归并记录等量的存储空间。

下面实现两个有序段的归并操作。两个有序段相邻保存在 myarr 中，第一个有序段保存在下标从 1 到 m 的地方，第二个有序段保存在下标从 $m+1$ 到 n 的地方。归并后的有序段保

初始时：	A	13	22	41	53	1	5	30	46	i=0, j=4
	B									k=0
比较 13 和 1 后：	A	13	22	41	53	1	5	30	46	i=0, j=5
	B	1								k=1
比较 13 和 5 后：	A	13	22	41	53	1	5	30	46	i=0, j=6
	B	1	5							k=2
比较 13 和 30 后：	A	13	22	41	53	1	5	30	46	i=1, j=6
	B	1	5	13						k=3
比较 22 和 30 后：	A	13	22	41	53	1	5	30	46	i=2, j=6
	B	1	5	13	22					k=4
比较 41 和 30 后：	A	13	22	41	53	1	5	30	46	i=2, j=7
	B	1	5	13	22	30				k=5
比较 41 和 46 后：	A	13	22	41	53	1	5	30	46	i=3, j=7
	B	1	5	13	22	30	41			k=6
比较 53 和 46 后：	A	13	22	41	53	1	5	30	46	i=3, j=8
	B	1	5	13	22	30	41	46		k=7

此时第二个序列已空，将第一个序列的剩余元素全部复制到B中：

全部复制：	A	13	22	41	53	1	5	30	46	i=4, j=8
	B	1	5	13	22	30	41	46	53	k=8

归并后的有序序列为：1，5，13，22，30，41，46，53

图 7-18　两个有序序列归并为一个有序序列的过程

存在 tmplist 中，下标从 k 开始。

```
void merge (myRcd * myarr,myRcd * tmplist,int l,int m,int n)
{   int i=l,j=m+1,k=l-1,t;
    while (i<=m && j<=n){
      if (myarr->data[i]<=myarr->data[j])     //将两个子段中较小记录移到临时空间中
        tmplist->data[++k]=myarr->data[i++];
      else
        tmplist->data[++k]=myarr->data[j++];
    }
    if (i<=m)
      for (t=i; t<=m; t++)                    //将第一个子段中的剩余元素移到临时空间中
        tmplist->data[++k]=myarr->data[t];
```

```
        if (j<=n)
          for (t=j;t<=n;t++)   //将第二个子段中的剩余元素移到临时空间中
            tmplist->data[++k]=myarr->data[t];
        for (i=1;i<=n;i++)       //将临时空间中的记录移回到数组 list 中
          myarr->data[i]=tmplist->data[i];
    }
```

二、归并排序的两种实现方式

归并排序是一个分治算法，可以使用非递归或递归的方式实现。

1. 非递归实现的归并排序

每个元素都可以看成长度为 1 的有序段，这是最短的有序段。从最短的有序段开始，逐渐将相邻的两个短有序段归并为一个长度为它们两个长度之和的长有序段。持续进行这个过程，直到所有的元素都排好序为止。

利用归并操作进行排序的具体过程是：设待排序序列中含有 n 个记录，初始时将它们看成 n 个有序子序列，即 n 个有序段。每个子序列的长度为 1。然后两两归并。如果 n 是偶数，则得到 $n/2$ 个长度为 2 的有序子序列；如果 n 是奇数，则得到 $(n-1)/2$ 个长度为 2 的有序子序列和一个长度为 1 的有序子序列。总之，这个过程得到的有序子序列的个数是 $\lceil n/2 \rceil$。

再把得到的这些有序子序列两两归并，得到 $\lceil \lceil n/2 \rceil /2 \rceil$ 个有序子序列。如果 n 不是 4 的倍数，则最后一个子序列的长度小于 4。

继续这个过程，直到得到一个长度为 n 的有序序列为止。在进行归并时，不断地将两个有序子序列归并为一个有序序列，所以归并过程中，有序子序列的个数每次减半，而长度倍增。最后一个子序列除外。

【例 7-18】 二路归并的非递归过程示例。

给定关键字序列：42,68,35,1,70,25,79,59,63,65，使用非递归方法进行二路归并排序的过程如图 7-19 所示。括号表示有序子序列。

初始：	(42)	(68)	(35)	(1)	(70)	(25)	(79)	(59)	(63)	(65)
第一趟归并后：	(42	68)	(1	35)	(25	70)	(59	79)	(63	65)
第二趟归并后：	(1	35	42	68)	(25	59	70	79)	(63	65)
第三趟归并后：	(1	25	35	42	59	68	70	79)	(63	65)
第四趟归并后：	(1	25	35	42	59	63	65	68	70	79)

图 7-19　非递归的归并排序过程

初始时，$n=10$ 个元素都被看成有序段，有序段的个数为 10，长度为 1。

在第一趟归并时，将 10 个有序段两两归并为 $n/2=5$ 个有序段，每个有序段的长度为 2。在第二趟归并时，第一个、第二个有序段归并为长度为 4 的有序段，第三个、第四个有序段归并为长度为 4 的有序段，第五个有序段不变，即得到 $\lceil 5/2 \rceil=3$ 个有序段，最后一个有序段的长度为 2。

在第三趟归并时，前两个长度为 4 的有序段归并为长度为 8 的有序段，第三个（即上一趟的第五个）有序段仍不变，即得到⌈3/2⌉=2个有序段，长度分别是8和2。

在第四趟归并时，长度为8的有序段和长度为2的有序段进行归并，得到长度为10的有序段，即全部数据排序完毕，得到排序结果。

非递归方式实现的归并排序的算法如下。

```
void mSort (myRcd *myarr,myRcd *tmplist,int left,int right)
{
    int i,j;
    if (left==right){
      tmplist->data[left]=myarr->data[left];
      return;
    }
    i=1;
    while (i<myarr->currentNum){
      for (j=0;j<right;j+=2*i){
        merge(myarr,tmplist,j,j+i-1,min(j+2*i-1,right));
      }
      i=i*2;
    }
}
```

在mSort函数中，使用变量i表示要归并的有序段的长度，在每一趟扫描后，有序段的长度倍增。同时，外层的while循环也用它来控制归并的趟数。内层的for循环，用来对本趟扫描中两两相邻的有序段进行归并，每次归并时，第一个有序段的起始位置是j，有序段的长度是i，所以有序段的结束位置是$j+i-1$。最后一个有序段的长度可能小于i，以right为界。

调用时，需要先声明临时变量：myRcd tmplist，然后按下列方式调用函数：

```
mSort(myarr,&tmplist,0,myarr->currentNum-1);
```

2. 递归实现的归并排序

在递归处理的初始，以待排序数据的中间位置为界，将待排序序列一分为二。如果数据个数为偶数，则前、后两部分的元素个数相等；如果数据个数为奇数，则前、后两部分的元素个数相差1。不失一般性，让前半部分的元素个数多1。

对划分的两部分数据进行递归处理。处理的结果是分别得到两个有序序列。再调用merge方法，将两个有序子序列归并为一个。

【例7-19】 二路归并的递归过程示例。

给定关键字序列：35,70,79,25,59,63,65，使用递归法进行二路归并排序的过程如图7-20所示。

待排序数据元素个数为7，是奇数，故划分的两段分别含4个和3个元素。先处理含4个元素35,70,79,25的子段，后处理含3个元素59,63,65的子段。

当处理35,70,79,25时，又将它划分为两个各含2个元素的子段。这两个子段分别是

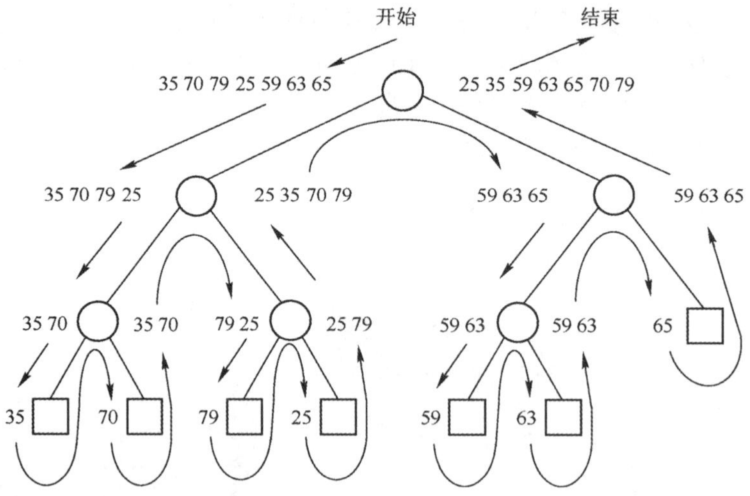

图 7-20　递归的归并排序过程

35,70 和 79,25。这两个段的处理都早于子段 59,63,65 的处理。

对于子段 35,70，又将它划分为各含 1 个元素的两个子段，并进行递归调用。含一个元素的子段自然有序，故不必再递归调用，递归返回。将两个各含 1 个元素的子段归并为含 2 个元素的子段。

接下来处理子段 79,25，处理的过程类似于对 35,70 的处理，即划分为两个子段，并进行递归调用。递归调用后，将两个子段归并为含 2 个元素的子段。

此时，已有两个各含 2 个元素的子序列，可以完成它们的归并了。归并的结果是得到有序序列 25,35,70,79。

对含 3 个元素 59,63,65 的子段的处理与对含 4 个元素的子段的处理类似。当得到它的处理结果后，就可以将前 4 个元素与后 3 个元素的两个有序子段进行归并了，最终得到 7 个元素的有序序列。

递归的归并排序算法的实现如下。

```
void mSort (myRcd *myarr,myRcd *tmplist,int left,int right)   //递归实现
{   int center;
    if (left==right)
      tmplist->data[left]=myarr->data[left];
    else{
      center=(left+right)/2;
      mSort (myarr,tmplist,left,center);                    //归并排序数组 myarr 的前半段
      mSort (myarr,tmplist,center+1,right);                 //归并排序数组 myarr 的后半段
      merge (myarr,tmplist,left,center,right);
      }
}
```

归并排序中需要一个等长的工作数组，即辅助数组，并需要在原数组和工作数组中互相复制数据。

归并排序每次二分数组，对于长度为 n 的数组，二分数组的次数应为 $\log n$。因为每一次都需要对数组中所有元素进行一次扫描，所以每次的操作都需要 n 步，这样，总的时间复杂度为 $O(n\log n)$，这也是它的最佳、最差及平均时间复杂度。

第六节　分配排序

前面介绍的几种排序方法的时间复杂度介于 $O(n\log n)$ 与 $O(n^2)$ 之间，有理论证明，排序算法的时间复杂度不会好于 $O(n\log n)$，这个界限是一般意义下的时间复杂度。实际上，时间复杂度和空间复杂度在一定条件下可以互相转换。当排序的数据比较特殊，或者不计空间代价时，排序算法的时间复杂度可能低于 $O(n\log n)$。

一、盒子排序

现在来看一个例子，对下列两位正整数进行排序：

23,98,10,19,28,3,53,29,20,94

因为数据都是不大于 100 的正整数，所以可以使用一个有 100 个元素的整数数组 count 来完成排序，初始时数组元素均为 0。从左至右扫描待排序数据，若数据为 d，则令 count[d]=1。扫描完毕，输出数组信息。使用 for 循环语句处理 count 中的每个元素，若元素值为 1，则输出其下标值。处理完毕，即得到原初始数据的排序结果。这种排序称为盒子排序。每个数组单元称为一个盒子。

如果数据中有重复的元素，则将“count[d]=1”修改为“count[d]++”。如果需要保存排序后的结果，可以根据 count 中各元素的信息，将排序结果保存到原数组中。

盒子排序的算法如下。

```
void BoxSort (myRcd *myarr,int k)          //k 为盒子数
{
    int i,j,m;
    int *count;
    count=(int *)malloc(sizeof(int)*k);
    for(i=0;i<k;i++)
      count[i]=0;
    for(i=0;i<myarr->currentNum;i++)
      count[myarr->data[i]]++;
    j=m=0;
    for(i=0;i<k;i++){
      if(count[i]!=0){
        for(j=0;j<count[i];j++){
          myarr->data[m]=i;
          m++;
        }
      }
```

```
        }
    }
```

如果不能确定盒子的个数，则需要先统计数据的范围，然后计算出盒子的个数。程序修改如下。

```
void BoxSort (myRcd *myarr)
{
    int i,j,m,k;
    int min=INT_MAX,max=INT_MIN;
    int *count;
    for(i=0;i<myarr->currentNum;i++){
      if(myarr->data[i]>max) max=myarr->data[i];
      if(myarr->data[i]<min) min=myarr->data[i];
    }
    k=max-min+1;
    count=(int *)malloc(sizeof(int)*k);
    for(i=0;i<k;i++)
      count[i]=0;
    for(i=0;i<myarr->currentNum;i++)
      count[myarr->data[i]-min]++;
    j=m=0;
    for(i=0;i<k;i++){
      if(count[i]!=0){
        for(j=0;j<count[i];j++){
          myarr->data[m]=i+min;
          m++;
        }
      }
    }
}
```

在排序过程中，主要操作是设置数组中某下标位置的元素值，并根据元素值输出相应的下标值。若初始待排序的元素个数为 n，则排序的时间复杂度为 $O(n)$。

盒子排序有一定的限定条件，不能算作通用的排序方法。排序时，直接或间接地将待排序的数据对应为数组下标。对于整数，这很容易进行转换，但如果待排序的数据是字符串，在字符串与下标之间建立一一对应关系是比较困难的。另外，待排序整数的大小范围决定了数组的大小。如果 n 个数据的取值范围是 $1\sim m$，而 $m\gg n$，则需要分配含 m 个元素的数组，且数组中仅有 n 个元素是1，$m-n$ 个元素都是0，输出排序结果的时间复杂度是 $O(m)$，而不是 $O(n)$。另外，盒子排序的空间复杂度是 $O(m)$。

二、基数排序

基数排序是一种分配排序，排序过程就是反复进行“分配”和“收集”的过程。在基数排序中，关键字被拆分为若干个子关键字，排序过程中需要分别对每个子关键字进行分配和收集操作。例如，若数组 $K[0],K[1],\cdots,K[n-1]$ 中的关键字均是两位十进制整数，则将关键字拆分为“个位”和“十位”两个子关键字。由于每个子关键字的取值可能有 10 种，即 0~9，因此设置 10 个盒子，编号为 0~9。从左到右扫描数组，对数组中各关键字按个位数进行分配，依次将个位数为 r（$0\leqslant r\leqslant 9$）的关键字放入编号为 r 的盒子中。这称为第一趟分配。之后依次将编号 0~9 的各盒子中的关键字按放入的次序收集起来。这称为第一趟收集。将收集的数据再按十位数分类，十位数为 r（$0\leqslant r\leqslant 9$）的元素放入编号为 r 的盒子中。这称为第二趟分配。之后是第二趟收集。最后的结果即有序序列。

【例 7-20】 基数排序示例。

设有如下关键字序列：27,91,1,97,17,23,84,28,72,4,67,25，给出基数排序过程。

使用 10 个盒子，当前数位相同的关键字保存在同一个盒子里。先对各元素按个位数进行第一趟分配与收集。第一趟分配的结果如图 7-21 所示。

第一趟收集的结果是：91,1,72,23,84,4,25,27,97,17,67,28。再按十位数进行第二趟分配与收集。第二趟分配的结果如图 7-22 所示。

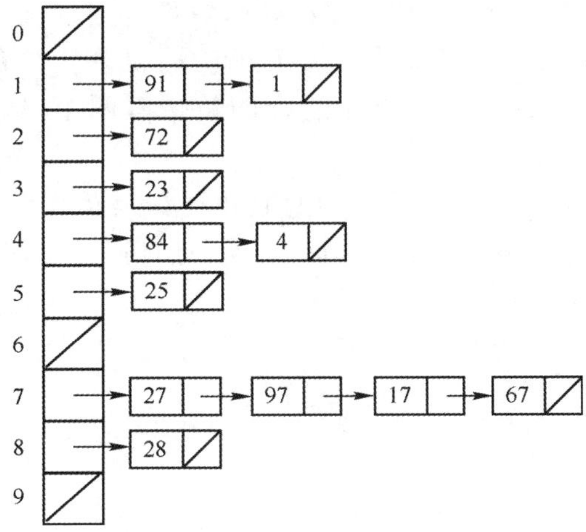

图 7-21 基数排序的第一趟（按个位数进行排序）

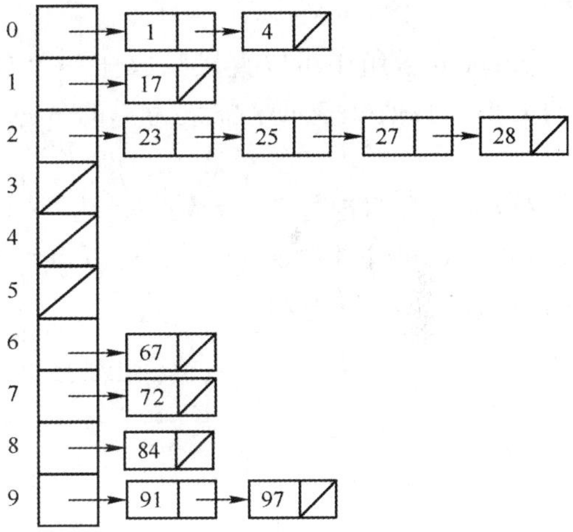

图 7-22 基数排序的第二趟（按十位数进行排序）

第二趟收集的结果是：1,4,17,23,25,27,28,67,72,84,91,97。结果已经有序。

扩展上述排序思想，基数排序可以对任何数制的元素进行排序。若进制为 r，则对应的盒子数为 r，位数为 d，分配与收集的趟数为 d。分配和收集的操作从低位到高位依次进行。基数排序一共进行 d 趟分配和收集，每趟收集需要将 r 个盒子中的关键字收集起来。因为在每趟排序中，每个数据都被处理两次，所以，算法的时间复杂度可以粗略地认为是 $O(d\times n)$。对于待排序数据集，通常要求 r 和 d 固定，即它们不随数据量的大小而改变。因此基数排序的时间复杂度是线性的，且基数排序算法是稳定的。若位数 d 不固定，则基数排序也是线性对数级的。

在实现基数排序时，图 7-21 和图 7-22 中使用单链表表示每个盒子，这能很好地适应盒子中数据个数的不确定性，但是，对单链表访问的不方便性在所难免。

在每趟排序时，每个盒子中保存的数据个数依排序数据而定，所以每个盒子的大小不是固定的。但从另一个角度来看，这些盒子的总量是固定的，即等于给定的初始数据个数。所以可以分配一个与初始数组等大的数组，由这些盒子共用，在这个新数组中给每个盒子留出各自的空间。不妨设新数组为 mybrr，这是基数排序需要占用的额外空间。空间复杂度为 $O(n)$。

那么，mybrr 中每个盒子具体是多大呢？扫描一趟数据，针对当前数位进行计数，就可以得到相应的结果。计数结果可以保存在 count 数组中，当进行十进制数的排序时，count 的大小为 10。count 数组也是排序时占用的额外空间，但因为它并不随排序数据的个数而有所变化，所以空间复杂度是 $O(1)$。总的空间复杂度为 $O(n)$。

以例 7-21 中第一趟排序为例。第一趟排序是针对数据的个位数进行的，统计每个数的个位数，并记录到 count 中，获取个位数的方法是：myarr->data[j] % 10，得到的 count 数组的结果如图 7-23 所示。

	0	1	2	3	4	5	6	7	8	9
count	0	2	1	1	2	1	0	4	1	0

图 7-23　用于第一趟排序的辅助数组 count

从 count 数组中可以直接获取任一个盒子中的数据个数，例如，count[1]是第 1 个盒子的大小，其值 2 表示个位数为 1 的数据有两个，即原始数据中这样的数据有两个（91 和 1）。

对 count 数组进行进一步处理，从下标 1 开始，将前一个元素中的值加到本元素上，即 count[j]=count[j-1]+count[j]，可以得到各个盒子在 mybrr 中的下标范围。处理后 count 数组的结果如图 7-24 所示。

	0	1	2	3	4	5	6	7	8	9
count	0	2	3	4	6	7	7	11	12	12

图 7-24　处理后的辅助数组 count

第 j（$j \geqslant 1$）个盒子在 mybrr 中的下标范围为 count[j-1]～count[j]-1，如个位数为 1 的两个数据（91 和 1）将分别保存在 mybrr[0]和 mybrr[1]中。第 0 个盒子在 mybrr 中的下标从 0 开始。count 中的值与 mybrr 位置的对应如图 7-25 所示。

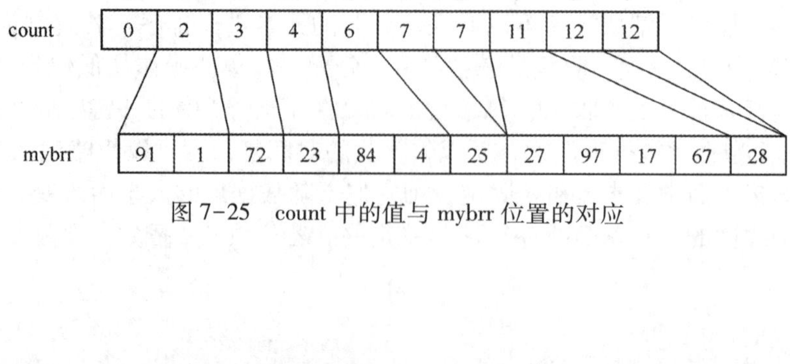

图 7-25　count 中的值与 mybrr 位置的对应

实际上，可以根据 count 中的值将本趟排序中的数据直接放置到 mybrr 中。对于要放置到第 j 个盒子中的若干个数据，最后一个数据要放置到 count[j]-1 中，倒数第二个数据要放置到 count[j]-2 中，依此类推。从后向前依次扫描数据序列，设当前待处理的元素的个位数是 j，将其放置到 mybrr[count[j]-1]中，然后 count[j]中的值减 1。

第二趟排序是针对数据的十位数进行的，获取十位数的方法是：(myarr->data[j] /10) % 10，其他处理与第一趟排序类似。

基数排序的算法如下。

```
void RadixSort (myRcd  * myarr,int k,int r,int count[ ])
//对 k 位数、r 进制的数据进行基数排序，count 是辅助计数数组
{
    int i,j,rtok;
    myRcd mybrr;                                          //辅助空间
    for (i=0,rtok=1;i<k;i++,rtok * =r) {
      for (j=0;j<r;j++) count[j]=0;                       //赋初值
      for (j=0;j<myarr->currentNum;j++)
        count[myarr->data[j]/rtok % r]++;                 //计数
      for (j=1;j<r;j++)count[j]=count[j-1]+count[j]; //计算下标范围
      for (j=myarr->currentNum-1;j>=0;j--)
        mybrr. data[--count[myarr->data[j]/rtok%r]]=myarr->data[j];
        //根据 count 的值将数据放入辅助空间中
      for (j=0;j<myarr->currentNum;j++)
        myarr->data[j]=mybrr. data[j];                    //将辅助空间中的数据复制回原数组中
    }
}
```

在对数组 myAarray 中保存的不超过 k 位的十进制数进行基数排序时，主程序中需要定义 count 数组，语句如下。

```
int count[10]={0};
```

调用基数排序的语句如下。

```
RadixSort (&myAarray,k,10,count);
```

【例 7-21】 对给定的关键字序列 110,119,007,911,114,120,122 进行基数排序，则第二趟分配和收集后得到的关键字序列是（　）。

A. 007,110,119,114,911,120,122　　B. 007,110,119,114,911,122,120

C. 007,110,911,114,119,120,122　　D. 110,120,911,122,114,007,119

答案为 C。

基数排序方法是一种最低位优先的分配排序算法，第一趟排序按最低位（个位）进行排序，分配和收集的结果为：110,120,911,122,114,007,119。

第二趟按十位进行排序，分配和收集的结果为：007,110,911,114,119,120,122。

第七节　有关内部排序算法的比较

本章的前几节讨论了几种内部排序算法，本节将对内部排序算法进行总结。

在介绍排序算法的同时，也给出了算法的时间复杂度及空间复杂度。排序算法的时间复杂度分为三种情况，分别是最优情况时间复杂度、最差情况时间复杂度及平均情况时间复杂度。对不同的具体问题所要求的衡量指标可能不全一样，因此选择的排序算法也不全一样。例如，对于需要日常进行处理的常规排序操作，由于进行排序的次数比较多，一般要看它的平均情况时间复杂度，因此应选择一种平均时间复杂度较好的算法；而对于某些需要在任何情况下都能得到较高效率的问题，应该选择一种最差情况时间复杂度最优的算法。大多数情况下，可以用平均情况时间复杂度来衡量一个排序算法的优劣。平均情况时间复杂度是指，假设待排序序列中各关键字排列的情况是等概率的，此时对所有可能的输入数据进行排序的期望时间复杂度。

在几种内部排序算法中，如果考虑平均时间复杂度，则快速排序算法的性能最好，归并排序次之，堆排序更次之，特别是当待排序数据量 n 很大时，归并排序优于堆排序。

如果考虑最差情况时间复杂度，则堆排序和归并排序的性能都要优于快速排序，但归并排序需要较多的辅助存储空间。如果待排序序列中的数据个数较少或者基本有序，则简单插入排序的性能最佳。

由此可以看出，没有一个绝对的标准来评判排序算法性能的优劣，对于不同的输入序列，各算法表现出的性能有很大差别。在实际应用中，往往结合多种排序算法一起使用。

有算法理论证明，对于有 n 个记录的序列，对它进行内部排序时，没有一种方法的比较次数能够少于 $n\log n$，也就是说，任何一种内部排序算法所能达到的最佳时间复杂度为 $O(n\log n)$。

除了考虑算法的时间复杂度以外，算法的稳定性也是一个重要因素。一般地，平均情况时间复杂度为 $O(n^2)$ 的排序算法大多是稳定的，其中包括直接插入排序、起泡排序等。而时间性能较好的几种排序算法，如希尔排序、快速排序、堆排序等，因为它们进行了不相邻记录之间关键字的比较和记录的移动，所以排序的结果是不稳定的。其中值得一提的是归并排序和基数排序，它们的时间复杂度分别是 $O(n\log n)$ 和 $O(dn)$，并且都是稳定的排序方法。

综合比较已经讨论的几种内部排序方法，有下列结果，见表 7-1。

表 7-1　几种内部排序方法的时间复杂度和稳定性

排序方法	最优情况时间复杂度	平均情况时间复杂度	最差情况时间复杂度	稳定性
直接插入排序	$O(n)$	$O(n^2)$	$O(n^2)$	稳定
起泡排序	$O(n^2)$	$O(n^2)$	$O(n^2)$	稳定
简单选择排序	$O(n^2)$	$O(n^2)$	$O(n^2)$	不稳定
希尔排序	$O(n^{3/2})$	—	—	不稳定
快速排序	$O(n\log n)$	$O(n\log n)$	$O(n^2)$	不稳定
归并排序	$O(n\log n)$	$O(n\log n)$	$O(n\log n)$	稳定
堆排序	$O(n\log n)$	$O(n\log n)$	$O(n\log n)$	不稳定
基数排序	$O(dn)$	$O(dn)$	$O(dn)$	稳定

【例 7-22】 对序列 15,9,7,8,20,-1,4 进行排序，若进行一趟排序后数据的排列变为 4,9,-1,8,20,7,15，则采用的排序方法可能是（　）。

A. 选择排序　　B. 快速排序　　C. 希尔排序　　D. 起泡排序

答案为 C。

先排除不可能的选项，再验证可能的选项。

选择排序的第一趟，会将原始数据中的最大值或最小值放到最后面或最前面的位置。原始数据中的最大值是 20，最小值是-1，它们都没在相应的位置，说明不会采用选择排序，选项 A 被排除。

起泡排序也是类似的，第一趟会将最大值或最小值放置到最终的位置。选项 D 也被排除。

再看快速排序。在第一趟快速排序后，数据序列中应该有一个元素是枢轴，在枢轴前面的数据都小于枢轴，在枢轴后面的数据都大于枢轴。但在排序结果 4,9,-1,8,20,7,15 中，找不到这样一个元素来充当枢轴。选项 B 被排除。

下面验证这可能是一趟希尔排序的结果。

初始数据：15,9,7,8,20,-1,4

一趟排序：4,9,-1,8,20,7,15

根据最小值-1 在排序前后的位置，可以猜测增量应该大于 2，因为如果增量等于 2，则数据被分为两组，最前面的两个数分别是各自组内的最小值。如果增量为 1，则结果是全部有序的。这两种情况都不满足。先用增量 3 来验证。斜体表示组内采用直接插入排序的结果。

d=3	15	*4*		8	*8*		4	*15*	第一组
		9	*9*		20	*20*			第二组
			7	*-1*		-1	*7*		第三组
一趟排序结果	4	9	-1	8	20	7	15		

结果符合题目要求。

【例 7-23】 下列选项中，均为稳定排序方法的是（　）。

A. 堆排序和起泡排序　　B. 快速排序和希尔排序

C. 简单选择排序和归并排序　　D. 归并排序和起泡排序

答案为 D。

根据排序方法稳定性的定义可知，堆排序、快速排序、希尔排序、简单选择排序都不是稳定排序方法。而归并排序和起泡排序是稳定排序方法。

内容小结

本章介绍了几种内部排序算法，给出了各排序算法的基本思想，并基于数组存储结构，实现了相关算法。同时，本章重点分析了各排序算法的时间复杂度和空间复杂度，对各个算法进行了比较、分析。

习　题

一、单项选择题

1. 下列关于稳定排序算法的叙述中，正确的是________。

Ⅰ. 该排序算法可以处理相同的关键字

Ⅱ. 该排序算法不可以处理相同的关键字

Ⅲ. 该排序算法处理相同的关键字时能确定它们的排序结果

Ⅳ. 该排序算法处理相同的关键字时不能确定它们的排序结果

A. Ⅰ、Ⅲ　　B. Ⅰ、Ⅳ　　C. Ⅱ、Ⅲ　　D. Ⅱ、Ⅳ

2. 下列排序方法中，排序趟数与序列的初始状态有关的是________。

A. 插入排序　　B. 选择排序　　C. 起泡排序　　D. 快速排序

3. 若用起泡排序对关键字序列 18,16,14,12,10,8 进行升序排序，则所需进行的关键字比较的总次数是________。

A. 10　　B. 15　　C. 21　　D. 34

4. 下列排序算法中，不能保证每趟排序至少能将一个元素放到其最终位置上的是________。

A. 快速排序　　B. 希尔排序　　C. 堆排序　　D. 起泡排序

5. 一组记录的关键字为 46,79,56,38,40,84，利用 partition 划分算法，以第一个记录为枢轴，得到的一次划分结果为________。

A. 38,40,46,56,79,84　　B. 40,38,46,79,56,84

C. 40,38,46,56,79,84　　D. 40,38,46,84,56,79

6. 在下面的排序方法中，辅助空间为 $O(n)$ 的是________。

A. 希尔排序　　B. 堆排序　　C. 选择排序　　D. 归并排序

7. 下列排序算法中，当待排序数据已有序时，花费时间反而最多的是________。

A. 起泡排序　　B. 希尔排序　　C. 快速排序　　D. 堆排序

8. 数组中有 10000 个元素，如果仅要求求出其中最大的 4 个元素，则最节省时间的算法是________。

A. 直接插入排序　　B. 希尔排序　　C. 快速排序　　D. 选择排序

9. 从未排序序列中依次取出一个元素与已排序序列中的元素依次进行比较，然后将其放在已排序序列的合适位置，该排序方法称为________。

A. 直接插入排序　　B. 选择排序　　C. 希尔排序　　D. 二路归并排序

10. 在使用数据序列 10, 15, 20, 25, 30 建立初始大根堆时，数据对交换的次数是________。

A. 1　　B. 2　　C. 3　　D. 4

二、填空题

1. 对含 n 个数据的序列进行排序，直接插入排序在最好情况下的时间复杂度为________。

2. 现有含 9 个关键字的最小堆，排在关键字升序第三位的元素（第三小）所处的位置个数可能是________。

3. 一组记录的关键字值为 45,79,59,63,65,26,80,17，利用 partition 划分算法，以第一个记录为枢轴，划分过程中，与元素 79 相交换的关键字是________。

4. 已知一组关键字为：45,78,57,30,40,89，利用堆排序对其进行升序排序，建立的初始堆是________。

5. 设关键字序列为 16,15,32,11,6,30,22,46,7，采用基数排序进行升序排序。若关键字序列保存在含 9 个元素的数组 *A* 中，则一趟基数排序后，元素 16 的下标位置为________。

三、解答题

1. 设一维整数数组内保存整数序列，回答下列问题：

（1）试写出整数序列 2,3,8,6,1 中的所有逆序对。

（2）在什么情况下，由 1,2,⋯,n 组成的序列中逆序对最多?

2. 有关键字序列：38,19,65,13,97,49,41,95,1,73，采用起泡排序方法进行升序排序，请写出每趟排序的结果。

3. 对于数据序列：66,61,200,30,80,150,4,8,100,12,20,31,1,5,44，写出采用希尔排序算法排序的每一趟结果。设增量序列 d={5,3,1}。

4. 有关键字序列：38,19,65,13,97,49,41,95,1,73，采用直接插入排序算法进行升序排序，请写出每趟排序的结果。

5. 有关键字序列：38,19,65,13,97,49,41,95,1,73，采用简单选择排序算法进行升序排序，请写出每趟排序的结果。

6. 对于数据序列：31,5,44,55,61,200,30,60,20,1,80,150,4,29，采用改进的起泡排序算法进行降序排序，请写出每趟排序的结果。

7. 对于数据序列：31,5,44,55,61,200,30,60,20,1,80,150,4,29，写出采用快速排序算法排序的过程。

8. 将数据序列 70,12,30,1,5,31,44,56,61 建成一个最大堆。

9. 对于数据序列：70,12,30,1,5,31,44,56,61，采用堆排序算法进行升序排序，请写出每趟排序的结果。

10. 对于数据序列：31,5,44,55,61,30,60,20,1,4,29，采用基数排序算法进行升序排序，请写出每趟排序的结果。

四、算法阅读题

设一系列正整数存放在一个数组中，算法 OddEvenSort 将所有偶数存放在数组的前半部分，将所有的奇数存放在数组的后半部分。请在空白处填上适当内容以将算法补充完整。

```
void OddEvenSort (int *data, int n)                  //奇偶排序
{
    int left,right,mostleft=0,mostright=n-1;
    left=mostleft;                                   //left 从左向右找
    right=mostright;                                 //right 从右向左找
    for (;;){
      while ( (1)  && left<mostright){
            left++;
```

```
        }
        while (data[right]%2!=0 &&(2)){
                right--;
        }
        if (left<right)
                swap((3));
        else
                break;
    }
    display(data,n);
    return;
}
```

五、算法设计题

1. 将 3 个关键字进行排序，关键字之间的比较次数最多为多少？试实现这样一个排序算法。

2. 设计一个算法，计算含 n 个元素的数据序列中的逆序数据对的个数。

3. 设有 n 个整数的数组，其元素值仅取 0、1、2 三种，试设计一个时间复杂度为 $O(n)$ 的算法，将这个数组中的元素按升序排序。

第八章　查　找

学习目标：

1. 理解查找的基本概念。

2. 掌握顺序查找、折半查找、索引顺序查找方法的基本思想及实现过程，理解各种查找方法的适用条件。

3. 理解二叉查找树的基本概念，掌握二叉查找树操作的定义及实现。

4. 理解 AVL 树的基本概念，掌握 AVL 树基本操作的定义及实现。

5. 理解 B 树的概念，掌握插入及查找操作的定义及实现过程。

6. 理解哈希方法中的基本概念，掌握哈希方法。

7. 能够对各查找方法进行比较、分析。

建议学时： 11 学时。

教师导读：

1. 查找是重要的操作，要让考生理解查找中的关键操作是关键字之间的比较，进而理解查找算法复杂度的分析过程。

2. 要让考生理解选择查找方法时不仅要考虑算法的效率，还要了解查找方法适用的数据结构，领会影响查找方法使用的关键因素。

3. 查找树是重要的知识点，不仅要掌握相关的概念，更要领会查找树的特点，能进行简单的推理。

4. 哈希方法中有些内容很灵活，如哈希函数的设计。要让考生掌握设计的原则，而不仅仅是记忆公式。

5. 在学习完本章后，应要求考生完成实习题目 7。

查找是日常生活中常用的词汇，也是计算机内部最常进行的操作之一。在日常生活中提到查找时，常常是指查找某个具体的对象，其含义并不是太严谨。数据结构中的查找是指给定一个具体的目标，在数据集中进行搜索，寻找与给定目标相符合的对象的一个过程。例如，在数据库中查找关键字等于某个确定值的一个或多个记录，在一段视频中查找一幅满足某个条件的图像等。查找又称为检索。

查找分单值查找及范围查找。单值查找是指给定一个具体的值，查找与该值相等的对象。范围查找是指给定一个值的区间，查找其值位于该区间内的所有对象。本章主要讨论单值查找方法。将这些单值查找方法进行适当修改，可以适用于范围查找。

查找过程是在一个数据集上完成的，数据集有时也称为查找表或查找池。查找表可以是数组，也可以是链表，还可以是树。

查找过程中涉及的主要操作是比较，查找效率高是指在查找目标的过程中进行少量的比较。一般而言，查找表中数据项越多，找到目标需要的比较次数可能就越多。所以，问题的大小由查找表中数据项的个数来决定。

针对不同的查找要求，有不同的策略。本章将讨论这些查找方法，并分析不同方法的适用条件及它们的查找效率。

第一节　查找的基本概念

定义 8-1　设有一个集合 T，其中有 n 个数据项，集合 T 及其中数据项的形式如下：

$$T=\{(\mathrm{k}_0,\mathrm{I}_0),(\mathrm{k}_1,\mathrm{I}_1),\cdots,(\mathrm{k}_{n-1},\mathrm{I}_{n-1})\}$$

其中，$\mathrm{k}_0,\mathrm{k}_1,\cdots,\mathrm{k}_{n-1}$是互不相同的关键字值，$\mathrm{I}_j(0\leqslant j\leqslant n-1)$是与关键字值 k_j相关的信息。给定一个特定的关键字值 K，查找问题是在 T 中确定数据项$(\mathrm{k}_j,\mathrm{I}_j)$，使得 $\mathrm{k}_j=\mathrm{K}$。

查找表中的数据项也称为记录，每个记录至少包含一个关键字。查找实际上就是根据给定的某个值，在查找表中找出一个记录，该记录的关键字值恰好等于给定的值。给定的这个值称为目标。

记录中关键字的类型可以是能够进行比较操作的任意类型，如整数、字符串等。能唯一确定某个记录的关键字称为主关键字，各记录的主关键字互不相同。主关键字值一旦确定，它就对应着唯一的一条记录，主关键字与记录一一对应。不能唯一确定记录的关键字称为次关键字，可能存在多个记录的次关键字具有相同值的情况。也就是说，可能会有多条记录，它们的次关键字值都一样。

在实际操作中，不仅可以对主关键字和次关键字进行查找，还可以进行多个关键字的混合查找。不失一般性，本章后面的叙述中提到的关键字，一般是指主关键字，相应的查找过程都是对主关键字的查找。在经过适当的修改后，这些算法同样可以适用于对次关键字的查找。

根据关键字匹配的情况，查找有两种可能的结果：一种是找到了相应的记录，即找到一个关键字值为 k_j的记录，使得 $\mathrm{k}_j=\mathrm{K}$，这称为成功查找；另一种是找不到相应的记录，称为查找失败，或不成功查找。查找失败意味着在查找表中不存在要找的记录。

例如，一批学生的成绩单构成一个查找表，每名学生的成绩单组成一个记录。每条记录中可以包含学号、姓名、性别、年龄以及各科成绩等信息，这些项目都可以作为关键字。其中学号可以作为主关键字，而姓名等其他信息都可能存在有重复值的情况，所以只能作为次关键字。

根据数据存储介质的不同，查找又分为两种类型：当数据量非常大，需要借助于外存存储数据时，相应的查找称为外部查找；反之，当全部数据可以同时存放在内存中时，相应的查找称为内部查找。

查找表的结构及特性不同，所用的查找方法也可能不同。当查找表是无序表时，可以使用顺序查找方法。当查找表是有序表时，可以使用折半查找方法。索引顺序查找方法结合了顺序查找方法和折半查找方法的特点。还可以使用二叉查找树、AVL 树和 B 树等树结构保存查找表中的记录，进而在树中进行查找。还有一种很特别的基于数组的查找方法，即哈希方法。

研究查找方法的主要目的是提升查找效率，但同时也要考虑节省存储空间。查找的效率与记录的组织方式及查找方法有很大的关系，此外，每次查找时所花费的具体开销也与查找目标在数据中所处的位置有关。所以，在评价查找效率时，需要建立一个评价标准，通常使用平均查找长度（Average Search Length，ASL）来衡量。

对于一个给定的关键字值 K，在查找表中进行查找，最好的可能是经过一次比较就能查找到，当然也有可能需要多次比较才能查找到。为了表示在平均意义下的查找次数，定义平均查找长度为：

$$\mathrm{ASL} = \sum_{i=0}^{n-1} P_i C_i$$

其中，n 为查找表中的记录个数，P_i 为查找记录 i 的查找概率，C_i 为查找记录 i 时关键字与查找目标进行比较的次数。通常情况下，本章讨论等概率情况下的查找。

本章将详细介绍几种常用的查找方法，并分析各自的查找效率。

第二节　顺序表的查找

将数据存储在数组中，从而形成顺序表。数组中保存的数据可能有两种状态，一种是按关键字无序，也就是数据任意放置，此时为无序表；另一种是按关键字有序，即各记录在数组中的存放位置依关键字的大小顺次排列，此时为有序表。

本节讨论 3 种查找方法，分别是顺序查找方法、折半查找方法和索引顺序查找方法。顺序查找方法适用于任意顺序表，而对于有序表，由于其中数据的排列有规律，因此可以使用效率更高的折半查找方法。结合了这两种方法特性的查找方法是索引顺序查找方法。

一、顺序查找方法

顺序查找是最简单、最直接的查找方法之一，它的基本思想是从顺序表头开始，用给定的目标与表中各记录的关键字值逐个进行比较。如果表中存在目标，则进行若干次比较后，一定能够找到目标。如果表中不存在目标，则比较到表尾也不会出现相等的情况。

具体的过程是：初始时，将给定的关键字值 K 与表中第一个记录的关键字值相比较，若两个值相等，则找到目标，查找成功；否则将 K 与表中下一个记录的关键字值继续比较并判断是否相等，依此类推。如果直到最后一个记录的关键字值与 K 都不相等，则表明所存储的数据中没有要查找的目标，查找不成功。

无论顺序表中数据是否有序，都可以使用顺序查找方法。另外，如果数据使用链表来存储，则也可以使用顺序查找方法。

顺序表保存在一个数组中，定义如下。

```
typedef int ELEMType;
typedef struct{
    ELEMType element[maxSize];
    int n;                              //实际元素个数
}searchList;
```

用到的常量定义如下。

```
#define TRUE 1
#define FALSE 0
#define ERROR -1
```

在顺序表中进行顺序查找的算法如下。

```
//数组表示的顺序表中的顺序查找
int SeqSearch( searchList L,ELEMType target)   //返回 target 在表 L 中第一次出现的位置
{   int i;
    for (i=0;i<L.n;i++)                                    //对记录号从小到大逐个查找
      if (L.element[i]==target) return i;                  //返回查找结果
    return ERROR;                                          //不成功时会返回 ERROR
}
```

SeqSearch 函数在顺序表中查找关键字等于 target 的记录。从第一个记录开始依次向后查找，判断每个记录的关键字值是否等于 target，据此给出查找成功与否的反馈信息。在查找成功后，返回目标在查找表中第一次出现的下标。

实际上，在 for 循环中，除要判断两个值是否相等以外，还需要注意数组下标不能越界。如果在数组中查找失败，则函数返回 ERROR。因为数组下标是非负值，所以-1 显然不是正确的下标值。根据返回值，可以判定在顺序表中的查找是否成功，以及成功时查找目标在数组中的位置。

可以修改这个顺序查找方法，让其也适用于关键字值有重复的情况。当遇到数组中关键字等于目标时，并不直接退出，而是使用一个辅助的结构来保存与目标相等的所有关键字所在的下标值。

顺序查找是从头至尾依次进行的，所以它也称为线性查找。如果是对次关键字进行查找，则顺序查找方法能保证查找到第一个满足条件的记录。顺序查找不要求数据按某种特定的次序保存在数组中，它的查找过程很容易理解，但查找效率不高。

顺序查找的效率如何呢？SeqSearch 需要的空间并不依顺序表的元素个数的变化而变化，空间复杂度为 $O(1)$。

在顺序查找的情况下，最坏的可能是要经过 n 次比较才能查找到。在算法 SeqSearch 中，$C_i=i+1(i\geqslant 0)$。假设查找表中每个记录的查找概率相等，即 $P_i=1/n(i=0,1,\cdots,n-1)$，则此时

$$\mathrm{ASL}=\frac{1}{n}\sum_{i=0}^{n-1}(i+1)=(n+1)/2$$

这意味着，成功查找的平均查找长度为$(n+1)/2$。显然，不成功查找的查找次数为 n。这个结果表明，顺序查找的平均查找长度与顺序表中的记录个数成正比，无论是成功查找还是不成功查找，时间复杂度皆为 $O(n)$。例如，当 $n=1000$ 时，成功查找的平均查找长度约为 500。

当所有关键字的出现频率不一样时，还可以进一步提升顺序查找方法的效率。可以根据关键字的查找频率从高到低排列记录，先放置查找频率最高的记录，接下来查找频率次高的记录，依此类推。这样存储的表称为自组织线性表。

对于自组织线性表，它的查找仍然是从第一个位置开始顺序进行的。由于各记录依查找概率从大到小排列，因此查找的平均比较次数不会多于$(n+1)/2$，查找需要的预期比较次数是：

$$C_n=1P_0+2P_1+\cdots+nP_{n-1}$$

其中 P_i 是访问记录 i 的概率。

在实际应用中，当无法事先知道哪一个记录最经常被访问时，可以使用预期访问频率来

代替查找频率。

二、折半查找方法

当数据按关键字有序存储时，可以改进顺序查找方法。

假设在如表 1-1 所示的学生基本信息表中，根据学号查找学生的相关信息。假设这个表中学生人数非常多，并且已经按学号排好序。现要查找学号为 M2022103003 的学生。当然，仍可以从第一条记录开始，一条条地查找下去。但更有效的方法是先找到中间位置的记录，查看当前记录的学号，与查找目标进行比对，然后决定下一步的查找动作。这个过程体现了折半查找的思想。

折半查找也称为二分查找，其适用条件是数组中各个记录按关键字有序排列，就像是字典中所有的单词按字典序升序排列一样。所以折半查找只适用于有序表，不失一般性，假定有序表是递增表。

折半查找并不是从有序表的一端开始查找，而是从中间开始查找。如果有序表的中间位置元素等于目标，则查找成功，否则继续查找。

那么如何继续查找呢？又在哪个范围内继续查找呢？表是有序的，如果目标在表中存在，那么根据目标与中间元素的大小关系，它一定在数组的这一边或另一边。例如，若中间位置元素大于目标，那么，因为后半部分的所有元素均大于中间位置元素，也即大于目标，所以这部分的元素可以舍弃掉，不必再进行比较，也就是只需要在前半部分进行比较。反之，也是一样的，如果中间位置元素小于目标，则需要继续在后半部分进行查找。

无论是在前半部分还是在后半部分继续查找，这个过程都类似于前面的过程，仍是先确定剩余元素的中间位置，并将该位置的元素与目标进行比较，从而决定下一步动作。

折半查找中的每一步比较，都可以将候选区间缩小一半，直到找到目标元素，或候选区间中没有待选元素为止，这意味着有序表中没有目标元素。

【例 8-1】 折半查找示例一。

给定有序表：10 12 18 22 31 34 40 46 59 67 69 72 80 84 98，使用折半查找方法查找 67，给出查找过程。

注意到，给定的初始数据是有序的，所以可以使用折半查找方法。设有序表保存在一维数组中。初始时，数组中的所有元素都是候选者。

折半查找方法从检测中间元素 46 开始。这个元素不是目标，所以必须继续查找。如果 67 在表中，则它一定在后半段中，因为前半段中的所有数据项都小于等于 46。剩余的候选区间用下画线标识，如下所示：

10 12 18 22 31 34 40 46 59 67 69 72 80 84 98

继续这个过程，检测候选区间的中间元素 72。它也不是目标，所以必须继续查找。可以排除大于 72 的所有元素，仅余下 3 个元素，如下所示：

10 12 18 22 31 34 40 46 59 67 69 72 80 84 98

注意，只用两次比较，就将候选区间从 15 项减少到 3 项。再用同样的方法，选择中间元素 67，发现它正是要查找的。如果它仍不是要查找的目标，则必须继续这个过程，直到找到目标或排除了所有可能的数据为止。

折半查找的每次比较都将遗留的数据排除掉差不多一半（也排除了中间元素）。具体来说，折半查找在第一次比较时排除一半数据，第二次比较时排除 1/4，第三次比较时排除 1/8，依此类推。

正因为每次比较都保留一半元素，舍弃一半元素，故称为折半查找或二分查找。

因为剩余的候选区间处于数组中的位置依每次比较的结果而定，是不确定的，所以需要使用两个整型变量 low 和 high 来分别记录候选区间的开始位置与结束位置。初始时，设置它们包含数组中的全部元素。每次查找时，取 low 和 high 下标的中间值（使用整除），以计算候选区间的中间点，使用 mid 来保存。

如果 mid 位置保存的记录即查找目标，则返回 mid 值。否则，当要保留的是左侧候选区间时，用中间点 mid 的左邻居调整 high 的值，当要保留的是右侧候选区间时，用中间点 mid 的右邻居调整 low 的值，继续查找。这个查找过程是一个迭代过程。

下标必须是整数，求中间位置时，若遇到 mid 的计算结果不是整数，则 mid 要取整。可以向下取整，即 $mid=\lfloor(low+high)/2\rfloor$，也可以向上取整，$mid=\lceil(low+high)/2\rceil$，但必须统一。

【例 8-2】 折半查找示例二。

现有含 11 个元素的有序表，数据元素的关键字依次为 11 15 18 22 33 45 60 65 82 86 97，现在要查找关键字为 22 的数据元素。

使用指针 low 和 high 分别指向查找表中待查区间的下界与上界，指针 mid 指向该区间的中间位置，并使用向下取整，即 $mid=\lfloor(low+high)/2\rfloor$。

low 和 high 的初值分别为 0 与 10。为简单起见，数组中仅列出关键字，初始状态如图 8-1 所示。

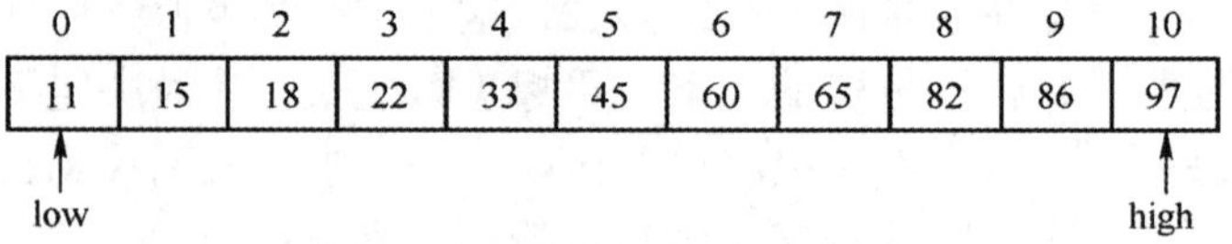

图 8-1　初始有序表及初始边界值

要查找 22，首先要求出初始查找区间的中间位置 mid = 5，将这个位置的关键字与查找目标 22 进行比较。这是第一次查找过程，如图 8-2 所示。因为 22<45，所以应该丢弃后半区间，在前半区间继续查找。

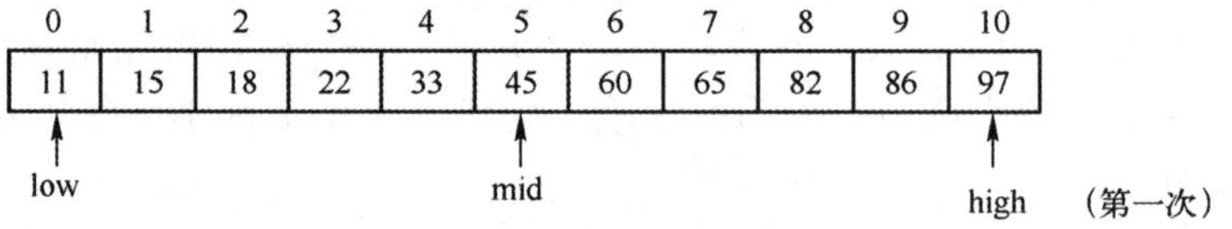

图 8-2　第一次查找过程

此时 low 的值不变，而新的区间上界 high 应为 mid−1=4，也就是在区间[0,4]中继续查找。在这个区间再求出新的中间位置 $mid=\lfloor(0+4)/2\rfloor=2$。保存在位置 2 的值是 18，因为 22>18，所以应该在后半区间查找，新的区间上界 high = 4 不变，下界 low 应为 mid+1=3，即在区间[3,4]中继续查找。再求它的中间位置 $mid=\lfloor(3+4)/2\rfloor=3$，这个位置的关键字恰好是 22，因此查找成功。这个过程如图 8-3 所示。

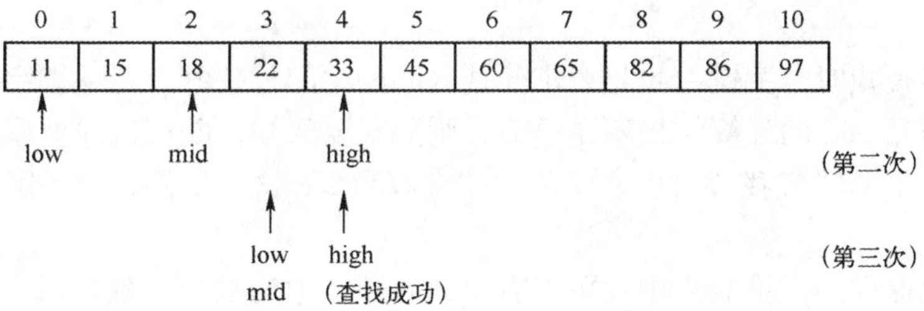

图 8-3　在前半区间查找 22 的过程

如果给定关键字值 85，在同一有序表上的查找过程如图 8-4 所示。

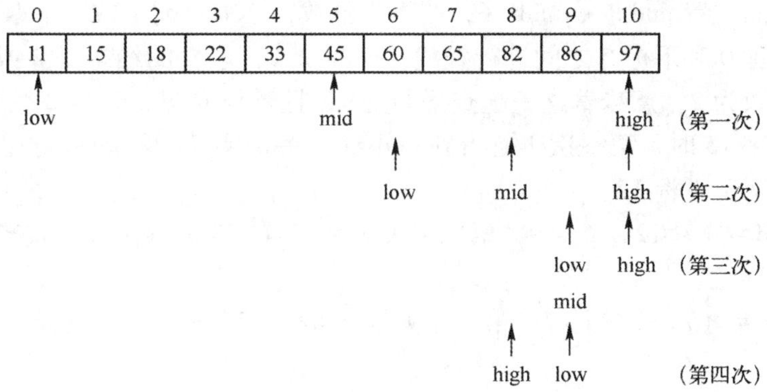

图 8-4　查找 85 的过程

由图 8-4 可以看出，经过三次比较之后，mid=9，该位置的关键字值 86>85，按照规则，应在前半区间[low,mid-1]继续查找，但此时新的区间上界 mid-1=8，它已小于下界 low=9，即新的区间已不存在，这就意味着查找表中根本没有关键字值为 85 的元素，查找失败。

折半查找的具体算法如下。

```
int BinSearch(searchList L,ELEMType target)      //使用数组存储的有序表中的折半查找
{   //若成功，则返回所处下标值，否则返回 ERROR
    int low=0,high=L.n-1;                        //置区间初值
    int found=0,mid;                             //置是否找到标记 found 为 0（未找到）
    while (low<=high&&! found) {                 //当区间下界未超过上界且未找到时，循环查找
      mid=(low+high)/2;                          //求中点
      if (L.element[mid]==target) found=1;       //已找到，置标记 found 为 1
      else if (target>L.element[mid]) low=mid+1;     //在后半区间继续查找
      else high=mid-1;                           //在前半区间继续查找
    }
    if (found)return mid;                        //查找成功，返回找到的记录的位置
    else return ERROR;                           //查找不成功，返回-1 为标记
}
```

【例 8-3】给定有序表：1 3 9 12 32 41 45 62 75 77 82 95 100，在进行折半查找时，若查找关键字 9 时的比较次数为 2，则查找关键字 75 时，比较次数是多少？

答案为 4。

在进行折半查找时，关键一步是要求候选区间的中间位置并进行关键字比较。求中间位置 mid 时，若遇到 mid 的计算结果不是整数，则 mid 要取整，既可以向上取整，也可以向下取整。题目中给出的“查找关键字 9 时的比较次数为 2”这个条件，就是用来告诉求 mid 时如何取整。

先将有序表保存到一维数组中，可以看出，有序表中的数据个数是 13。

0	1	2	3	4	5	6	7	8	9	10	11	12
1	3	9	12	32	41	45	62	75	77	82	95	100

第一次求中间位置 mid 时，mid=6，结果为整数，不需要向上或向下取整。

第二次在下标 0 和下标 5 之间进行查找，mid=2.5，取整的结果是 2 或 3。而查找关键字 9 时的比较次数为 2，意味着这一趟查找的是 9，且查找成功。mid=2，向下取整。

在查找关键字 75 时，第一次仍是得到 mid=6。关键字 75 与 45 进行比较，然后，候选区间变为从下标 7 到下标 12。

第二次，$mid=\lfloor(7+12)/2\rfloor=9$，第二趟关键字 77 与 75 进行比较，候选区间变为从下标 7 到下标 8。

第三次，$mid=\lfloor(7+8)/2\rfloor=7$，第三趟关键字 62 与 75 进行比较，候选区间变为从下标 8 到下标 8。

第四次，$mid=\lfloor(8+8)/2\rfloor=8$，第四趟关键字 75 与 75 进行比较，查找成功。

所以，比较次数是 4。

折半查找的平均查找长度可以用二叉树进行分析。仍以上述具有 11 个元素的有序表为例，从折半查找过程可知，查找到表中位置 5 的元素仅需一次运算，找到位置 2 和位置 8 的元素各需要两次运算，找到位置 0、位置 3、位置 6 和位置 9 的元素各需要三次运算，找到位置 1、位置 4、位置 7 和位置 10 的元素各需要四次运算。这里所谓一次运算包括比较大小和更新查找区间。这个查找过程对应的二叉树称为折半查找判定树，如图 8-5 所示，树中结点中的值表示位置。

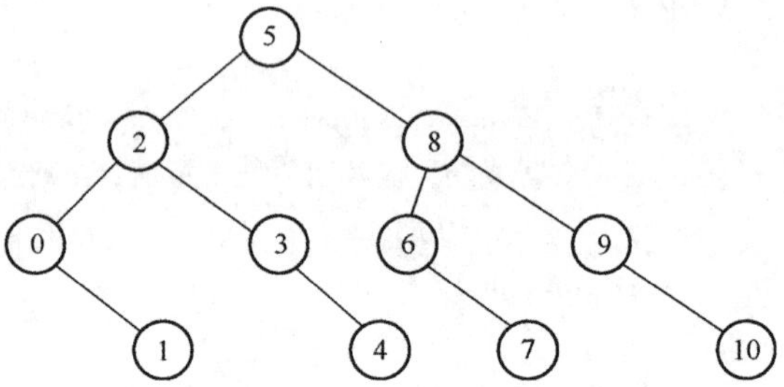

图 8-5　折半查找判定树

从图 8-5 可知，查找一个记录时要进行比较的关键字序列恰好位于从根结点到该记录结点的路径上。例如，在查找 22 时，进行比较的关键字序列是 45,18,22，它们所在的位置分别是 5,2,3，查找过程恰好是沿路径进行的，关键字间的运算次数恰好是该路径中所含的结点数，即目标结点在二叉树中的层数加 1。因此，查找成功时所用的运算次数不超过树的高度。若查找不成功，则都是遇到二叉树中的空指针的地方。例如，在查找 85 时，经过的路径是结点 5，8，9，然后应该查找结点 9 的左孩子结点，此时遇到空指针，表明查找不成功。查找不成功时的运算次数也约等于树的高度。

【例 8-4】 对有序表 1,4,5,7,9,12,15,20,21 进行折半查找，给出对应于查找过程的两棵判定树。

在折半查找时，因为求 mid 位置时可能存在上取整或下取整的情况，所以折半查找树不唯一。在对给定的有序表进行折半查找时，对应的两棵折半查找判定树如图 8-6 所示。

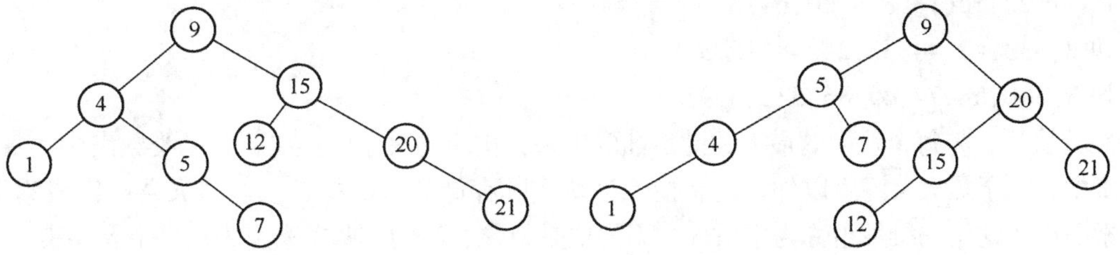

图 8-6　两棵折半查找判定树

那么，折半查找的平均查找长度是多少呢?

为了讨论方便，设有序表的长度 $n=2^h-1$，h 是整数，则描述折半查找过程的二叉树为满二叉树，其高度 $h=\log_2(n+1)$。在这棵二叉树中，层次从 0 开始计数，层次为 0 的结点有 1 个，层次为 1 的结点有 2 个……层次为 $h-1$ 的结点有 2^{h-1} 个。现仍设表中每个记录的查找概率相等，即 $P_i=1/n$，则查找成功时折半查找的平均查找长度为

$$\mathrm{ASL}=\sum_{i=1}^{n}P_iC_i=\frac{1}{n}\sum_{j=1}^{h}j\times 2^{j-1}$$

上式的计算结果约为 $\log_2 n$。因此，当查找成功时，折半查找的平均查找长度对 n 来说是对数级的，即 $O(\log n)$。而当查找不成功时，折半查找算法必须从二叉树的根“走”到空指针，也就是“走”了树的高度的路径，平均查找长度自然也是对数级的。例如，当 $n=1000$ 时，折半查找的平均查找长度不超过 10，比顺序查找的速度要快得多，这是它的主要优点。当然，使用折半查找必须是在顺序存储方式下，且必须做到按记录的关键字值排序。正是因为这两个条件，换来了折半查找的较高效率。相对于折半查找，顺序查找虽然速度慢，但是对存储结构和记录存放没有更多的限制。

折半查找时的一个关键位置是查找区间的中间位置。修改这种方法，预先存储记录的关键字值的预期分布情况，查找时一般不从查找区间的中间位置开始，而是根据关键字值，预测出它的可能位置，然后再在该位置附近的小区间内进行寻找。这种方法类似于我们在英文字典中查找单词，所以称为字典检索。在字典中查找单词时，基于的是我们对单词在字典中所处位置的预判断，当判断较准确时，能很快找到目标，否则可能会花费较多的时间。一般来讲，当预期的关键字值分布符合实际分布时，字典检索比折半查找法更好。但当两个分布不符合实际分布时，字典检索的效率可能很差。

三、索引顺序查找方法

索引顺序查找又称为分块查找，是结合了顺序查找和二分查找特点的一种查找方法，适用于数据较多的情况。

首先，将众多的数据分成若干块，将大的查找池分为若干小的查找池。每块中的值可以有序，也可以无序，但块与块之间必须有序，即第一块中的所有关键字都小于第二块中的所有关键字，第二块中的所有关键字都小于第三块中的所有关键字，依此类推。一般来讲，第

i 块中的所有关键字值都小于第 $i+1$ 块中的所有关键字值。块的这种特性通常称为整体有序。

例如，下面 3 个块是整体有序的，每个块内的数据可以是无序的。

块 1：22,12,13,8,9,20,6,16

块 2：33,42,44,38,24,48,26,37

块 3：60,58,74,49,86,53,76,91

在分块后，将每个块中的最大关键字抽取出来，按块的次序保存在一个一维数组中。每个数组元素中，除了最大关键字以外，还有指示该块实际存储位置的指针。这两项共同组成索引项。保存索引项的这个一维数组称为索引表。因为块是整体有序的，所以索引表是一个有序表。

对应于上面这三个块的索引表及对应的块如图 8-7 所示。

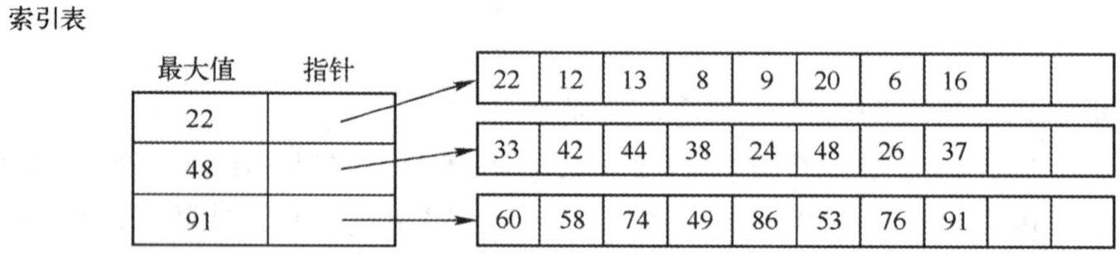

图 8-7　索引结构示意图

索引顺序查找的基本思想是：首先查找索引表，确定要查找的关键字可能在哪个块中，然后在确定的块内再进行进一步查找。因为索引表是有序表，所以查找索引表时可以使用折半查找，当然，如果索引表较小，也可以使用顺序查找。在每个块内，通常使用顺序查找。当然，如果块内是有序的，则也可以使用折半查找。

虽然索引表占据了额外的存储空间，索引表的查找也增加了一定的系统开销，但因为将查找池进行分块，使得在块内查找时，查找范围缩小，与顺序查找法相比，在一定程度上提高了效率。当数据量较多，不能全部放到内存中时，也可以使用这样的方法，将使用索引表查找到的对应块放到内存中。

【例 8-5】 索引顺序查找示例。

针对前面给出的三个块，分别查找关键字 38 和 50。

按每块中最大关键字值建立索引表：22,48,91。

查找 38 的过程：先查找索引表，找到第一个大于查找目标的关键字。采用顺序查找法，使用两次比较。然后，在 48 对应的块 2 内进行顺序查找，进行 4 次比较，查找成功。总的查找次数是 2+4=6。

查找 50 的过程：先查找索引表，找到第一个大于查找目标的关键字。采用顺序查找法，使用 3 次比较。然后，在 91 对应的块 3 内进行顺序查找，进行 8 次比较，查找不成功。总的查找次数是 3+8=11。

假设总的记录数为 n，分块时，每个块内的记录数是 s，块数为 b，则 $b=\lceil n/s \rceil$。当然，最后一个块中的记录数可能不足 s。

当查找索引表及在块内进行查找时，均采用顺序查找方法。当查找索引表时，查找成功的平均查找长度为$(b+1)/2$，在查找目标所在的块内进行查找时，查找成功的平均查找长度为$(s+1)/2$。因此，查找成功的平均查找长度 $ASL_{成功}=(b+1)/2+(s+1)/2$。当 $s=\sqrt{n}$ 时，$ASL_{成功}$能达到最小值，即这样分块时整体的查找效率最好。

例如，当记录数为 256 时，每个块内的记录数为 16，块数为 16，查找成功时的平均查找长度 $ASL_{成功}=17$。

第三节 树形结构的查找

第二节介绍的查找方法主要针对顺序存储结构，而有些结构，比如有序表，为了保证有序性，进行插入和删除操作很不方便。

本节介绍的三种查找方法利用树形结构来存储记录，这些方法不仅能达到较高的查找效率，也能较好地解决在查找表中插入和删除记录的问题。

一、二叉查找树

在分析折半查找算法的性能时，已经用到了二叉树。实际上，二叉树很好地体现了“一分为二”的思想。可以用二叉树的每个结点存储一个记录，并且按一定的规律加以组织，使之便于查找。下面给出二叉查找树的定义。

定义 8-2 二叉查找树（Binary Search Tree，BST）或者是一棵空树，或者是具有下列性质的二叉树：

（1）若它的左子树不空，则左子树所有结点保存的记录的关键字值均小于它的根结点保存的记录的关键字值。

（2）若它的右子树不空，则右子树所有结点保存的记录的关键字值均大于它的根结点保存的记录的关键字值。

（3）它的左子树、右子树也都是二叉查找树。

图 8-8 所示的两棵二叉树都是二叉查找树，在它们的结点中列出了所存记录的关键字。在图 8-8a 中，关键字为整数，在图 8-8b 中，关键字为字符串（姓氏的汉语拼音），这些关键字都是可以比较大小的，可以验证，它们都满足二叉查找树的定义要求。二叉查找树也称为二叉搜索树。中序遍历二叉查找树可以得到一个有序序列。

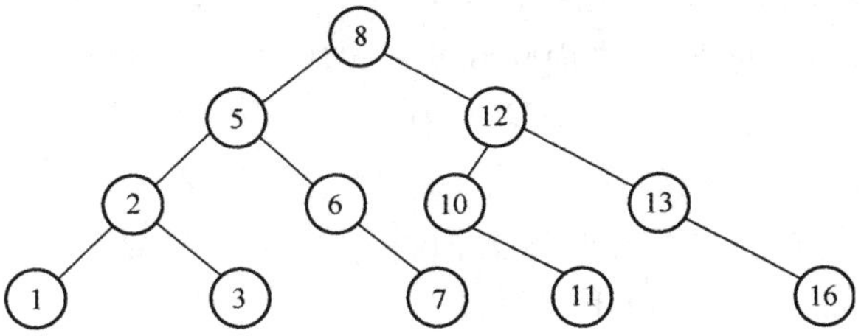

a)

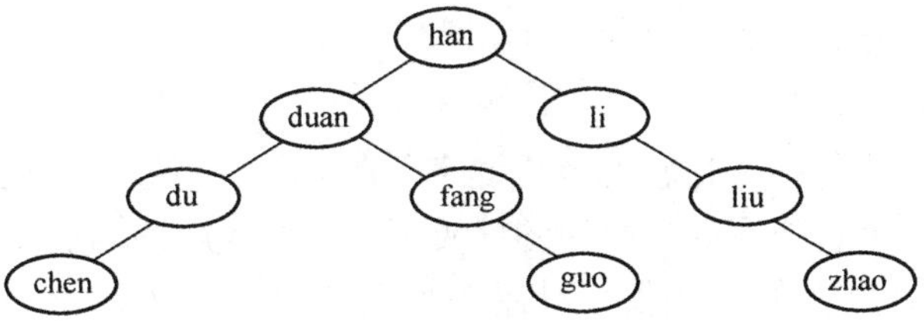

b)

图 8-8 二叉查找树示例

二叉查找树的类型定义与二叉树是一样的，结点类及二叉查找树的定义如下。

```
typedef int ELEMType;
typedef struct BNode                         //二叉查找树结点
{   ELEMType data;                           //数据域
    struct BNode *left, *right;              //指向左孩子、右孩子结点的指针
}BstTNode;
typedef BstTNode *BstTree;                   //二叉查找树
```

用到的常量定义如下。

```
#define TRUE 1
#define FALSE 0
#define ERROR -1
```

1. 二叉查找树的查找

根据二叉查找树的定义，在树中进行查找是比较容易的。设要查找的目标为 target，查找的基本思想是：从根结点开始，如果根结点的关键字等于查找目标 target，则查找成功，并返回指向根结点的指针。如果目标 target 小于根结点的关键字值，则在它的左子树继续查找；如果目标 target 大于根结点的关键字值，则在它的右子树继续查找；依此类推。在这个过程中，沿着从根结点到叶结点的一条路径向下查找，如果路径中某结点的关键字值与目标相等，则表示查找成功，返回 TRUE；若遇到空指针，则表示查找失败，返回 FALSE，表示二叉查找树中不存在查找目标 target。

【例 8-6】 在二叉查找树中进行查找示例。

根据二叉查找树的查找算法，在图 8-9 所示的二叉查找树中，分别查找关键字 82 和 37。

先查找 82。将关键字 82 与根结点关键字 60 进行比较，因为 60<82，所以应该在 60 的右子树中继续查找。仍与子树的根结点进行比较，此处是 65，发现 65 仍小于 82，所以还要在 65 的右子树中继续查找。此时，遇到的关键字为 97，它大于目标 82，进而转到 97 的左子树中继续查找，这棵子树的根结点中保存的值正好等于 82，查找成功。查找结束。

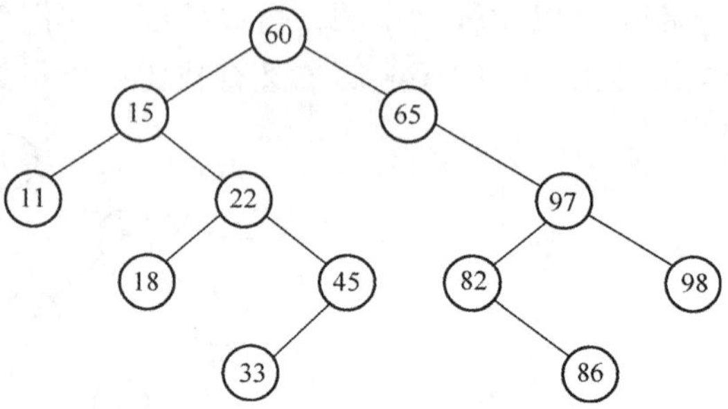

图 8-9　在二叉查找树中进行查找示例

查找 37 的过程与查找 82 的过程类似。从根结点 60 开始，依次将 37 与 60、15、22、45 及 33 相比较，当比较到 33 时，由于 37>33，故需要在 33 的右子树中继续查找，而 33 的右子树为空，表明二叉查找树中不存在关键字值等于 37 的结点。查找结束。

在查找过程中，与查找目标相比较的各关键字所在的结点刚好位于从根结点开始的一条路径上，这些关键字构成一个查找序列。由树的性质可知，查找序列的长度不大于树的高度。

在二叉查找树中进行查找的方法很容易用一个递归程序实现。

```
int BstSearch(ELEMType target,BstTree t)                //二叉查找树的查找，递归实现
{   //查找成功返回 TRUE，查找不成功返回 FALSE
```

```
        if (t==NULL) return FALSE;
        if (t->data==target) return TRUE;                          //查找成功返回 1
        if (t->data>target) return BstSearch(target,t->left);      //搜索左子树
        else return BstSearch(target,t->right);                    //搜索右子树
    }
```

在算法 BstSearch 中，若查找成功，则返回 TRUE，否则返回 FALSE。

也可以使用非递归方式实现二叉查找树的查找过程，实现如下。

```
    int BstSearch1(ELEMType target,BstTree t)              //二叉查找树的查找，非递归实现
    {   //查找成功，返回 TRUE，若不成功，返回 FALSE
        BstTNode *temp=t;
        while (temp!=NULL) {
          if (temp->data==target) return TRUE;             //查找成功返回 1
          if (temp->data>target) temp=temp->left;          //搜索左子树
          else temp=temp->right;                           //搜索右子树
        }
        return FALSE;
    }
```

2. 二叉查找树的生成

实际上，二叉查找树的生成就是从空树开始依次将结点插入到树中的过程。在一棵二叉查找树中插入一个新结点的算法是：若二叉查找树为空，则新结点为二叉查找树的根结点；若二叉查找树非空，则比较新结点的关键字值和根结点的关键字值，若新结点的关键字值小于根结点的关键字值，则新结点插入到根结点的左子树中，否则插入到根结点的右子树中。这也是一个递归过程，而且和查找算法非常相似。实际上，新结点的插入位置即在二叉查找树中查找该值失败时的那个空指针的位置。

在二叉查找树中插入新结点的具体算法如下。

```
    //二叉查找树的插入算法，递归实现
    void BstInsert(ELEMType k,BstTree *t)          //插入结点的关键字为 k，树根为 t
    {   if ((*t)==NULL) {
          (*t)=(BstNode *)malloc(sizeof(BstNode));
          (*t)->data=k;
          (*t)->left=NULL;
          (*t)->right=NULL;
        }
        else {
          if (k<(*t)->data) {
            BstInsert(k,&(*t)->left);
          }
          else {
            BstInsert(k,&(*t)->right);
          }
```

```
        }
        return;
    }
```

按照这个插入算法，要插入的新结点一定会插入到某结点的空指针位置，成为它的左子结点或右子结点，并且成为二叉查找树的一个新叶结点。在插入之前，先申请新结点要占用的空间，新结点的关键字是参数 k，其左孩子指针、右孩子指针均为空。

【例 8-7】 二叉查找树中的插入示例。

按照二叉查找树的插入算法，在图 8-9 所示的树中依次插入关键字为 58 和 17 的两个新结点。

先看第一个值 58。因为 58 小于根结点的关键字 60，故应在左子树上插入，再看左子树的根结点，其关键字为 15，小于 58，所以要在其右子树上插入。依此类推，接下来，依次与关键字 22、45 进行比较，得知新值应插入在 45 的右子树中。45 的右孩子指针为空，所以新结点 58 成为 45 的右子结点。

再看第二个值 17。查找插入位置的过程与前面的过程类似，在分别与 60、15、22 和 18 进行比较后，找到新结点的插入位置，即 18 的左子树中。而 18 的左孩子指针为空，所以结点 17 成为 18 的左子结点。

两个关键字插入后得到的新二叉查找树如图 8-10 所示。

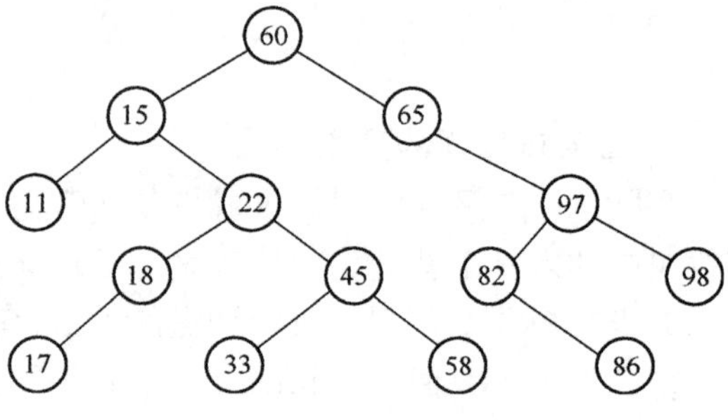

图 8-10　二叉查找树中的插入示例

【例 8-8】 从空树开始，依次插入关键字分别为 h、a、r、d 的结点，建立一棵二叉查找树，给出建树过程。

这棵树的建立过程如图 8-11 所示。

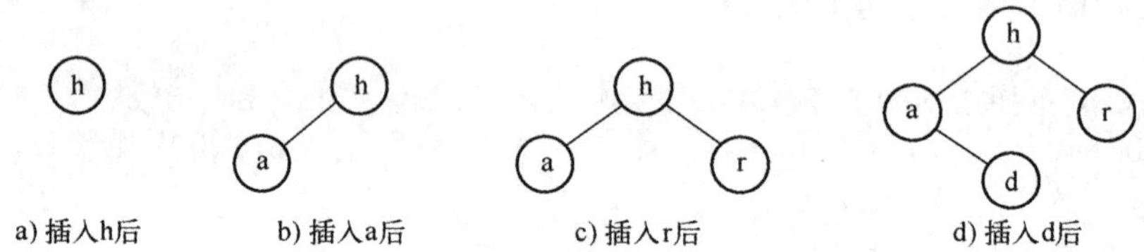

图 8-11　二叉查找树的建立过程

【例 8-9】 按选项中所给的次序，分别将 15 个整数依次插入到初始为空的二叉查找树中，能得到有最低高度的树的插入顺序是（　）。

A. 先依次插入奇数 1,3,…,15，再插入 8,14，最后依次插入其余偶数 2,4,…

B. 先依次插入偶数 2,4,…,14，再插入 9,5,11，最后依次插入其余奇数 1,3,…

C. 先插入 4,8,12，再依次插入奇数 1,3,…,15，最后依次插入其余偶数 2,6,…

D. 先插入 9,5,11，再依次插入偶数 2,4,…,14，最后依次插入其余奇数 1,3,…

答案为 D。

可以将各选项生成的二叉查找树画出来。例如，选项 A 生成的二叉查找树如图 8-12a

所示。选项 D 生成的二叉查找树如图 8-12b 所示。其他的不再赘述。

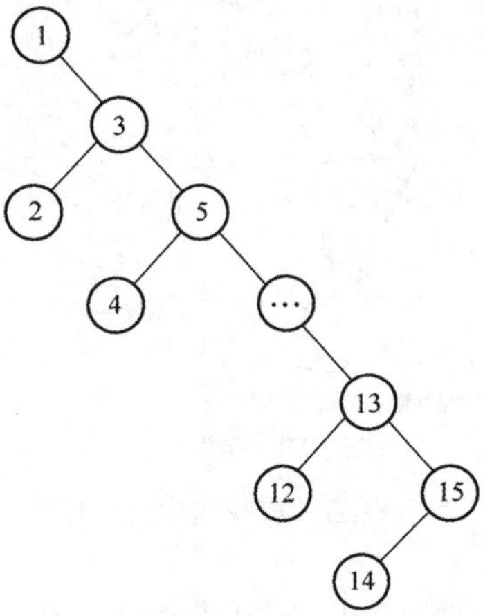

a) 选项A生成的二叉查找树

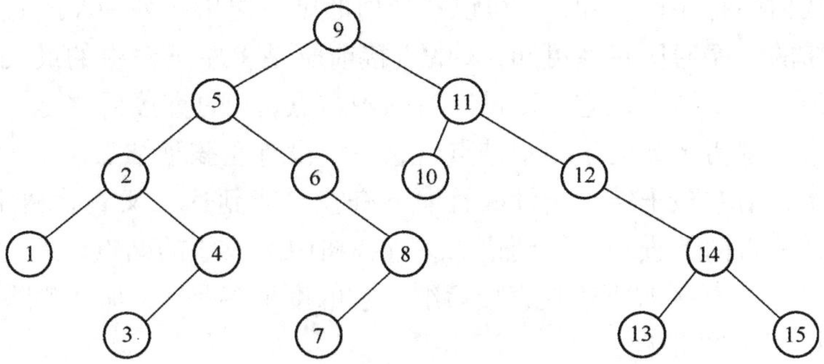

b) 选项D生成的二叉查找树

图 8-12　例 8-9 选项生成的二叉查找树

3. 二叉查找树中的删除

现在讨论如何从二叉查找树中删除一个结点。删除一个结点比插入一个结点要麻烦些，因为要删除的可以是树中任一结点，删除后不但要保证剩余的结点仍构成一棵二叉树，而且要保持二叉查找树的有序特性。

假设在二叉查找树中要删除的结点为 x，它的父结点是 f，不失一般性，设 x 为 f 的左孩子结点（x 为 f 的右孩子结点时的删除算法与之类似）。这时，分以下三种情况考虑。

（1）x 的度为 0，即 x 为叶结点，此种情况最为简单，删除该结点后，令 f 的左孩子结点指针为空即可。这个过程如图 8-13a 所示。

（2）x 的度为 1，即 x 只有左子树 LTree 或右子树 RTree，删除 x 结点后，令 LTree 或 RTree 直接成为其父结点 f 的左子树即可。x 只有右子树 RTree 的情况如图 8-13b 所示，x 只有左子树 LTree 的情况与此类似。

（3）x 的度为 2，即 x 结点的左、右子树均不为空，这种情况比较复杂。因为删除 x 结点后，其左子树 LTree、右子树 RTree 不能全都连接在其父结点 f 的左孩子结点指针上，故破坏了原来树的结构。必须找到一个合适的方法，才能将 LTree 和 RTree 都安排妥当。为了保持树的结构，一般会在树中寻找另一个结点 w 来顶替被删除的结点 x，然后转而删除 w。

a) 删除二叉查找树中的叶结点　b) 删除二叉查找树中有一个孩子结点的分支结点　c) 删除二叉查找树中有两个孩子结点的分支结点

图 8-13　在二叉查找树中进行删除

那么 w 是哪个结点呢？要满足的条件是，以 w 顶替 x 后，要保证满足二叉查找树的有序性。

分析二叉查找树的有序性可知，w 可以选择树的中序遍历序列中 x 的直接前驱或直接后继。再分析二叉树的中序遍历特性可知，x 的直接前驱是 x 左子树中的最大值，即左子树的中序遍历序列的最后一个结点，它一定没有右孩子结点；x 的直接后继是 x 右子树中的最小值，即右子树的中序遍历序列的第一个结点，它一定没有左孩子结点。

从根结点开始，沿左孩子结点指针一直向下查找，能到达二叉查找树中最小值的结点；沿右孩子结点指针一直向下查找，能到达二叉查找树中最大值的结点。

无论 w 是选择 x 的直接前驱还是直接后继，它的度最多是 1，那么删除 w 的操作可以归结为前述（1）或（2）的情况。

设要删除的结点为 x，不失一般性，以它的直接前驱 w 来顶替它。根据刚才的分析，以 w 填充 x 的位置后，仍能保证二叉查找树的特性。这样删除 x 就变为删除 w。这个过程如图 8-13c 所示。

【例 8-10】 二叉查找树中结点删除示例。

仍以图 8-9 所示的二叉查找树为例，分别删除关键字 45 和 60 所在的结点。

先看第一个关键字 45。它只有一个孩子结点，删除时，让其父结点直接指向它唯一的左孩子结点就可以了，也就是让 22 的右孩子结点指针指向结点 33。删除结果如图 8-14a 所示。

再看关键字 60。它有两个孩子结点，所以需要使用它的直接前驱或直接后继来顶替它。假设使用直接前驱顶替它。它的直接前驱是 33，让 33 成为新树的根，同时删除 33 所在的结点，因为这个结点是叶结点，直接删除就可以了。删除结果如图 8-14b 所示。

也可以使用 60 的直接后继结点来代替它。它的直接后继结点是 65。令 65 成为新的根结点，然后删除 65 所在的结点。删除结果如图 8-14c 所示。

在二叉查找树上进行查找的效率究竟如何？根据查找算法，查找一个关键字时，最大的比较次数为树的高度。当结点个数已知时，二叉查找树的高度是多少呢？这不能一概而论。根据建树的算法，当关键字个数（也就是结点个数）一定时，所生成的二叉查找树的高度不仅与关键字个数有关，而且与这些关键字插入的次序有关。

对于同一组关键字，如果插入次序改变了，则可能会生成不同的二叉查找树，如图 8-15

所示。关键字序列 a，g，e，b，f，d，c 会生成图 8-15a 所示的二叉查找树，关键字序列 a，b，g，f，c，e，d 会生成图 8-15b 所示的二叉查找树，关键字序列 a，b，c，d，e，f，g 会生成图 8-15c 所示的二叉查找树。这 7 个关键字形成的最“矮”的树如图 8-15d 所示。由此可见，同为 7 个结点的二叉查找树，树形和高度可能会有很大的不同。

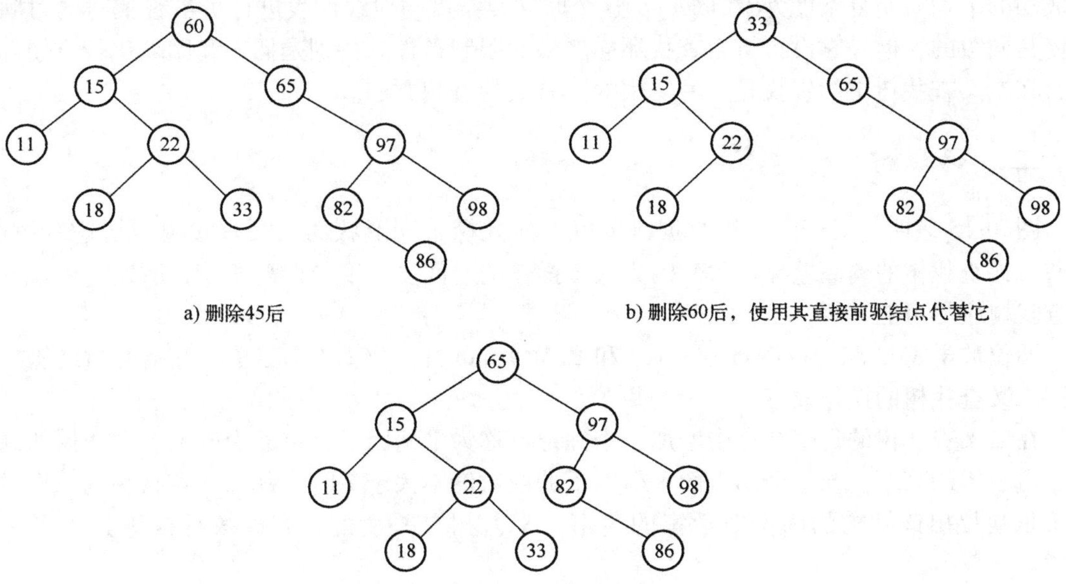

图 8-14　二叉查找树中结点删除示例

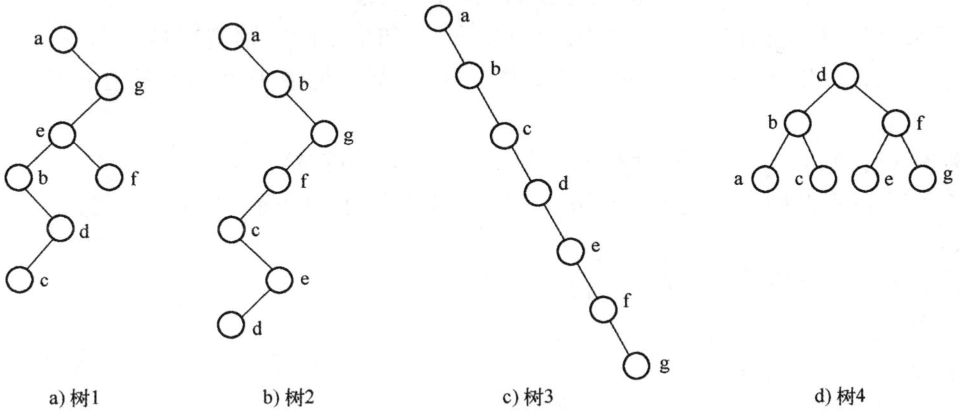

图 8-15　同一组关键字对应的不同二叉查找树

二叉查找树的高度不仅决定了查找时最大的比较次数，也影响了平均查找长度。现在假设对树中 7 个关键字的查找概率相等，都是 1/7，则图 8-15d 所示树的查找成功的平均查找长度为

$$ASL_{成功}=1/7(1+2+2+3+3+3+3)=17/7$$

而图 8-15a 所示树的查找成功的平均查找长度为

$$ASL_{成功}=1/7(1+2+3+4+4+5+6)=25/7$$

实际上，图 8-15b 和图 8-15c 所示的两棵树都是单链形式，它们的平均查找长度与对顺序表进行顺序查找时的平均查找长度相同。当关键字以递增或递减的次序插入树中时，就会生成如图 8-15c 所示的线性表或类似的树形。一般来说，对于 n 个记录，当它们的关键字随机出现时，所构成的二叉查找树还是比较均衡的。在这样的二叉查找树上进行查找，其查找成功的平均时间复杂度为 $O(\log n)$。这个时间复杂度与对线性表进行折半查找时的时间复杂度是同级的，但是它没有折半查找那样严格的限制条件，特别是插入和删除比较方便，因此，在二叉查找树中的查找是一种实用的、有效的查找方法。

二、AVL 树

图 8-15 表明，对于同一组数据，可以形成几棵不同形状的二叉查找树。在这些树中，有些二叉查找树的树高差异较大。因为很多操作的时间复杂度与树高相关，所以，生成的二叉查找树应尽可能“矮”。

两位数学家 G. M. Adel'son-Vel'skii 和 E. M. Landis 在 1962 年提出了一种新的树结构，改进了二叉查找树的操作效率。

在二叉查找树的每个结点中增加一个标记，称为平衡因子，定义为该结点左子树的高度减去右子树的高度。当每个结点的平衡因子的绝对值不大于 1 时，称二叉查找树为 AVL 树。AVL 取自提出该结构的两位数学家的名字。AVL 树是平衡的，有些教材也称其为平衡二叉树。

定义 8-3 AVL 树或者是一棵空树，或者是具有下列性质的二叉查找树：

（1）它的左子树和右子树都是 AVL 树。

（2）它的左子树和右子树的高度之差的绝对值不大于 1。

若二叉查找树中所有结点的平衡因子均介于-1 和 1 之间，则称树是平衡的，否则称为失平衡。例如，在图 8-15 所示的四棵树中，前三棵都是失平衡的，只有最后一棵是平衡的。

【例 8-11】 判断图 8-16 所示的二叉查找树是否是一棵 AVL 树。

将各结点的平衡因子标记出来，可以看出，平衡因子均介于-1 和 1 之间，所以它是一棵 AVL 树。

【例 8-12】 在高度为 4 的 AVL 树中，最少有多少个结点？

解： 最少有 7 个结点。

在所有等高的 AVL 树中，满足“除叶结点以外，每个分支结点的平衡因子是-1 或 1”条件的 AVL 树所含的结点个数最少。

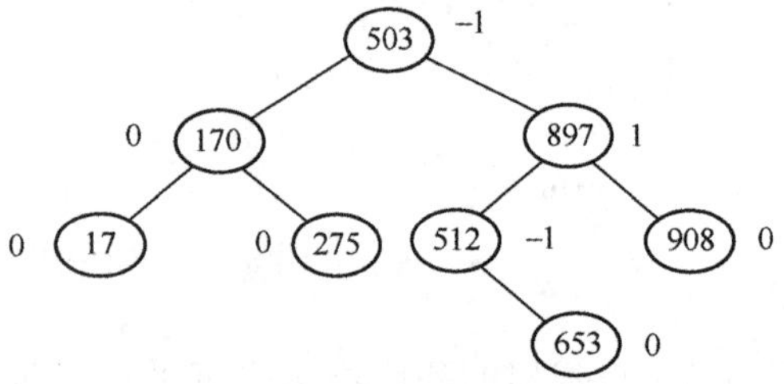

图 8-16 标记了平衡因子的一棵二叉查找树

高度为 0 的 AVL 树所含有结点个数为 0。高度为 1 的 AVL 树仅含有 1 个结点。高度为 2 的 AVL 树，一棵子树的高度为 1，另一棵子树的高度为 0，树中含有的结点个数 = 1+0+1 = 2。依此类推。在高度为 3 的 AVL 树中，两棵子树的高度分别是 2 和 1，所含结点的个数 = 2+1+1 = 4。高度为 4 的 AVL 树中所含结点个数 = 4+2+1 = 7。

AVL 树是满足平衡条件的二叉查找树。AVL 树中的基本操作与二叉查找树中的基本操作是一样的，也包括查找、插入及删除。在二叉查找树中进行的插入、删除关键字的操作会改变树形。如果操作后二叉查找树是平衡的，则它是 AVL 树。当失平衡时，需要重排结点以恢复树的平衡性。AVL 树通过旋转操作，将失平衡的树恢复为平衡的树。本书只介绍 AVL 树的查找和插入。

1. AVL 树的查找

AVL 树是满足平衡条件的特殊二叉查找树，AVL 树的查找过程与二叉查找树的查找过程是一样的。

例如，在图 8-16 所示的 AVL 树中查找关键字 512，查找过程中关键字的比较序列是 503、897、512，查找成功。

2. AVL 树的插入

从空树开始，向 AVL 树中逐个插入关键字，生成 AVL 树。每插入一个关键字，都要保证得到的树是平衡的。将关键字插入 AVL 树的过程分以下两个步骤：

① 按照二叉查找树的插入规则，将关键字插入到 AVL 树中。

② 如果得到的新树是平衡的，则插入完成，否则进行相应的旋转以恢复平衡。

在将一个关键字插入到 AVL 树中时，按照二叉查找树的插入规则，新结点都是叶结点，其平衡因子为 0。插入之前树是平衡的，但新结点的插入会改变一些结点的平衡因子。如果新树仍是平衡的，则结点的插入结束。如果插入过程使得某些结点的平衡因子的绝对值大于 1，则导致树失平衡，需要通过旋转使得树恢复平衡。旋转共有四种，两种是单旋转，两种是双旋转。

因为新结点所在子树树高的变化最多是 1，所以失平衡结点的平衡因子的绝对值只能是 2。找到距新插入结点最近的失平衡结点，根据新插入结点 u 与失平衡结点 v 之间的相对位置关系，从四种旋转中选择一种来执行。

如果 u 插入在 v 右孩子结点的右子树中（称为 RR 型），如图 8-17a 所示，则进行向左的单旋转。

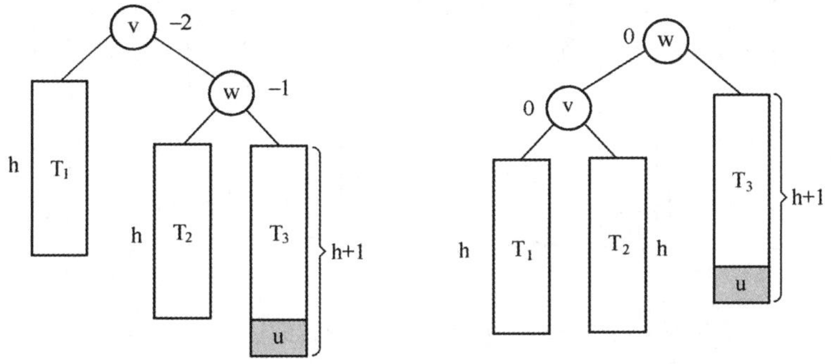

a) 插入结点后失平衡的树　　b) 左单旋转后恢复平衡的AVL树

图 8-17　失平衡的树经向左的单旋转后恢复平衡

此时旋转的关键结点是结点 w，即失平衡的结点 v 的右孩子结点。让 w 升为 v 的父结点，v 成为 w 的左孩子结点。结点 w 原来的左子树 T_2转移给 v，作为其右子树，其他的两棵

子树 T_1 和 T_3 维持不变。左单旋转后的树如图 8-17b 所示。

可以验证，这样旋转后得到的新树，既满足二叉查找树关键字的大小关系，也符合树中各结点的平衡因子介于-1 和 1 之间的要求，所以树恢复平衡。

与 RR 型旋转呈镜像的一种情况是 LL 型旋转。新插入的结点 u 插入在 v 左孩子结点的左子树中，如图 8-18a 所示，则进行向右的单旋转，右单旋转后的树如图 8-18b 所示。

当 u 插入在 v 右孩子结点的左子树中时称为 RL 型，不失一般性，u 插入在 t 的右子树中，如图 8-19 所示。

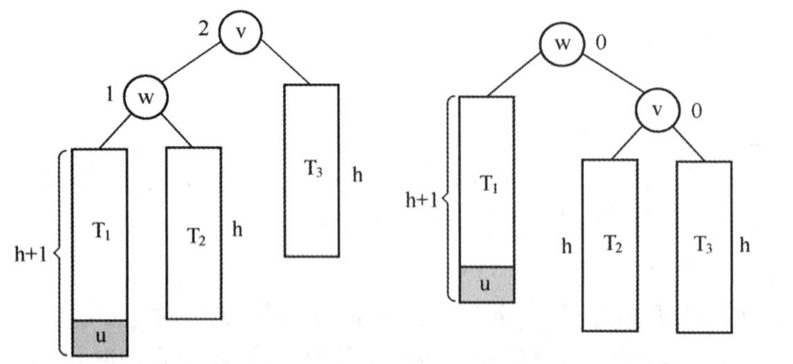

a) 插入结点后失平衡的树　　b) 右单旋转后恢复平衡的AVL树

图 8-18　失平衡的树经向右的单旋转后恢复平衡

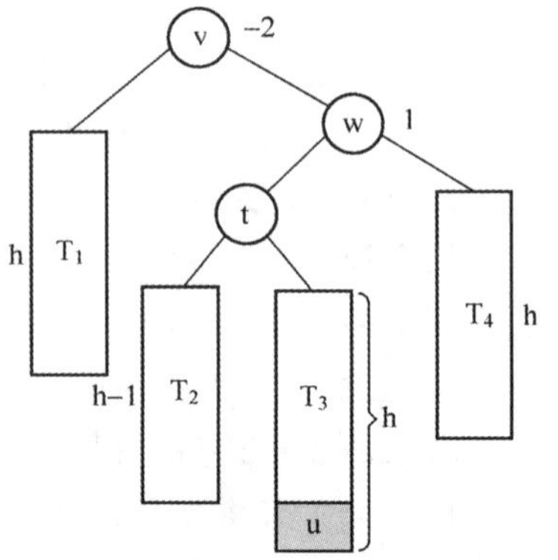

图 8-19　插入结点后失平衡的树一

此时一次单旋转不能解决问题，需要进行双旋转，即两次单旋转。先进行以结点 t 为关键结点的右单旋转，结果如图 8-20a 所示，再进行以 t 为关键结点的左单旋转，结果如图 8-20b 所示。

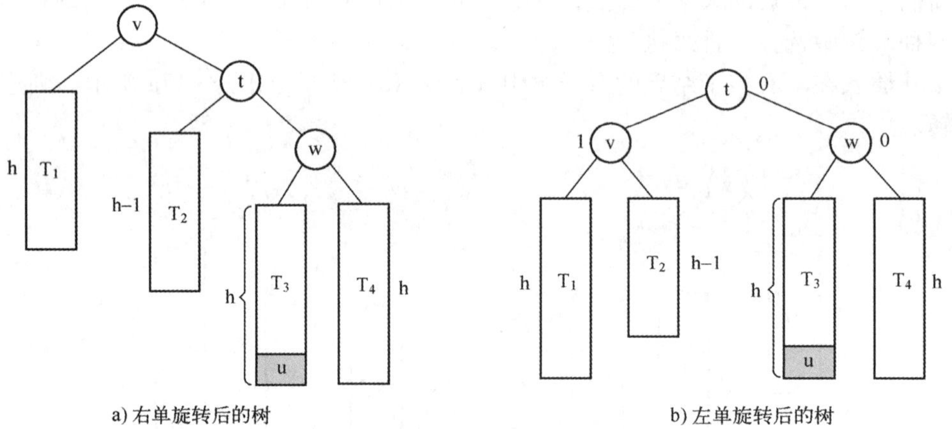

a) 右单旋转后的树　　b) 左单旋转后的树

图 8-20　进行 RL 型双旋转的情况

在进行 RL 型双旋转后，树又恢复了平衡。

与 RL 型双旋转呈镜像的一种情况是 LR 型双旋转。结点 u 插入在 v 左孩子结点的右子树中，不失一般性，u 插入在 t 的左子树中，如图 8-21 所示。

此时先进行以结点 t 为关键结点的左单旋转，再进行以 t 为关键结点的右单旋转，结果如图 8-22 所示。

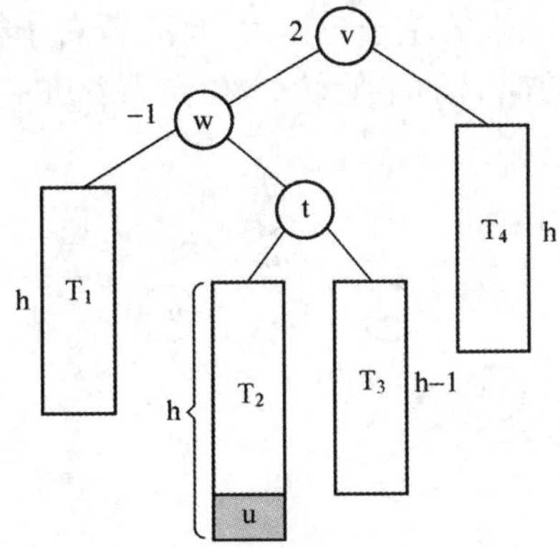

图 8-21　插入结点后失平衡的树二

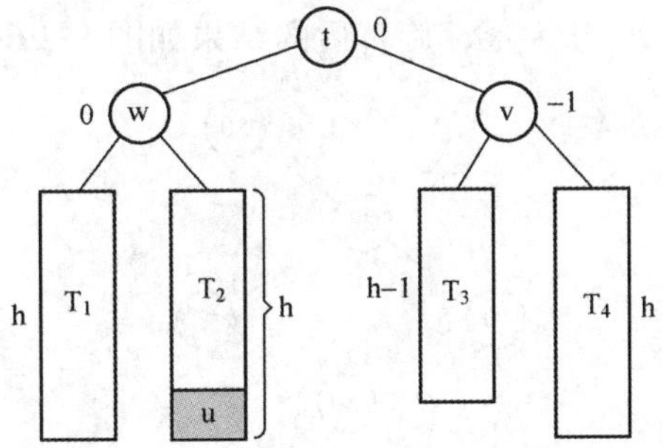

图 8-22　进行 LR 双旋转后恢复平衡的树

【例 8-13】 将下列关键字添加到初始为空的 AVL 树中，给出生成树的过程。

70,80,90,20,10,50,60,40,30

解： 依次插入 70、80 后，树是平衡的，不需要再进行旋转。得到的 AVL 树如图 8-23 所示。

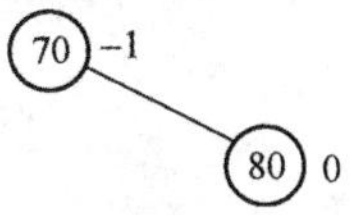

图 8-23　插入 70 和 80 后得到的 AVL 树

插入关键字 90，树失平衡，结果如图 8-24a 所示。失平衡的结点为 70，新结点 90 插入在 70 的右孩子结点的右子树中，所以进行左单旋转，恢复平衡，结果如图 8-24b 所示。

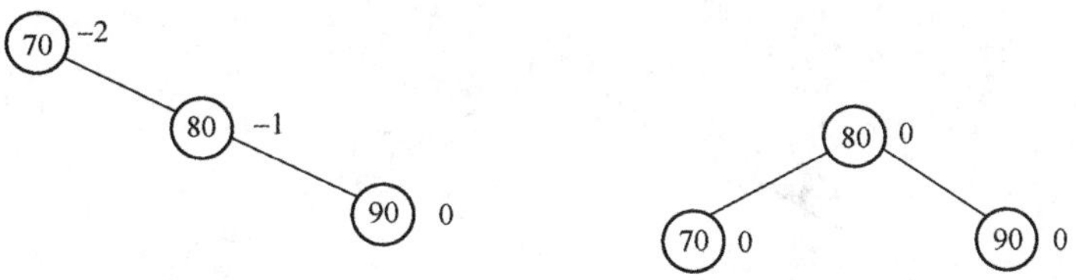

a) 插入90后失平衡的树　　b) 单左旋转后恢复平衡的AVL树

图 8-24　插入 90 后，由失平衡到恢复平衡的过程

接下来，依次插入 20、10 后，树再次失平衡，如图 8-25a 所示。此时需要进行单右旋转，恢复平衡，结果如图 8-25b 所示。

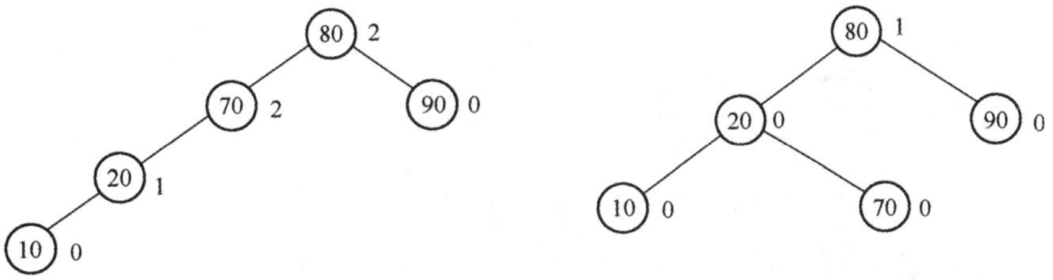

a) 插入20和10后失平衡的树　　b) 单右旋转后恢复平衡的AVL树

图 8-25　插入 20 和 10 后，由失平衡到恢复平衡的过程

接下来，插入 50，树再次失平衡，如图 8-26a 所示。通过分析新插入的结点与失平衡结点的相对位置可知，需要进行 LR 双旋转。先进行的是以 20 为根的这棵子树的向左的单

旋转，70 为子树的根，20 为 70 的左孩子结点，将 70 原来的左子树作为 20 的新右子树，结果如图 8-26b 所示。然后再进行以 80 为根的这棵树的向右的单旋转，80 作为 70 的右孩子结点，70 升为根，旋转后的结果如图 8-26c 所示。

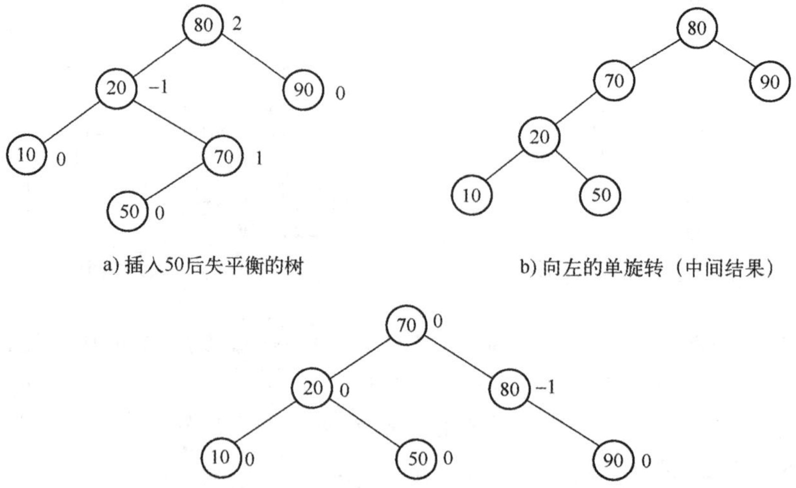

a) 插入50后失平衡的树

b) 向左的单旋转（中间结果）

c) 向右的单旋转后恢复平衡的AVL树

图 8-26　插入 50 后，由失平衡到恢复平衡的过程

依次插入关键字 60 和 40 后，树仍是平衡的，如图 8-27 所示。

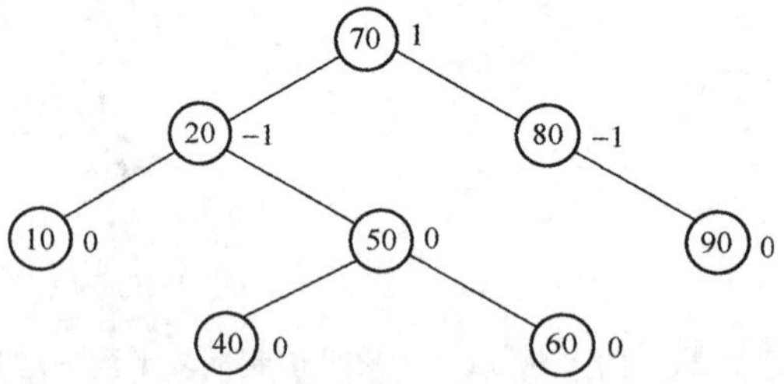

图 8-27　依次插入 60、40 后的 AVL 树

插入最后一个关键字 30，树再次失平衡了，如图 8-28 所示。

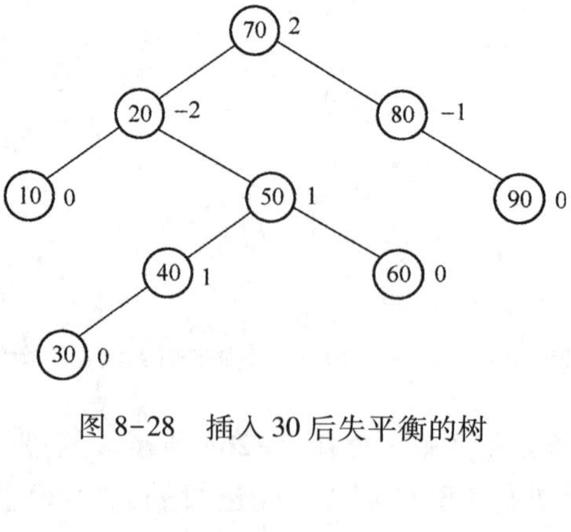

图 8-28　插入 30 后失平衡的树

最接近新插入结点 30 的失平衡结点是 20，30 位于 20 右孩子结点的左子树中，所以需要进行 RL 旋转。40 先调整为 20 的右孩子结点，然后调整为 70 的左孩子结点。调整后，20 和 50 分别是 40 的左孩子结点与右孩子结点。最终得到的 AVL 树如图 8-29 所示。

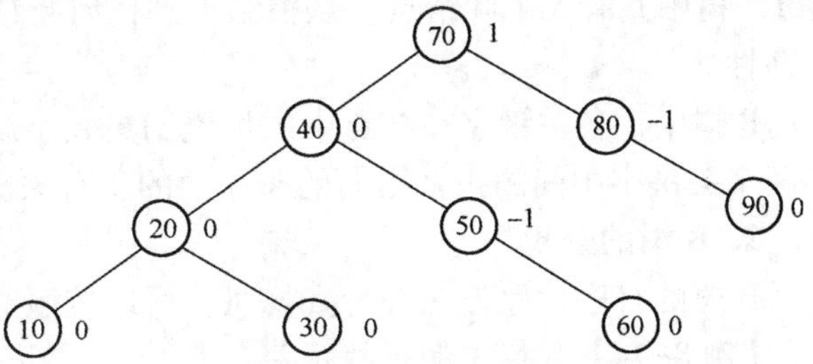

图 8-29　最终得到的 AVL 树

当树失平衡时，树中失平衡的结点个数可能多于 1 个，如图 8-28 中结点 20 和 70 都是失平衡的结点。调整时，仅调整以 20 为根的子树，既实现了这棵子树中所有结点的平衡，也使得其父结点 70 恢复了平衡。在插入操作中，一次插入最多需要一次调整。

三、B 树

扩展二叉查找树的概念，在树的每个结点中不只保存一个关键字，而是允许保存多个关键字。这样，树的每一层中可容纳的记录个数显著增大，树的高度有所降低。

1. B 树的概念和特性

1970 年，Bayer 等人提出一种多路平衡查找树，称为 B 树。

定义 8-4　一棵 m 阶 B 树或者为空，或者为满足下列性质的 m 叉树：

（1）树中每个结点至多有 m 棵子树。

（2）根结点至少有两棵子树。

（3）除根结点以外，每个结点至少有 $\lceil m/2 \rceil$ 棵子树。

（4）所有叶结点都出现在同一层上。

（5）所有结点都包含如下形式的数据。

$$(n, A_0, K_1, A_1, K_2, A_2, \cdots, K_n, A_n)$$

其中，n 为关键字的个数，K_i（$i=1,2,\cdots,n$）为关键字，且满足 $K_1<K_2<\cdots<K_n$。A_i（$i=0,1,\cdots,n$）为指向子树根结点的指针，且对于 $i=1,2,\cdots,n-1$，A_i 所指向子树中全部结点的关键字均大于 K_i 而小于 K_{i+1}。A_0 所指向子树中全部结点的关键字均小于 K_1，A_n 所指向子树中全部结点的关键字均大于 K_n。对于叶结点，所有指针 A_i 皆为空。对于具有 n 个关键字的非叶结点，将有 $n+1$ 棵子树。

当 $m=3$ 时，每个结点中最多含有 2 个关键字、3 个指针，最少时可以只含有 1 个关键字、2 个指针，所以 3 阶 B 树又称为 2-3 树。图 8-30 所示的是一棵 3 阶（$m=3$）B 树，每个结点中或者含有一个关键字，或者含有两个关键字。通常情况下，各结点中并不列出关键字的个数 n。

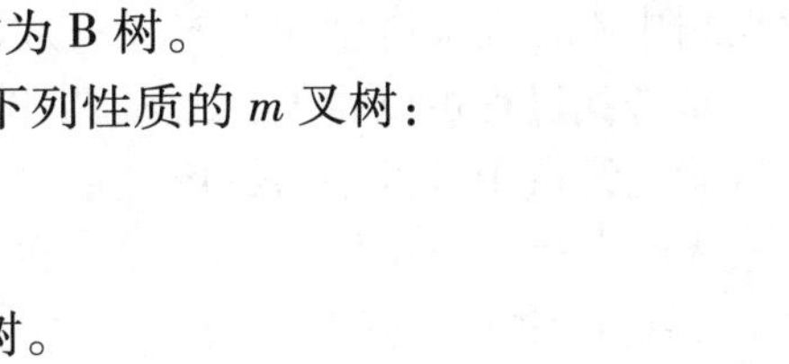

图 8-30　3 阶 B 树

B 树的一个结点中可以含有多个关键字，这与通常的树中每个结点只含有一个关键字是不同的。关键字的个数要满足一定的条件，既不会太多，也不会太少。

B 树的所有叶结点都在同一层中，这表明：对于树中的每个结点，它们的所有子树的高都是一样的。特别地，从根结点到叶结点的路径长度都相同。例如，在图 8-30 中，根结点有 2 棵子树，每棵子树的高都是 2。含关键字（G J）的结点有 3 棵子树，每棵子树的高都是 1。树中共有 5 个叶结点，从根结点到任何叶结点的路径长度都是 2。这个特性称为树的平衡性。

B 树中，各关键字在结点中的位置满足大小规律，这可以看作树的有序性。结点中相邻的两个关键字中间的指针指向的子树内的所有关键字值介于两个关键字值之间。

2. B 树的查找

B 树的有序性保证在进行查找时，可以按照类似二叉查找树中的查找方法进行。

【例 8-14】 B 树中的查找示例。

在图 8-30 所示的 3 阶 B 树上分别查找关键字 I 和 M。

首先从根开始，根结点中只有一个关键字 E，I 排在它的后面，故转到 E 的最右子树中继续查找。这棵子树的根中含有两个关键字 G 和 J，而 I 位于这两个关键字的中间，所以应该沿 G 与 J 中间的指针进入到相应的子树中进行查找。子树的根只含有关键字 I，正是查找的目标，查找成功。

再看关键字 M 的查找过程。M 大于 E，进入 E 的最右子树中。M 大于这棵子树的根结点中的两个关键字，故再进入它的最右子树中进行查找。而这棵子树的根中只有一个关键字 K，它小于 M，故再进入 K 的最右子树中。而此时已经遇到空指针，即 K 的子树都是空树，表明树中不存在关键字 M，查找失败。

从查找过程可以看出，在 m 阶 B 树上进行查找时，其比较次数与两个因素有关；第一个因素是结点中关键字的数目（最多 $m-1$ 个，可以采用顺序查找。由于它们是有序的，当 m 较大时，也可以用折半查找方法）；第二个因素是树的高度。现在假设共有 N 个关键字，且 m 是已确定的，那么 m 阶 B 树的最大高度为对数级的。也就是说，如果不考虑在结点内部的查找代价，则在含有 N 个关键字的 m 阶 B 树上进行查找时，其平均查找长度对 N 来说也是对数级的。

3. B 树的建立

建立 B 树的过程，即从空树开始逐个插入关键字的过程，关键是要解决在 B 树中如何插入一个关键字的问题。

下面以最简单的 3 阶 B 树为例，说明在 B 树中插入一个关键字的过程。这个插入规则适用于任意阶的 B 树。

先考察最简单的情况，在空树中插入一个关键字。这个过程非常简单，使用待插入的关键字建立一个结点，该结点成为新 B 树的根结点，从另一个角度来看，它也是新 B 树的叶结点。插入过程结束。

现在假设，目前已经有了一棵非空的 3 阶 B 树，待插入的关键字是 X。插入过程分为两个阶段，第一个阶段是找到插入位置，第二个阶段是完成插入过程。

借助于前面介绍的 B 树的查找算法来查找插入位置。从根结点开始查找 X，查找的结果有两种可能，即查找成功和查找失败。如果树中有关键字 X，则不需要再插入 X 了。当查找失败时，一定是到达了叶结点，且遇到了空指针。这个叶结点就是插入位置。第一阶段完成。

按关键字的大小关系，将 X 插入相应的叶结点中。若插入后该叶结点的关键字数目是 2（2-3 树中每个结点最多可容纳两个关键字），则插入完成。如果是 3 个关键字，则将这个叶结点分裂为两个结点，两个结点中分别含有 3 个关键字中的最小关键字和最大关键字，而将中间的关键字提升到该叶结点的父结点中，相当于在父结点中插入一个关键字。按照大小关系，将父结点中的关键字排好序。父结点中多了一个关键字，也同样地增加了一个指针，这个指针用来指向刚才叶结点分裂时多出来的新结点。

然后递归地处理父结点中的情况。在这个过程中，如果父结点中的关键字个数是 2，则插入过程完成。否则，继续进行结点分裂、中间关键字提升的过程，这个过程与前面的过程是类似的。由于树高是有限的，因此在某一步操作后提升过程一定会结束。

最坏的情况是结点分裂、中间关键字的提升要一直进行到根结点，即根结点中接收了一个新的关键字，并造成根结点的分裂。此时，中间关键字提升成为新的根结点，即新的根结点中只含有一个关键字。这种情况下，树高增加 1，这是树长高的唯一一种情况。

注意，在 B 树中插入新关键字时，都是在叶结点中插入关键字，而不是在树中增加一个新的结点，这与二叉查找树有很大的不同。正因为有这个规则，才能保证 B 树中的所有叶结点都在同一层上。

【例 8-15】 建立 B 树示例。

给定数据序列如下：18,15,41,10,45,30,25,3,71,60,50,72，现将各个元素依次插入到初始为空的 5 阶 B 树中，画出得到的结果。

根据定义，5 阶 B 树的每个结点中，关键字最多为 4 个，最少为 2 个，相应的指针最多为 5 个，最少为 3 个。当一个结点中所含的关键字少于 4 个时，就允许直接插入，当达到 5 个时，结点分裂为 2 个，各含有最小的 2 个关键字和最大的 2 个关键字，位于中间的关键字提升到父结点中。

所以，依次插入前 4 个关键字时，不会出现结点分裂现象。这 4 个关键字都在一个结点中，这个结点既是叶结点，也是根结点。得到的 B 树如图 8-31a 所示。

现在插入关键字 45。此时，叶结点中含有 5 个关键字，从小到大依次是 10、15、18、41、45。因为超出限制，所以结点分裂为 2 个结点。其中，10、15 在较小（左边）的结点中，41、45 在较大（右边）的结点中。中间的关键字 18 提升至父结点中。因为现在还没有父结点，所以创建一个新的结点作为分裂后两个结点的父结点，它其实是新的根结点。得到的 B 树如图 8-31b 所示。

关键字 30、25 插入在根的右孩子结点中，3 插入到根的左孩子结点中。它们均不会导致结点分裂。得到的 B 树如图 8-31c 所示。

现在插入关键字 71。这个关键字的插入会导致根结点的右孩子结点的分裂。提升到父结点中的关键字是 41，父结点中含有的两个关键字是 18 和 41，对应的孩子结点由 2 个变为 3 个。除原来的最左孩子结点以外，还有 25、30 所在的结点及 45、71 所在的结点。得到的 B 树如图 8-31d 所示。

然后插入关键字 60 和 50。它们插入在 45 和 71 所在的结点中，结点不分裂。得到的 B 树如图 8-31e 所示。

最后插入关键字 72。它的插入过程与关键字 71 的插入类似，也使得最初插入的结点分裂，中间关键字 60 提升至父结点中，最终得到的 B 树如图 8-31f 所示。

在 m 阶 B 树中进行插入且结点需要分裂时，如果 m 是偶数，则中间关键字有两个，提升这两个关键字中的哪一个都是可以的。

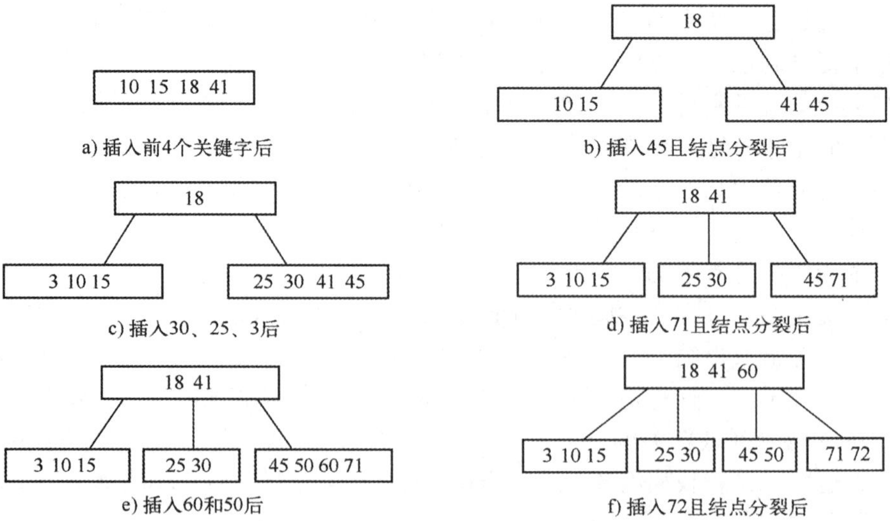

图 8-31　5 阶 B 树的生成过程

第四节　哈希表及其查找

哈希方法是一种非常实用的方法，它按照某种特殊的策略将数据放置在数组中，并按照同样的策略在数组中进行查找。所以，哈希方法不仅仅是查找方法，还是一种数据保存方法。

哈希方法尽可能地减少了关键字之间的比较，这是与前面介绍的顺序查找方法、折半查找方法、索引顺序查找方法及树形查找方法所不同的。本节介绍哈希方法及其实现过程。

一、哈希方法

在顺序存储方式中，如果数据随机存放，则只能使用顺序查找方法，查找效率很低。如果按照关键字的大小有序存放，虽然提高了查找效率，但数据的变动性较弱。也就是说，当数据进行插入或删除时，必须将很大的开销用于数据移动，查找效率的提高被数据移动的开销抵消掉了。

在实际应用中，可能会遇到既需要高的查找效率，又需要灵活的数据变动机制的情况。本节介绍的哈希方法可以用来处理这种情况。

哈希方法使用的存储结构是数组，它采用特殊的机制存放数据，目的是既方便插入数据，也方便查找数据。它的数据处理机制是找出关键字值与数据存放地址之间的关系。

哈希方法把关键字值映射到数组中的一个位置，这通过一个函数来实现，这个函数称为哈希函数，通常用 H 来表示。存放记录的数组称为哈希表，用 T 来表示。哈希表中的一个位置也称为一个槽。从数据存放到数据访问的整套机制称为哈希方法。

哈希一词来自英文单词 hash 的音译，根据这个方法的含义，哈希也称为散列。所以，哈希方法也称为散列方法，哈希表也称为散列表，哈希技术也称为散列技术。

【例 8-16】 哈希方法示例。

假设某高校参加夏令营的学生全部住在一栋宿舍大楼内，该楼的楼层足够高，楼中每层有足够多的房间，每个房间内只住一位学生。为了便于管理和查询，现以学生的姓名（假设不超过三个汉字）为关键字，以姓名的汉字笔画数作为关键字的值，来决定他（她）所住的房间号，其中姓的笔画数决定楼层号，名字的笔画数决定本层的房间号。

例如，表 8-1 就是一张学生姓名和所住房间号的对照表。

表 8-1　学生住宿表

学生姓名	房间号
丁一	201
于立	305
王方	404
田小华	536
刘力文	624
李中元	744
⋮	⋮

无论是安排学生住宿（建表）还是查询某个学生所住的房间号，这种方法都是十分方便的。但是，若有两位学生的姓名笔画数相同，就会出现问题。例如，已按表 8-1 为学生分配了住宿房间，现在又有一位名叫卞云的学生加入夏令营，她的姓名编码是 404，可是 404 号房间已经安排了学生王方，不能再住第二个人了。这就带来了问题，这种情况称为发生了“冲突”。

为学生分配宿舍，进而查询某位学生所住房间号的过程，与哈希方法所采用的思想是类似的。所谓的哈希方法就是根据记录的关键字值，使用特殊的计算策略来确定该记录在哈希表中的存储位置。查询目标时也使用同样的计算策略，针对目标进行计算。担负计算策略的就是哈希函数，它以关键字值为自变量，得到的值是数组的下标。

哈希方法需要解决的问题有两个：一是选择什么样的哈希函数；二是当有冲突发生时，如何解决。哈希方法不可避免地会发生冲突，所以解决冲突的方法也非常重要。在解决冲突时，既要决定发生冲突的记录新的存放位置，也要保证在后续的查询时能顺利地找到目标。

例如，在上述为学生分配住宿房间的问题中，如何处理冲突呢？当然，处理的方法有很多种，最简单的方法是看下一个房间号 405，若 405 号房间为空，则安排卞云住在该房间；若 405 号房间也有学生住宿，则看 406 号房间是否为空，依此类推，直到找到一个空房间为止。在这种安排下，若要询问卞云的住处，首先要到 404 号房间查看，若此房间住的学生不是卞云，则查下一个房间，依此类推。只要为卞云分配了住宿房间，则肯定能找到她。

在哈希方法中，需要为待存储的数据准备足够的存储空间，并设计一个哈希函数 H，该函数将关键字 k 转换成一个非负整数 L，即 $\mathrm{H}(k)=\mathrm{L}$，L 对应的是哈希表的地址，简称为哈希地址或哈希值。一方面，L 不能超过哈希表的大小；另一方面，哈希表的大小影响着哈希函数的设计。若有两个不同的关键字 k_1 和 k_2，即 $k_1 \neq k_2$，有 $\mathrm{H}(k_1)=\mathrm{H}(k_2)=\mathrm{L}$，则称发生了“冲突”。没有“冲突”的哈希函数称为“完美”哈希函数。不幸的是，当不能预先知道全体关键字时，构造的哈希函数通常不是完美哈希函数。

二、哈希函数的构造方法

因为实际问题中的关键字是多种多样的，所以不可能构造通用的哈希函数，甚至不可能归纳为有限的几种方法。这里只提出构造哈希函数的基本原则，并介绍几种常用的哈希函数的构造方法。

构造哈希函数时通常考虑的因素有：

（1）计算哈希函数所需的时间。

（2）关键字的长度。

（3）哈希表的大小。

（4）关键字的分布情况。

（5）记录的查找频率。

构造哈希函数的基本原则是：

（1）算法简单，计算量小。

（2）均匀分布，减少冲突。

算法简单及冲突少都是为了提高哈希方法的效率。但在许多情况下，这两个原则是有矛盾的，不可能都达到最好。在构造具体的哈希函数时，要将两个原则折中考虑。下面介绍几种常用的构造哈希函数的方法。

1. 直接定址法

直接定址法是一种计算最简单且冲突最少的方法，在某些适合的情况下应尽量采用。这种哈希函数是关键字值的线性函数，即 $H(k)=k$ 或 $H(k)=a\times k+b$，其中 a、b 为常数。

【例 8-17】 直接定址法示例。

假设要统计某地区 1949～2000 年每年的出生人数，统计结果可列在一张表中，此时，年份为关键字。因为共有 2000-1949+1=52 年，所以哈希表中有 52 个位置，位置值是 0～51，位置值与数组下标一致。如何将关键字值对应到表中位置呢？取 $H(k)=k-1949$ 即可，其中 k 为年份数。这样的哈希表示意如下：

	0	1	…	51
年份	1949	1950	…	2000
人数	…	…	…	…

在哈希表构造完成后，若要查询 1949 年至 2000 年间任意年份 M（$1949\leqslant M\leqslant 2000$）出生的人数，则在数据表的位置 M-1949 处即可找到。

2. 平方取中法

平方取中法是一种较常用的构造哈希函数的方法。若关键字值的位数超出了哈希表地址的范围，又不能简单地截取其中的几位作为哈希函数值，那么，为了让关键字值的每一位都能影响计算的结果，可以先将关键字值自乘，然后截取中间几位并将它们对应到哈希表地址。

【例 8-18】 平方取中法示例。

设有一组关键字 ABC,BCD,CDE,DEF,…，其对应的机内代码分别为 010203，020304，030405,040506,…，假定地址空间大小为 10^3，编号为 0～999。

哈希表内共有1000个位置，如果直接将关键字的机内代码作为哈希地址，则远远超过哈希表的大小。如果直接选取机内代码的若干位，则不能全面反映机内代码的所有信息。在一个数自乘后，乘积的中间几位既能反映原数低位的情况，也能反映原数高位的情况。依据这个思想，将一个数自乘（平方），然后抽取中间的若干位（取中），结果作为哈希值。

在本例中，可取关键字机内代码平方后的中间三位作为存储位置，见表8-2。

表8-2　关键字及对应编码计算

关键字	机内代码	机内代码的平方数	哈希地址
ABC	010203	0104101209	410
BCD	020304	0412252416	225
CDE	030405	0924464025	446
⋮	⋮	⋮	⋮
XYZ	242526	58818860676	886
⋮	⋮	⋮	⋮

以ABC为例，看看哈希地址的计算过程。将ABC转换为数值010203，取平方的结果是0104101209，选择中间的3位数410（舍掉最右边的4位数，然后选择3位），将它作为哈希地址。

中间的几位，既能反映关键字低位的信息，也能反映关键字高位的信息。至于选择哪几位，可以依实际情况而定。

3. 折叠法

折叠法是另一类处理多位关键字的方法。当关键字的位数较多，远超出哈希表地址的范围时，可将关键字分割为位数相等的几段，然后将各段叠加，叠加后将最高位的进位舍去，所得结果即哈希地址。

例如，关键字值k=123203241712，哈希表长度为1000，地址号为0~999。可以将k按三位分段，共分成4段，分别是123、203、241、712。将这4个值相加，去掉进位1之后得到哈希地址279。这种方法也是尽可能让关键字的每一位都起作用，以达到使哈希函数值均匀分布的目的。同时，采取几位折叠方式，又避免了最后哈希地址太大，超出哈希表范围的问题。

在折叠时，也可以间隔地让分段后的数先反转再相加。例如，对于123、203、241、712，间隔反转后得到123、302、241、217，相加后得到883。

4. 基数转换法

基数转换法将关键字值先看成另一种进制的数，然后转换成原来进制的数（如十进制），再选其中的几位作为哈希地址。

例如，现有十进制的关键字值210485，先把它看成十三进制数，再转换成十进制数，其过程是：

$$210485_{13} = 2\times13^5+1\times13^4+0\times13^3+4\times13^2+8\times13+5 = 771932_{10}$$

然后从中选几位作为哈希地址即可。通常要求两个基数互素，且新基数要比原基数大。

5. 除留余数法

除留余数法是一种常用的方法，它通过对关键字值进行取模运算得到哈希地址。设给出

的关键字值为 k，哈希表长度为 m，则设计哈希函数为：

$$H(k)=k \bmod p$$

其中，p 为小于等于 m 的某个正整数。理论分析和试验结果均证明，p 应取小于等于表长 m 的最大素数，这样才能达到使哈希函数值均匀分布的目的。例如，当 $m=1000$ 时，p 可以取 997 这个素数。对某些关键字计算哈希地址的结果见表 8-3。

表 8-3　关键字及哈希地址计算

关　键　字	机内代码（k）	$H(k)=k \bmod 997$
KEYA	11052501	756
EYB	052502	658
AKEY	01110525	864
BKEY	02110525	873
ABCD	01020304	373
DCBA	04030201	327

构造哈希函数的几种方法也可以混合使用，例如，可以先利用折叠法，得到一个中间结果，再利用除留余数法得到最终哈希值。

三、处理冲突的方法

给定一个哈希函数 H 和两个关键字 k_1、k_2，如果 $H(k_1)=b=H(k_2)$，其中 b 是哈希表中的一个位置，则称 k_1 和 k_2 在哈希函数 H 下对于 b 有冲突。

若对于关键字集合中的任一关键字，经哈希函数映射到地址集合中任何一个地址的概率是相等的，则称此类哈希函数是均匀的哈希函数。换句话说，就是使关键字经过哈希函数得到一个"随机地址"，目的是让一组关键字的哈希地址均匀分布在整个地址空间中，从而减少冲突。

冲突在构造实际的哈希函数时是很难避免的，只能要求产生的冲突尽可能少。因此，一旦发生冲突，如何解决冲突就成为哈希技术中十分重要的问题。本节介绍解决冲突的两类基本方法。其中一类称为开放地址法，也叫闭哈希法。当发生冲突时，用某种方法形成一个探测下一地址的序列，沿着这个序列一个个查找，直到找到一个空闲地址来保存发生冲突的记录为止。空闲地址也称为开放地址。另一类称为链地址法，也叫开哈希法。它将具有相同哈希函数值的关键字对应的记录组成一个单链表。发生冲突的记录都保存在该单链表中。发生冲突的关键字称为同义词。

1. 开放地址法

这一类解决冲突的方法的精髓是如何得到下一个空闲地址。常用的是如下两种确定探测序列的方式：

① 线性探测法。

② 二次探测法。

假设哈希表长度为 m，地址为 $0\sim m-1$，哈希函数为 $H(k)$。

在用线性探测法解决冲突时，求下一地址的公式是：

$$d_{i+1} = (d_i + 1) \bmod m$$

其中，$d_1 = H(k)$。这个方法的思想是从哈希地址基位置 $H(k)$ 出发，依次探查其后面第一个位置、后面第二个位置等，以寻找空闲地址。当到达哈希表位置 $m-1$ 时，再返回到哈希表表头以继续探查，即将哈希表看成循环的。

在这个探查过程中，如果哈希表不满，则一定能够找到一个空位置，将记录放入哈希表中。如果转了一圈后又回到基位置 d_1，仍未找到空闲位置，则表明哈希表已满。

在用二次探测法解决冲突时，求下一空闲地址的公式是：

$$d_{2i} = (d_1 + i^2) \bmod m$$

$$d_{2i+1} = (d_1 - i^2) \bmod m \quad (i = 1, 2, \cdots)$$

其中，$d_1 = H(k)$。这个方法的基本思想是以哈希地址基位置 $H(k)$ 为中心，跳跃式地向两边搜索下一地址，即探查的地址序列为 $d_1+1^2, d_1-1^2, d_1+2^2, d_1-2^2, d_1+3^2, d_1-3^2, \cdots$。它仍将哈希表看成循环的，而且是双向循环的，即如果下标变大，越过表尾，则返回表头继续；如果下标变小，越过表头，则返回表尾继续。

二次探测法跳跃式地查找空闲地址，有可能无法遍历哈希表中的所有位置。所以，即使哈希表不满，也可能找不到空闲位置。有研究表明，当哈希表的表长为素数，且表中至少有一半的空闲位置时，使用二次探测法肯定能找到空闲地址。

还有其他方式，例如，可以将伪随机数序列当作相对于发生冲突位置 $H(k)$ 的偏移量。注意，存放和查找时的伪随机数序列要一致。

【例 8-19】 开放地址法示例。

哈希表中使用哈希函数 H(key) = key mod 11，哈希表地址为 0~10，将关键字序列 22, 41,53,46,30,13,5,19 填入表中，分别采用线性探测法和二次探测法处理冲突，并分别给出两种方法得到的哈希表。

根据题意，哈希表地址为 0~10，表长为 11。哈希函数为 H(key) = key mod 11，则按照哈希函数计算的各关键字对应的哈希值列在表 8-4 中。

表 8-4　关键字对应的哈希值（地址）

	22	41	53	46	30	13	5	19
H	0	8	9	2	8	2	5	8

根据表 8-4 中各关键字对应的哈希值，将各关键字放入哈希表中，先按线性探测法处理冲突。例如，关键字 22 直接放入下标为 0 的位置，关键字 41 直接放入下标为 8 的位置。接下来，关键字 53 和 46 分别直接放入下标为 9 与 2 的位置。再接下来，关键字 30 应该放在下标为 8 的位置，但这个位置已经存入了关键字 41，所以出现了冲突。

寻找下标 8 后面第一个位置，找到下标为 9 的位置，这个位置已放置了 53，故再找下一个位置。下标 10 是空闲的，可以将 30 放入位置 10。关键字 13 与关键字 46 在位置 2 处发生冲突，可以将 13 放入下标为 3 的空闲位置。关键字 5 放在下标为 5 的位置。关键字 19 的基位置是 8，与 41 发生冲突，寻找空闲位置时，依次查看位置 9 和位置 10，均不空闲。此时再转回表头，位置 0 已有数据，位置 1 是空闲的，所以 19 放置在位置 1 处。使用线性探测法处理冲突后得到的哈希表见表 8-5。

表 8-5　线性探测法得到的哈希表

0	1	2	3	4	5	6	7	8	9	10
22	19	46	13		5			41	53	30

再看按二次探测法处理冲突的情况。

因为放置关键字 22、41、53 和 46 时均不发生冲突，所以都是直接放置到位的。关键字 30 与 41 在位置 8 处发生冲突，按二次探测法解决冲突，先探测位置 8+1=9，若仍冲突，则再探测位置 8-1=7，此位置空闲，所以 30 放置在位置 7 处。关键字 13 与 46 在位置 2 处冲突，探测位置 2+1=3，此位置空闲，所以 13 放置在位置 3 处。关键字 5 放置在位置 5 处，没有发生冲突。最后，关键字 19 与 41 发生冲突，探测位置序列是 8+1=9、8-1=7 和 $(8+2^2) \bmod 11=1$，找到空闲位置。使用二次探测法处理冲突后得到的哈希表见表 8-6。

表 8-6　二次探测法得到的哈希表

0	1	2	3	4	5	6	7	8	9	10
22	19	46	13		5		30	41	53	

可以改变哈希表的结构，得到桶式哈希法。桶式哈希把哈希表分成多个桶，每个桶类似于原来的每个位置。每个桶又划分为多个槽。所有桶的最后还有一个溢出桶。当放置记录时，将记录放到相应桶（位置）的第一个空槽中。如果相应位置的各个槽都满了，则将记录放到溢出桶中。溢出桶采用顺序存储方式。

2. 链地址法

链地址法是一种经常使用而且很有效的解决冲突的方法。在哈希表的每个位置放置一个指针，每个指针都指向由所有哈希到该位置的关键字形成的单链表。这个单链表称为同义词表。

【例 8-20】 链地址法处理冲突示例。

使用链地址法处理例 8-19 中出现的冲突。

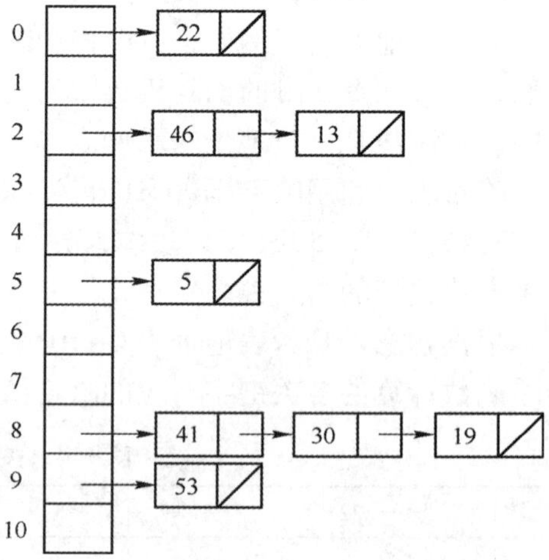

图 8-32　采用链地址法解决冲突

与例 8-19 一样，先计算各关键字对应的存储位置，在位置 8 发生冲突的关键字是 41、30 和 19，在位置 2 发生冲突的关键字是 46 和 13，其他关键字不发生冲突。采用链地址法解决冲突后得到的结果如图 8-32 所示。

四、哈希表的查找

在哈希表中查找关键字类似于将关键字放入哈希表的过程。在开放地址法中，放置关键字时的探查位置序列就是查找该关键字时要探查的位置序列。在桶式哈希法中，如果在桶中查找到关键字，则查找成功；如果查找到桶中最后一个存放位置，且还没有查找到，则需要分两种情况考虑。若此时桶是满的，则说明可能还有记录存放在溢出桶中，还需要顺序查找溢出桶；如果桶中还有空位置，则查找失败。在链地址法中，需要在对应的同义词表中采用顺序查找法进行查找。

以例 8-19 得到的表 8-5 所示的哈希表为例，分别查找关键字 46、30 和 2。先看 46 的查找过程。通过哈希函数，计算 46 的哈希地址为 2，查找哈希表的位置 2，查找到 46，查找成功。查找过程中进行了一次关键字间的比较。关键字 30 的哈希地址是 8，访问哈希表的位置 8，不等于 30，此时需要探查下一个位置。因为解决冲突的策略是线性探测法，所以探查位置 8+1=9，仍没有找到，继续探查位置 8+2=10，找到 30，查找成功，查找过程中分别与关键字 41、53 和 30 进行了比较，共 3 次。最后查找 2。2 的哈希地址是 2，在位置 2 没有找到，继续查找位置 3 和位置 4，在位置 4 遇到了空闲位置，表明查找失败，哈希表中没有关键字 2。其比较次数也是 3。

哈希表的查找效率使用平均查找长度来度量，分为查找成功的平均查找长度 $ASL_{成功}$ 和查找失败的平均查找长度 $ASL_{失败}$。

仍以表 8-5 为例，计算其平均查找长度。

假设各关键字的查找概率相等。对于不发生冲突的关键字，查找成功时只需要比较 1 次，即查找长度是 1。这样的关键字共有 5 个。对于发生冲突的关键字，要和放置该关键字时探查位置序列中的各关键字均比较 1 次。比如，在查找关键字 30 时，首次找到的位置是 8，再查找的位置是 9，最后放置的位置是 10。所以，为查找 30 进行比较的次数是 3。同样，查找关键字 13 时需要进行两次比较。实际上，查找时关键字的比较次数与放置该关键字时的探查次数是相等的。对应于表 8-5 所示哈希表的各关键字的探查次数见表 8-7。

表 8-7　哈希表及各关键字探查次数

0	1	2	3	4	5	6	7	8	9	10
22	19	46	13		5			41	53	30
1	5	1	2		1			1	1	3

查找成功的平均查找长度 $ASL_{成功}=(1\times5+5+2+3)/8=15/8=1.875$。

查找不在哈希表中的所有关键字均导致查找失败。假设这些关键字的查找概率相等。不在哈希表中的关键字个数是无穷多，均匀哈希函数将它们映射到哈希表中每个位置的概率相等，所以按等概率来计算每个位置查找失败的平均查找长度。

仍以表 8-5 为例。若要查找的某关键字 K 的哈希地址为 0，则 K 要依次与 22、19、46 和 13 进行比较，遇到位置 4 时才可判定查找失败，共进行 5 次比较。若 K 的哈希地址为 1，则 K 要进行 4 次比较。若 K 的哈希地址为 4，因为这是空闲位置，所以比较次数为 1。对于哈希地址为 8 的关键字 K，若要判定其查找失败，则需要将 K 依次与从位置 8 到位置 10，再到位置 4 中的各个值进行比较，共 8 次比较。各位置查找失败时的比较次数见表 8-8。

表 8-8　查找失败的比较次数

0	1	2	3	4	5	6	7	8	9	10
5	4	3	2	1	2	1	1	8	7	6

查找失败的平均查找长度 $ASL_{失败}=(5+4+3+2+1+2+1+1+8+7+6)/8=40/8=5$。

在哈希表中进行查找时，空闲位置对查找失败的判定非常重要。哈希表中连续排列的关键字序列称为簇。簇的长度直接影响查找失败的平均查找长度。

对于线性探测法，每解决一次冲突，都会使原来的簇更长。比如，关键字 46 和 13 在位置 2 处发生冲突，放置 13 时，将其放置在 46 的后面，使得原来长度为 1 的簇变为长度为 2 的簇。这种现象称为聚集。由线性探测法解决冲突时形成的聚集称为基本聚集。线性探测法不只使得同义词形成的簇变长，还可能使得不是同义词形成的簇连接起来。例如，关键字 41 和 30 本是同义词，它们和 53 在同一个簇中。

在二次探测法中，从基位置开始，向左或向右跳跃式地远离基位置，以探查空闲位置，所以较不易形成基本聚集。但探查位置序列是一样的，当两个关键字在某个位置发生冲突时，仍要访问相同的探查序列，也会形成聚集，这称为二级聚集。二级聚集也会增大查找失败时的平均查找长度。

在哈希表中，通常不进行删除操作。从哈希表中直接删除一个关键字后，这个位置变为空闲位置，会影响查找后续关键字的正确性。仍以表 8-5 为例，删除关键字 30，导致位置 10 变为空闲。当查找关键字 19 时，导致查找失败。为了解决这个问题，通常将删除关键字后的空闲位置标记为特殊位置，它不同于空闲位置，也不同于有数据的位置。当插入关键字时，特殊位置被当作空闲位置使用，即可以放置关键字。当查找关键字时，特殊位置被当作非空闲位置，继续探查下一个位置。

哈希表是通过哈希函数进行计算后直接求出存储地址的，当哈希函数能得到均匀的地址分布，且没有发生冲突时，不需要任何比较运算就可以直接找到所要的记录。但实际上不可能完全避免冲突，因此查找时还需要进行若干次探查比较，才能找到所要的记录。

如果哈希表较满，则会增大发生冲突的可能性。使用装填因子描述哈希表的充满程度。设 α 是哈希表的装填因子，其计算公式为：

$$\alpha=\frac{\text{哈希表中已有的记录数}}{\text{哈希表的长度}}$$

在开放地址法中，$0\leqslant\alpha\leqslant1$。直观地看，当 α 很小时，表中已有的记录稀少，发生冲突的可能性就小；反之，当 α 很大时，说明表中已有的记录稠密，发生冲突的可能性就很大。在采用链地址法时，α 的值可能会大于 1。如果各同义词表的长度均匀，则查找效率较高。

有研究表明，当哈希表中的数据个数很大时，平均查找长度仅与装填因子有关。将 3 种解决冲突方法的查找成功的平均查找长度和查找失败的平均查找长度列在表 8-9 中。

表 8-9　3 种解决冲突方法的平均查找长度

	$ASL_{成功}$	$ASL_{失败}$
线性探测法	$\frac{1}{2}\left(1+\frac{1}{1-\alpha}\right)$	$\frac{1}{2}\left(1+\frac{1}{(1-\alpha)^2}\right)$
二次探测法	$-\frac{1}{\alpha}\ln(1-\alpha)$	$\frac{1}{1-\alpha}$
链地址法	$1+\frac{\alpha}{2}$	$\alpha+e^{-\alpha}$

若采用开放地址法解决冲突，那么，当对哈希表进行查找时，平均查找长度不依赖于表的长度 n，而只依赖于表的装填因子 α。α 越接近于 1，平均查找长度越大。当哈希表的充满程度在 80%（$\alpha=0.8$）时，线性探测法查找成功的平均查找长度也不过等于 3。

哈希方法不适合于范围查找，且删除数据时不方便。

【例 8-21】下列选项中，哈希技术最适合的操作是（　）。

A. 删除给定关键字的元素

B. 在哈希表中查找给定关键字

C. 输出关键字升序排列时位于第 k 位的元素

D. 按关键字升序排列并输出哈希表中的所有元素

答案为 B。

在哈希表中查找某个关键字是最方便的（选项 B 正确）。但查找的关键字根据哈希函数计算存储地址，并不知道关键字的排序情况，所以输出排在第 k 位（无论是升序还是降序）的元素（选项 C）或按关键字升序排列并输出各元素（选项 D）都是困难的。删除给定关键字的元素是可行的，但删除是在哈希表中标记了特殊标记，与查找给定关键字相比，删除并不占优势。

内容小结

本章介绍了查找的概念，介绍了三类查找方法，分别是基于顺序表的查找方法、基于树形结构的查找方法和哈希方法，实现了相关的查找算法并进行了复杂度分析，给出了各算法的适用条件。

对于顺序表的查找方法，介绍了适用于任何情况的顺序查找方法、适用于关键字有序的有序表的折半查找方法，以及结合顺序查找和折半查找特点的索引顺序查找方法。对于基于树形结构的查找方法，介绍了二叉查找树、AVL 树和 B 树的概念及相关操作。本章最后介绍了非常重要的哈希方法，讨论了哈希函数的构造策略及解决冲突的方法。

习　题

一、单项选择题

1. 在对含 n 个元素的查找表进行顺序查找时，若查找每个元素的概率相同，则查找成功的平均查找长度为________。

A. $(n+1)/2$　　B. $n/2$　　C. n　　D. $((1+n)\times n)/2$

2. 下列关于折半查找的叙述中，正确的是________。

A. 表必须有序，表可以顺序方式存储，也可以链表方式存储

B. 表必须有序且表中数据必须是整型、实型或字符型

C. 表必须有序，而且只能从小到大排列

D. 表必须有序，且表只能以顺序方式存储

3. 与二叉查找树的查找效率有关的是二叉树的________。

A. 高度　　B. 结点个数　　C. 树形　　D. 结点位置

4. 下列二叉查找树的情形中，查找效率最差的是________。

A. 结点太多　　B. 完全二叉树

C. 没有度为 2 的结点　　D. 结点太复杂

5. 以下列序列分别构造二叉查找树，得到的树形与其他三个不同的是________。

A. 100,80,90,60,120,110,130

B. 100,120,110,130,80,60,90

C. 100,60,80,90,120,110,130

D. 100,80,60,90,120,130,110

6. 结点数为 4 的 AVL 树可能的不同树形个数是________。

A. 4　　B. 5　　C. 6　　D. 7

7. 若将关键字 1、2、3、4、5、6 和 7 依次插入到初始为空的 AVL 树 T 中，则 T 中平衡因子为 0 的分支结点的个数是________。

A. 0　　B. 1　　C. 2　　D. 3

8. 下列关于 m 阶 B 树的说法中，错误的是________。

A. 根结点至多有 m 棵子树

B. 所有叶结点都在同一层次上

C. 非叶结点至少有 $m/2$（m 为偶数）或 $m/2+1$（m 为奇数）棵子树

D. 根结点中的数据是有序的

9. 下列关于 m 阶 B 树的说法中，正确的是________。

Ⅰ. 每个结点至少有两棵非空子树

Ⅱ. 树中每个结点至多有 $m-1$ 个关键字

Ⅲ. 所有叶结点在同一层次上

Ⅳ. 当插入一个数据项，引起 B 树结点分裂后，树长高一层

A. Ⅲ　　B. Ⅱ、Ⅲ　　C. Ⅰ、Ⅱ、Ⅲ　　D. Ⅱ、Ⅲ、Ⅳ

10. 下列关于哈希查找的说法中，正确的是________。

A. 哈希函数的构造越复杂越好，因为随机性好，冲突小

B. 除留余数法是所有哈希函数中最好的

C. 不存在特别好与坏的哈希函数，要视具体情况而定

D. 若需要在哈希表中删除一个元素，那么，无论用何种方法解决冲突，只需要简单地将该元素删去

11. 设哈希表表长为 14，哈希函数是 H(key)= key mod 11，表中已有数据的关键字分别为 15、38、61、84，共 4 个，现要将关键字为 49 的结点加入到表中，若用二次探测法解决冲突，则放入的位置是________。

A. 8　　B. 3　　C. 5　　D. 9

12. 哈希函数有一个共同的性质，即函数值应当以________取其值域的每个值。

A. 最大概率　　B. 最小概率　　C. 随机概率　　D. 相等概率

13. 哈希表的地址区间为 0~17，哈希函数为 H(K)= K mod 17。采用线性探测法处理冲突，并将关键字序列 26,25,72,38,8,18,59 依序存储到哈希表中。

（1）元素 59 存放在哈希表中的位置是________。

A. 8　　B. 9　　C. 10　　D. 11

（2）存放元素 59 时需要搜索的次数是________。

A. 2　　B. 3　　C. 4　　D. 5

二、解答题

1. 在顺序存储的条件下，当各记录满足什么条件时，可以分别采用什么策略进行查找？

2. 在 4 阶 B 树中，每个结点所含子树个数的上下限分别是多少？

3. 在 5 阶 B 树中，每个结点所含关键字个数最多是多少？最少是多少？

4. 由 6 个结点构造的二叉查找树的最大高度和最小高度分别是多少？

5. 二叉查找树具有什么特点？

6. 二叉查找树中最大的关键字和最小的关键字分别位于什么位置？

7. 设有一个包含 15 个关键字的有序表，其中关键字的次序为：1,2,3,4,5,6,7,8,9,10,11,12,13,14,15，当用折半查找法查找关键字 2、10、7 时，其比较次数分别是多少？

8. 设由空树开始，依次插入关键字 D、E、G、B、C、J、A、I，构成二叉查找树。画出这棵树的生成过程。

9. 设有依以下次序出现的关键字序列 22,41,53,46,30,13,1,67，构造一棵二叉查找树，画出最后得到的树形。

10. 设有依以下次序出现的关键字序列 22,41,53,46,30,13,1,67，构造一棵 AVL 树，画出最后得到的树形。

11. 设有依以下次序出现的关键字序列 35,16,18,20,5,50,22,60,3,17,45,7，构造一棵 3 阶 B 树。要求从空树开始，每插入一个关键字，画出一个树形。

12. 构造哈希函数的基本原则是什么？列出三种常用的构造方法。

13. 设有一组关键字，出现次序为：105,97,28,52,37,22,16,90,45,79,59,76，要求用哈希方法将它们存入长度为 15 的表中。

（1）采用除留余数法构造哈希函数。

（2）用二次探测法解决冲突。

给出最后得到的哈希表。

14. 已知哈希表的地址空间为 A[0…11]，哈希函数为 H(k) = k mod 11，采用线性探测法处理冲突。请将下列数据 25,16,38,47,79,82,51,39,89,151,231 依次插入哈希表中，并计算在等概率情况下查找成功时的平均查找长度。

15. 设哈希表的地址范围为 0~17，哈希函数为 H(K) = K mod 16，K 为关键字，用线性探测法处理冲突，输入关键字序列：10,24,32,17,31,30,46,47,40,63,49，构造哈希表，试回答下列问题。

（1）给出最终的哈希表。

（2）若查找关键字 63，需要依次与哪些关键字比较？

（3）若查找关键字 65，需要依次与哪些关键字比较？

（4）假定每个关键字的查找概率相等，求查找成功时的平均查找长度。

三、算法设计题

1. 设二叉查找树中保存的是整数。编写算法，返回一棵二叉查找树上最大关键字与最小关键字的值。

2. 设二叉查找树中保存的是整数。编写算法，返回一棵二叉查找树上全部关键字的平均值。

3. 设二叉查找树中保存的是整数。编写算法，输出二叉查找树中满足 $k_1 \leqslant x \leqslant k_2$ 的所有关键字 x。

4. 设二叉查找树中保存的是整数。编写算法，判别给定二叉树是否为二叉查找树。

参考文献

[1] 苏仕华．数据结构［M］. 北京：外语教学与研究出版社，2012.
[2] 殷人昆．数据结构：C语言版［M］. 2版．北京：清华大学出版社，2017.
[3] 严蔚敏，吴伟民．数据结构：C语言描述［M］. 北京：清华大学出版社，2012.
[4] CLIFFORD A S. 数据结构与算法分析［M］. 张铭，刘晓丹，译．北京：电子工业出版社，2010.
[5] 殷人昆．数据结构算法解析［M］. 北京：清华大学出版社，2021.
[6] 殷人昆．数据结构精讲与习题详解［M］. 北京：清华大学出版社，2012.
[7] 邓俊辉．数据结构习题解析［M］. 3版．北京：清华大学出版社，2013.
[8] 李春葆．新编数据结构习题与解析［M］. 2版．北京：清华大学出版社，2019.
[9] 陈锐．数据结构：C语言实现［M］. 北京：机械工业出版社，2020.
[10] 王争．数据结构与算法之美［M］. 北京：人民邮电出版社，2021.
[11] 王曙燕．数据结构与算法［M］. 北京：高等教育出版社，2019.
[12] 徐孝凯．数据结构：C语言描述［M］.2版．北京：清华大学出版社，2018.
[13] 熊岳山．数据结构与算法［M］.2版．北京：清华大学出版社，2016.
[14] 张岩．数据结构与算法［M］.5版．北京：高等教育出版社，2020.

后　　记

经全国高等教育自学考试指导委员会同意，由电子、电工与信息类专业委员会负责高等教育自学考试《数据结构与算法》教材的审定工作。

本教材由南开大学辛运帏教授、北京理工大学陈朔鹰副教授负责编写。国防科技大学熊岳山教授、天津大学喻梅教授进行评审，并提出修改意见，谨向他们表示诚挚的谢意。

电子、电工与信息类专业委员会最后审定通过了本教材。

全国高等教育自学考试指导委员会

电子、电工与信息类专业委员会

2023 年 12 月